西北人影研究

（第五辑）

主　编　罗俊颉
副主编　岳治国　王　瑾

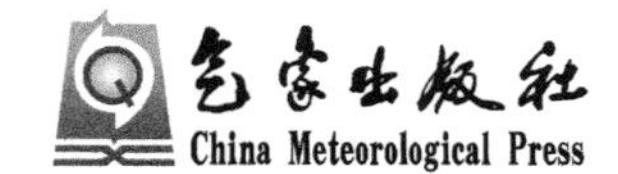

内容简介

本书收录了西北区域人工影响天气中心2021年在西安召开的“西北区域人工影响天气工作经验交流及学术研讨会”上的部分论文。全书分为四部分，内容涵盖云降水物理、人工影响天气作业效果检验和评估、人工影响天气管理工作经验和方法，以及人工影响天气相关技术应用研究等。为全面推进西北区域人工影响天气能力建设，提高空中云水资源开发利用水平提供了有益的借鉴。

本书可供从事人工影响天气的管理、业务技术、科学研究等人员应用和参考。

图书在版编目（CIP）数据

西北人影研究．第五辑 / 罗俊颉主编．-- 北京：气象出版社，2022.11

ISBN 978-7-5029-7817-4

Ⅰ．①西… Ⅱ．①罗… Ⅲ．①人工影响天气－研究－西北地区 Ⅳ．①P48

中国版本图书馆CIP数据核字(2022)第176669号

Xibei Renying Yanjiu(Di-wuji)

西北人影研究(第五辑)

罗俊颉 **主编**

出版发行：气象出版社
地　　址：北京市海淀区中关村南大街46号　　邮政编码：100081
电　　话：010-68407112(总编室)　010-68408042(发行部)
网　　址：http://www.qxcbs.com　　E-mail：qxcbs@cma.gov.cn
责任编辑：林雨晨　　终　　审：吴晓鹏
责任校对：张硕杰　　责任技编：赵相宁
封面设计：地大彩印设计中心
印　　刷：北京中石油彩色印刷有限责任公司
开　　本：787 mm×1092 mm　1/16　　印　　张：16.75
字　　数：450千字
版　　次：2022年11月第1版　　印　　次：2022年11月第1次印刷
定　　价：96.00元

《西北人影研究(第五辑)》
编撰组

科学顾问　罗　慧

主　　编　罗俊颉

副 主 编　岳治国　王　瑾

成　　员　朱荣增　杨碧轩　李金辉　左爱文
　　　　　李　燕　宋嘉尧　田　显　薛卫东
　　　　　牛　琳

序

人工影响天气是指为避免或减轻气象灾害，合理利用气候资源，在适当条件下通过科研手段对局部大气的物理过程进行人工影响，实现增雨雪、防雹等目的的活动。在全球气候变化的背景下，干旱、冰雹等气象灾害对我国经济、社会、生态安全的影响越来越大，迫切需要增强人工影响天气的业务能力和科技水平，为全面建成小康社会和美丽中国提供更好的服务。

2018年是我国开展人工影响天气60周年，60年来，我国人工影响天气业务技术和科技水平都有了很大的提高，取得了显著的经济、社会和生态效益，人工影响天气已经成为我国防灾减灾、生态文明建设的有力手段。但是，面对新形势和未来发展对人工影响天气工作的新需求，人工影响天气工作仍存在着诸多不足，其中科技支撑薄弱是一个突出问题。强化科技对核心业务的支撑，依靠科技进步，全面提升人工影响天气工作的水平和效益是全体人影工作者面临的重要任务。

西北地区是我国水资源最少的地区，生态修复、脱贫攻坚对人工影响天气的需求十分迫切。2017年，国家启动了西北区域人工影响天气能力建设工程，同时也正式成立了中国气象局西北区域人工影响天气中心，通过飞机、地面、基地等能力建设和区域统筹协调机制建设，提升西北区域人工影响天气的业务能力和服务效益。此外，根据西北区域地形和云降水特点，设立了西北地形云研究实验项目，联合国内外云降水和人工影响天气科技人员，开展空地协同外场试验，攻克关键技术，形成业务模型，提高西北人影的科技水平。为进一步聚焦人影关键技术，加强区域内各省（区）人影业务科技人员学术交流，西北区域人影中心组织开展了常态化的学术交流活动，总结交流人工影响天气发展以及需要解决的关键科技问题，提出可供西北区域科学开展人工影响天气作业的参考结论。每年学术研讨会后出版一本论文集《西北人影研究》，相信这套专集能为西北人影事业的科学发展起到积极的推动作用。

中国气象局人工影响天气中心主任 李集明

2018年10月

前　　言

西北区域是我国极其重要的生态环境屏障，自然生态环境十分脆弱，在全球变暖的气候背景下，西北区域气象灾害呈明显上升趋势，干旱、冰雹、霜冻、高温等极端天气气候事件频繁发生，严重威胁着粮食安全和生态安全，制约着经济社会发展。随着气象科技进步和气象现代化建设成果的应用，人工影响天气作业日益成为防灾减灾和改善生态环境的重要措施，《中国气象科技发展规划(2021—2035)》也对人工影响天气理论和技术发展的目标和任务提出了具体要求。

为了全面推进西北区域人工影响天气能力建设，提高空中云水资源开发利用水平，研讨进一步加强西北区域人影业务现代化建设、科学研究及人才培养管理工作经验，促进科研成果向业务转化，全面推进人工影响天气科学、协调、安全发展，提高人工影响天气的科学性和有效性，开展人工增雨抗旱、防雹、森林灭火、重大活动保障等研究，是近年来西北地区人工影响天气工作面临的紧迫性问题。西北区域人工影响天气中心从1996年开始，组织每年轮流召开一次学术研讨会，汇集了西北地区相关科技工作者和科技管理工作者对人影业务技术的分析和总结，形成了比较丰富的研讨成果。为了提高西北地区人工影响天气科技水平，促进各地进一步提高人工影响天气业务能力，每年研讨会后编辑交流论文出版《西北人影研究》。

受新冠肺炎疫情影响，原计划2019年在西安召开的"西北区域人工影响天气工作经验交流及学术研讨会"推迟到了2021年召开。本专集搜集整理了西北区域人工影响天气中心2021年在西安召开的"西北区域人工影响天气工作经验交流及学术研讨会"部分交流论文，内容涵盖云降水物理、人工影响天气作业效果检验和评估、人工影响天气管理工作经验和方法，以及人工影响天气相关技术应用研究等。

本专集第五辑由陕西省人工影响天气中心整理汇编，在整理编写过程中，得到中国气象局人工影响天气中心、甘肃省人工影响天气办公室、新疆维吾尔自治区人工影响天气办公室、青海省人工影响天气办公室、宁夏回族自治区人工影响天气中心、内蒙古自治区气象科学研究所，以及陕西省气象局相关领导、专家、同行给予的大力支持和帮助，在此一并致以衷心的感谢。

由于时间仓促，编者水平有限，难免会存在不少错漏之处，敬请各位读者批评指正。

《西北人影研究(第五辑)》编撰组

2022年3月

前言

目　录

第三部分　人工影响天气管理工作经验和方法

第四部分　人工影响天气相关技术应用研究

第一部分　云降水物理

雷达、卫星和雨滴谱仪联合观测一次AgI催化云迹的演变

王 瑾[1] 岳治国[1] Daniel Rosenfeld[2] 张 镭[3]
朱延年[4] 戴 进[4] 余 兴[4] 李金辉[1]

(1. 陕西省人工影响天气中心,西安 710016;
2. Institute of Earth Sciences, Hebrew University of Jerusalem, Jerusalem, Israel
3. 兰州大学大气科学学院,兰州 730000;4. 陕西省气象科学研究所,西安 710016)

摘　要　半个多世纪以来,我国为缓解局地降水不足实施人工增雨。从向云中播撒催化剂,云中产生微观的物理变化到地面增加降水这一系列的环节目前还处于"黑匣子"状态。虽然有卫星或雷达观测到播云后出现播云轨迹的物理证据,但并不是每次飞机增雨作业都能清楚地回答作业前后云的状态如何,播撒后催化剂在云中产生何种宏微观的物理变化,以及播云后到底能增加多少地面降水等关键技术问题。继2000年在卫星图像上发现中国中部地区的播云轨迹后,2017年3月19日在大致相同的区域内再一次观测到播云轨迹,此次播云轨迹同时被卫星和雷达捕捉到,地面激光雨滴谱仪探测到播云后产生的弱降水。这是首次由雷达、卫星和雨滴谱仪的联合观测记录的在云顶温度为−15℃的过冷层云播撒AgI的播云物理响应的定量证据。播云18 min后在雷达上出现了雷达回波增强信号,紧接着在卫星图像上出现了一条可见的晶化播云轨迹。04:25 UTC前后,播云信号以~1.4 m/s和~0.3 m/s的速率水平扩展。播云40 min后,增强的雷达回波降落到地面。雨滴谱仪捕捉到播云后产生的雨滴,其最大直径为2.75 mm,而自然云的雨滴最大直径为1 mm。在随后的100 min内,观测到地表降雨增强。在定量证据的基础上提出了播云轨迹形成和扩展的概念模型。虽然降水量很小,但这是中国定量评估播云响应的一个里程碑式的发现。

关键词　云降水　播云　雷达观测　卫星观测　雨滴谱仪观测　雨滴谱

1　引言

水是维持人类生命的重要物质之一。近些年,在全球气候变暖加剧的背景下,随着经济发展、城市扩张和人口增长,人类对水资源的需求日益增长,尤其是中国的干旱频发、水资源匮乏的干旱半干旱地区。在20世纪50年代,Schaefer[1]和Vonnegut[2]发现过冷液态水可以通过干冰或碘化银转化为冰晶,科学家们认识到向有播云潜力的云中播撒催化剂有可能成为增加水供应的手段之一。

近几十年来,许多国家进行了科学实验,以增加降雨量和/或雪量。同时,我国多个省份开展了业务性增雨,以缓解局部地区降水不足。1958年中国北方开展了第一次人工增雨试验[3]之后,相继有30个省根据当地的增雨需求开展了增强降水的业务性人工影响天气计划。中国北方春秋旱季主要降水云和人工增雨作业的对象是过冷层状云,也是中国北方春秋季晶化播云的良好目标。当冰核被植入富含过冷水的云中时,促进过冷水向冰的转化,从而导致降水效率和降水量的增加。这是人工增强冷云降水的理论基础。

为了评估冷云催化是否对云和降水产生影响,对冷云催化的基本假设的评估遵循两种方法:统计评估和物理评估。在人工影响天气实验的统计评估中,使用多种比率统计,基于随机

化试验统计评估播云效果[4]。为了增加季节性山地积雪,已有七个随机科学项目研究了人工增雨的物理效应(Climax Ⅰ, Climax Ⅱ; Wolf Creek Pass; CRBPP; WWMPP ; SPERP1, SPERP2)。然而,20 世纪 60—70 年代进行的四个随机化试验中出现设计缺陷或者不可靠的数据处理[5-11]都会导致试验失败或统计结果没有意义。近些年,为了研究自然云系统和被催化的云降水系统以及验证假设[4,12-13],通过改进试验设计(随机选择目标区/控制区)和统计分析,澳大利亚雪山播云试验[12,14]和 WWPPP 试验[13]都证实了播云对目标区域内降水的增加有积极影响。然而,要获得足够的研究案例需进行长期随机播云试验,试验的高成本和收集数据的较长时间周期使这一目标变得难以实现[15]。

随着观测技术的发展及对冷云催化假设的深入理解,使涉及测量自然云结构和在引入播云材料(碘化银 AgI 或干冰)之后云中微物理事件链的物理评估成为可能。当催化剂注入云顶时,最简单和最容易观测到的播云特征是云顶的晶化作用和塌陷[16],这表明播云材料改变了云的微物理特征和结构。虽然物理评估是最直接且有效的评估方式,但是与自然系统的信号强度相比,播云信号微弱的噪声水平使得验证降雨(雪)的增强非常困难,对最终导致地面降水的云物理过程链缺乏清晰的理解。这就促使了利用新的遥感和外场观测工具对播云效应的物理证据进行探索性的实验(美国国家研究委员会 NRC 2003 报告中的建议)。

雷达是一种常见的探测工具,用于识别由播云引起的云特性的微物理变化[17-21]。根据地面 X 波段雷达、机载 W 波段云雷达和原位云探头的测量结果,French 等[17]提供了地形冷云催化后完整的微物理事件链条迄今为止最强有力的证据,证明冰晶的形成和生长是由使用碘化银(AgI)晶化的冬季地形云引发的。

Rauber 等[22]指出,在目标实验中,播云物理评估的不足仍然是对播云效果的地面验证。Hobbs[23]提出了地形云环境中播云有效性的第一个物理证据,即检测到地面雪中银的浓度增加。Super 等[24]、Super 和 Boe[25]以及 Huggins[26]研究报告,地面 AgI 播云提高了稳定地形云的地面降水率(小于 1 mm/h)。AgI 播云影响调查项目(AgI Seeding Cloud Impact Investigating,ASCII)共做了 25 个单元的播云实验[27]。使用双重比值法评估播云影响发现,播云对地表降水量的积极影响[28]。尽管在许多实验中已经评估了播云对季节性降水值的影响[4,12,15],然而,在验证播云对地面降水的影响方面还有两个问题:一是如何在自然云降水系统中明确确定播云的时间和位置;另一个挑战是准确评估增加的地表降水量[29]。Gultepe 等[30]认为,从具有高度可变性的自然云系统中提取播云信号是研究人员面临的主要难题。Friedrich 等[18]通过识别增强的雷达反射率的播云轨迹,确定了由播云产生的地形云降水区域,该区域随后可与增强的地面降雪联系起来。

由于数值模式性能的进步,数值模式正成为播云增加降水研究中相关的上述两个主要难题和能够评估云可播性的不可或缺的工具。Xue 等[31]通过使用耦合播云参数化方案的 2 维的天气研究与预测(Weather Research and Forecasting,WRF)模式,发现飞机播云和地面播云的效果并不相同。在许多研究中已采用大涡模拟(Large Eddy Simulation,LES)模式来研究地形云的 AgI 播云[32-35]。结果表明,播云材料的垂直弥散是有效播云的一个限制,并提出播云材料对地形云的动力学影响不大。虽然数值模拟为 AgI 播云的效果提供了一些证据,但这种效果在真实大气中的验证是必要的。

针对 2017 年 3 月 19 日中国中部地区一次业务性飞机增雨作业,研究飞机播撒 AgI 后导致雷达回波强度增强和地面降水增加的云的演变过程。雷达回波的演变清楚呈现了冷云催化的微物理事件链，首次根据地面观测仪器定量评估了飞机冷云增雨在地面能产生多少额外降水。对于本研究中提出的个例，我们将重点放在 2017 年 3 月 19 日中国中部地区过冷层状云的播云效应上。本研究的独特之处在于：(1)首次联合雷达、卫星和雨滴谱仪观测播云时空演变；(2)在几乎没有自然背景降水情况下，地面探测到由播云产生的微量降水；(3)首次观测到了仅由播云引起的地面降水的雨滴谱；(4)提出了播云后云和降水演变的概念模型。本文第 2 部分简要介绍了天气形势、播云条件和作业概况。第 3、4 和 5 部分分别提供了雷达、卫星反演和地面降水的观测和分析。第 6 部分概括总结了播云事件链，并讨论了相关的重要问题。

2　2017 年 3 月 19 日飞机增雨

2.1　增雨作业概况

位于中国中部的陕西省从 1978 年开始每年春秋季都进行飞机增雨业务。2017 年 3 月 19 日，在关中平原和黄土高原进行了业务性的飞机增雨作业，此次播云作业区域以北的泾阳、淳化、礼泉、永寿、麟游、乾县等地区，地形为渭北黄土高原沟壑区，川塬相间，地形复杂(图 1A)。作业由配备 GPS 的运-12 运输机(Y-12)播撒 AgI 气溶胶。

Y-12 飞机于 02:25UTC 从西安咸阳机场(图 1A 中带有飞机符号的标志)起飞，向北飞行 33 km(图 1A)。飞机在 02:41UTC 向西转弯后开始播云。在 02:41—03:03UTC 期间水平飞行距离为 97 km，飞机的平均播云高度为 3944 m。03:04UTC，飞机下降至 3663 m，然后上升至接近 3900 m。根据空域管制的指示，飞机随后改变航向，于 03:06 UTC 向东飞行。从 03:06UTC 到 03:14UTC，飞行高度处于最低水平，平均为 3191 m(图 1B)。空中播云持续了 34 min，于 03:14UTC 终止。02:41UTC－03:14UTC(下同)在 3200～3975 m 海拔高度实施催化，播撒线总长 125 km。播云飞机作业期间，在－15℃附近(图 3)的环境温度下以 0.368 g/s 的平均速率燃烧 6 根焰条(每根焰条含有 125 g AgI，即共播撒 AgI 750 g)。

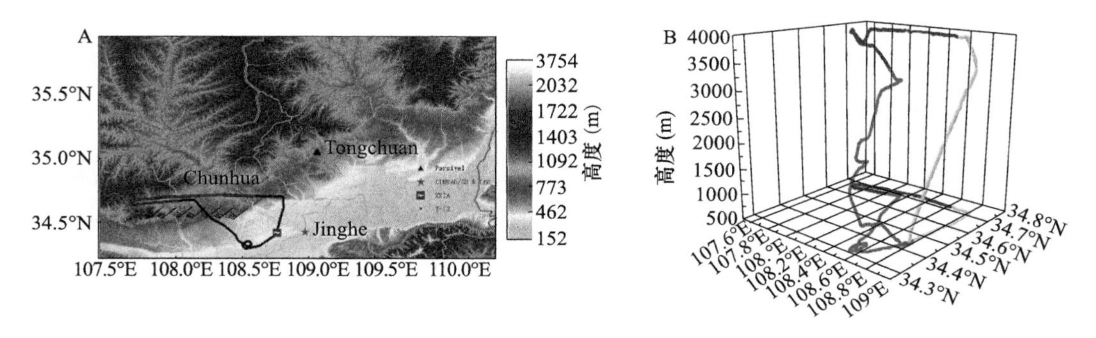

图 1　2017 年 3 月 19 日播云区地形、飞机飞行轨迹和地面观测仪器

(A)三角形代表位于淳化站和铜川站的激光雨滴谱仪。飞机航迹下方绘制的风矢(由风向杆和风羽组成)显示了飞行高度在 3944 m 时的平均风向和风速(单位：m/s)。一个完整的风羽等于 4 m/s。(B)播云飞机飞行轨迹的三维绘图和地面投影。

2.2　仪器及其数据处理

中国 C 波段新一代天气雷达(CINRAD/CB)和 L 波段探空雷达(LBR)位于泾河气象站

(海拔 410 m,图 1A 中的五星)。CINRAD/CB 天线离地面的高度为 48.6 m。CINRAD/CB 用于收集波长为 5.6 cm,频率为 5300～5500 MHz(中心工作频率为 5400 MHz±15 MHz)的降雨测量值。本研究使用陕西省西安市泾河站的 CINRAD/CB 组合雷达反射率产品。组合反射率因子是在一个体扫中,将常定仰角方位扫描中发现的最大反射率因子投影到笛卡尔格点上的产品。C 波段雷达天线波束宽度为 1°,采用 0.5°、1.5°、2.4°、3.4°、4.3°、6.0°、9.9°、14.6°和 19.5°九个仰角的体扫模式。雷达每 6 min 完成一次体积扫描。

LBR 提供了泾河站的观测站点各规定等压面和压温湿特性层位势高度、温度、露点温度、风向、风速观测数据。LBR 实时数据仅进行了允许值范围检查,对粗大错误进行了剔除。每天在 00:00UTC 和 12:00UTC 进行两次探测。探空仪传感器测量范围分别为:温度 50～−90℃;相对湿度 1%～100%;气压 1050～1 hPa。根据 LBR 的观测数据可以获得播云前的大气环境条件,包括风向、风速、环境温度以及大气稳定度等。

在播云区北面(顺风向)一侧的淳化站(海拔 1013 m)和铜川站(海拔 979 m)(图 1A 中的上部和上部三角形)安装了两个激光雨滴谱仪(PARSIVEL)。PARSIVEL 以 1 min 的采样间隔连续记录了降雨的光谱特征。只要降水粒子通过 PARSIVEL 的激光束(3 cm×18 cm),它们的直径和下落速度就会立即被记录下来。

经过评估和改进,PARSIVEL 雨滴谱仪性能稳定。由于每个雨滴的信噪比(SNR)在两个最小粒径范围内很小,因此,前两个 bin 中没有记录粒子,因此,最小可检测到的粒子粒径约为 0.312 mm。在以前的研究中发现了影响地面 PARSIVEL 数据质量的各种误差源,如仪器背景噪声、混合相降水、强风、湍流、边缘效应和雨滴在仪器外壳上的飞溅。本文采用的质量控制方法基于粒径-速度矩阵[方程组(1)],可消除由采样区域的边缘效应、强风和/或强降水效应引起的雨滴飞溅等误差。

$$\begin{cases} V_{\mathrm{measured}} - V_{\mathrm{ideal}} \geqslant -1.5\ \mathrm{m/s}\ (0 \leqslant D \leqslant 0.688\ \mathrm{mm}) \\ V_{\mathrm{measured}} - V_{\mathrm{ideal}} \geqslant -2.5\ \mathrm{m/s}\ \ (0.688 \leqslant D \leqslant 1.188\ \mathrm{mm}) \\ \mathrm{abs}(V_{\mathrm{measured}} - V_{\mathrm{ideal}}) \leqslant 4.5\ \mathrm{m/s}\ \ (1.188 \leqslant D \leqslant 6.5\ \mathrm{mm}) \end{cases} \tag{1}$$

式中,V_{measured} 是测得的下落速度;V_{ideal} 是为公式导出的下落速度;D 是雨滴直径;abs 表示求绝对值。

2.3 天气形势

主要天气系统是 2017 年 3 月 19 日位于中国中部的一个高空槽和一个暖脊侧翼(图 2A)。由于播云区位于倾斜短波槽的下游和高空槽的东侧,水平暖平流与槽内的空气的普遍上升运动有关。此次作业的天气情况与 2000 年 3 月 14 日播云出现云沟的天气背景形势[36]基本一致。不同的是 2017 年 3 月 19 日 00:00UTC 地面没有出现锋面(图 2B)。美国西部山区的 ASCII 试验中的大多数样本也都是来源于没有锋面的地形云中的[37-38]。

播云区地表温度大于 0℃,最高可达 12℃(图 2B)。00:00UTC,零星降水开始在播云区以西的地面上降落。泾河站(108.97°E,34.45°N)00:00UTC 的温度廓线显示地表温度为 9.7℃、0℃、−4℃和−8℃层的等温线高度分别为 1943 m、2682 m 和 3944 m(图 3)。探空探测的云顶温度为−10.6℃,与 Himawari-8 卫星 11.2 μm 亮度温度(T_{11})的−11.9℃相对一致。根据 MODIS Terra 的反演数据来看,从 02:00 UTC 到 06:00UTC,云顶温度均匀地分布在−15℃附近。从探空看,在 3990～4382 m 之间存在强逆温层。

探空 2.5 km 以下为东南风,2.5 km 以上为西南风,风速随高度的增加而增加。在催化作

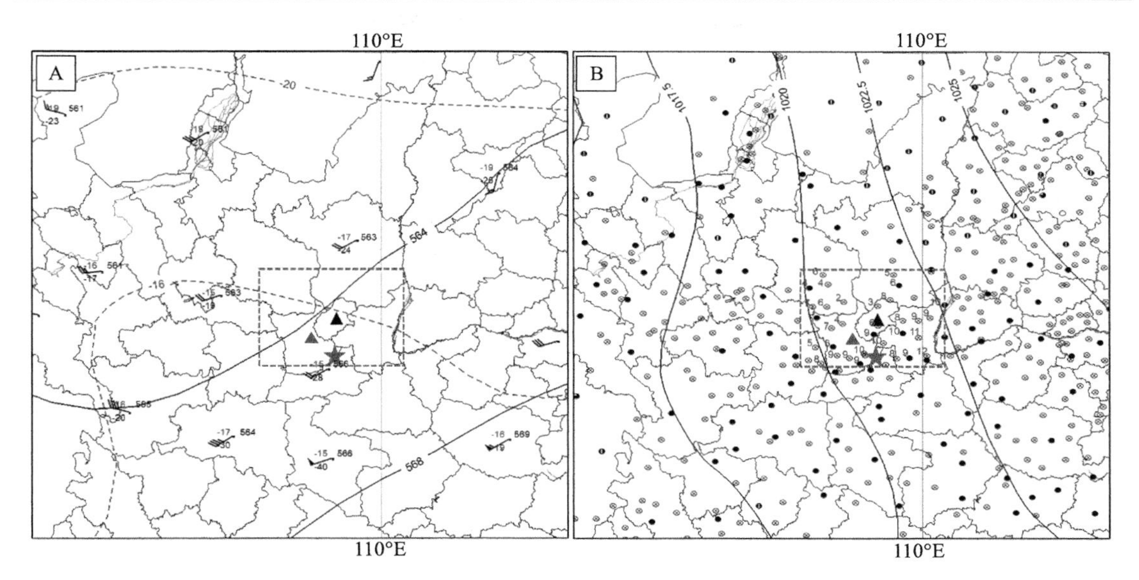

图 2　2017 年 3 月 19 日播云区的天气状况：00:00UTC(A)500 hPa 和(B)地面图

图中给出了位势高度线(10 gpm，实线，间隔为 40 gpm)、等温线(℃，虚线，4℃间隔)、地表温度(站点左上数字)、天气条件(标准的天气符号)和海平面气压(黑色实线，2.5 hPa)。绿色虚线是播云区，区域中有两个 PARSIVEL 站(实心三角形)和泾河气象站(五星，108.97°E，34.45°N)。

业高度层 3500～3933 m 之间，平均风速为 12.3 m/s，风向为 239°(图 3)。平均风速和风向决定了催化剂的输送，但并不决定其扩散。

探空的相对湿度(RH)在 90%达到饱和，即为云层。00:00UTC 相对湿度的垂直廓线显示，泾河站出现一层云，云底高度在 1500 m 附近，云顶高度在 4100 m 附近(图 3)。

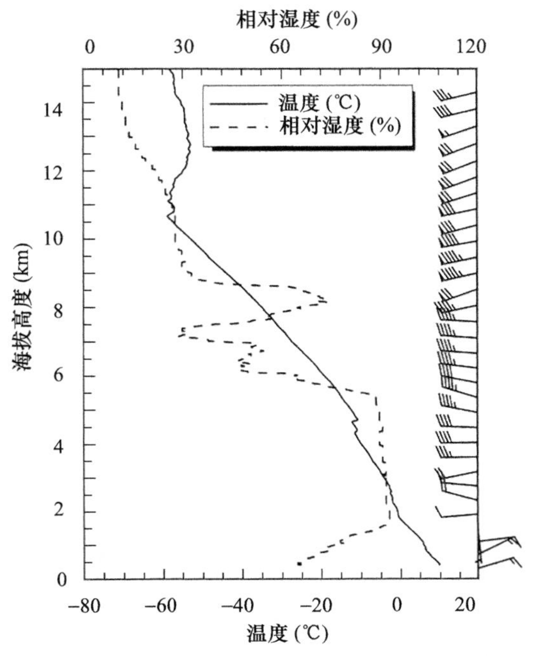

图 3　2017 年 3 月 19 日 00:00 UTC 的探空数据

(实线：温度廓线；虚线：相对湿度廓线；黑色羽线：风速和风向，每一长划代表 4 m/s，小三角代表 20 m/s)

3　播云雷达回波演变特征

图 4A,C,E,G 和 I 分别给出了 02:59UTC、03:16UTC、03:27UTC、04:47UTC 和 05:49UTC 雷达组合反射率(即垂直方向的反射率最大值)的演变。02:36—07:14UTC 每 6 min 的雷达组合反射率回波图显示了播云线的可探测时间维持了 234 min。

随着播云材料在云中弥散,播云信号的组合反射率由初期的一条播云线演变为更大更宽的回波增强区域。02:59UTC 首次出现的播云线用灰色矩形标记(图 4A),长度 13.4 km,回波 10～15 dBZ。在飞机飞行轨迹的下风方向开始出现组合反射率为 10～15 dBZ 的清晰的雷达播云信号。03:27UTC(图 4E),这条播云线的长度和反射率分别增加到 83.7 km 和 25～30 dBZ。大于 15 dBZ 的组合反射率增强区域的宽度在 04:47 UTC 和 05:49 UTC 分别超过了 15 km 和 19 km(图 4G,I)。定义扩展速率为单位时间内播云线宽度的一半。04:25 UTC 前播云线的扩展速率为 1.4 m/s,04:25 UTC 后扩展速率减缓至 0.3 m/s (图 5)。03:44 UTC 后,播云轨迹分裂成有两个反射率峰值的回波带。两个大于 20 dBZ 的反射率峰值之间的最大距离接近 10 km(图 5)。在盛行西南风的作用下,播云线从初始的播云时间开始向东北方向移动(239°),在 3.5 h 后,接近 06:35 UTC 播云线移动 100 km 后逐渐消散。

通过研究雷达播云信号的水平和垂直方向的演变特征,可以更好地了解播云后云内部的微物理变化。沿着风向追踪组合反射率垂直截面(图 4A 中实线)上播云信号的垂直演变特征(图 4B、4D、4F、4G 和 4J)。播云信号的反射率从背景值约 10 dBZ 增加到接近 30 dBZ。在 02:59UTC(图 4B)之前,雷达反射率小于 10 dBZ,在 47 min 后地表附近的反射率达到 25～30 dBZ,该反射率强度继续保持了 2h。03:04UTC,反射率值在 10～20 dBZ 之间的雷达回波开始出现在 2～4 km 之间。在 02:46UTC 播撒 AgI 气溶胶后的 18 min(即 03:04UTC)第一次出现雷达反射率的增强(图 5),也就是说,降水粒子大致需要约 18 min 才能增长到足以被雷达观测到的粒子尺寸。在 03:10UTC 之后,随着粒子的增长和下落,增强的反射率的底部开始下降。反射率在 20～25 dBZ 之间的播云信号在播云后约 40 min 降落到地表。图 4D 和 4F 中,在播云轨迹上方 6 km 高度处出现雷达回波顶是由雷达波束图上强回波扩展的雷达波束宽度造成的[39]。

当催化云团随着盛行风移动时,它们不仅在垂直方向上扩展,而且在水平方向上扩展。Rosenfeld 等[36]计算播云后云顶的冰粒子的下落末速度为 0.4 m/s。Nakaya 和 Terada Jr[40]测量的冰晶下落末速度曲线表明,纯冰晶下落末速度小于 1 m/s。

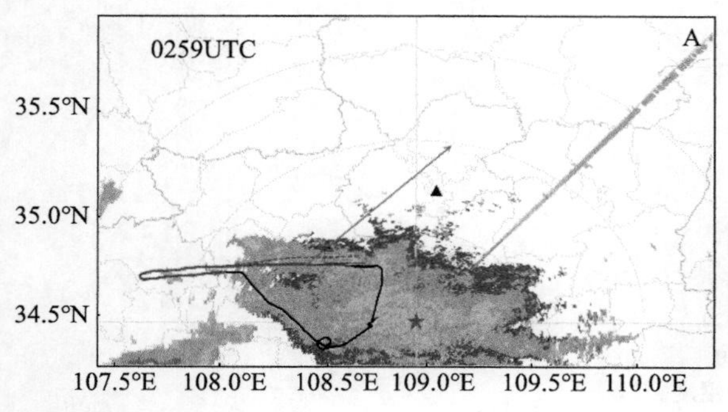

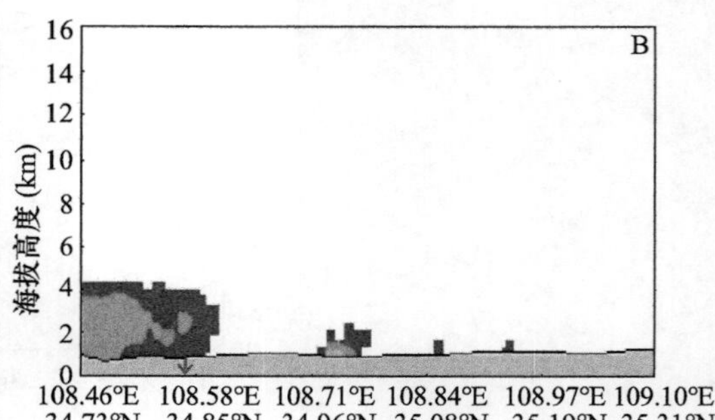

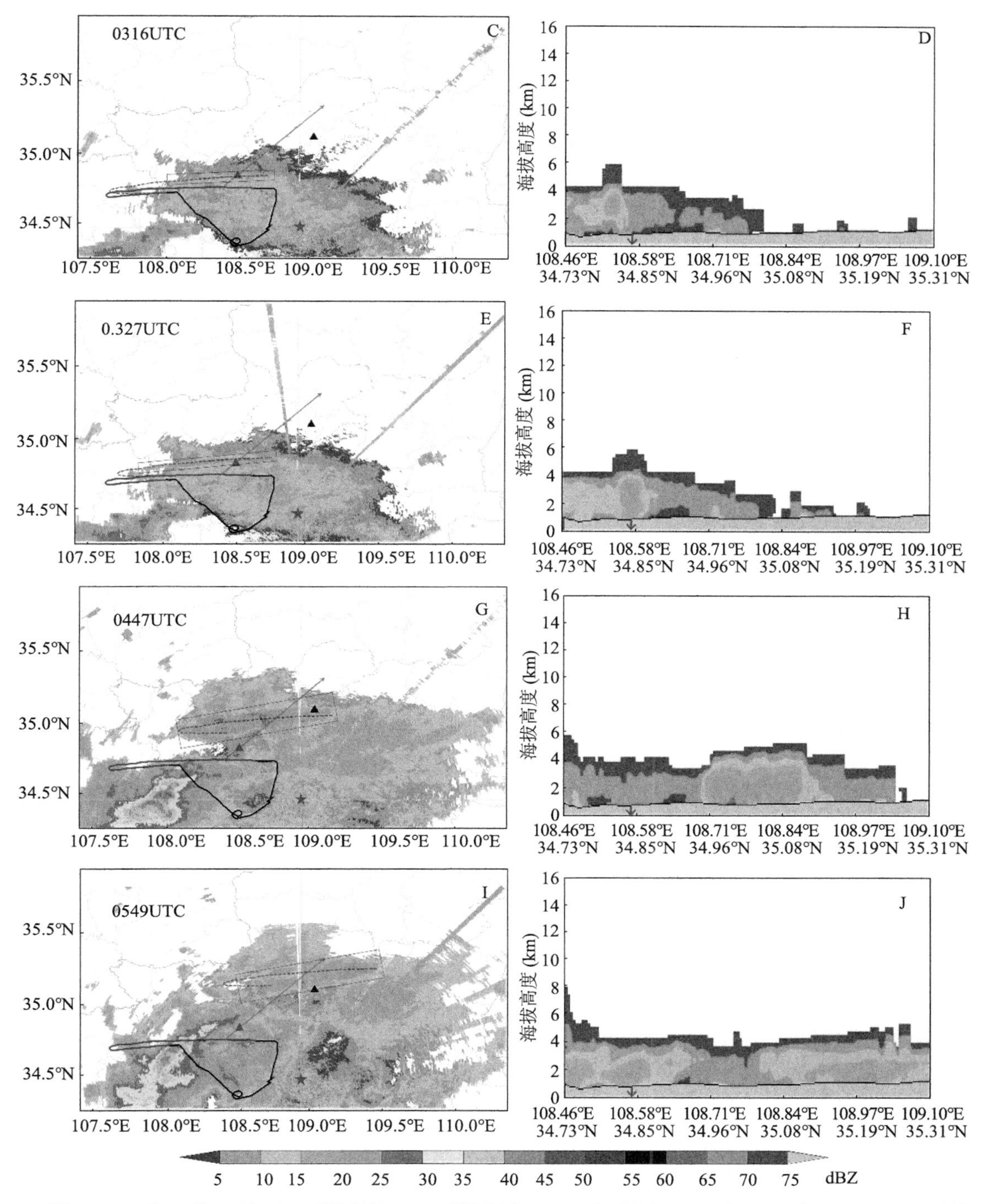

图 4　2017 年 3 月 19 日 02:59UTC(A)、03:16UTC(C)、03:27UTC(E)、04:47UTC(G)和 05:49UTC(I)泾河雷达站(五星,海拔 410 m)的雷达组合反射率。在 A,C,E,G 和 I 中,雷达观测到的播云信号用一个灰色矩形框标记。虚线标记播云轨迹。实线(长度为 85.2 km)给出了淳化站(下部三角形)上空的沿着风向的云移动路径。沿着橙色线对经过淳化站的组合反射率进行垂直剖面(箭头代表垂直剖面方向,大致为西南—东北方向),剖面中的地形覆盖了黄土高原部分地区(B,D,F,H 和 J 中灰色阴影)。上部和下部三角形分别代表布设了 PARSIVEL 的淳化站和铜川站。

从 03:04 UTC 到 03:33 UTC,20～25 dBZ 的反射率下降约 1000 m。据此估计,水凝物的下落速度约为 1.7 m/s。因此,融化层以上的水凝物可能是由凝聚物和霰组成的。当播云轨迹经过淳化站时,雷达反射率刚刚降落到达淳化站的地表。因此,下落末速度最大的水凝物明显很大。增强的降水在淳化站的下风方降落到地面。淳化站的雨滴谱仪捕捉到的播云轨迹经过时最大的雨滴直径为 2.75 mm,而轨迹经过前和经过后的最大雨滴直径为 1 mm。这些水凝物的下落速度比基于反射率中心计算的下落速率的要大得多。经过 100 min,经过淳化站的播云信号达到了下风方的铜川站。在这段时间里,播云信号变宽、减弱和扩散,播云和未播云的降雨没有明显的区别,地表降雨已经很小。

从雷达回波的演变中可以看出播云后云中粒子和催化剂的相互作用是一个非常复杂的机制。播云轨迹的出现不仅与 AgI 含量和飞机播云速度有关,还与 AgI 与云内过冷水滴相互作用的微物理变化有关。尽管有很多过程无法用现在的云降水微物理基础来解释清楚,尤其是在播云信号变成带状回波以后,但是雷达清楚地捕捉到了这次播云轨迹。Gultepe 等[30]认为提取具有高度自然变异性的云系统中的信号是研究人员面临的主要限制。要从高度自然变异性的云系统中提取播云信号,就要求播云产生的催化羽流中的冰粒子浓度远远高于背景浓度。

4 卫星观测的播云轨迹

播云信号不仅在雷达上清晰地被记录了从开始到消失的全过程,而且被 TERRA 卫星搭载的 MODIS 图像和风云-3C(FY-3C)卫星上的可见光红外扫描辐射计(VIRR)图像也捕捉到了。TERRA 卫星搭载的中分辨率成像光谱仪(MODIS)是美国地球观测系统(EOS)计划中用于观测全球生物和物理过程的重要仪器。它具有 36 个光谱波段,可获取陆地和海洋温度、地表面覆盖、云、气溶胶、水汽和火情等目标的图像。本研究使用的数据来自于 2017 年 3 月 19 日 03:19UTC 的 TERRA 卫星 MOD021KM 数据(https://ladsweb.modaps.eosdis.nasa.gov/search/)和 03:30UTC FY-3C 卫星的 VIRR L1 1000M 数据。

MOD021KM 数据集是校正的 TERRA 卫星 1 km 分辨率的对地观测数据,包括 250 m 和 500 m 重采样为 1 km 分辨率的数据。MODIS 通道 1 的中心波长为 0.65 μm,位于可见光波段,反映了目标物对太阳光的反射程度,云反射率可反映云的光学厚度;通道 20 中心波长为 3.75 μm,位于中红外波段,该波段接收的辐射包括反射辐射和长波辐射,其反射太阳辐射的强度依赖于云粒子的大小;通道 31 和 32 位于远红外波段,中心波长分别位于 11 μm 和 12 μm,接收长波辐射。MOD06_L2 是与 MOD021KM 对应的像元的云反演产品,包括了云相态、3.75 μm 通道反演的云粒子有效半径(r_e)等云反演产品。

利用 Rosenfeld 和 Lensky[41]提出的卫星数据反演方法反演云的微物理特性。采用"day microphysical color"方案识别播云信号。将 0.6 μm、1.6 μm 或 3.7 μm 的反射率和 11 μm 的亮度温度分别分配给红色、绿色和蓝色,以形成合成 RGB 图像。该方案的色彩能够定性地代表云的微观结构。黄色代表有小水滴的过冷云,橙色代表有中等大小水滴的过冷水云,红色代表冰云[41-42]。由于 1.6 μm 通道测得的辐射来自比 3.7 μm 更深的云[43],不同深度的云的微观结构由 3.7 μm (RGB 3.7,图 5A,C)和 1.6 μm (RGB 1.6,图 5B,D)通道的反射率的 RGB 显示。

03:19UTC 的 TERRA 卫星(图 5A 和 5B)和 03:30UTC 的 FY-3C 卫星(图 5C,D)揭示了催化云团及其周围环境的微物理特性。通过使用 Rosenfeld 等[36]的类似方法,这些伪彩色合成图显示了云顶的微观结构,在云顶平坦的过冷层云和播云轨迹上形成的晶化云之间有明显的对比。晶化的线条标记了播云轨迹。卫星图像上的播云轨迹在增雨作业飞机航迹的西侧边缘偏东的地方终止，这是因为飞机向西飞行时从云顶向下降落(图 1B)。

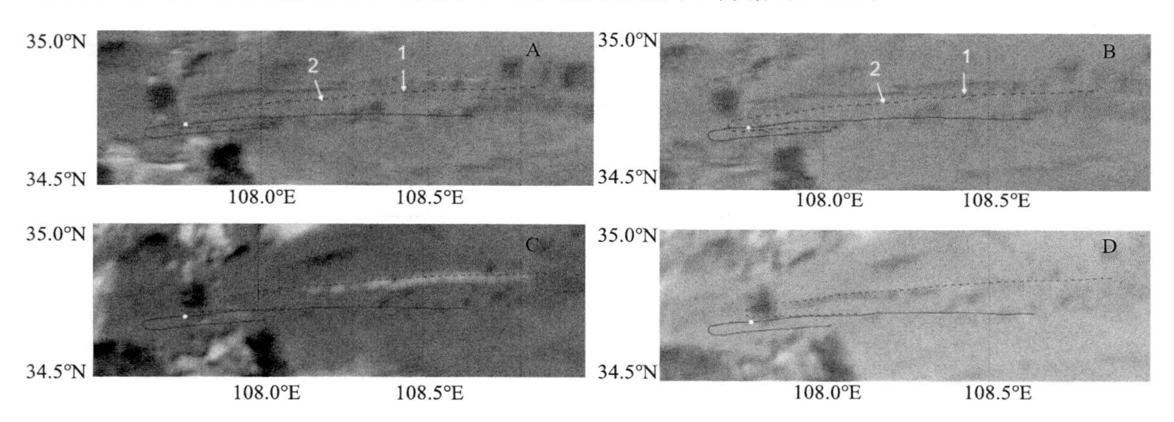

图 5　2017 年 3 月 19 日 03:19 UTC TERRA/MODIS (A，B)和 03:30 UTC FY3-C (C，D)的合成图。实线是播撒飞行段，播撒开始于 0241UTC，结束于 0314UTC。蓝色虚线标记了卫星通过作业区的时间的播云轨迹移动位置。合成图由 0.6 μm 可见光反射率，3.7 μm 反射率(A，C)和 1.6 μm 反射率(B，D)，11 μm 亮温(T11)的倒数组成。(A)和(B)中的云迹不连续是由于 TERRA 靠近 swath 边缘的 MODIS 数据的蝴蝶结效应(即气象中常用的中分辨率影像分辨率较差，灰度特征不明显，且存在严重的重叠现象)造成。这也导致了(A)和(B)中飞机播云轨迹与移动后的播云轨迹之间的不匹配。白线标出了图 7 中截面的位置。

2000 年 3 月 14 日 Rosenfeld 等[36]出现的轨迹的时间距离开始播撒的时间 80 min，其平均宽度已经达到 9 km[44]，而在本研究中，图像中的时间为开始播撒后 34 min，其平均宽度为 1.6 km。因此，扩散时间长度就是本研究中的轨迹为什么比 2000 年 3 月 14 日的轨迹窄的原因。

卫星上的播云信号在出现雷达播云信号不久便以晶化线的形式出现，卫星播云信号出现时间不晚于播云后的 15 min。播云轨迹上的云与附近的过冷层云相比，由于冰在 1.6 μm 和 3.7 μm 通道对太阳辐射的强烈吸收使晶化轨迹变得更加明显。

由于冰晶的下降在云中造成了一个云沟，这导致云顶升温近 1℃，这与 Rosenfeld 等[36]记录的个例中观测到的情况相似。播云开始后约 30 min，由于云顶过冷水被催化后形成的冰粒子下沉形成的云沟中出现了由小水滴组成的新水云。Rosenfeld 等[36]已经观测到了同样的现象。他们将这种现象的原因归结于晶化作用的冰晶粒子下落冻结释放的潜热。当云沟中有云生成，3.7 μm 反射率增强，而云沟上截面 2 的位置，还没有新生成的水云，因此，3.7 μm 反射率降低。03:30UTC 的播云轨迹(图 6C)出现在 03:19UTC 播云轨迹(图 6A)东侧，这说明卫星上同样观测到播云轨迹向西的移动演变。冰晶粒子降落后形成云沟，冻结释放的潜热使的空气加热上升，并在云沟形成新的过冷却水云。上升的空气在逆温层下辐散，将冰核带到云沟壁上并继续播云，这导致了播云轨迹的扩展，就像云穿孔的情况一样[45]。在扩展的播云轨迹两侧形成的新降水粒子在雷达上产生了两个反射率峰值。根据播云轨迹在雷达和卫星上演变特征，提出了云沟形成及云沟内水云生消的概念模型(图 8)。

云沟中新形成的水云的另一种可能解释是由于气团(包括云沟中的空气)经过平缓地形的抬升所致。虽然这是可能的解释，但不可能是主要原因，因为云沟内生成新的水云这种现象持续时间较短，在播云后约 30 min 出现，并在接下来的 30 min 后消散[36]，可能是由于潜热的消散。云沟中填充的水云从图 6A 向图 6C 的扩展进一步支持了这一假设。

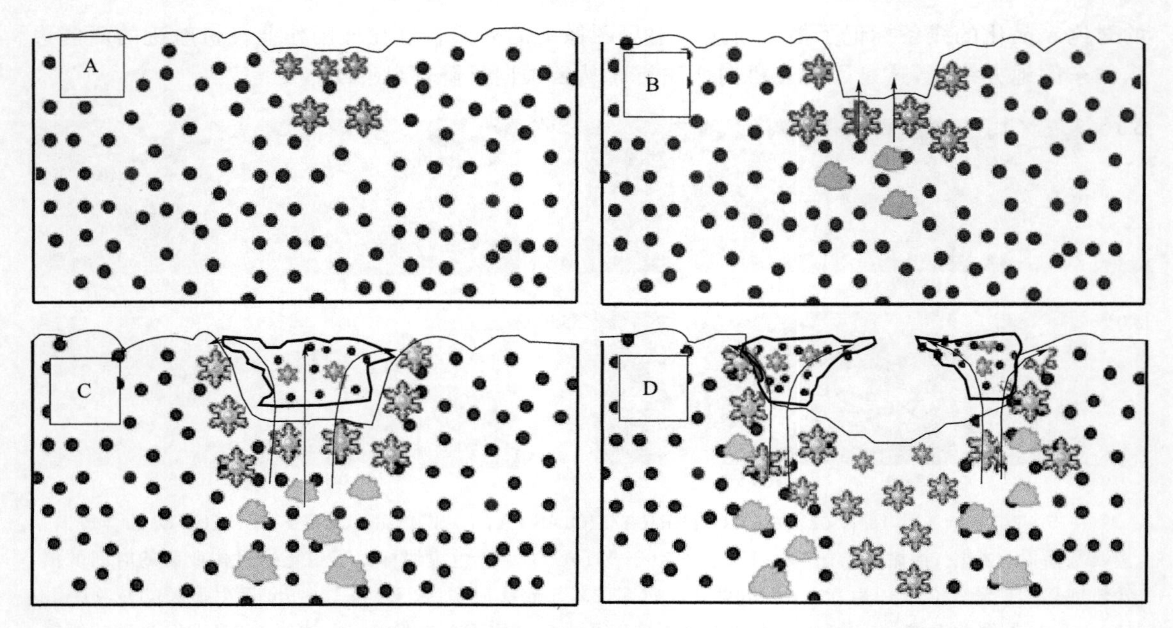

图6　晶化播云轨迹、云沟形成及云沟内水云生消的概念模型

(A)播云通过消耗过冷水滴产生大量的小冰晶,随着小冰晶的生长,冰晶逐渐长大并下落。随着云顶冰晶的下落,在云顶形成了一条晶化的云沟。冰晶在下落的过程中不断增长,淞化并凝聚,其中一部分变为霰,霰粒子从云柱中下落(B)。冻结释放的潜热致使空气加热上升,云沟被新的水云填充,随后新的水云继续被晶化。云沟壁上的未被消耗的催化剂继续对上升的空气播云,如此往复,播云轨迹逐渐被扩大(C)。播云线中心的云被完全晶化以至于无法释放新的冻结潜热,云沟上方的云无法维持,最后逐渐消散。剩余的冰核(IN)继续横向混合,继续使晶化作用向两侧扩散,进一步加剧晶化播云轨迹的扩展,在扩展的边缘依然有额外的冻结潜热释放,这与"穿孔"云的机制类似。释放的潜热可以使在不断扩大的云沟边缘附近的其他云团增长(D)。

5　地面降水观测

评估播云效果即是要确定冷云催化的有效性,即播云对地面降水的影响。为对比两个站点受催化剂影响的时段(Seed)和不受催化剂影响的时段(Pre-seed 和 Post-seed)的物理量的变化情况,将播云线影响淳化站分为三个阶段,分别为播云前(03:15—03:24UTC)、播云中(03:25—03:35 UTC)和播云后(03:36—03:45 UTC)三个阶段。根据雷达分析,播云线上>15 dBZ 的雷达组合反射率因子在 03:25—03:35UTC 之间经过淳化站(图 7A)。组合反射率因子>15 dBZ 的播云线经过淳化站上空的时间持续 11 min(图 7A,C)。03:30UTC 时,淳化站的组合反射率因子出现最大值 26 dBZ(图 7C)。1 min 后,由 PARSIVEL 反演的反射率因子达到最大值 22.7 dBZ,粒子的平均体积直径相应地达到最大值。由于地面 PARSIVEL 和雷达观测存在高度差,PARSIVEL 捕捉雨滴相对雷达的高度有很短的时间延迟。

一般地,从自然降水的变异性中区分播云引起的地面降水,对仅由播云产生的地面降水进行定量评估,是物理验证播云效果的两大难题。在这次作业中,淳化站在 03:28UTC 之前和 03:34UTC 之后地面几乎没有降水记录。只有播云线经过淳化站时的 6 min 内(03:28—03:34UTC),淳化站的 PARSIVEL 捕捉到微弱降水,累积降水总量仅为 0.02 mm。03:28—03:34UTC 内的最大雨强和平均雨强分别为 0.35 mm/h 和 0.19 mm/h。淳化站地面 0.02 mm 的累积降水量可能与雨滴直径的变化有关。淳化站地面 PARSIVEL 观测的雨滴直径在播云线经过的很短时间内从 1.0 mm 急剧增加至 2.75 mm(图 7E)。淳化站的 0.02 mm 的累积降水量主要是由于播云后雨滴直径在短时间内迅速增大,以至于触发碰并增长机制导致的。然而,根据雷达垂直剖面图,当播云线经过淳化站时,增强的组合反射率因子几乎没有到达地面。因此,增强的降水粒子不完全降落在淳化站,而是淳化站下风方较远的一段距离下落到地面,而急剧增加的大粒子降落在淳化站。

即使淳化站观测到的地面累积降水量很小,只有 0.02 mm,但通过对淳化站的雷达反射率和 PARSIVEL 观测资料的分析,我们认为,微弱降水(0.02 mm)完全由播云产生,且没有自然降水的贡献。这一结论明确地区分了自然降水和播云产生的降水,并且为定量估算单根冰粒子羽流在地面能产生多少降水提供了可能性。图 7E 所示,淳化站 PARSIVEL 获得的雨滴谱可能是第一张完整描述播云前、中、后的人工播云产生降水变化的雨滴谱图。

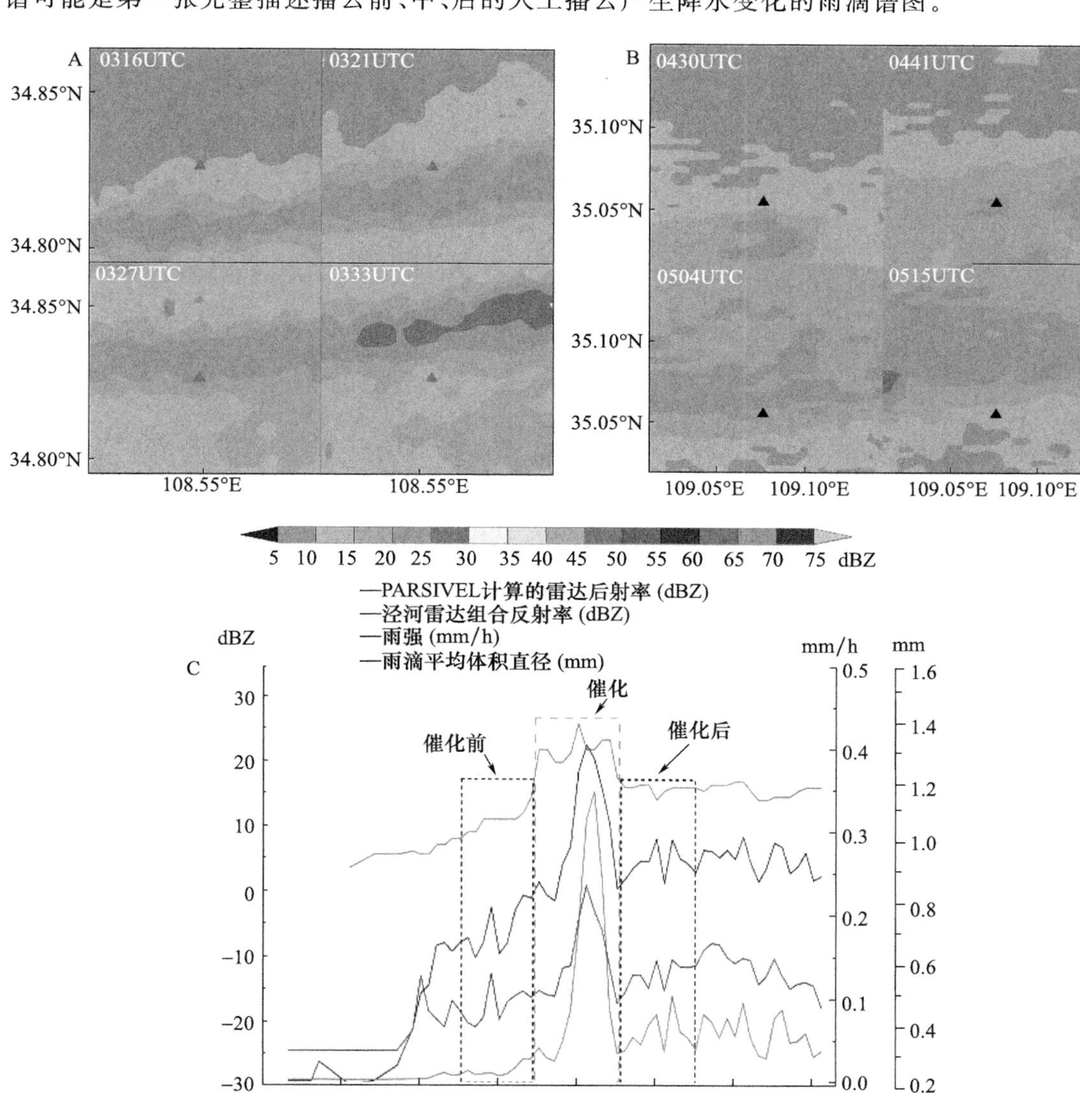

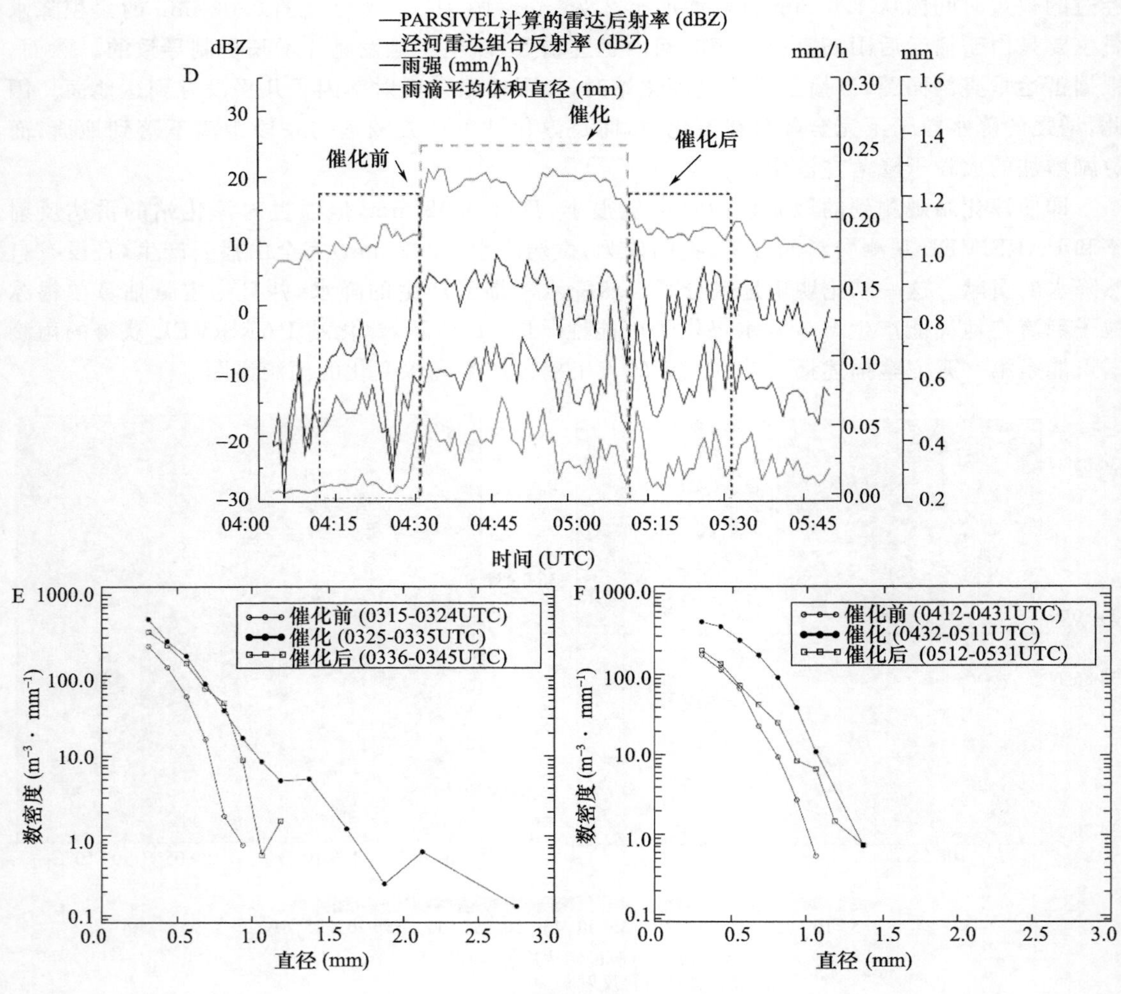

图 7　雨量站的播云信号变化

播云线通过期间,淳化站(红色三角形,A)和铜川站(黑色三角形,B)周围的组合雷达反射率分布变化。淳化站(C)和铜川站(D)的降水特性的时间变化以站点上空雷达反射率因子(dBZ,绿线)和 PARSIVEL 反演的雷达反射率因子(dBZ,黑线)表示。(C)和(D)中的红线和蓝线分别表示雨强(mm/h)和粒子平均体积直径(mm)。(E)和(F)分别显示了淳化站和铜川站的播云前、中和播云后的雨滴谱分布。

当播云线随着顺风移动时,在 04:32UTC—05:11UTC 之间,组合反射率因子＞ 15 dBZ 的播云线经过铜川站(图 7B)。铜川站播云前、播云中和播云后分别为 04:12—04:31UTC、04:32 —05:11 UTC 和 05:12—05:31UTC。当播云线经过铜川站时,分裂成两个回波带(图 7B)。相应地,播云线的组合反射率从淳化站的一个峰值变成了两个组合反射率峰值,如图 7D 所示。组合反射率＞15 dBZ 的播云线经过淳化站用时 6 min,相同反射率大小的播云线经过铜川站历时 40 min。由于雷达组合反射率取的是 9 个仰角中最大的反射率因子的值,而 PARSIVEL 在地面上与雷达不同仰角的垂直距离较大,造成雷达的组合反射率因子与 PARSIVEL 反演的反射率因子差异较大。铜川站地面测得的雨滴谱图(图 7F)显示,人工播云对降水增强有正贡献(图 7F)。

6　结论和讨论

此次研究提供了中国中部地区的过冷层云中晶化播云轨迹的演变。通过卫星、地基雷达和激光雨滴仪的观测，提供了播云线的空间和时间演变特征。在中国的人工增雨业务和科学试验中，此次增雨过程提供了迄今为止晶化播云能有效增加地面降水最有力的证据。尽管没有飞机观测，地面和卫星的综合观测结果和分析为人工增雨从晶化播云到地面产生降水增加的全过程提供了物理证据。

2017 年 3 月 19 日增雨飞机起飞后，飞机播撒催化剂于 02:41UTC 开始，03:14UTC 结束。在催化剂播撒后约 18 min 在雷达上观测到比自然云雷达反射率增强的播云线。正如增强的雷达反射率所示，播云信号随着催化剂播撒高度层的盛行风移动并逐渐扩展。催化剂开始播撒后 46 min，播云信号的雷达反射率增加至 25～30 dBZ，长度增至 84 km，宽度增至 5 km。催化剂开始播撒后 126 min，播云信号的宽度达到 15 km。催化剂开始播撒后 234 min，播云信号基本消失。播云信号随着盛行风向东北方向移动，04:25UTC 前，播云信号是一条播云线，其扩展速率接近 1.4 m/s；04:25UTC 后，播云信号扩展为较宽的播云带，扩展速率接近 0.3 m/s，扩展速率明显减缓，这可能与水平风速变化、地形变化、湍流影响等因素有关。催化剂播撒高度将近 4 km，播撒快结束时播撒高度下降到 3 km。因此，在垂直方向上观测到播云信号的初始雷达回波是在 3700m，该高度层上的环境温度接近 −15℃。粒子到达地面（海拔 1 km左右）需要约 21 min，在下落过程中冰晶的下落速度约 2.1 m/s，这一速度可能是由凝聚物、霰和雨滴的混合物造成的。

MODIS 卫星 2017 年 3 月 19 日 03:15—03:19UTC 经过飞机作业区域，捕捉到了播撒后的播云线。卫星观测到的播云线在地面雷达上的出现时间为 03:16UTC。从卫星上看，播云轨迹镶嵌在过冷层状云中。03:19UTC 的卫星观测结果（图 6A，B）显示播云轨迹是由云顶晶化粒子塌陷形成的一条晶化云沟。在播云轨迹内有新生成的小粒子水云。这些小粒子水云的形成意味着播云轨迹中有上升的空气，这是由播云轨迹内冻结潜热的释放引起的。相同的现象在 2000 年 3 月 4 日作业后出现的云沟[36]也出现过。

当播云信号经过淳化雨滴谱仪时，播撒开始后 40 min，增强的雷达回波下落到地面。播云信号通过淳化站前，雨滴谱仪观测到的粒子＜1 mm，播云信号通过淳化站时，播云效应被雨滴谱仪捕捉到了，雨滴谱仪观测到数浓度小且粒子直径异常大（直径增大至 2.75 mm）的雨滴。雷达反射率在淳化站的下风方持续增强，增强的反射率区域持续扩展，这表明播云对地面雨强的影响比在淳化站观测到的影响可能更大。从淳化雨滴谱仪观测数据和在该站下风方进一步增强的雷达反射率来看，当播云信号经过淳化站时，只有晶化后最大的水凝物在淳化站有足够的时间降落到地面。在播云信号经过淳化站后的 100 min 时，播云信号到达了铜川站。铜川站雨滴谱仪观测到明显增强的雨强。此次过冷层状云的播云事件链对地形云的晶化播云[17]的微物理事件链的全过程是一个强有力证据的补充。

图 6 中提出的概念模型，主要由以下过程组成：

（1）在播撒催化剂后约 15 min 引发冰晶生成，在此后不久（几分钟）雷达上出现可以探测到的冰晶水凝物粒子。

（2）凝聚的和凇化的水凝物下落，并在云顶留下清晰可见的云沟。

（3）水凝物在下落过程中，在较低的云层中冰粒子遇到丰富的云水继续凇化长大，并释放冻结潜热。

(4)释放的冻结潜热将加热的空气抬升至云沟附近,热空气遇到较小的过冷水滴形成了新的薄的水云,并填充了云顶塌陷造成的云沟。

(5)裹挟了冰核和小冰晶的空气上升到云层顶部的逆温层顶辐散,并与周围的过冷云层中的粒子碰撞和混合,从而使得云沟乃至整个播云轨迹向两边以约 1.4 m/s 的速率扩展。

(6)播云轨迹向周围扩展的过程中生成新的冰粒子水凝物使得播云轨迹向两边逐渐变宽,出现了降水强度双峰带。

(7)播撒催化剂后约 90 min,扩展速率从约 1.4 m/s 降至约 0.3 m/s,这可能是由于播云轨迹外围可用于生成新云的冰核已经被耗尽。

虽然增加的地面降水虽然很小,但研究结果表明,向云中增加冰核可以使云向即将产生降水或产生弱降水转化。由于播云会引起冰核浓度的改变,可能对云寿命和辐射特性产生影响,因此,对天气和气候研究具有重要意义。

鉴于以上的这些发现及其重要性,因此,非常有必要在今后的研究中利用云微物理观测设备通过科学的飞行设计进行观测试验。这些试验研究能够将使人们能够更全面地了解飞机增雨作业,从而更好地开展科学作业,提高播云作业的有效性。

参考文献

[1] SCHAEFER V J. The Production of Ice Crystals in a Cloud of Supercooled Water Droplets[J]. Science, 1946, 104(2707): 457-459.

[2] VONNEGUT B. The Nucleation of Ice Formation by Silver Iodide[J]. Journal of Applied Physics, 1947, 18(7): 593-595.

[3] CHENG C S, Experiment of rain enhancement in China[J]. Acta Meteorologica Sinica, 1959, 30: 286-290.

[4] GABRIEL K R. Ratio Statistics for Randomized Experiments in Precipitation Stimulation [J]. Journal of Applied Meteorology, 1999, 38(3): 290-301.

[5] HOBBS P V, RANGNO A L. Co mments on the Climax and Wolf Creek Pass Cloud Seeding Experiments [J]. Journal of Applied Meteorology, 1979, 18(9): 1233-1236.

[6] RANGNO A L. A Reanalysis of the Wolf Creek Pass Cloud Seeding Experiment[J]. Journal of Applied Meteorology, 1979,18(5): 579-605.

[7] RANGNOAND A L, Hobbs P V. Comments on "Generalized Criteria for Seeding Winter Orographic Clouds"[J]. Journal of Applied Meteorology, 1980, 19(7): 906-907.

[8] Rangno A L, Hobbs P V. Comments on "Reanalysis of Generalized Criteria for Seeding Winter Orographic Clouds"[J]. Journal of Applied Meteorology, 1981, 20(2): 216-216.

[9] RANGNO A L, HOBBS P V. Comments on "Randomized Cloud Seeding in the San Juan Mountains, Colorado"[J]. Journal of Applied Meteorology, 1980, 19(3): 346-349.

[10] RANGNO A L, HOBBS P V. A Reevaluation of the Climax Cloud Seeding Experiments Using NOAA Published Data[J]. Journal of Applied Meteorology, 1987, 26(7): 757-762.

[11] RANGNO A L, HOBBS P V. Further Analyses of the Climax Cloud-Seeding Experiments[J]. Journal of Applied Meteorology, 1993,32(12): 1837-1847.

[12] MANTON M J, WARREN L, KENYON S L, et al. A Confirmatory Snowfall Enhancement Project in the Snowy Mountains of Australia. Part I: Project Design and Response Variables[J]. Journal of Applied

Meteorology & Climatology, 2011, 50(7): 1448-1458.
[13] BREED D, RASMUSSEN R, WEEKS C, et al. Evaluating Winter Orographic Cloud Seeding: Design of the Wyoming Weather Modification Pilot Project (WWMPP)[J]. Journal of Applied Meteorology and Climatology, 2014, 53(2): 282-299.
[14] MANTON M J, PEACE A D, KEMSLEY K, et al. Further analysis of a snowfall enhancement project in the Snowy Mountains of Australia[J]. AtmosphericResearch, 2017, 193: 192-203.
[15] RASMUSSEN R M, TESSENDORF S A, XUE L, et al. Evaluation of the Wyoming Weather Modification Pilot Project (WWMPP) Using Two Approaches: Traditional Statistics and Ensemble Modeling[J]. Journal of Applied Meteorology and Climatology, 2018, 57(11): 2639-2660.
[16] LANGMUIR I. Collected Works of Langmuir[G]. Vols 10 and 11. SUITS G, WAY HE, Eds, New York: Pergamon Press, 1961.
[17] FRENCH J R, FRIEDRICH K, TESSENDORF S A, et al. Precipitation formation from orographic cloud seeding[J]. Proceedings of the National Academy of Sciences, 2018, 115(6): 1168-1173.
[18] FRIEDRICH K, IKEDA K, TESSENDORF S A, et al. Quantifying snowfall from orographic cloud seeding[J]. Proceedings of the National Academy of Sciences, 2020, 117(10): 5190-5195.
[19] GEERTS B, MIAO Q, YANG Y, et al. An Airborne Profiling Radar Study of the Impact of Glaciogenic Cloud Seeding on Snowfall from Winter Orographic Clouds[J]. Journal of the Atmospheric Sciences, 2010, 67(10): 3286-3302.
[20] POKHAREL B, GEERTS B, JING X, et al. The impact of ground-based glaciogenic seeding on clouds and precipitation over mountains: A multi-sensor case study of shallow precipitating orographic cumuli [J]. Atmospheric Research, 2014, 179: 147-148, 162-182.
[21] HOBBS P V, LYONS J H, LOCATELLI J D, et al. Radar detection of cloud-seeding effects[J]. Science, 1981, 213: 1250-1252.
[22] RAUBER R M, GEERTS B, XUE L, et al. Wintertime Orographic Cloud Seeding-A Review[J]. Journal of Applied Meteorology and Climatology, 2018, 59(4): 12-20.
[23] HOBBS P V. The Nature of Winter Clouds and Precipitation in the Cascade Mountains and their Modification by Artificial Seeding. Part III: Case Studies of the Effects of Seeding[J]. Journal of Applied Meteorology, 1975, 14(5): 819-858.
[24] SUPER A B, BOE B A. Microphysical Effects of Wintertime Cloud Seeding with Silver Iodide over the Rocky Mountains. Part III: Observations over the Grand Mesa, Colorado[J]. Journal of Applied Meteorology, 1988, 27(10): 1145-1151.
[25] SUPER A B, BOE B A, HOLROYD E W, et al. Microphysical Effects of Wintertime Cloud Seeding with Silver Iodide over the Rocky Mountains. Part I: Experimental Design and Instrumentation[J]. Journal of Applied Meteorology, 1988, 27(10): 1145-1151.
[26] HUGGINS A W. Another wintertime cloud seeding case study with strong evidence of seeding effects [J]. J Wea Modif, 2007: 39, 9-36.
[27] POKHAREL B, GEERTS B, JING X. The impact of ground-based glaciogenic seeding on a shallow stratiform cloud over the Sierra Madre in Wyo ming: A multi-sensor study of the 3 March 2012 case[J]. Atmospheric research, 2018, 214: 74-90.
[28] POKHAREL B, GEERTS B, JING X, et al. A multi-sensor study of the impact of ground-based glaciogenic seeding on clouds and precipitation over mountains in Wyo ming. Part II: Seeding impact analysis [J]. Atmospheric Research, 2017, 183: 42-57.
[29] Flossmann A I, Manton M, Abshaev A, et al. Peer review report on global precipitation enhancement ac-

tivities [R]. World Meteorological Organization, 2018. https://hal. uca. fr/hal-01917801.

[30] GULTEPE I, KUHN T, PAVOLONIS M, CALVERT C, et al. Ice fog in Arctic during FRAM - Ice Fog project: Aviation and nowcasting applications[J]. Bulletin of the American Meteorological Society, 2014, 95(2): 211-226.

[31] XUE L, HASHIMOTO A, MURAKAMI M, et al. Implementation of a Silver Iodide Cloud-Seeding Parameterization in WRF. Part I: Model Description and Idealized 2D Sensitivity Tests[J]. Journal of Applied Meteorology and Climatology, 2013,52(6): 1433-1457.

[32] XUE L, CHU X, RASMUSSEN R, et al. A Case Study of Radar Observations and WRF LES Simulations of the Impact of Ground-Based Glaciogenic Seeding on Orographic Clouds and Precipitation. Part II: AgI Dispersion and Seeding Signals Simulated by WRF[J]. Journal of Applied Meteorology and Climatology, 2016, 55(2):445-464.

[33] CHU X, XUE L, GEERTS B, et al.. A case study of radar observations and WRF LES simulations of the impact of ground-based glaciogenic seeding on orographic clouds and precipitation. Part I: Observations and model validations [J]. Journal of Applied Meteorology and Climatology, 2014, 53 (10): 2264-2286.

[34] CHU X, GEERTS B, XUE L, et al. A Case Study of Cloud Radar Observations and Large-Eddy Simulations of a Shallow Stratiform Orographic Cloud, and the Impact of Glaciogenic Seeding[J]. Journal of Applied Meteorology and Climatology, 2017,56(5): 1285-1304.

[35] CHU X, GEERTS B, XUE L, et al. Large-Eddy Simulations of the Impact of Ground-Based Glaciogenic Seeding on Shallow Orographic Convection: A Case Study[J]. Journal of Applied Meteorology and Climatology, 2016,56(1): 69-84.

[36] ROSENFELD D, YU X, DAI J. Satellite-Retrieved Microstructure of AgI Seeding Tracks in Supercooled Layer Clouds[J]. Journal of Applied Meteorology, 2005, 44(6): 760-767.

[37] POKHAREL B, GEERTS B. A multi-sensor study of the impact of ground-based glaciogenic seeding on clouds and precipitation over mountains in Wyoming. Part I: Project description[J]. Atmospheric research, 2016, 182: 269-281.

[38] POKHAREL B, GEERTS B, JING X. The impact of ground - based glaciogenic seeding on clouds and precipitation over mountains: A case study of a shallow orographic cloud with large supercooled droplets [J]. Journal of Geophysical Research: Atmospheres, 2015,120(12): 6056-6079.

[39] ATLAS D, BROWNING K, DONALDSON R, et al. Automatic digital radar reflectivity analysis of a tornadic storm[J]. J Appl Meteor, 1963:2:574-581.

[40] NAKAYA U, TERADA T JR. Simultaneous observations of the mass, falling velocity and form of individual snow crystals[J]. Journal of the Faculty of Science, Ser 2, Physics, 1935,1(7):191-200.

[41] ROSENFELD D, LENSKY I M. Satellite-Based Insights into Precipitation Formation Processes in Continental and Maritime Convective Clouds[J]. Bulletin of the American Meteorological Society, 1998, 79 (11): 2457-2476.

[42] ROSENFELD D, LIU G, YU X, et al. High resolution (375 m) cloud microstructure as seen from the NPP/VIIRS Satellite imager[J]. Atmos Chem Phys, 2014,14(5): 2479-2496.

[43] ROSENFELD D, CATTANI E, MELANI S, et al. Considerations on daylight operation of 1. 6-versus 3. 7μm channel on NOAA and METOP satellites[J]. Bulletin of the American Meteorological Society, 2004, 85(6):873-881.

[44] YU X, DAI J, ROSENFELD D, et al. Comparison of Model-Predicted Transport and Diffusion of Seeding Material with NOAA Satellite-Observed Seeding Track in Supercooled Layer Clouds[J]. Journal of

Applied Meteorology, 2005, 44(6): 749-759.

[45] HEYMSFIELD A J, THOMPSON G, MORRISON H, et al. Formation and Spread of Aircraft-Induced Holes in Clouds[J]. Science, 2011, 333(6038): 77-81.

微波辐射计探测秦岭南北水汽及云特征

李金辉[1,2]　周毓荃[3]　岳治国[1,2]　王　瑾[1,2]　宋嘉尧[1,2]　雷连发[4]

(1. 陕西省人工影响天气中心,西安 710016;
2. 秦岭和黄土高原生态环境气象重点实验室,西安 710016;
3. 中国气象科学研究院,北京 100081; 4. 北方天穹信息技术(西安)有限公司,西安 710014)

摘　要　利用微波辐射计分析了秦岭南北的水汽、液态水含量、湿度、云底高度等特征,结果表明:(1)秦岭北垂直积分水汽量年平均 18.52 kg/m², 秦岭南 20.94 kg/m², 90%以上水汽秦岭北平均高度 4.26 km, 秦岭南 3.87 km。(2)垂直积分液态水含量秦岭南年平均 0.13 kg/m², 秦岭北年平均 0.12 kg/m², 两者相差不多。(3)秦岭腹地的空气湿度大,秦岭南年平均相对湿度 75.3%, 秦岭北年平均相对湿度 59.8%, 秦岭南比秦岭北平均相对湿度大 15.6%。(4)云底高度秦岭南年平均 3817.5 m, 秦岭北年平均 4396 m, 中云云底高度年平均差异不大。(5)降雨时秦岭南云底年平均高度 323.3 m, 较秦岭北低,二者相差 42.2 m。

关键词　微波辐射计　垂直积分水汽总量　垂直积分液态水总量　人工影响天气

1　引言

秦岭是中国南北气候分界线,主体部分在陕西,秦岭在陕西包括渭南南部、西安南部、宝鸡的南部和汉中北部、安康北部、商洛全部(简称陕南)。丹江口水库水量的 70% 来自于陕南汉江和丹江。汉江是长江最大支流,源于秦岭南麓的汉中市宁强县,丹江发源于商洛区西北部的秦岭南麓,流经陕西、河南、湖北三省,在湖北省丹江口市与汉江交汇于丹江口水库。

水汽、液态水含量的观测方法有:卫星反演,机载探测、气象探空,微波辐射计反演等。其中微波辐射计具有数据连续观测、分辨率高、操作性强的特点,通过反演可得到垂直方向连续的温度、相对湿度、水汽密度、云底高度、垂直积分水汽量、垂直积分液态水含量等信息。微波辐射计有一定的缺陷,在有云的情况下,特别是低云和厚云存在时,湿度廓线反演误差增大,降水时,天线罩上附着的水将严重影响辐射计的反演精度,但利用纳米材料制作天线罩,并配备鼓风机向天线罩表面吹气等方法可有效减小水膜效应。

微波辐射计作为一种新型的大气探测设备,其探测原理和方法已日趋成熟,观测数据已开始应用到雷暴、暴雨、雾的预警预报和模式检验等方面,显示出良好的应用前景。许皓琳等(2020)利用微波辐射计分析乌鲁木齐和成都两地机场雷暴降水水汽条件,能够展现不同地区大气水汽的分布特征,以及降水过程中各层水汽的演变情况。李德俊等(2012)对武汉一次短时暴雪天气分析,结果表明:微波辐射计探测的温度、相对湿度、整层水汽密度和液态含水量等参量随降水相态改变均有明显的变化,同时还发现降水强度和比湿有较好的对应关系,降水开始后比湿迅速增加,降水减弱时比湿快速减少。杨文霞等(2019)使用 Ka 波段(毫米波)云雷达、微波辐射计、微雨雷达和地面雨量计对河北省邢台站出现的一次西南涡弱层状云降水过程进行综合遥感分析,表明联合观测能获取更为精细的云结构演变和降水粒子增长过程,是精细化识别降水出现和人工增雨潜力区的有效手段。黄建平等(2010)利用基地微波辐射计反演兰州地区液态云水路径和可降水量,结果表明:95%的云水路径值都在 150 g/m^2 以下,95%的可降水量值都在 3 cm 以下。其他的研究如郑飒飒(2020)基于地基微波辐射计反演四川盆地水汽及云液态水的初步分析,段英(1999)利用地基遥感方法检测大气中汽态、液态水含量分布特征,张志红(2010)一次降水过程云液态水和降水演变特征的综合观测分析等等。总之,微波辐射计探测水汽总量的精度可与探空相比一致性较好,云、液态水总量也有较高的精度。

目前陕西布设了 5 部微波辐射计,其中 4 部是中国兵器工业北方天穹信息技术(西安)有限公司研制并生产的 MWP967KV 型地基多通道微波辐射计,1 部为德国生产的 XGM-1 型微波辐射计,分别布设在秦岭腹地安康宁陕县气象局、秦岭北麓西安长安区气象局院内(2 部,其中 1 部为进口)、西安中心的西安市气象局、西安城北的泾河气象站。微波辐射计是分析空中云水资源的有效工具(蔡淼,2020;周毓全,2020),以往利用微波辐射计分析水汽、液水含量等等均为个例的分析,对长序列的分析少见,本文利用秦岭南北两部同型号微波辐射计(宁陕县海拔高度 802.4 m、长安区气象局海拔高度 445.0 m),研究秦岭地区大气中的水汽、液态水含量,湿度、云底高度等,对了解空中云水资源,开展人工增雨作业具有重要的意义。

2 资料说明与处理

2.1 资料与方法

使用国产 MWP967KV 型地基多通道微波辐射计,具有较高的精度(刘晓璐,2019),每 2 分钟完成一次扫描,每小时使用 30 个扫描资料,所有统计以小时为单位,为整点前后 30 分钟的平均值,月、年的平均是小时平均。采用机器学习方法,长安微波辐射计垂直资料是利用泾河气象站的探空资料训练进行反演,宁陕微波辐射计垂直资料变化是利用汉中气象站的探空资料训练进行反演,日常使用中每半年进行一次液氮标定,日常实时进行 Tipping 标定等。资料时间为 2018 年 8 月至 2020 年 2 月(长安区气象局 2018 年 12 月有 6 天、2019 年 1 月有 7 天、2019 年 2 月有 17 天无微波辐射计资料,利用西安市气象局微波辐射计资料替代,宁陕县气象局微波辐射计资料完整)。

降雨会对微波辐射计数据反演带来较大不确定性,为了减小误差,在计算垂直积分水汽含量、液态水含量、水汽廓线时利用自带的降雨传感器数据剔除降雨样本,同步统计两地没有降雨的资料,此外,水汽积分与高度有关,两地海拔高度不一样,为了使得积分数据具有可比性,两站点数据统一从宁陕的海拔高度作为积分水汽和液态水的起算点。降雨时云底高度较低,微波辐射计测的云底高度误差较小,没有剔除降雨时的资料。

2.2 垂直积分水汽与气象探空资料相关分析

秦岭北麓的长安区气象局微波辐射计垂直积分水汽与泾河气象站探空(两者距离 37 km)比较,相关系数为 0.97,因长安微波辐射计放置位置距离泾河探空站较近,因此,利用泾河气象站探空反演的垂直积分水汽与长安区气象局实际的垂直积分水汽相关性较好,如图 1a。秦岭腹地宁陕微波辐射计垂直积分水汽与汉中探空比较(两者距离 153 km),相关系数为 0.88,主要由于两地相距较远,受到水汽水平分布不均匀的影响,相关性变小,如图 1b 所示。

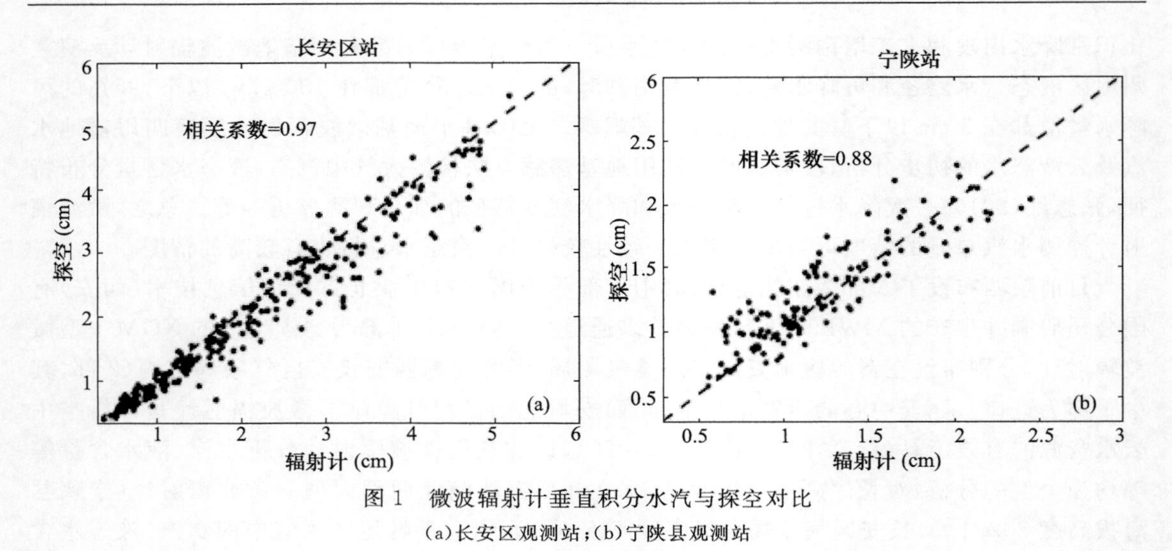

图 1　微波辐射计垂直积分水汽与探空对比

(a)长安区观测站;(b)宁陕县观测站

3　秦岭南北垂直积分水汽、垂直积分液态水含量变化特征

3.1　秦岭南北垂直积分水汽变化

水汽主要在低层,由于两地海拔高度有差异,宁陕县气象站比长安气象站海拔高度高约357.4 m,为了使得两地数据具有可比性,长安积分水汽总量起算高度与宁陕一致,选取两个站点没有降雨同一时段进行分析,逐月统计积分水汽平均值,秦岭北长安区气象站与秦岭南宁陕县气象站的垂直积分水汽量,年度变化趋势一致(图 2)。11 月至翌年 3 月垂直积分水汽量偏小,4 月、5 月、6 月逐渐增加,7 月、8 月达到最大值,9 月又逐渐减小。秦岭南宁陕县气象站微波辐射计垂直积分水汽量年平均 20.97 kg/m²,月平均变动范围为 10.87～46.73 kg/m²,月平均最大与最小相差 4.3 倍,秦岭北垂直积分水汽量年平均 19.1 kg/m²,月平均变动范围为 8.43～40.1 kg/m²,月平均最大与最小相差 4.76 倍,秦岭北垂直积分水汽量变率更大。

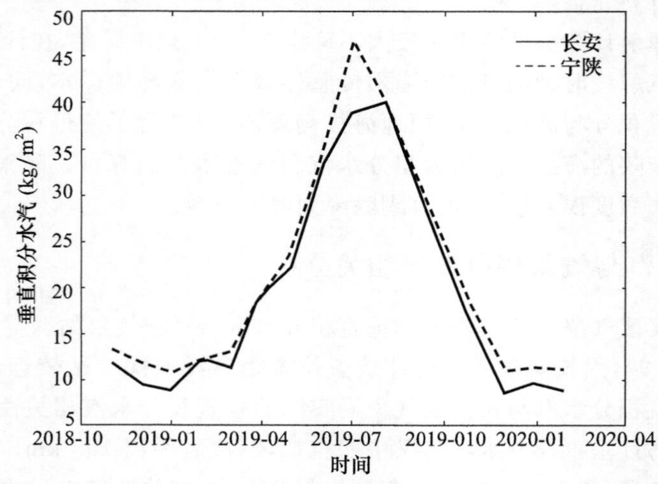

图 2　2018 年 11 月至 2020 年 2 月宁陕县气象站与长安区气象站垂直积分水汽量对比

(虚线:长安气象站的垂直积分水汽量;实线:宁陕气象站的垂直积分水汽量,单位:kg/m²)

3.2 水汽廓线对比

对 4 km 以下的水汽廓线进行了月平均统计，可以看出在高空水汽含量趋近一致，秦岭南宁陕站水汽密度廓线月平均基本都大于秦岭北部，越往低空水汽密度相差越大，另外，从季节上看，夏季水汽密度相差较大，冬季差异小（图 3）。

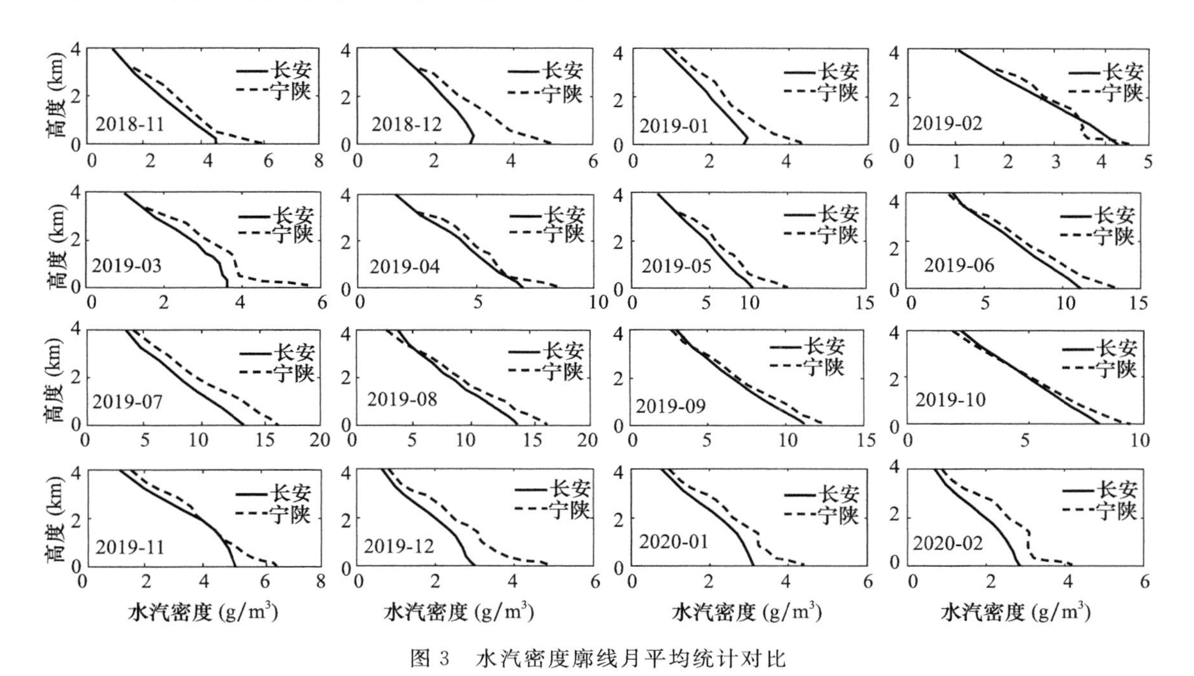

图 3　水汽密度廓线月平均统计对比

3.3 秦岭南北垂直积分液态水含量变化

秦岭南宁陕县气象站垂直积分液态水含量月平均变动范围 0.04～0.42 kg/m^2，平均 0.13 kg/m^2，月平均垂直积分液态水含量最高与最低相差 10.5 倍，秦岭北长安区气象局垂直积分液态水含量月平均变动范围 0.04～0.25 kg/m^2，平均 0.12 kg/m^2，月平均垂直积分液态水含量最高与最低差 6.25 倍（图 4），秦岭南与秦岭北年平均垂直积分液态水含量相差不大，秦岭南的垂直积分液态水含量变率更大。

3.4 秦岭南北湿度、90%以上水汽、降雨量分布特征

平均而言，秦岭南宁陕县气象站地面年平均相对湿度 75.3%，秦岭北长安区气象站地面年平均湿度 59.8%，秦岭南比秦岭北年平均相对湿度大，相差 15.6%。秦岭南 2 月、3 月、4 月平均相对湿度最小，小于 70%，而秦岭北 12 月、1 月、2 月、3 月平均相对湿度最小，月平均湿度小于 60%，见表 1。90%以上水汽平均高度秦岭南宁陕县气象站年平均 3.87 km，月最高与最低相差 820 m，秦岭北麓的长安区气象局 90%以上水汽年平均高度 4.26 km，月最高与最低相差 870 m，秦岭北麓水汽月平均变化更大一些，可以看出秦岭南部相比北部低空更富含水汽。由表 1 还可以看到，月平均相对湿度较小时，月平均降水量少。

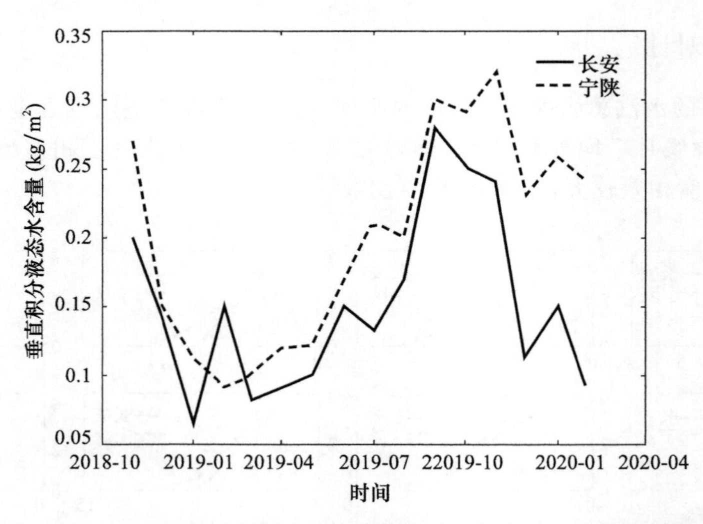

图 4 2018 年 11 月至 2020 年 2 月宁陕县气象站与长安区气象站垂直积分液态水含量对比图

(虚线:宁陕气象站的垂直积分液态水含量;实线:长安气象站的垂直积分液态水含量,单位:kg/m^2)

表 1 秦岭南宁陕县气象局、秦岭北长安区气象局平均湿度及 90%以上水汽平均高度

日期	宁陕月平均相对湿度(%)	长安月平均相对湿度(%)	宁陕 90%以上水汽月平均高度(km)	长安 90%以上水汽月平均高度(km)	宁陕月降雨量(mm)	长安月降雨量(mm)
2018 年 11 月	78.9	71.3	3.65	4.13	17.6	25.0
2018 年 12 月	78.7	52.7	3.63	4.38	40.6	9.3
2019 年 1 月	76.9	56.2	3.56	4.37	7.7	8.1
2019 年 2 月	69.4	58.8	3.73	4.34	5.8	13.6
2019 年 3 月	65.1	50.3	3.51	4.22	15.8	3.1
2019 年 4 月	67.6	67.0	3.55	4.33	62.0	72.0
2019 年 5 月	72.9	63.7	3.70	4.48	82.2	37.9
2019 年 6 月	79.4	63.6	3.96	4.82	57.8	118.8
2019 年 7 月	80.0	63.9	4.33	4.81	245.9	102.2
2019 年 8 月	77.0	67.0	3.83	4.87	201.6	166.5
2019 年 9 月	84.1	74.4	4.17	5.00	355.1	195.0
2019 年 10 月	85.5	82.1	4.08	4.59	119.0	55.6
平均	75.3	59.8	3.87	4.26	100.9	67.3

3.5 秦岭南北云底高度分布特征

利用微波辐射计反演云底最大高度可达到 9999 m,云底高度越高误差越大,为了准确确定云层云底高度,按照气象学分类将云底高度小于 2000 m 的统计为低云,将云底高度在 2000~5000 m 统计为中云,云底高度在 5000 m 以上的云,因人工增雨作业难于影响不统计。孙丽(2019)利用 CloudSat 卫星观测资料对云垂直结构进行分析,研究了典型系统影响下的作业云系垂直结构特征,为人工增雨作业提供参考。利用微波辐射计反演云高方面,丁虹鑫等

(2018),利用云雷达和微波辐射计联合反演大气湿度廓线,相关系数平均为0.862,均方差误差为14.9%,胡树贞(2020)进行了云雷达与云宏观特征对比分析,云雷达探测云高准确性高,与基于探空识别的云底高度平均偏差分别为100 m左右。

将1小时中有一半时间有降雨的云层统计为降雨时段,统计云底高度,统计结果如表2和表3所示。表2表明,秦岭南宁陕县气象站年平均云底高度3817.5 m,3—8月平均云底高度较高,达到4091.5 m以上。全年中云云底高度年平均3337.0 m,月平均云底高度在3115.0~3466.6 m,月平均相差351.6 m。低云年平均云底高度1021.7 m,月平均云底高度在788.8~1208.4 m,相差419.6 m。降雨时年云底平均高度是323.3 m。相对来说,平均雨量较大的月份平均低云云底高度较低。

表2 2018年11月至2019年10月秦岭南宁陕县气象局平均云底、中云、低云、降雨时云底高度

日期	宁陕月平均云底高度(m)	宁陕中云月平均云底高度(m)	宁陕低云月平均云底高度(m)	宁陕降雨时月平均云底高度(m)	宁陕月降雨量(mm)
2018年11月	3023.3	3394.1	1103.2	579.8	17.6
2018年12月	2323.7	3176.0	1086.5	448.0	40.6
2019年1月	2583.1	3347.4	1037.2	86.4	7.7
2019年2月	2891.4	3466.6	1096.3	263.3	5.8
2019年3月	5228.5	3350.0	1191.6	589.5	15.8
2019年4月	5200.2	3296.6	1133.2	331.7	62.0
2019年5月	4384.9	3318.1	1208.4	414.2	82.2
2019年6月	4091.5	3448.5	875.3	224.5	57.8
2019年7月	5464.4	3284.9	935.4	385.4	245.9
2019年8月	5121.5	3461.2	849.2	212.2	201.6
2019年9月	3367.4	3386.0	788.8	146.3	355.1
2019年10月	2130.2	3115.0	956.0	198.1	119.0
平均	3817.5	3337.0	1021.7	323.3	100.9

表3表明:秦岭北长安区气象局年平均云低高度4396.0 m,冬季平均云底高度较低。全年中云平均云底高度3329.8 m,月平均云底高度在3126.7~3673.2 m,平均相差546.5 m。低云年平均云底高度896.6 m,月平均云底高度在515.5~1153.7 m,相差638.2 m。降雨时年云底平均高度是356.5 m。相对来说,平均雨量较大的月份平均低云云底高度较低。

表3 2018年11月至2019年10月秦岭北麓长安区气象局平均云底、中云、低云、降雨时云底高度

日期	长安月平均云底高度(m)	长安中云月平均云底高度(m)	长安低云月平均云底高度(m)	长安降雨时月平均云底高度(m)	长安月降雨量(mm)
2018年11月	4661.1	3128.9	515.5	229.4	25.0
2018年12月	3153.7	3673.2	1022.5	290.9	9.3
2019年1月	2380.1	3352.4	1153.7	131.1	8.1
2019年2月	3521.2	3340.2	851.8	306.1	13.6
2019年3月	4715.8	3523.0	982.2	488.1	3.1

续表

日期	长安月平均云底高度(m)	长安中云月平均云底高度(m)	长安低云月平均云底高度(m)	长安降雨时月平均云底高度(m)	长安月降雨量(mm)
2019年4月	5436.3	3267.1	962.5	318.7	72.0
2019年5月	5103.6	3214.3	1033.6	651.6	37.9
2019年6月	4754.4	3439.8	737.0	481.4	118.8
2019年7月	5152.4	3454.2	940.1	456.3	102.2
2019年8月	4840.2	3272.4	856.4	241.8	166.5
2019年9月	4957.0	3165.8	725.5	217.1	195.0
2019年10月	4075.9	3126.7	978.3	465.3	55.6
平均	4396.0	3329.8	896.6	356.5	67.3

总体来说:秦岭南宁陕县气象站年平均云底高度比秦岭北长安区气象站年平均云底高度低 578.5 m。秦岭南宁陕县气象局中云年平均云底高度与秦岭北长安区气象局中云年平均云底高度相差 7.2 m,相差不大。秦岭南宁陕县气象站降雨时云底年平均高度比秦岭北长安区气象站降雨时的年平均云底高度低 33.2 m。相对来说:平均雨量较大的月份平均低云云底高度较低。

4 结论与讨论

(1)秦岭南北垂直积分水汽量变化趋势一致,11 月至翌年 3 月垂直积分水汽量偏小,4 月、5 月、6 月逐渐增加,7 月、8 月达到最大值,9 月又逐渐减小。秦岭北垂直积分水汽量年平均 18.52 kg/m^2,秦岭南垂直积分水汽量年平均 20.94 kg/m^2。

(2)秦岭南安康宁陕县气象站垂直积分液态水含量年平均 0.13 kg/m^2,月平均垂直积分液态水含量最高与最低相差 10.5 倍,秦岭北长安区气象站垂直积分液态水含量年平均 0.12 kg/m^2。月平均垂直积分液态水含量最高与最低差 6.25 倍,秦岭南的垂直积分液态水含量变率更大。

(3)秦岭南比秦岭北相对湿度大,年平均相差 15.6% 秦岭南宁陕县气象站 90%以上水汽年平均高度为 3.87 km,秦岭北的长安区气象站 90%以上水汽年平均高度 4.26 km。

(4)秦岭南年平均云底高度比秦岭北年平均云底高度低 578.5 m。中云年平均云底高度相差 7.2 m,相差不大。降雨时秦岭南云底年平均高度比秦岭北年平均云底高度低 33.2 m。相对来说:平均雨量较大的月份平均低云云底高度较低。

(5)人工增雨作业不能影响水汽,而微波辐射计能够很好地检测大气中水汽量、液态水含量、云底高度、湿度、温度等分布特征,对开展人工增雨作业具有重要意义。

参考文献

丁虹鑫,马舒庆,杨玲,等,2018. 云雷达和微波辐射计联合反演大气湿度廓线的初步研究[J]. 气象,44(12):1604-1611.

段英,吴志会,1999. 利用地基遥感方法检测大气中汽态、液态水含量分布特征[J]. 应用气象学报,10(1):34-40.

胡树贞,曹晓钟,陶法,等,2020. 船载毫米波云雷达观测西太平洋云宏观特征对比分析[J]. 气象,46(6):745-752.

黄建平,何敏,阎虹如,等,2010. 利用地基微波辐射计反演兰州地区液态云水路径和可降水量的初步研究[J]. 大气科学,34(3):548-558.

李德俊,唐仁茂,向玉春,等,2012. 基于多种探测资料对武汉一次短时暴雪天气的监测分析[J]. 高原气象,31(5):1386-1392.

刘晓潞,刘东升,郭丽君,等,2019. 国产 MWP967KV 型地基微波辐射计探测精度[J]. 应用气象学报,30(6):731-744.

孙丽,马嘉理,赵姝慧,等,2019. 基于 CloudSat 卫星观测资料的辽宁省不同天气系统影响下云系垂直结构特征[J]. 气象,45(7):958-967.

许皓琳,郑佳锋,姜涛,等,2020. 乌鲁木齐和成都两地机场雷暴降水水汽条件的分析研究[J]. 气象,46 (11) :1440-1449.

杨文霞,范皓,杨洋,等,2019. 一次层状云降雨过程多源遥感特征参量演变分析[J]. 气象,45(9):1278-1287.

张志红,周毓荃,2010. 一次降水过程云液态水和降水演变特征的综合观测分析[J]. 气象,36(3):83-89.

郑飒飒,2020. 基于地基微波辐射计反演四川盆地水汽及云液态水的初步分析[J]. 高原山地气象研究,40(2):83-88.

CAI Miao, ZHOU Yuquan, LIU Jianzhao, et al, 2020. Quantifying the Cloud Water Resource: Methods Based on Observational Diagnosis and Cloud Model Simulation [J]. Acta Meteor Sin, 34(6):1256-1270.

ZHOU Yuquan, CAI Miao, TAN Chao, et al, 2020. Quantifying the Cloud Water Resource: Basic Concepts and Characteristics[J]. Acta Meteor Sin, 34(6):1242-1255.

地形影响下祁连山北麓不同类型降水回波特征对比分析

付双喜[1] 张洪芬[2] 杨丽杰[2] 赵玉娟[2] 张可心[2] 陈 祺[1]

(1. 甘肃省人工影响天气办公室,兰州 730000;2. 庆阳市气象局,庆阳 745000)

摘 要 利用张掖CINRAD/CC多普勒雷达资料,结合气象观测资料及L波段秒探空数据,分析祁连山北麓不同类型强降水过程中地形的影响效应,结果表明:不同类型强降水的形成机制及物理量条件各有差异,地形对降水的影响效应也各不相同;各类型降水的大值区集中在山区或山地北坡,地形升高造成的强迫抬升效应显著;局地小地形的阻挡、辐合和抬升作用在强对流性降水过程中较为突出;大地形整体抬升形成的列车效应及局地小地形的汇集作用共同造成了短时强降水型过程;而系统性冷空气影响降水过程中,地形作用的主要表现形式是承载层气流在"口袋"状地形影响下,强回波不断生成并长时间维持;探空数据上,高层冷云降水与低层暖云降水的表征项变化各不相同。

关键词 祁连山北麓 强降水特征 地形影响 雷达特征 探空秒数据

1 引言

地形对降水有很大的影响,其对局部天气系统,甚至全球大气环流产生重要影响,主要有动力、热力、云物理作用,国内外对地形影响降水的研究已有多半个世纪的历史:Hobbs[1]研究了华盛顿州锋面系统路过山地时云与降水的特征,发现凇附和聚并是粒子增长的普遍途径;Woods等[2]发现锋面系统与地形影响共同作用于云系的微物理结构,在迎风坡地形对低层气流的抬升增加了云水含量;20世纪60年代国内科学家研究山地对大气和大气运动的作用,开展了大量的山坡局地环流、山区边界层结构等的观测研究,王成鑫等[3-7]详细研究了不同地区地形对降水的影响机制,主要集中在青藏高原、落基山脉、祁连山、天山、太行山脉以及南方山丘等,通过研究发现不同山脉对大气运动产生的动力作用和热力效应不同,动力作用分为动力阻挡和摩擦作用等[8],热力作用通过潜热释放的作用可以使中 、高层增温和高层辐散加强[9],从而有利于地形垂直环流向上伸展和加强,形成正反馈,最终导致地形对降水的强烈增幅,云物理作用通过影响云中液态水分布的变化及降水粒子的增长方式等来影响降水[10],通过大量的研究为我国地形降水研究打下良好基础。

祁连山位于中国青海省东北部与甘肃省西部边境,由多条西北—东南走向的平行山脉和宽谷组成,海拔4000～6000 m,面积约2062 km^2,共有冰川3306条,其高山积雪对中国大陆的云水资源存储有着至关重要的作用,其地形结构、云特征与降水关系密切,被越来越多的国内研究学者所重视[11-14],祁连山地区的降水是河西走廊及其下游重要的水源, 而祁连山地形云降水在该地区总降水中占很高的比例, 因此研究祁连山北麓不同类型降水特征,对该地区实施的人工影响天气作业具有科学指导意义。

甘肃省张掖市位于祁连山北麓,北部有合黎山、龙首山组成的走廊北山,中部为海拔1410～230 m的倾斜平原,形成张掖盆地,平原地形呈冲积扇形,由东南向西北敞开,是河西走廊的重要组成部分；张掖市特殊的喇叭口地形，有利于气流上升运动，使降水加大，喇叭口地形的辐合区容易出现暴雨中心。而利用多普勒雷达资料[15-20]和探空数据[21]可以更好地分析地形对降水的影响，更深入地探索地形对祁连山北麓不同类型降水影响效应。本文利用张掖 CINRAD/CC 多普勒雷达资料、MICAPS 数据及探空数据等资料，分别对张掖 2017 年 8 月 8—9 日强对流性降水、2018 年 8 月 31 日—9 月 1 日短时强降水、2019 年 6 月 25—26 日系统性强降水三次不同类型的强降水过程进行对比分析，归纳出了祁连山北麓不同类型降水过程中地形对强降水的影响特征，以揭示祁连山典型地形云系的宏观结构特征和降水形成机制，为祁连山地形云人工催化作业概念模型的建立及预报准确率的提高奠定了基础。

2 资料来源

雷达数据来源于张掖 CINRAD/CC 的 C 波段全相干脉冲多普勒雷达，采用自动监测 VPPI 扫描模式；V、R 产品采用敏视达 RPG/PUP 产品；逐小时降水资料来源于甘肃省气象局区域站观测；形势场资料来源于 MICAPS 历史数据；探空秒数据来源于张掖市 L 波段探空观测。

3 天气形势及实况

3.1 天气实况

2017 年 8 月 8—9 日，张掖出现了雷雨、大风、强降水、冰雹等强对流天气过程，最大累积降水量 31.5 mm，最大雨强 18.2 mm/h，最大冰雹直径 3 mm，极大风速 23.8 m/s；2018 年 8 月 31 日—9 月 1 日出现了 1974 年以来最强降水过程，36 站累积降水量超过 30 mm，8 站超过 50 mm，21 站次短时强降水，最大累积降水量 70.4 mm、最大雨强 28.4 mm/h；2019 年 6 月 25—26 日张掖市出现区域性暴雨过程，4 站累积降水量超过 50 mm，3 站次短时强降水，最大累积降水量为 62 mm，最大雨强 11 mm/h。暴雨洪涝诱发山洪，造成乡镇房屋倒塌、道路受损、农田淹没、城乡积涝严重；尤其是 2018 年 8 月 31 日—9 月 1 日暴雨过程造成直接经济损失 8612.5 万元。

通过降水空间分布与张掖市地形（图 1）对比分析可以看出，3 次降水过程的大值区均出现在山区或山地北坡：2017 年 8 月 8—9 日降水大值区出现在肃南、民乐、张掖市交界处，位于走廊南山北部的临松山北部；2018 年 8 月 31 日—9 月 1 日降水大值区出现在肃南北部山脉的西部及北部、临松山附近及山丹娘娘山附近；2019 年 6 月 25—26 日降水大值区出现在山丹、民乐东部祁连山北部附近，地势起伏极大。可见张掖地形对降水的分布影响显著。

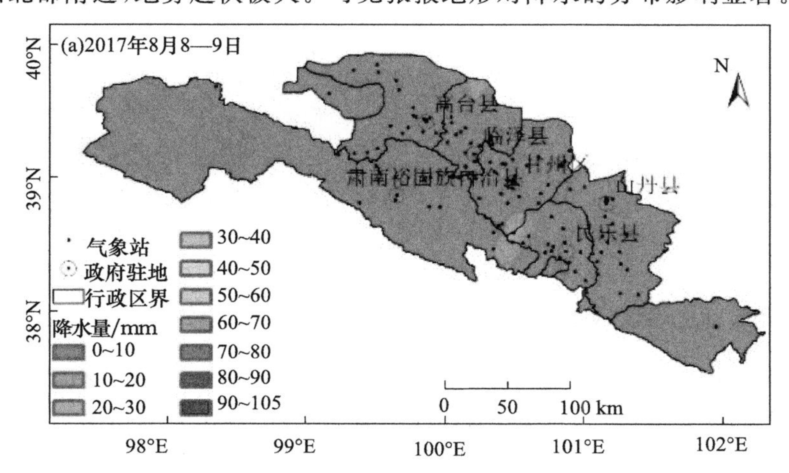

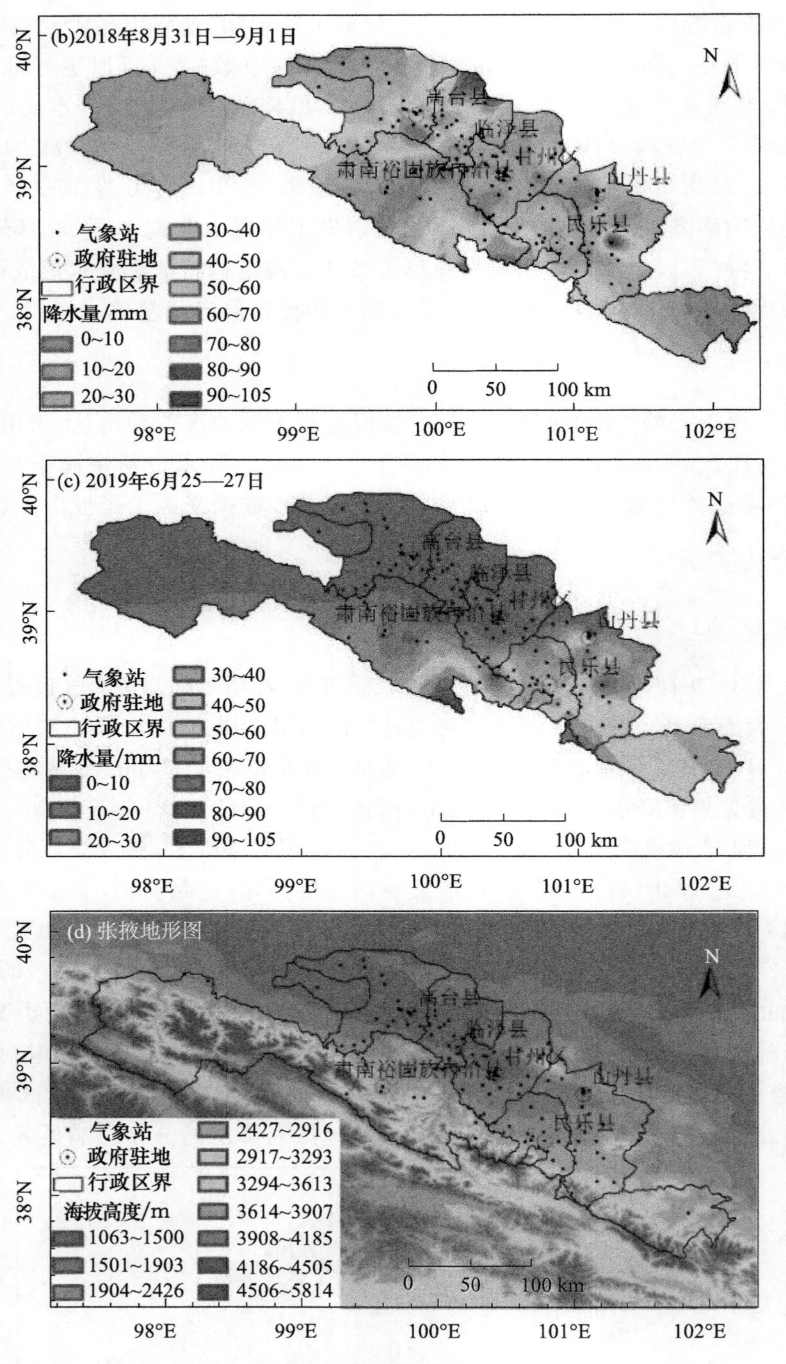

图 1 不同类型降水落区及张掖地形图

3.2 500 hPa 环流形势分析

如图 2 所示，2017 年 8 月 8—9 日降水过程是“西北气流型”降水，冷空气东移南压，在民乐、张掖、肃南交界处受地形阻挡、地面强迫抬升，造成了局地强对流天气；2018 年 8 月 31

日—9 月 1 日降水过程是“东高西低型”暴雨，新疆中部有一低槽，副高外围 584 dagpm 等高线在张掖西部形成高原槽，南北槽同位相叠加，使得副高西北侧暖湿气流与新疆东移冷空气在河西走廊中部交绥，对其产生主要影响；2019 年 6 月 25—27 日降水过程是“低槽东移型”降水，500 hPa 张掖上空受偏西北气流控制，新疆东北部为一冷涡，其前部不断分裂冷空气南下，配合低层暖湿气流，造成此次持续性降水过程。降水系统的差异，造成了冷暖空气及干湿气流的移动方向不同，从而地形对强降水的影响也有所不同。

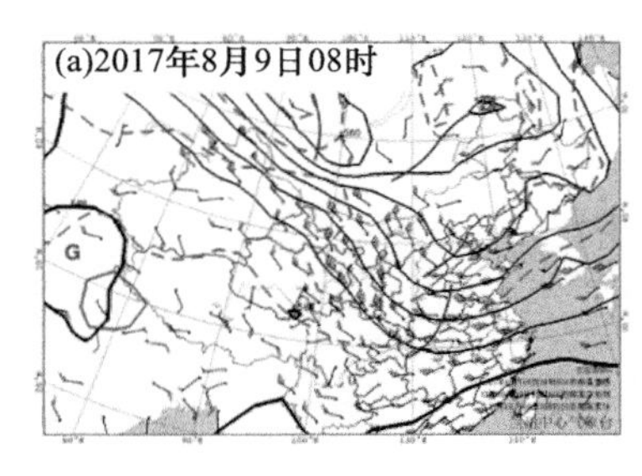

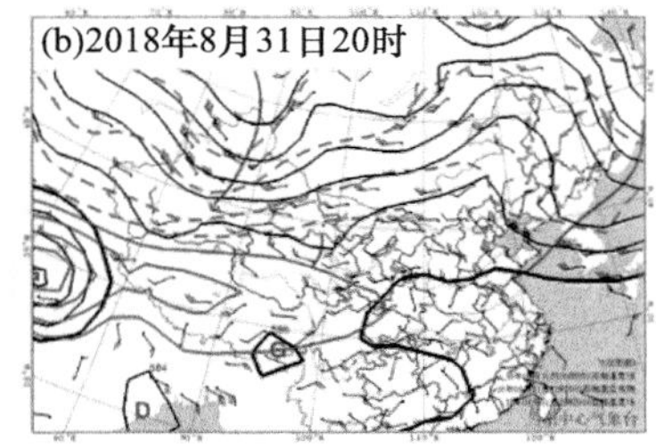

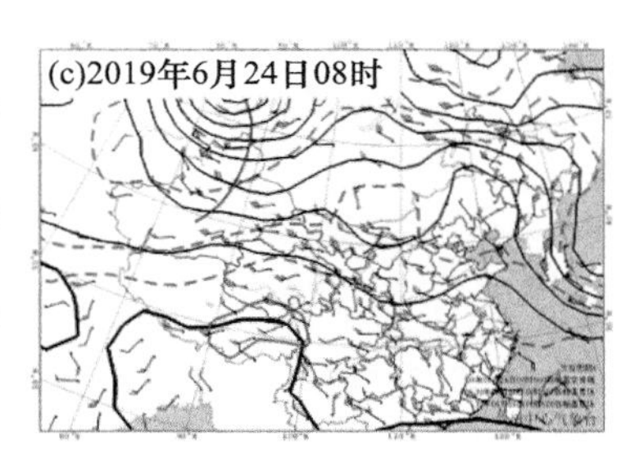

图 2　不同类型降水 500 hPa 形势场

3.3　中尺度环境场配置对比

从三次降水的中尺度环境场配置对比（表 1）可以看出，三次强降水均发生在有利的环流背景下，但物理量条件各有差异：2017 年 8 月 8 日过程冷空气更强，高、低层温度差更加明显，水汽条件相比较弱；2018 年 8 月 31 日过程，更明确地表现出了“副高外围型”降水的特点，水汽、能量条件较好；2019 年 6 月 26 日过程，各项条件均相对较弱，主要是在冷空气的一次次东移过程中造成的降水量累加。

表 1　三次降水过程中尺度环境场配置特征

时间	形势场				物理量场			
	200 hPa 急流	500 hPa	700 hPa	地面	K (℃)	$q_{700\ hPa}$ (g/kg)	$\theta_{se700\ hPa}$ (℃)	$T_{700-500}$ (℃)
2017.8.8.08	出口区左侧	冷槽	暖脊	辐合线	22～24	6～7	58～60	≥22
2018.8.31.08	无	低涡	切变	锋生	≥32	≥12	70～76	≥18
2019.6.26.08	入口区右侧	槽	切变	露点锋	18～24	6～8	56～64	≥20

4　雷达资料分析

受祁连山复杂地形的影响，文中主要选取低仰角 VPPI(2.4°)的雷达回波强度、径向速度资料(文中图注未标明的仰角均为 2.4°、距离圈均为 30 km)对 3 次不同类型的降水过程进行分析讨论。

4.1　强度场分析

4.1.1　2017 年 8 月 8—9 日降水

如图 3 所示，2017 年 8 月 8 日 13:00—16:00，雷达测站 100 km 范围内出现自西北向东南移动的块状对流回波。回波先后两次在民乐南固测站附近增强,第一次增强时段为 13:19—14:05,回波迅速增强至 57 dBZ,与之对应 13:40—13:50 时段 10 min 降水量为 9.9 mm,属甘肃河西罕见;第二次增强时段为 14:34—15:08,14:51 回波发展至最强,达 59 dBZ,并表现出弓状回波结构。14:57—15:48,高台新坝测站附近再次有小块积云回波自西北方向移入,对流云迅速发展,范围扩大、强度增强,回波强度达 56 dBZ,强回波维持了两个体扫(15:25—15:31),强回波出现的时间与冰雹出现的时间基本一致。

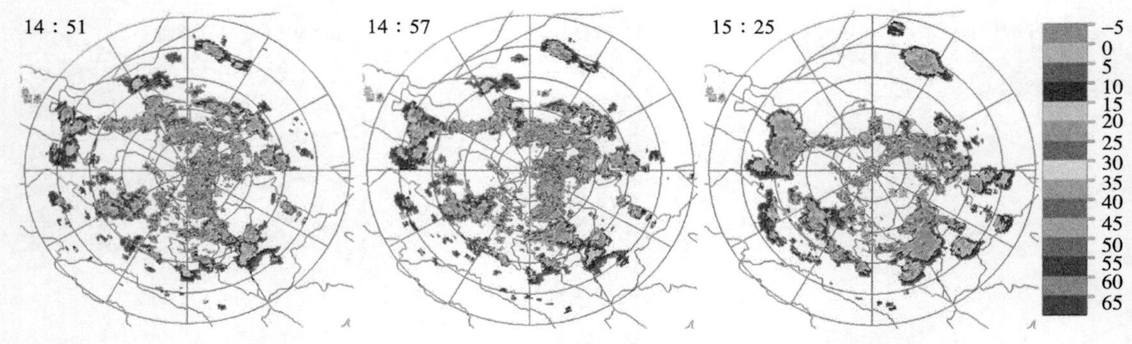

图 3 2017 年 8 月 8 日不同时间雷达反射率因子(dBZ)分布图

强降水和冰雹的落区还与当地的特殊地形有密切关系:高台新坝地处祁连北麓北偏西开口向南凹陷处,具有地形阻挡和对水汽能量的强制辐合和抬升作用,将对流不稳定能量抬升到抬升凝结高度以上,为对流的产生提供了较好的触发机制。民乐南固站位于山脚下,从新疆下滑的西北风翻过其西北侧的山脉,在地形的背风坡有利于对流的发展,且地形的辐合作用同样也较为明显,有利于风向产生辐合。

4.1.2 2018 年 8 月 31 日—9 月 1 日降水

在冷空气进入张掖后,受到祁连山北部山脚地形及梧桐泉附近南北向丘陵的地形阻挡抬升,造成局地强降水的产生,呈现出层状-积云混合降水云系的特征,其最大回波强度维持在 35~45 dBZ(图 4)。回波东移遇到祁连山、龙首山、合黎山等地形抬升时增强;18:00 强回波在向北移动过程中在高台、临泽境内持续维持对流性特征,之后为本次暴雨过程的成熟阶段,测站西部的强回波合并发展后向东北偏北方向移动,范围逐渐扩大,在以高台县南部为中心的强降雨区,具有明显的“列车效应”,且 18:00—22:00 积云降水回波主体覆盖以雷达测站为中心的 90 km范围,22 时后强回波东移,降水随之减弱。

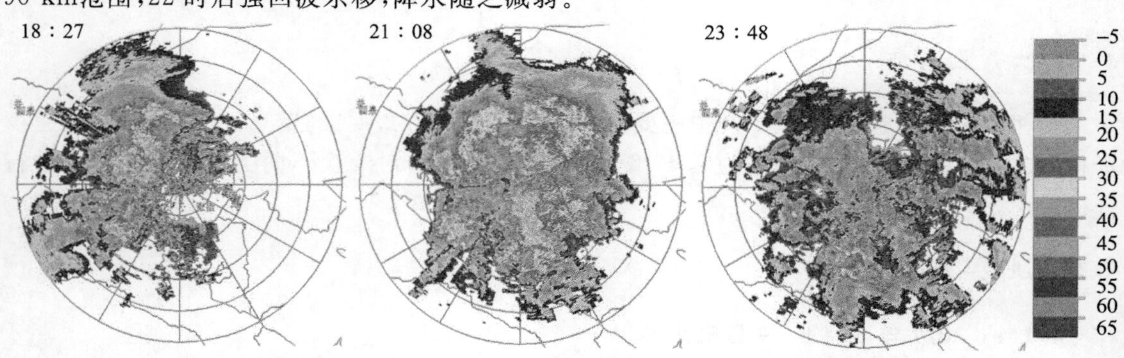

图 4 2018 年 8 月 31 日不同时间雷达反射率因子(dBZ)分布图

4.1.3 2019 年 6 月 25—26 日降水

按回波发展降水过程可以分为三个阶段(图 5)。第一阶段:25 日 08:00—12:00,降水主要是冷锋底部及高空西风槽前的冷空气在东移的过程中,遇到龙首山地形的抬升而形成的低云降水,降水以层状云回波为主集中在低仰角(0.5°～1.5°),自西北向东南方向移动。前期(08:57)0.5°仰角上山丹东南部的回波最强达到 53 dBZ,1.5°仰角上回波为 30 dBZ,高仰角上回波已东移,表现出明显的低质心结构,有利于高效率的对流降水,山丹东南部降水增幅明显。第二阶段:13:34,2.4°仰角上测站西南部出现许多分散的对流块向东北方向移动,在祁连山的阻挡和抬升作用下,逐渐增强并向东北方向移动,强度>35 dBZ 的回波位于山丹、民乐南部,与之对应该地降水明显增强。第三阶段:21:29 以后,民乐、山丹附近的回波明显开始增强、发展,强降水区也表现出了低质心的结构。

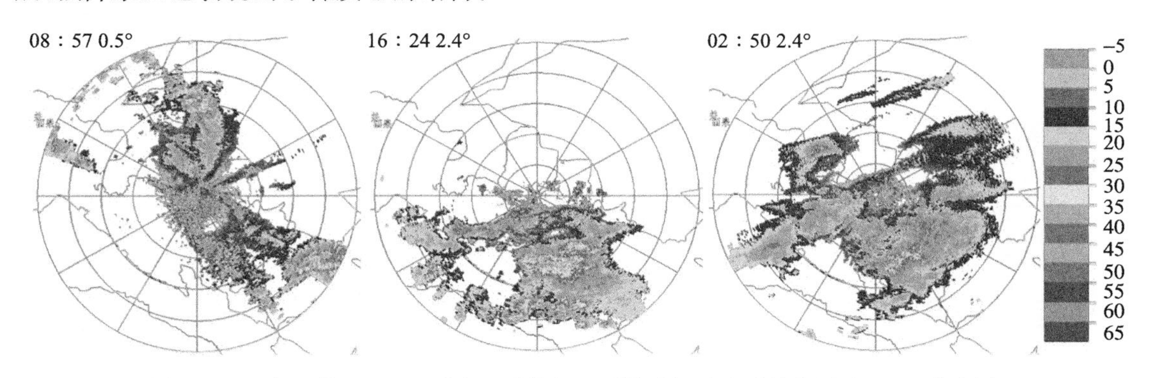

图 5 2019 年 6 月 25 日 0.5°及 2.4°仰角上不同时间雷达反射率因子(dBZ)分布图

此次过程中以层状云降水为主,伴随冷空气分裂南下,回波不断东移,在遇到祁连山、龙首山等地形抬升时增强转为积层混合降水回波,在承载层气流和“口袋”状地形(西北高、东南低,三面环山)影响下,使得强回波不断通过测站东南部并在该地长时间维持。强降水时段反射率因子的垂直结构表现出了“低质心”结构,有利于降水。尤其是焉支山西北部的山丹陈户,冷空气过境时爬坡造成的能量抬升,增强了降水强度。

4.2 速度场分析

4.2.1 2017 年 8 月 8—9 日降水

如图 6 所示,13:25—13:54 民乐南固附近(最强降水区)风场呈辐合、降水增强,14:05 辐合中心向东南方向移去并减弱;14:51 民乐南固再次出现风场辐合中心,持续了两个体扫(14:51—15:03),与民乐南固再次出现强降水的时间相对应,15:03 辐合中心向东南方向移去,降水减弱。

4.2.2 2018 年 8 月 31 日—9 月 1 日降水

从多普勒雷达径向速度图(图 7)分析可见,过程前期为暖区降水,18:36 开始零速度线为反“S”形,低层有冷平流,中高层为偏南风,说明冷空气从低层入侵,然后逐渐渗透到高层,因此测站上方中层风向也由偏南风慢慢转为西北风,20:10 开始从高台、临泽西南方向到张掖出现明显的速度辐合,且正负速度中心值明显增大,至 21:47 达到最大,负速度中心值为—15.0 m/s,正速度中心值为 12.1 m/s,说明这支西北风低空急流加强,且速度辐合也加强,是高台境内多地出现短时强降水的一个主要原因,至 22:45 测站上空整层都转为西北风,冷空气已完全过境。

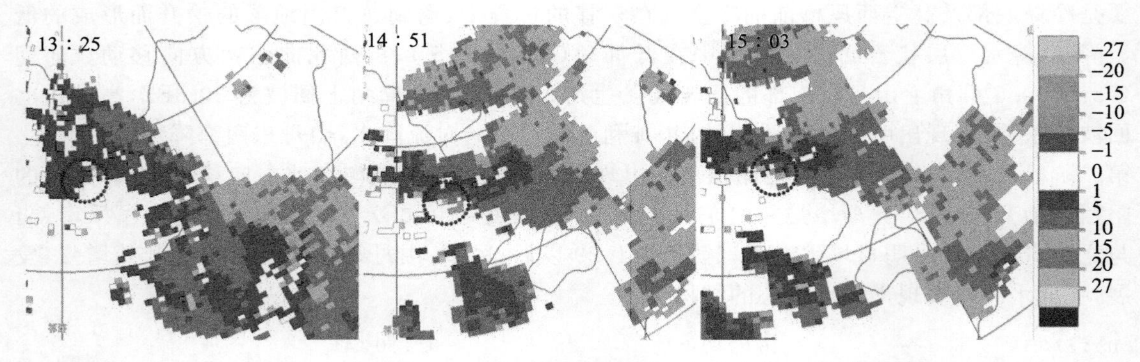

图 6　2017 年 8 月 8 日不同时间多普勒雷达径向速度(m/s)分布图

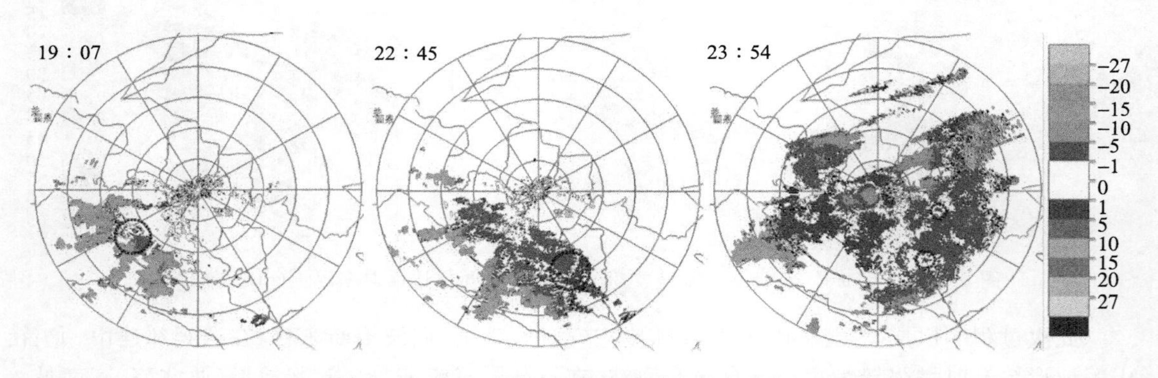

图 7　2018 年 8 月 31 日不同时间多普勒雷达径向速度(m/s)分布图

4.2.3　2019 年 6 月 25—26 日降水

如图 8 所示,第一阶段,逆风区结构出现在 14:24,与强度场相对应,测站西南部出现了 3 个呈东北—西南走向的负速度区,逆风区位于肃南裕附近被负速度包围并有零线分隔,水平尺度 5~6 km。第二阶段,15:24 肃南裕与民乐附近速度场上速度零线呈"弓"形结构,径向入流位于"弓"内构成了辐合流场,这种结构维持至 18:27。第三阶段,21:29 开始,测站东南部处山丹、民乐附近再次转为辐合流场,26 日 02:56—03:46 在负速度区中镶嵌着若干个被零线包围的逆风区,辐合流场及逆风区结构的时间较长维持,是该地出现暴雨的主要原因。

从雷达分析中可以看出,地形在不同类型降水过程中的作用各不相同:强对流性降水,冷空气在东移南压中,主要以小地形的强迫作用为主,一是对不稳定能量的强迫抬升,二是冷空气翻山造成的绕流辐合强迫抬升作用,从而造成了局地强降水;在短时强降水过程中,主要以大地形的阻挡抬升作用形成的列车效应为主,小地形的强迫抬升也起着非常重要的作用,从而形成了整体降水强度大,伴有短时强降水的降水形式;系统性冷空气过程主要是大地形对冷空气的抬升作用,承载层气流和"口袋"状地形(西北高、东南低,三面环山)影响下,表现为冷空气的爬坡效应的"低质心"结构。

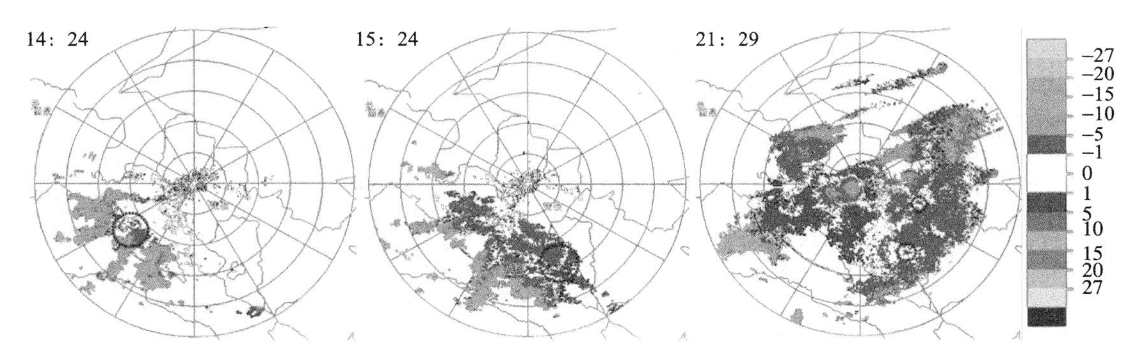

图 8　2019 年 6 月 25 日不同时间多普勒雷达径向速度(m/s)分布图

5　探空数据分析

5.1　云层特征分析

如表 2 所示，2017 年 7 月 8—9 日降水过程(过程 1，下同)前期云层较薄，云高较高，云中含水形式以冰晶-水汽混合为主，起始温度较低，以中云开始；2018 年 8 月 31—9 月 1 日降水过程(过程 2，下同)云层较厚，云底较低，伸展高度较高，起始温度较高，云中含水形式以水汽为主，以中低云为主；2019 年 6 月 25—26 日持续降水过程(过程 3，下同)前，云层厚度，云底高度中等，较过程 1 低，较过程 2 高，云中起始温度位于前两次过程之间，云厚度中等以中云为主。而在降水过程中，过程 1 是云底迅速降低，云底温度升高明显，云顶高度也迅速降低，云厚度略有增加，云型以中云为主；过程 2 随着降水的开始，云底逐渐升高，云底温度也迅速降低，云顶降低，云顶温度升高明显，云层厚度迅速减小，云型以中低云为主；过程 3 云底起始高度抬高，但抬高幅度较过程 1 小，云底温度先迅速降低又略有升高，云顶高度升高，云顶温度降低，云厚度增加，以中高云为主。在降水结束后，过程 1 迅速减弱至无云形式，过程 2 云层厚度减弱，云底温度增加，云顶温度迅速降低，云顶高度抬升，以较高的中云为主；过程 3 变化与降水过程中的相比不显著。

表 2　三次降水过程云层特征统计表

时间		起始层			结束层			云层厚度(gpm)
		P(hPa)	*T*(℃)	*H*(gpm)	*P*(hPa)	*T*(℃)	*H*(gpm)	
2017.7.8—9	7.23:00	493.8	−12.5	5912	472.7	−14.8	6223	311
	8.11:00	577.3	−2.2	4724	507.1	−8.6	5725	1001
	8.23:00	574.8	−2.8	4751	527.4	−8.1	5418	667
2018.8.31—9.1	31.11:00	848.1	20.5	1462	347.5	−17.2	8701	7241
	31.23:00	853.4	16.4	1462	527	−0.4	5428	3966
	1.11:00	591.6	0	4495	519.7	−3.1	5528	1083
	1.23:00	636.9	2.3	3906	558.9	−17	4935	1047

续表

时间		起始层			结束层			云层厚度(gpm)
		P(hPa)	T(℃)	H(gpm)	P(hPa)	T(℃)	H(gpm)	
2019.6.25—26	25.11:00	753.8	12.9	2479	535.5	−2.6	5264	2785
	25.23:00	626	1.1	3997	410.5	−13.8	7317	3320
	26.11:00	666.5	3.3	3476	366.7	−19	8180	4704
	26.23:00	658.7	0.9	3573	346.4	−22.9	8538	4965

注:P 为气压,单位为 hPa;T 为气温,单位为℃;H 为位势高度,单位为 gpm。

5.2 特殊高度层

如表 3 所示,过程 1 降水前后,0℃层高度逐渐升高,相对湿度先增加再减小,−20℃层高度逐渐抬升,湿度下降,0℃层与−20℃层高度差逐渐减小,风切变先增加后减小;过程 2 降水前后,0℃层高度先降低后升高,湿度均比较大,−20℃层逐渐降低,湿度是先降低再升高,0℃层与−20℃层高度差先增加再减小,风切变先增加再减小;过程 3 降水前后,0℃层高度逐渐降低,高度差先升高再降低,风切变先减小再增大再次减小。

表 3　三次降水过程特殊高度层特征统计表

时间		0℃层					−20℃层						风切变(s^{-1})
		$H_{0℃}$	$P_{0℃}$	$RH_{0℃}$	风向(°)	$V_{0℃}$	$H_{-20℃}$	$P_{-20℃}$	$RH_{-20℃}$	风向(°)	$V_{-20℃}$	$H_{-20℃}$	
2017.7.8—9	7.23:00	4295	607	64	299	17	7470	400.9	18	295	18	3175	0.1
	8.11:00	4391	599.6	77	319	17	7487	401	25	295	18	3096	0.11
	8.23:00	4417	598.7	80	306	14	7695	390	7	349	14	3278	0
2018.8.31—9.1	31.11:00	5573	518.3	91	186	8	9073	329.5	83	300	12	3500	0.83
	31.23:00	4676	581.3	92	300	19	8938	332.8	8	250	19	4262	1.15
	1.11:00	4495	591.6	92	297	4	8823	340.1	86	255.3	30	4328	2.99
	1.23:00	4605	583.5	92	249	8	8748	340.6	12	270	24	4143	1.71
2019.6.25—26	25.11:00	4591	582.3	93	40	3	8347	358.9	80	266	23	3756	3.41
	25.23:00	4362	598.5	90	53	4	8476	3515	74	258	24	4114	2.7
	26.11:00	4149	613.2	91	119	2	8200	352	87	266	22	4051	3.52
	26.23:00	3573	658.7	91	282	7	8181	363.2	85	242	24	4608	1.49

注:P 为气压,单位为 hPa;T 为气温,单位为℃;H 为位势高度,单位为 gpm;RH 为相对湿度,单位为%;V 为风速,单位为 m/s。

对云层特征和特殊高度层特征分析发现,2017 年 7 月 8—9 日西北气流型强对流过程高层冷云特征明显,各表征项变化急剧;2018 年 8 月 31—9 月 1 日降水过程低层暖云特征明显,各表征项变化平缓;2019 年 6 月 25—26 日降水过程介于二者之间,具有明显冷空气持续影响特征。

6 结论

(1)三次降水的大值区均出现在山区或山地北坡,受地形影响明显,地形的强迫抬升效应显著,而地形对降水影响的强弱程度与降水类型有关。

(2)三次强降水过程降水机制各不相同:2017 年 8 月 8—9 日降水过程是“高空冷槽型”降水,冷空气东移造成的局地强对流天气;2018 年 8 月 31 日—9 月 1 日降水过程是冷空气和副高外围共同影响的典型“东高西低型”暴雨形势;2019 年 6 月 25—27 日降水过程是中空冷空气不断分裂东移,配合低层暖湿气流共同造成的“低槽东移型”持续降水过程。

(3)强对流性降水过程,地形对强降水的作用主要是局地小地形的阻挡、辐合和抬升作用;短时强降水型降水过程是大地形造成的整体抬升形成的列车效应,以及局地小地形的汇集作用下共同造成的;系统性冷空气过程是大地形的抬升作用,承载层气流和“口袋”状地形(西北高、东南低,三面环山)影响下,强回波不断生成并长时间维持,主要表现为冷空气的爬坡效应的“低质心”结构。

(4)在探空秒数据上,2017 年 7 月 8—9 日强对流过程高层冷云特征明显,各表征项变化急剧;2018 年 8 月 31 日—9 月 1 日降水过程低层暖云特征明显,各表征项变化平缓;2019 年 6 月 25—6 日降水过程介于二者之间,具有明显冷空气持续影响特征。

(5)本文虽详细分析了降水过程系统演变及雷达与探空秒数据间差异,分析了不同降水过程、地形影响特征,但分析资料仅是应用了常规观测资料,且近地面层资料的缺失,不能完全反映出强降水过程地形对气流的影响特征,如在地形影响下近地层流场的演变及水汽相态的变化等,因此,要精准分析地形云对降水影响,还需要增加地形云微物理观测资料的应用,以及数值模拟和再分析资料的应用,以期得到更为精准的研究结论,从而提升人工影响天气的能力和准确率。

参考文献

[1] HOBBS P V. The nature of winter clouds and precipitation in the cascade mountains and their modification by artificial seeding. Part Ⅰ:natural conditions[J]. Journal of Applied Meteorology,1975,14(2):783-804.

[2] WOODS C P, STOELINGA M T, LOCATELLI J D,et al. Microphysical processes and synergistic interaction between frontal and orographic forcing of precipitation during the 13 December 2001 IMPROVE-2 event over the oregon cascades[J]. Journal of the Atmospheric Sciences,2005,62(3):3493-3519.

[3] 王成鑫,高守亭,冉令坤,等. 四川地形扰动对降水分布影响[J]. 应用气象学报. 2019,30(5):586-597.

[4] 徐靖宇,兰明才,周长青. 南岭地形对湘南降水的影响分析[J]. 地理科学研究,2018,7(3):258-263.

[5] 钟水新. 地形对降水的影响机理及预报方法研究进展[J]. 高原气象,2020,39(5):1122-1132.

[6] 付超,谌芸,单九生. 地形因子对降水的影响研究综述[J]. 气象与减灾研究,2017,40(4):318-324.

[7] 王凌梓,苗峻峰,韩芙蓉. 近 10 年中国地区地形对降水影响研究进展[J]. 气象科技,2018,46(1):64-75.

[8] 胡伯威. 中尺度地形对大气铅直运动和强降水的影响[J]. 暴雨灾害,2000,19(1):8-23.

[9] 高坤,翟国庆,俞樟孝,等. 华东中尺度地形对浙北暴雨影响的模拟研究[J]. 气象学报,1994,52(2):157-164.

[10] 廖菲,洪延超,郑国光. 地形对降水的影响研究概述[J]. 气象科技,2007,35(3):309-316.

[11] 刘晓迪,宋孝玉,覃琳,等. 祁连山北麓牧区植被生长季不同等级降水时空变化特征[J]. 水资源与水工程学报,2020,31(4):31-39.

[12] 张百娟,李宗省,王昱,等. 祁连山北坡中段降水稳定同位素特征及水汽来源分析[J]. 环境科学,2019,40(12):5272-5285.

[13] 李岩瑛,张强,许霞,等. 祁连山及周边地区降水与地形的关系[J]. 冰川冻土. 2010,30(1):52-61.

[14] 陈乾,陈添宇,肖宏斌. 祁连山区夏季降水过程天气分析[J]. 气象科技,2010,38(1):26-31.

[15] 刘平,刘九玲. 新一代天气雷达在濮阳特大暴雨过程中的应用[J]. 气象与环境科学,2006,29(3):39-40.

[16] 陈鲍发,魏鸣,柳守煜. 逆风区的回波演变与强对流天气的结构分析[J]. 暴雨灾害,2008,27(2):33-40.

[17] 蔡晓云,焦热光,卞素芬,等. 多普勒速度图暴雨判据和短时预报工具研究[J]. 气象,2007,27(7):13-15.

[18] 付双喜,张鸿发,楚荣忠. 河西走廊中部一次强降水过程的多普勒雷达资料分析[J]. 干旱区研究,2009,26(5):656-663.

[19] 李照荣,张强,陈添宇,等. 一次强冰雹暴雨天气过程闪电特征分析[J]. 干旱区研究,2007,24(3):321-321.

[20] 付双喜,王致君,张杰,等. 甘肃中部一次强对流天气的多普勒雷达特征分析[J]. 高原气象,2006,25(5):932-941.

[21] 蔡淼,欧建军,周毓荃,等. L 波段探空判别云区方法的研究[J]. 大气科学,2014,38(2):213-222.

基于微波辐射计的祁连山东段大气水汽变化特征分析

把　黎[1,2]　尹宪志[1]　冷文楠[1,2]　刘妍秀[1]　张鑫海[3]

(1. 甘肃省人工影响天气办公室,兰州 730020;
2. 中国气象局云雾物理环境重点开放实验室,北京 100081;3. 永登县气象局,永登 730300)

摘　要　利用祁连山东段永登地区的地基多通道微波辐射计资料,结合永登地面台站资料,研究了不同天气背景下祁连山东段的大气水汽总量(V)、积分液态水含量(L)、水汽密度(VD)及液态水含量廓线(LWC)的时空变化特征,并对微波辐射计廓线在不同降水背景下的个例表现进行初步分析。结果表明:(1)大气中的水汽总量及液态水含量的月变化特征呈现单峰单谷的特征,峰值出现在7—8月,谷值出现在11月—翌年2月,夏季是水汽含量最多的季节,占全年水汽总量的46%,降水天气背景下的水汽含量大于无降水天气背景。全年日变化呈现单峰单谷的特征,谷值出现在清晨至中午,峰值出现在下午至傍晚。夏季谷值和峰值出现的时间均迟于冬季。(2)从垂直廓线来看,降水日整层大气水汽密度及液态水含量大于非降水日,大气水汽密度在近地层最大,主要集中在距地面2 km以内的低层,液态水含量的最大值出现在海拔高度4 km左右。(3)在降水开始前的0.5～1 h,液态水含量在距地面4 km左右的高度上出现跃增,跃增量在本来液态水含量的2倍左右;水汽含量在距地面1 km左右高度处开始跃增;伴随降水开始,液态水含量质心下降至距地面1 km左右,地面水汽密度达到最大。降水过程雨强大时,跃增开始响应的时间早。

关键词　大气水汽总量　液态水含量　祁连山东段　微波辐射计　垂直廓线

1　引言

水汽作为大气的重要组成成分,不仅仅是大气降水的物质基础[1],其变化对大气水循环乃至全球气候系统都有深刻的影响[2-3]。而大气中的水汽往往以云、雾等形式存在,云水量的多少对云滴的增长、降水的形成及强度有非常重要的影响[4]。在人工影响天气领域,云液态水含量是决定可播性的先决条件,因此,进行大气水汽及液态水含量的研究对于提高人工影响天气效率有着不可忽视的作用[5]。

目前,基于常规观测、卫星、再分析资料、微波辐射计、GNSS/MET、激光雷达等均可对大气水汽开展研究[6-11],而对于液态水含量的获取手段较少,主要基于微波辐射计、卫星、再分析资料等开展[4-5,12-13]。地基微波辐射计作为一种被动遥感仪器,具有高时空分辨率,高探测精度,受云、雾影响较小,穿透能力强,可无人值守,长时间连续观测等优点[14-16],并且,随着微波辐射计探测技术的不断进步,近年来仪器在降水天气下的廓线准确度也能达到合理的程度[17-18]。与此同时,国内外学者也一直致力于开展对地基微波辐射计反演水汽及云液水含量算法的工作[19-21],旨在不断提高微波辐射计的反演精度,为科研及业务方面的应用奠定了坚实的基础。

在国外,利用微波辐射计反演大气水汽及液态水含量已有近30年的历史[22-23],近年来国内学者应用微波辐射计在各地也陆续开展了相关研究,得到了我国不同地区大气水汽及液态水含量的时空分布特征及演变规律,研究表明大气水汽及液态水含量呈现显著的季节及日变化特征,并且呈现出明显的地域性差异[7,15,24-26],而一个地区大气水汽及液态水含量的时空分布特征不仅与地理位置及地形密切相关,还受到大气环流及天气背景的影响[7、15]。在对不同天气背景下大气水汽及液态水含量的变化分析中发现,对流云出现前或降水开始前大气水汽及液态水含量存在跃增现象[24-26],说明地基微波辐射计反演的产品对降水的发生有一定的指示意义。部分学者利用微波辐射计反演的大气水汽及液态水含量的廓线数据对强天气过程中云降水粒子变化的相态趋势进行了研究,验证了过冷云系中混合相态的贝吉隆过程理论,以及大气层结及云雾形成和演变特征[16,18,20]。上述工作对人工影响天气工作的开展及强天气的临近预警有着实际的指导意义。然而,上述研究的开展地区大多集中在大城市及东部省份,针对山区及西部地区的相关研究开展的较少。

在全球气候变暖背景下,中国干旱的影响范围和程度加剧,尤其在干旱半干旱地区,气候的变化比其他地区更为显著,呈现出暖干化趋势。而空中云水资源对于干旱半干旱地区暖干气候有重要调节作用,是影响干旱半干旱地区可持续发展的重要因素[28]。祁连山地处西北干旱半干旱地区腹地,是我国生态保护的重点区域,充分开发云水资源是缓解水资源短缺的重要途径,而祁连山独特的地理条件使其成为人工增雨(雪)的极佳地区,了解该地的大气水汽状况,对科学实施人工增雨(雪)作业起到重要的指导作用[29]。目前,中国学者利用地面气象站、探空、卫星及再分析资料等对祁连山空中云水资源、水汽含量、水汽输送的时空分布及变化趋势、降水转化率及与海拔高度和环流影响区的相关关系等内容做了一些研究,以往的研究表明祁连山东段的云水含量相对较为丰富[29-31],同时,由于祁连山及周边地区受特殊的地形、环流等因素影响,其空中水资源特征呈现出及其复杂的特征,所以对祁连山地区的空中水资源定量化精细研究就尤为重要。上述研究在祁连山生态保护及人工增雨雪工作中起到了重要的作用,但是由于观测资料的限制,数据精度及时空分辨率不够理想,尤其垂直方向分布研究较少。那么对于祁连山东段而言,水汽含量及液态水含量的不同尺度时间变化特征及高分辨率垂直廓线分布情况如何?对于不同类型的降水过程,水汽及液态水含量的响应有无差别?祁连山东段永登地区于 2019 年 9 月布设了一台多通道地基微波辐射计并展开连续观测,本文基于 2019 年 9 月—2021 年 5 月永登地区的微波辐射计资料,分析大气水汽总量、积分液态水含量的时间分布及水汽密度、液态水含量垂直廓线分布情况,并对不同降水天气情况下水汽密度和液态水含量垂直廓线的响应特征进行了总结。

2 资料及物理量选取

本研究使用兰州大学与中国兵器工业第 206 研究所共同研发的 NWP967KV 型地基微波辐射计,仪器配备的低温黑体辐射源与主机内部集成的常温黑体辐射源配合,对系统进行冷热法绝对定标,可满足气象观测和人工影响天气探测的长期高精度工作要求。该仪器具有 35 个遥感探测通道,包括 K 频段(22—30 GHz)和 V 频段(51—59 GHz)高性能的毫米波接收装置,亮温测量范围为 0～400 K,测量精度 0.5K,利用历史探空资料计算的亮温值作为输入参数,通过人工神经网络反演算法进行学习训练,实现对大气温湿廓线实时、连续的反演。NWP967KV 型地基微波辐射输出廓线在垂直方向划分为 58 层,地表到地表以上 500 m 之间的分辨率为 50 m,地表以上 2 km 以下的分辨率为 100 m,2～10 km 之间的分辨率为 250 m。时间分辨率 2 min。

NWP967KV型微波辐射计在永登国家气象观测站(海拔高度 2119 m)于 2019 年 9 月—2021 年 5 月进行了连续观测。文中使用到的资料包括大气水汽总量(precipitable water vapor,PWV,缩写 V,单位 cm,概念为单位时间单位面积上大气柱中水汽凝结为液态水并以降水的形式落在地面的液态水厚度)、积分液态水含量(liquid water path,LWP,缩写 L,单位:mm,概念为云中液态水密度在垂直方向上的积分总量)、水汽密度(vapor density,VD,单位:g/m^3,概念为单位体积湿空气中含有的水汽质量,也称绝对湿度)、液态水含量廓线(liquid water content,LWC,单位:g/m^3,概念为单位体积大气中含有的液态水质量)。永登国家气候观象台测得的地面降水小时观测资料。

3 结果分析

3.1 资料对比

距离永登站最近的探空站位于榆中,两地相距 100 km,同处祁连山东段边坡一带的干旱半干旱地区,气候背景及大气层结相似,故用 2019 年 9 月—2021 年 5 月榆中站探空数据与微波辐射计探测资料进行对比。图 1 是微波辐射计与探空观测的 PWV 对比结果,通过与榆中探空数据对比得到,水汽含量平均系统偏差为 0.2 cm,标准差为 0.3 cm,相关系数 0.86,因此用微波辐射计研究祁连山东段水汽含量是可行的。

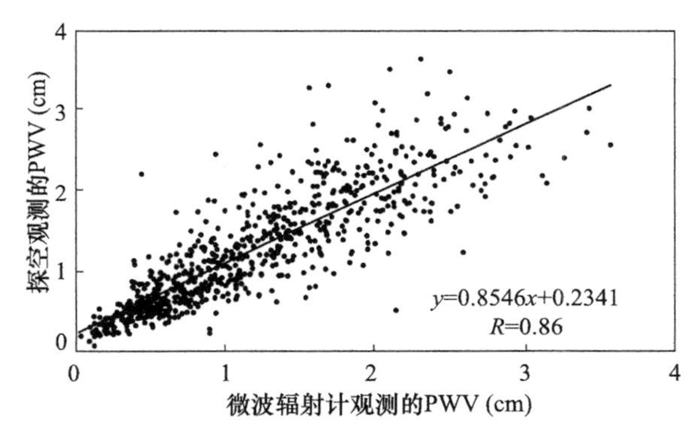

图 1 微波辐射计与探空观测 PWV 对比图

3.2 大气水汽总量、积分液态水含量时间变化特征

3.2.1 大气水汽总量及积分液态水含量的月变化特征

鉴于不同天气条件下大气水汽及液态水含量的差异,以 20 时为时间节点统计日降水,将观测时段内的天气背景按照有降水和无降水日进行分类,统计大气水汽总量 V 及积分液态水含量 L 逐月变化特征。由图 2 知,V 及 L 在不同天气背景下都呈现单峰单谷的特征,峰值在 7—8 月,谷值在 11 月—翌年 2 月;V 在降水天气背景下大于无降水背景,V 的月均值在降水天气背景下为 0.53~2.70 cm,无降水天气背景下为 0.39~2.19 cm,不同天气背景下 V 值差距在 9 月份最大达 0.65 cm,11 月份差距最小为 0.08 cm,夏季是大气水汽含量最多的季节,占全年水汽总量的 46%,而冬季水汽含量仅占全年水汽总量的 8%;除了 1 月和 11 月外,L 在降水天气背景下大于无降水背景,L 的月均值在降水天气背景下为 0.17~3.24 mm,在无降水

天气背景下为 0.18～2.80 mm,不同天气背景下 L 值差距在 9 月份最大达 1.56 mm,11 月、1 月份无降水情况下的 L 值反而大于有降水情况,说明在冬季降水少且降水量级小的情况下天气背景对大气水汽总量及积分液态水含量的影响不大;从逐月标准差数据看,夏半年有降水时 V 的数据离散程度大于无降水时,冬半年相反;夏半年有降水时 L 的数据离散程度小于无降水时,冬半年相反。

从大气水汽总量 V 及积分液态水含量 L 的月极值分布情况看,有降水情况下 V 的极小值出现在 1 月,为 0.028 cm,极大值出现在 7 月,为 3.943 cm,无降水情况下 V 的极小值出现在 1 月,为 0.002 cm,极大值出现在 8 月,为 3.586 cm;有降水情况下 L 的极小值出现在 12 月,为 0.027 mm,极大值出现在 9 月,为 5.807 mm;无降水情况下 L 的极小值出现在 11 月和 12 月,均为 0.001 mm,极大值出现在 4 月,为 5.157 mm,次极大值出现在 9 月,为 4.797 mm。

造成上述水汽变化的因素主要与大气环流有关,祁连山地处西风带、偏南季风(南亚季风和高原季风)和东亚季风 3 个大气环流影响区的交汇处[32,33],冬半年主要受西风环流的影响,夏半年水汽来源于夏季风的输送,季风影响区域最西可达 100°E,北缘在 33°—44°N 摆动[34,35]。受此影响,祁连山东段大气水汽总量及积分液态水含量呈现出明显的季节变化特征。

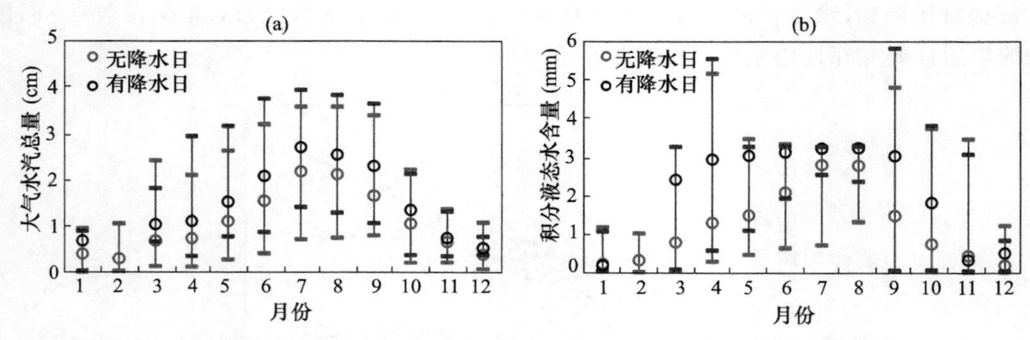

图 2 无降水和有降水天气背景下祁连山东段(a)大气水汽总量 V 及(b)积分液态水含量 L 的逐月变化特征

(圆点代表月均值,上划线及下划线分别代表月极大值和极小值)

3.2.2 大气水汽总量的日变化特征

图 3 为大气水汽总量的日变化特征,由图 3 可以看出,全年日变化均呈现单峰单谷的特征,谷值出现在清晨至中午,峰值出现在下午至傍晚。冬季 12 月—翌年 2 月,永登地区的有效降水较少,最能反映去除天气背景值后祁连山东段水汽的日变化特征,冬季大气水汽总量在 0.22～0.46 cm,谷值出现在日出前 6—8 时,峰值出现在 16—17 时。3 月、4 月及 11 月这 3 个月的大气水汽总量在 0.61～0.83 cm,谷值出现在 10—11 时,峰值出现在 17—18 时。5 月、10 月大气水汽总量在 1.03～1.23 cm,谷值出现在 9—11 时,峰值出现在 16—20 时。6 月、9 月大气水汽总量在 1.46～1.78 cm,谷值出现在 11—12 时,峰值出现在 19 时。7 月、8 月大气水汽总量在 2.09～2.37 cm,谷值出现在 11—12 时,峰值出现在 15—21 时。从逐月的大气水汽总量日变化特征看,夏季 6—8 月大气的水汽含量最大且谷值和峰值出现的时间都最迟,分别为中午 12 时和夜间 21 时,随着季节的变换,大气水汽总量下降,峰值及谷值出现的时间均提前,冬季谷值和峰值出现的时间最早,分别在清晨 06 时和下午 16 时。同时可以看到,大气水

汽总量在夏半年(4—9 月)的日变化较为显著,而冬半年(10 月—翌年 3 月)的日变化较为平缓。

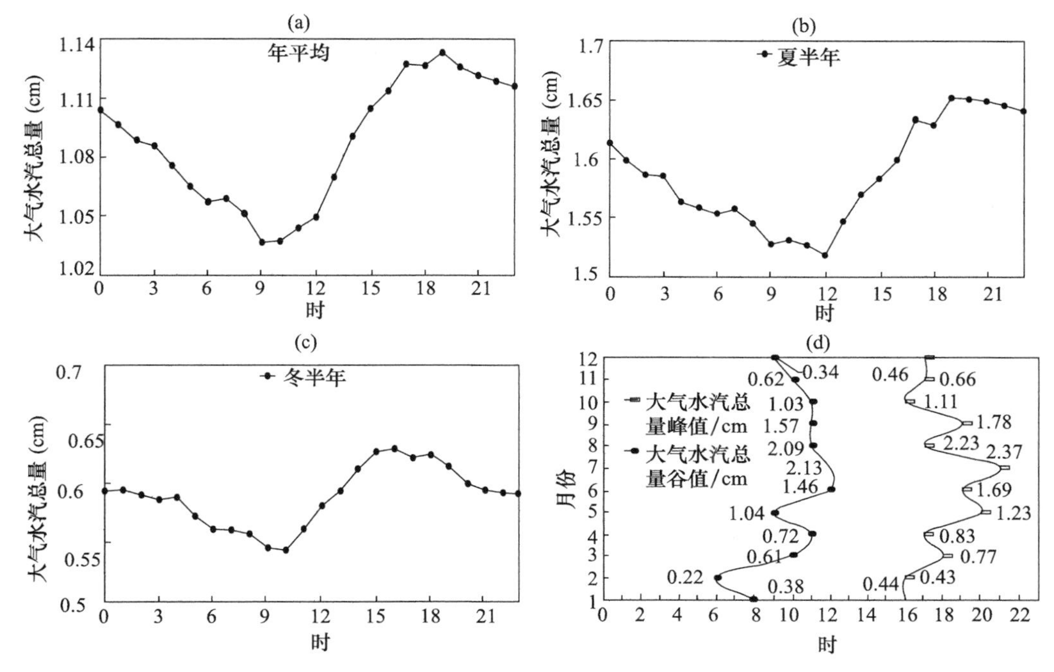

图 3　祁连山东段大气水汽总量 V(a)年平均、(b)夏半年、(4—9 月)(c)冬半年(10 月—翌年 3 月)日变化特征及(d)逐月水汽峰值和谷值出现的时间

造成祁连山东段水汽日变化的因素,一方面与地形有关,夏季午后山地地形云总是成排出现在祁连山的各排高山上,而中东段是总云量及低云量的高值中心[36, 37],夏季白天局地对流性降水出现的频率也更高[38],天气系统造成了水汽的局地汇聚;另一方面,气温增加导致水循环增强[12, 39],而通过比较研究时段内水汽及温度的相关关系,发现两者呈正相关,相关系数达 0.7(图 4),说明水汽的日变化有可能受温度日变化的影响。

当然,水汽的变化是迅速、多变且复杂的过程,影响其变化的因素也是多元且复杂的,这需要今后更多细致的研究才能进一步解释。

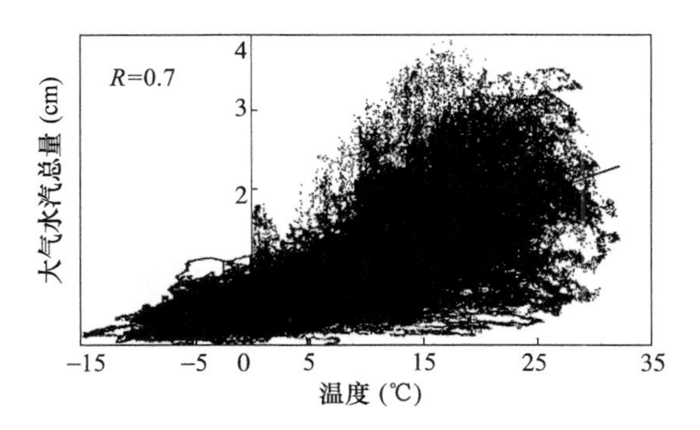

图 4　祁连山东段大气水汽总量 V 与温度 T 的相关关系

3.3 大气水汽密度、液态水垂直廓线特征

下面分析涉及廓线的部分垂直坐标都是对地高度。图 5 为逐月大气水汽密度变化的垂直廓线,可以看出,降水日整层大气水汽密度 VD 大于非降水日;大气水汽密度在近地层最大,整体趋势随高度下降,7—8 月降水日近地面大气水汽密度可达 10 g/m³,12 月—1 月非降水日近地面大气水汽密度不足 2 g/m³;降水日水汽密度主要集中在距地面 2 km 以内的低层,高度越高,大气水汽密度下降越慢,低层斜率大于高层,降水日近地面的水汽密度是距地面 2 km 高度处水汽密度的 2 倍以上,说明降水日大气水汽主要集中在低层;夏半年低层降水日与非降水日水汽密度的差距相对较小,冬半年相对较大,说明冬半年降水日低层水汽的响应更加明显。

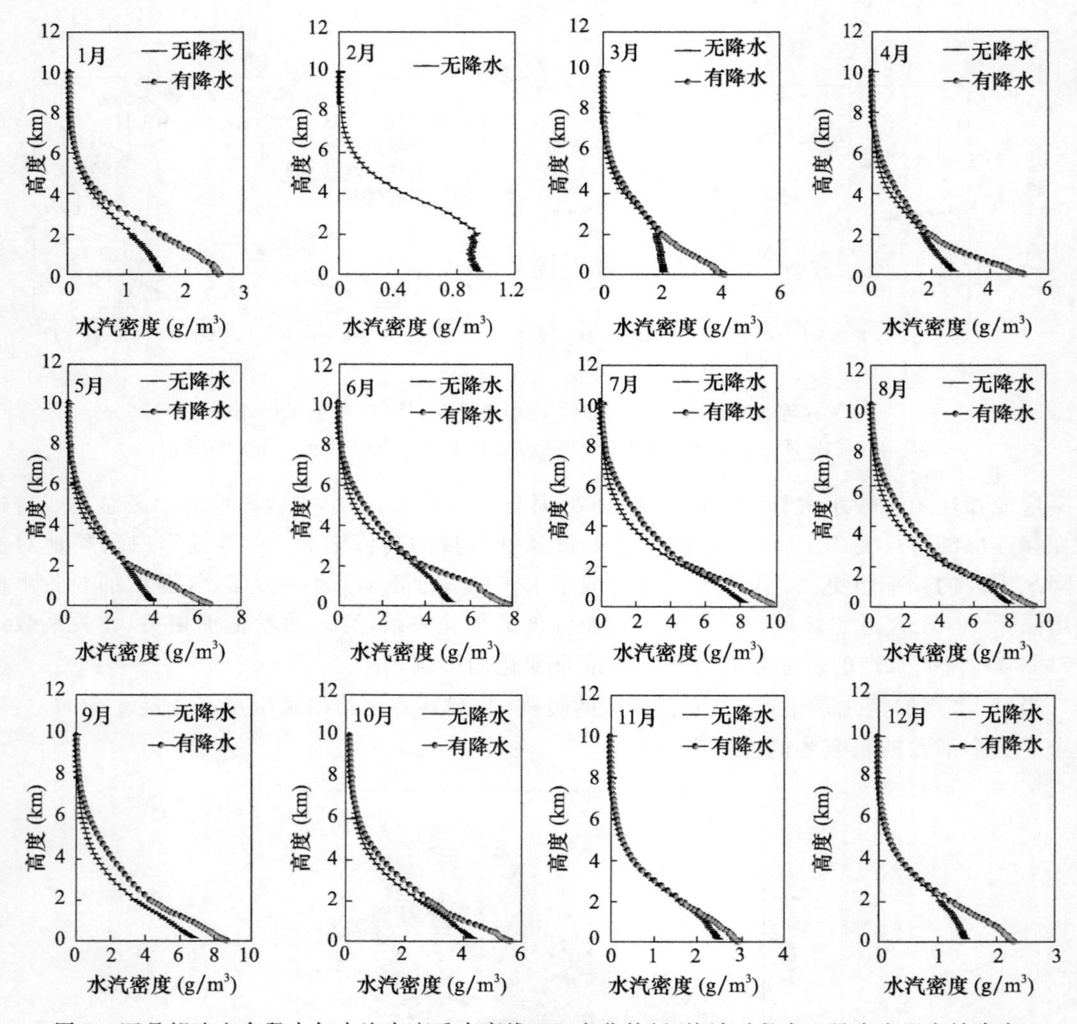

图 5　逐月祁连山东段大气水汽密度垂直廓线 VD 变化特征(统计时段内 2 月未出现有效降水)

图 6 为逐月液态水含量变化的垂直廓线,可以看出,降水日情况下低层的液态水含量 *LWC* 大于非降水日;液态水含量的最大值出现在距地面 2 km(海拔高度 4 km)左右,冬半年最大值层基本在距地面 2 km 以内,夏半年最大值层在距地面 2～3 km;从廓线的分布形态上

看，冬半年的垂直廓线分布更为尖锐，变化更加剧烈，而夏半年的廓线形态更加圆滑，变化相对较为平缓。上述结果与杨大生[13]等用卫星资料分析中国地区夏季月均液态水含量垂直变化特征一致，他的结果得出 *LWC* 垂直廓线存在两个峰区：0.5～1 km 和 3.5～4.5 km，且中北部地区第二峰值更为明显。

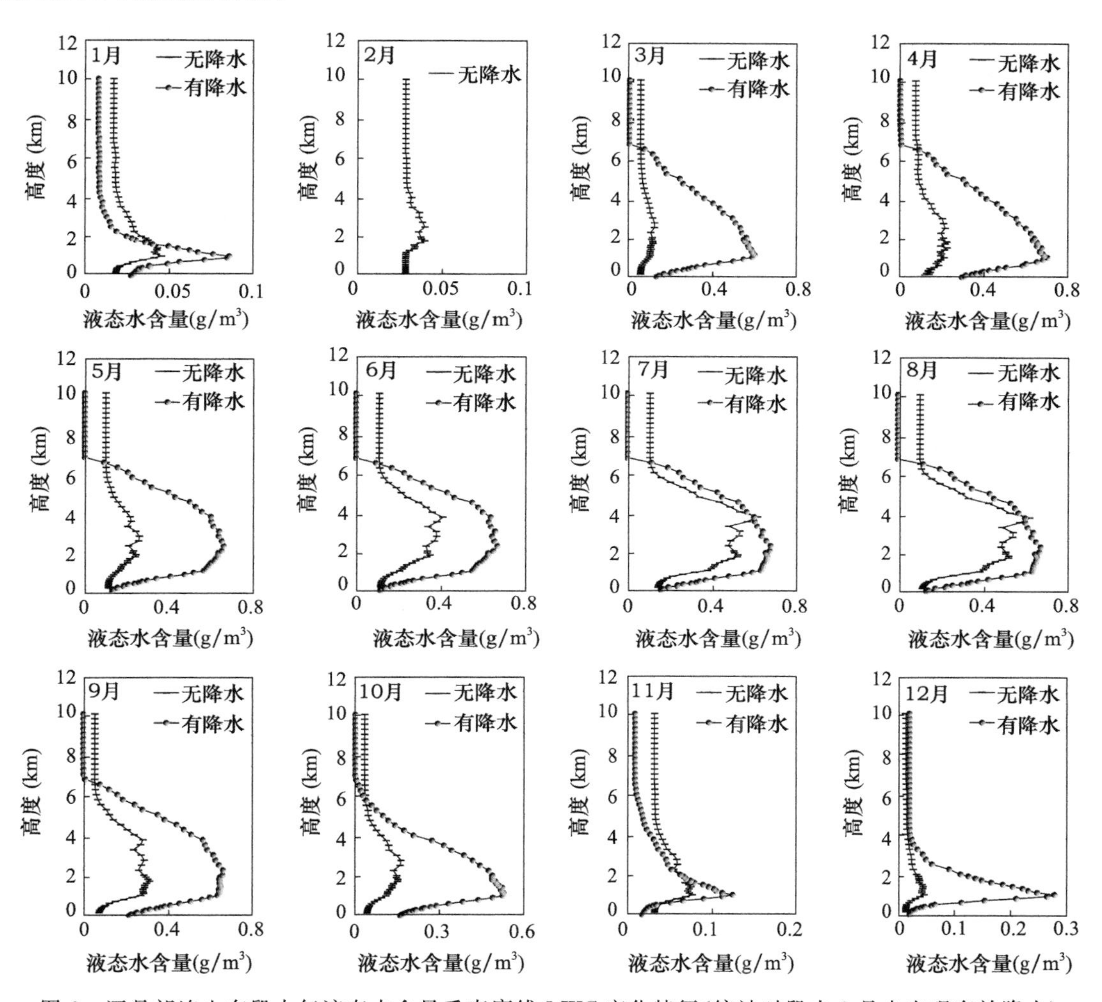

图 6　逐月祁连山东段大气液态水含量垂直廓线 LWC 变化特征（统计时段内 2 月未出现有效降水）

3.4　不同降水天气背景过程个例分析

2020 年 7 月 17—18 日时间段内有 3 次降水过程，这 3 次降水过程分别代表了不同降水天气背景。第一次为 17 日午后的短时阵性降水过程，过程降水量 1.0 mm，小时雨强 0.5 mm/h；第二次为 17 日夜间至 18 日上午，为持续时间较长的混合型降水过程，过程降水量 8.2 mm，00—02 时及 07—11 时小时雨强 0.3 mm/h，03—06 时，小时雨强 1 mm/h，特别是 05 时，小时雨强为 2.4 mm/h；第三次在 18 日午后，为短时暴雨降水过程，过程降水量 11.7 mm，小时雨强 10.5 mm/h。

图 7 为 17 日午后的短时阵性降水天气过程水汽密度及液态水含量廓线分布随时间的变

化,可以看到,在降水开始前的半小时 14:24,距地面 4 km 高度处的液态水含量开始激增,初始 4 km 高度处的液态水含量在 0.5 g/m³,增速每 2 min 增加 0.1 g/m³,至 14:32,距地面 4 km高度处的液态水含量增至 1.1 g/m³,液态水垂直廓线的形态呈单峰型,在 4 km 以下液态水含量随高度增高迅速增大,在 4 km 高度处达到最高后随高度的增大开始减小;水汽的响应最早是在 14:30 在距地面 1 km 高度处开始体现,此时 1 km 处的水汽密度迅速增大到 8 g/m³,并且水汽主要集中在底层 1 km 以内,在 1 km 以上水汽密度随高度的增高迅速递减。之后 14:56 降水开始,伴随着降水开始,4 km 处的液态水含量迅速回落,液态水质心下降至 1 km 左右,值在 0.6 g/m³,水汽密度的垂直廓线形态呈现随高度增高单边下降的趋势,近地面水汽密度最大为 10 g/m³。

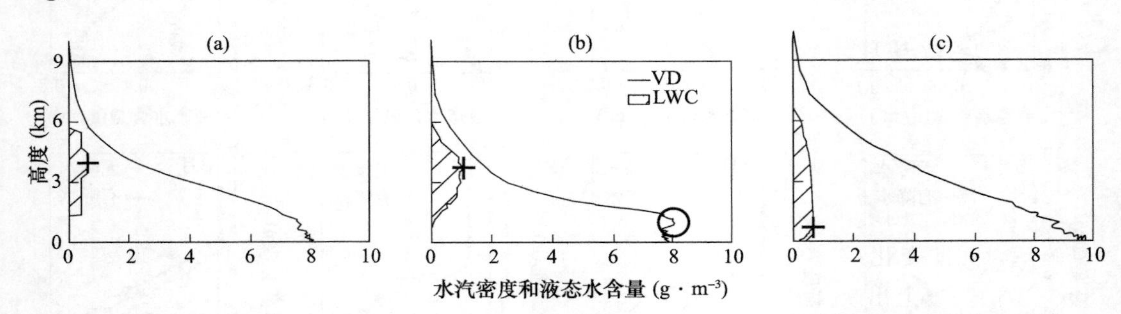

图 7　2020 年 7 月 17 日午后阵性降水过程水汽密度(VD)及液态水含量 (LWC) 廓线分布随时间变化

(a)14:24;(b)14:32;(c)15:42

(红色+代表液态水含量质心位置,圆圈代表水汽密度跃增位置)

图 8 为 17 日夜间至 18 日上午持续性降水过程中水汽密度及液态水含量廓线分布随时间的变化,可以看到,也观察到了类似的廓线变化特征,20:44 至 20:50 液态水含量在 4 km 高度处开始由 0.6 g/m³迅速增大至 0.8 g/m³,1 km 以下的水汽密度迅速增大到 8 g/m³,21:04 出现微量降水,液态水含量的质心稳定在 3 km 高度,强度为 1.0 g/m³,水汽密度已经开始回落,至 21:18 出现降水,之后很长的一段时间内液态水含量的质心都维持在 1 km 左右高度处,强度为 0.7 g/m³,地面水汽含量在 9 g/m³,随高度增高单边下降。

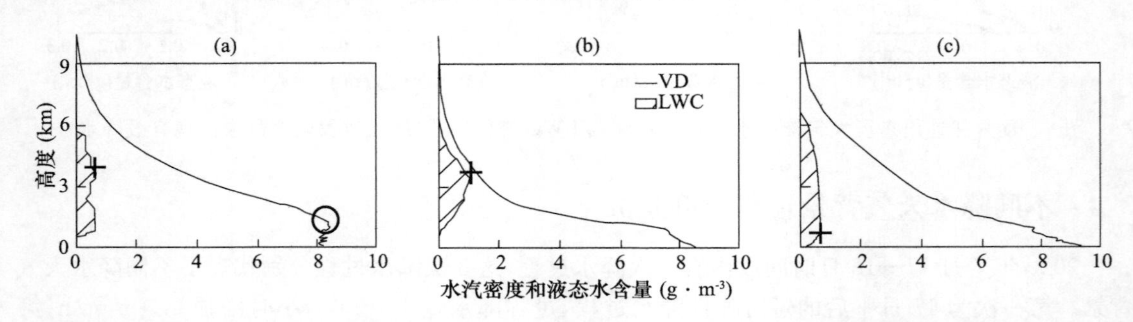

图 8　2020 年 7 月 17 至 18 日持续性降水过程水汽密度(VD)及液态水含量 (LWC) 廓线随时间变化

(a)20:44;(b)21:04;(c)01:22

(红色+代表液态水含量质心位置,圆圈代表水汽密度跃增位置)

图 9 为 18 日午后短时暴雨过程中水汽密度及液态水含量廓线分布随时间的变化,可以看到,15:02 在 4 km 高度处液态水含量开始增大,从初始强度 0.6 g/m³增大到 1.0 g/m³,水汽

的响应基本同步，在 2 km 高度处水汽跃增，值为 6.0 g/m³，15:58 降水开始，16:02 雨强显著增大时，液态水含量质心高度在 1 km，强度为 0.7 g/m³，近地面水汽密度增大至 9 g/m³。

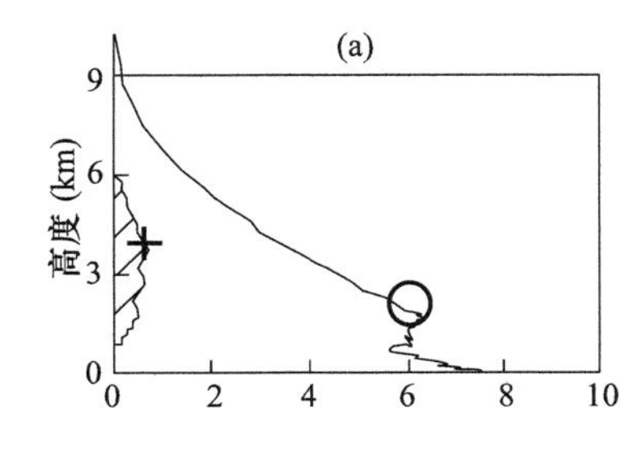

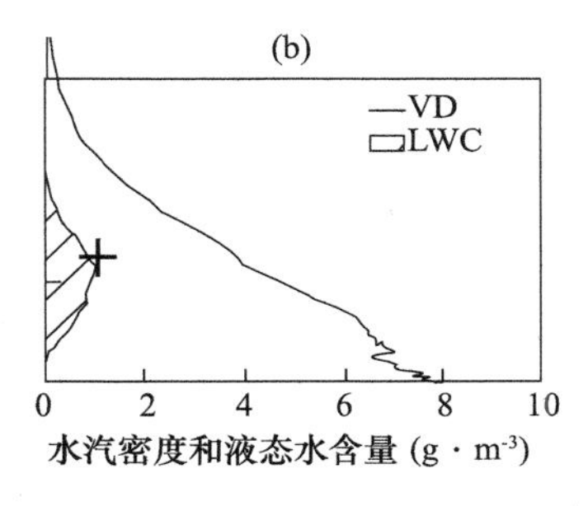

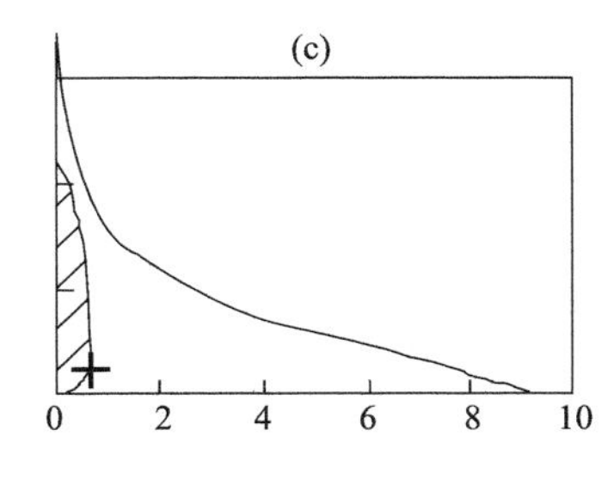

图 9　2020 年 7 月 18 日午后短时暴雨过程水汽密度(VD)及液态水含量廓线(LWC)分布随时间变化

(a)15:02;(b)15:30;(c)16:02

(十代表液态水含量质心位置，圆圈代表水汽密度跃增位置)

从上述 3 个不同降水背景下的水汽密度及液态水含量廓线随时间的变化特征，结合 2020 年 7—8 月降水个例统计结果(表 1)可以看到，在不同降水天气背景下，水汽密度及液态水含量廓线随时间的变化存在一些异同。相同点是，在降水开始前的 0.5～1 h，液态水含量在 4 km左右的高度上出现跃增，跃增量在本来液态水含量的 2 倍左右，伴随着降水的开始，液态水含量质心下降至 1 km 左右；水汽密度在 1 km 左右高度处开始跃增；不同点是，雨强越大，跃增开始响应的时间越早。

表 1　2020 年 7—8 月不同降水天气背景下祁连山东段水汽密度 *VD* 的跃增值及其高度、液态水含量 *LWC* 的质心值及其高度和跃增时间

降水日期	降水时段	雨量 (mm)	雨强 (mm/h)	液态水含量 *LWC*		水汽密度 *VD*
				跃增时间	质心值/高度 (g · m⁻³)/(km)	跃增值/高度 (g · m⁻³)/(km)
2020-7-03	10:00—14:00	1.0	0.2	09:30	0.9/3.0	8/1
2020-7-09	11:00—13:00	1.3	1.1	10:02	1.1/4.0	7/1.2
2020-7-09	17:00—23:00	15.2	4.7	16:22	1.0/4.0	7/1
2020-7-11	11:00—15:00	10.4	4.8	10:10	0.9/3.8	7/1
2020-7-13	21:00—22:00	1.9	1.9	20:28	1.1/4.0	8/1.2
2020-7-16	14:00—15:00	5.6	5.6	13:02	1.2/4.1	7/2
2020-7-17	15:00—17:00	1.0	0.5	14:24	1.1/4.0	8/1
2020-7-17	21:00—09:00	8.2	0.8	20:44	0.8/4.0	8/1
2020-7-18	16:00—17:00	11.7	10.5	15:02	1.0/4.0	6/2
2020-7-24	14:00—07:00	6.7	3.3	13:18	1.0/4.2	7/1
2020-7-29	19:00—22:00	7.2	5.2	18:00	0.9/4.0	7/2
2020-7-31	18:00—21:00	2.3	1.2	17:22	0.9/4.0	7/1
2020-8-03	17:00—11:00	11.8	4.0	16:14	0.8/4.2	8/1

续表

降水日期	降水时段	雨量（mm）	雨强（mm/h）	液态水含量 *LWC*		水汽密度 *VD*
				跃增时间	质心值/高度 (g·m^{-3})/(km)	跃增值/高度 (g·m^{-3})/(km)
2020-8-09	08:00—09:00	0.5	0.3	07:38	1.0/4.0	7/1
2020-8-12	15:00—16:00	2.6	2.4	14:28	0.9/3.8	8/1
2020-8-14	02:00—04:00	4.0	3.1	01:24	1.2/4.0	7/1
2020-8-17	03:00—08:00	16.4	1.7	02:26	1.1/3.8	7/1
2020-8-21	20:00—23:00	1.3	0.9	19:34	1.0/3.8	8/1
2020-8-22	16:00—17:00	0.4	0.2	15:24	1.0/4.0	7/1
2020-8-22	21:00—07:00	10.2	1.9	20:18	1.1/4.0	7/1
2020-8-29	08:00—21:00	17.3	5.1	07:20	1.0/4.0	8/1
2020-8-30	03:00—10:00	12.3	6.7	02:10	1.1/3.8	7/1

4 结论

（1）大气中的水汽总量及液态水含量在有降水和无降水的天气背景下都呈现单峰单谷的特征，且峰值都出现在7—8月，谷值均出现在11月—翌年2月，*V* 的极大值出现在7月，为3.943 cm，*L* 的极大值出现在9月，为5.807 mm。夏季是水汽含量最多的季节，占全年水汽总量的46%。对于不同的天气背景而言，*V* 在降水天气背景下大于无降水天气背景，除了1月和11月外，*L* 在降水天气背景下大于无降水背景。

（2）从大气水汽总量的日变化特征看，全年日变化呈现单峰单谷的特征，谷值出现在清晨至中午，峰值出现在下午至傍晚。其中盛夏7—8月大气的水汽含量最大且谷值和峰值出现的时间都最迟，分别为中午12时和夜间21时，随着季节的变换，大气水汽总量下降，峰值及谷值出现的时间均提前，冬季谷值和峰值出现的时间最早，分别在清晨06时和下午16时。

（3）从逐月大气水汽密度及液态水含量变化的垂直廓线来看，降水日整层大气水汽密度及液态水含量大于非降水日，大气水汽密度 *VD* 在近地层最大，整体趋势随高度下降，降水日水汽密度主要集中在距地面2 km以内的低层，且降水日近地面的水汽密度是距地面2 km高度处水汽密度的2倍以上，说明降水日大气水汽主要集中在低层。液态水含量的最大值出现在海拔高度4 km左右，冬半年最大值层基本在海拔高度4 km以内，夏半年最大值层在海拔高度4～5 km。

（4）分析不同降水背景（阵雨、长时间混合型降水、短时暴雨）下水汽密度及液态水含量廓线随时间的变化特征得到，在不同降水天气背景下，水汽密度及液态水含量廓线随时间的变化存在一些异同。相同点是，在降水开始前的0.5～1 h，液态水含量在距地面4 km左右的高度上出现跃增，跃增量在本来液态水含量的2倍左右，水汽密度在1 km左右高度处开始跃增，伴随着降水的开始，液态水含量质心下降至1 km左右，地面水汽密度达到最大；不同点是，雨强越大，跃增开始响应的时间越早。

参考文献

[1] 黄建平,何敏,阎虹如,等. 利用地基微波辐射计反演兰州地区液态云水路径和可降水量的初步研究[J]. 大气科学,2010,34(3):548-558.

[2] 蔡英,钱正安,吴统文,等. 青藏高原及周围地区大气可降水量的分布、变化与各地多变的降水气候[J]. 高原气象,2004,23(1):1-10.

[3] GURBUZ G, JIN S. Long-time variations of precipitable water vapour estimated from GPS, MODIS and radiosonde observations in Turkey [J]. International Journal of Climatology, 2017, 37(15):3601-3613.

[4] 刘菊菊,游庆龙,周毓荃,等. 基于 ERA-Interim 的中国云水量时空分布和变化趋势[J]. 高原气象,2018,37(6):144-158.

[5] 田磊,孙艳桥,胡文东,等. 银川地区大气水汽、云液态水含量特性的初步分析[J]. 高原气象,2013,32(6):1774-1779.

[6] 耿蓉,王雨,傅云飞,等. 中国及其周边地区多种水凝物资料的气候态特征比较[J]. 气象学报,2018,76(1):134-147.

[7] 马学谦,张小军,马玉岩,等. 三江源及其周边地区多源水汽资料对比检验[J]. 高原气象,2019,38(1):78-87.

[8] 金德镇,雷恒池,谷淑芳,等. 机载微波辐射计测云中液态含水量[J]. 气象学报,2004,62(6):868-874.

[9] 王红伟,华灯鑫,王玉峰,等. 水汽探测拉曼激光雷达的新型光谱分光系统设计与分析[J]. 物理学报,2013,62(12):1-5.

[10] 胡姮,曹云昌,尹聪,等. 青藏高原大气可降水量单站观测对比分析[J]. 气象学报,2018,76(6):199-209.

[11] WANG Z, ZHOU X, LIU Y, et al. Precipitable water vapor characterization in the coastal regions of China based on ground-based GPS[J]. Advances in Space Research, 2017, 60(11):2368-2378.

[12] 李兴宇,郭学良,朱江. 中国地区空中云水资源气候分布特征及变化趋势[J]. 大气科学,2008,32(5):1094-1106.

[13] 杨大生,王普才. 中国地区夏季 6—8 月云水含量的垂直分布特征[J]. 大气科学,2012,36(1):89-101.

[14] 刘亚亚,毛节泰,刘钧,等. 地基微波辐射计遥感大气廓线的 BP 神经网络反演方法研究[J]. 高原气象,2010,29(6):1514-1523.

[15] 刘红燕,王迎春,王京丽,等. 由地基微波辐射计测量得到的北京地区水汽特性的初步分析[J]. 大气科学,2009,33(2):388-396.

[16] 郭丽君,郭学良. 利用地基多通道微波辐射计遥感反演华北持续性大雾天气温、湿度廓线的检验研究[J]. 气象学报,2015,73(2):368-381.

[17] 张北斗. 地基多通道微波辐射计的反演算法及应用[D]. 兰州:兰州大学,2014.

[18] 唐仁茂,李德俊,向玉春,等. 地基微波辐射计对咸宁一次冰雹天气过程的监测分析[J]. 气象学报,2012,70(4):806-813.

[19] HAN Y, WESTWATER E R. Remote Sensing of Tropospheric Water Vapor and Cloud Liquid Water by Integrated Ground-Based Sensors[J]. Journal of Atmospheric & Oceanic Technology, 1996, 12(5).

[20] 赵柏林,尹宏,李慧心,等. 微波遥感大气湿度层结的研究[J]. 气象学报,1981,39(2):217-225.

[21] 王云,王振会,李青,等. 基于一维变分算法的地基微波辐射计遥感大气温湿廓线研究[J]. 气象学报,2014,72(3):570-582.

[22] HEGGLI M, ROBERT M, SNIDER J B. Field Evaluation of a Dual-Channel Microwave Radiometer Designed for Measurements of Integrated Water Vapor and Cloud Liquid Water in the Atmosphere[J]. Journal of Atmospheric & Oceanic Technology, 2009, 4(1):204-213.

[23] SNIDER J B . Long-Term Observations of Cloud Liquid, Water Vapor, and Cloud-Base Temperature in the North Atlantic Ocean[J]. Journal of Atmospheric & Oceanic Technology, 2000, 17(7):928-939.

[24] 王黎俊,孙安平,刘彩红,等. 地基微波辐射计探测在黄河上游人工增雨中的应用[J]. 气象,2007,33(11):28-33.

[25] 田磊,孙艳桥,胡文东,等. 银川地区大气水汽、云液态水含量特性的初步分析[J]. 高原气象,2013,32(6):1774-1779.

[26] 李军霞,李培仁,晋立军,等. 地基微波辐射计在遥测大气水汽特征及降水分析中的应用[J]. 干旱气象,2017,35(5):767-775.

[27] 敖雪,王振会,徐桂荣,等. 地基微波辐射计资料在降水分析中的应用[J]. 暴雨灾害,2011,30(4):358-365

[28] 刘玉芝,常姝婷,华珊,等. 东亚干旱半干旱区空中水资源研究进展[J]. 气象学报,2018,76(3):165-172.

[29] 尹宪志,王毅荣,徐文君,等. 祁连山空中云水资源开发潜力研究新进展[J]. 沙漠与绿洲气象,2020,14(6):134-140.

[30] 王宝鉴,黄玉霞,王劲松,等. 祁连山云和空中水汽资源的季节分布与演变[J]. 地球科学进展,2006,21(9):948-955.

[31] 朱飙,张强,卢国阳,等. 祁连山区空中水汽分布特征及变化趋势分析[J]. 高原气象,2019,38(5):935-943.

[32] 张强,张杰,孙国武,等. 祁连山山区空中水汽分布特征研究[J]. 气象学报,2007,65(4):633-643.

[33] 刘玉芝,吴楚樵,贾瑞,等. 大气环流对中东亚干旱半干旱区气候影响研究进展[J]. 中国科学:地球科学,2018,48(9):1141-1152.

[34] ZHANG H L,ZHANG Q,YUE P,et al. Aridity over a semiarid zone in northern China and responses to the East Asian summer monsoon[J]. Journal of Geophysical Research-Atmospheres, 2016, 121(23):13901-13918.

[35] 张强,岳平,张良,等. 夏季风过渡区的陆-气相互作用:述评与展望[J]. 气象学报,2019,77(4):758-773.

[36] 王宝鉴,黄玉霞,陶健红,等. 西北地区大气水汽的区域分布特征及其变化[J]. 冰川冻土,2006,28(1):15-21.

[37] 陈添宇,郑国光,陈跃,等. 祁连山夏季西南气流背景下地形云形成和演化的观测研究[J]. 高原气象,2010,29(1):152-163.

[38] LI L L,LI J,CHEN H M,et al. Diurnal Variations of Summer Precipitation over the Qilian Mountains in Northwest China[J]. Journal of Meteorological Research, 2018, 33(1): 18-30.

[39] GUO Y P,WANG C H. Trends in precipitation recycling over the Qinghai-Xizang Plateau in last decades[J]. Journal of Hydrology, 2014, 517: 826-835.

祁连山东部闪电辐射源脉冲特性研究

刘妍秀　尹宪志　罗　汉　把黎　王研峰　王　蓉
王　琦　刘　莹　冷文楠　陈　祺

（甘肃省人工影响天气办公室，兰州 730000）

摘　要　利用基于时差法（time of arrival，TOA）的闪电 VHF 辐射源功率接收系统，对祁连山东部的频率范围在 267～273 MHz 雷暴云闪电 VHF 辐射脉冲功率特征进行分析。通过对闪电 VHF 辐射源功率接收系统进行野外标定实验，得出闪电 VHF 辐射脉冲功率的计算公式。利用该计算公式对祁连山东部的闪电资料进行简单的计算，并进一步得到 267～273 MHz 频率范围闪电 VHF 辐射脉冲功率三维时空发展分布图及分布特征，本文对祁连山东部地区的 3 例闪电的辐射功率及其时空三维分布特征进行了研究，不同色阶代表了闪电 VHF 辐射脉冲功率值的强弱，初步分析了闪电的电荷分布特征。

关键词　闪电辐射源功率　电荷结构　闪电电磁脉冲

1　引言

雷暴经常形成很强的灾害性天气，在这种天气过程中经常伴随大风，冰雹等强烈的闪电活动。因为雷暴云结构复杂性与闪电发生的随机性，以至于雷电所造成的危害会越来越严重，所以将闪电现象作为强雷暴指示器。而云内起电的强弱与放电的类型和云中电荷结构的分布密切相关，因此正确认识内陆高原雷暴云的辐射功率及电荷结构对研究和理解雷暴的闪电特征具有重要意义。雷暴云闪电的多站观测为雷暴云电荷结构的研究起到了重要的推动作用，但由于测站数少、资料不完整以及探测设备时间分辨率低等因素的影响，可用来分析的闪电样本数较少，造成分析结果代表性相对较差一些。雷暴活动与环境背景场息息相关，环境场的特征在一定程度上影响和决定了雷暴的电学特征，因此，研究雷暴活动与环境背景场的关系有助于理解雷暴电学活动的机理研究。Le Vine 等[1,2]通过分析 5 个频段（范围 3～300 MHz）电磁辐射，比较辐射场和快电场在闪电各放电过程持续时间和两种探测仪器接收辐射脉冲时间顺序，总结了各个阶段的辐射场波形特征。Shao 等[3]研究正地闪辐射能量发现，正地闪先导过程在 HF、VHF 和 UHF 段辐射能量非常小，但在回击后爆发能量很强的电磁辐射。随着闪电辐射源点定位技术的发展，已能三维时空跟踪闪电放电通道的发展路径。国外 Krehbiel 等人发展的 LMA 定位系统[4]，国内张广庶等人研制了闪电 VHF 辐射源点三维定位系统（LLR）[5]，这些系统可以对每个闪电定位出成百上千个辐射源点，能够连续跟踪显示闪电三维时空结构图像，利用该系统对雷暴云的电荷结构、放电时空发展进行了研究，得到了很好的结果[6-11]。Thomas 等[12]利用 LMA 系统研究了闪电辐射源点功率，发现最强的辐射源点倾向于出现在雷暴云上部的正电荷区。张广庶等[5]利用 LLR 系统研究了闪电放电全过程时空演变特征，同时计算双极性窄脉冲峰值功率，得到普通闪电辐射源点功率一般在 100 mW～500 W 范围，而双极性窄脉冲峰值强度高达 16.7 kW。研究闪电 VHF 电磁辐射功率特征对于了解闪电放电过程产生机制和雷电防护有重要意义。此外,对灾害性天气监测预警也有指示作用,可为灾害天气的监测和预警提供重要信息。利用 LLR 系统可以深入研究闪电放电通道发展过程,但目前较多还是关注于闪电辐射源点时空发展,较少研究闪电辐射源点功率的时空分布特征。

2 数据资料获取及方法

野外雷电综合观测点建在祁连山东部地区——青海省大通县,在观察区,有一个高 100～200 m 的山丘,平坦的地区海拔在 2600 m 左右。受地形的影响,对流云团的发展往往会形成夏季雷雨。2012 年夏季,对此区域内的自然闪电进行了综合观测,获得了祁连山东部的闪电资料,中心站为大通县下旧庄明德小学,在中心站周围附近设有 6 个观测子站,由此 7 个测站组成,即基于到达时间差法(TOA)闪电 VHF 辐射源三维定位系统 . 闪电 VHF 辐射源三维定位系统由 7 个子站组成同步观测网络,系统包括 VHF 辐射脉冲接收系统、宽带电场接收系统和 GPS 时间同步系统。7 个子站的 VHF 辐射脉冲接收天线中心频率为 270 MHz,带宽为 6 MHz,其输出信号的数字化(A/D 转换)的速率为 20 MHz,精度为 14 bit。利用无线宽带通信系统组成同步观测网络,实现中心站控制记录方式,并利用 GPS 同步的高精度时钟(50 ns)记录触发时间[13-15],接收的闪电 VHF 辐射脉冲,采用时差法定位技术对辐射源点实现三维定位,精确描绘闪电放电通道[8]。

3 实验标定原理

为了精确定量测量闪电 VHF 辐射源点脉冲功率,设计野外闪电 VHF 辐射脉冲功率接收系统标定实验,实验主要包括了 3 个系统,即利用自行研制的球载闪电模拟信号发射源,由辐射天线、前置放大器、对数放大器、室内接收器组成的闪电 VHF 辐射脉冲功率接收系统,由对数天线与频谱分析仪(Tektronix,型号为 WCA200A)组成的标准校准系统。对闪电 VHF 辐射脉冲功率接收系统进行了不同距离的同步标定。

当模拟闪电信号发射后,用标准的对数天线接收系统标定闪电 VHF 辐射脉冲功率接收系统,对闪电 VHF 辐射脉冲功率接收系统进行了不同距离的同步标定。主要由球载闪电模拟信号发射源装置、频谱分析仪标准系统及闪电 VHF 辐射脉冲功率接收系统组成。球载闪电模拟信号发射源装置发射频率为 270 MHz,脉冲发射功率约 2W(包括天线,而在气球上升的过程中,发射功率的标准偏差为 0.23),并携带 GPS 接收机(Motorola M12m),提供位置和时间信息,每秒向地面发射 10 个脉冲。由对数天线和频谱分析仪组成标准脉冲功率测量系统,它的对数天线由北京无线电仪器二厂制造,型号 ZN30505C,在 270 MHz 中心频率的天线增益为 4.2,通过非线性最小二乘法拟合得到函数关系式:

$$P_r = AV_{out} + B \tag{1}$$

拟合得出直线的斜率 $A=42.4742$,截距 $B=-97.1751$。由于球载气球在空中受到气流的影响,会左右摇摆,为了稳定精确地测量发射功率值,球载气球在空中每一个测量位置停留 4 min 左右,由频谱分析仪接收一定数量的数据信息后,并将每个测量点的所有数据经过平均化处理,以减少天线摆动对测量值的影响。

当闪电 VHF 辐射脉冲功率接收系统接收到闪电辐射脉冲时,进行非线性最小二乘进行拟合,可求得系统输出的脉冲功率:

$$P_r = 42.4742V_{out} - 97.1751 \tag{2}$$

辐射源点脉冲功率 P_s，计算公式为：

$$P_s = P_r \frac{(4\pi r)^2}{G\lambda^2} \tag{3}$$

再将式(2)代入式(3)中最终得到闪电辐射源点功率的计算公式(4)：

$$P_s = 10 \cdot \lg(42.4742 \times V_{out} - 97.1751) \times \frac{(4\pi r)^2}{G\lambda^2} \tag{4}$$

4 闪电 VHF 辐射脉冲功率简单的计算

本文对祁连山东部大通地区的闪电辐射功率进行计算，依据 7 个站 VHF 辐射接收系统记录的输出电压，利用函数关系式(4)求出的闪电脉冲辐射功率，得到闪电辐射功率三维时空分布特征。假设每个辐射源点发出的电磁波是各向同性的，并对从每个测站得到的辐射源点功率作几何平均。文中认为偶极子接收天线的增益系数为 1，并且不考虑因天线型号不同造成的影响。在闪电辐射点功率三维时空分布图中闪电辐射源功率强度用不同的颜色表示，即闪电辐射功率三维时空分布图中色阶按功率值的大小变化进行划分，有利于区分功率值大小。

对祁连山东部青海大通地区的闪电资料进行计算分析，通过对天线中心频率为 270 MHz，3 dB带宽 6 MHz 发生的一次正地闪、一次负地闪及一次云闪中的各辐射源点的脉冲功率进行了计算，计算辐射源点功率时，假设每个辐射源点发出的电磁波是各向同性的，并对从每个测站得到的辐射源点功率做几何平均。

云闪辐射脉冲功率的值随时间的分布图及辐射功率特征图如图 1 所示，其中图 1a 表示闪电辐射源点高度随时间的变化，图 1b 表示南北方向上的立面投影，图 1c 表示辐射源点发生数目随高度的分布，图 1d 表示平面投影，图 1e 表示东西方向上的立面投影。辐射源辐射脉冲功率的分布如表 1 所示。正地闪辐射脉冲功率的值随时间的分布图及辐射功率特征图如图 2 所示，其中图 2a 表示闪电辐射源点高度随时间的变化，图 2b 表示南北方向上的立面投影，图 2c 表示辐射源点发生数目随高度的分布，图 2d 表示平面投影，图 2e 表示东西方向上的立面投影。辐射源辐射脉冲功率的分布如表 2 所示。负地闪辐射脉冲功率的值随时间的分布图及辐射功率特征图如图 3所示，其中图 3a 表示闪电辐射源点高度随时间的变化，图 3b 表示南北方向上的立面投影，图 3c 表示辐射源点发生数目随高度的分布，图 3d 表示平面投影，图 3e 表示东西方向上的立面投影。辐射源点辐射脉冲功率的分布如表 3 所示。

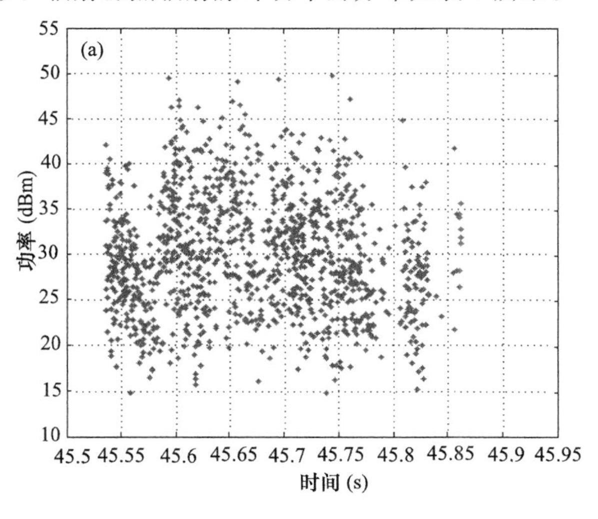

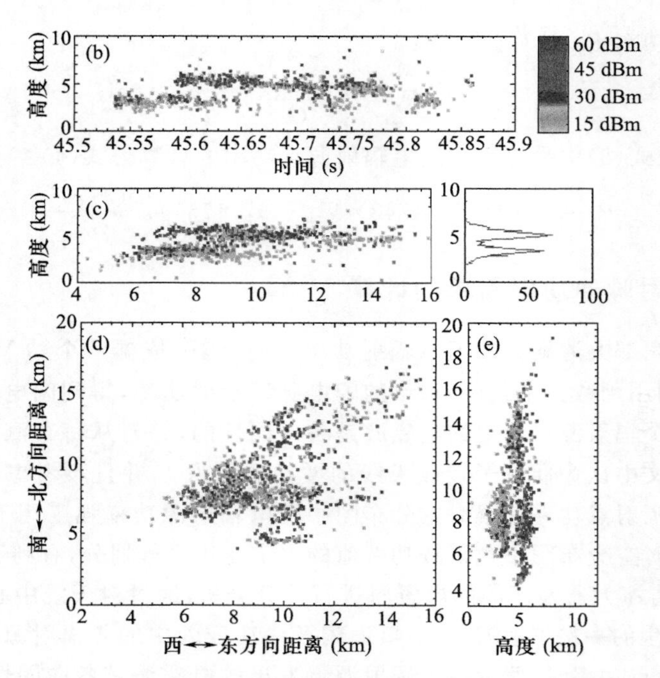

图 1　云闪辐射功率三维特征图及辐射功率三维特征图

表 1　云闪辐射源点功率分布表

闪电类型	云闪				
闪电辐射源点总数	1197				
功率分布区间(W)	0～3	3～5	5～10	10～20	20～100
区间内辐射源点个数	901	110	100	56	29
所占比例(%)	75.3	9.2	8.4	4.6	2.4

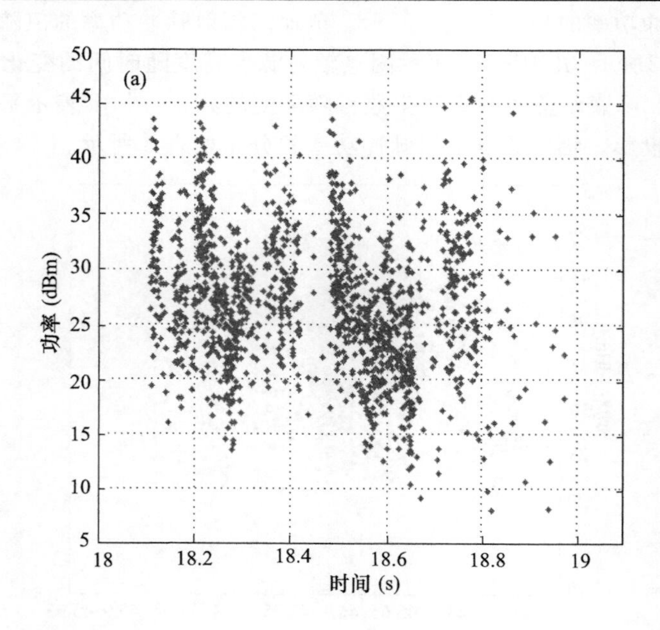

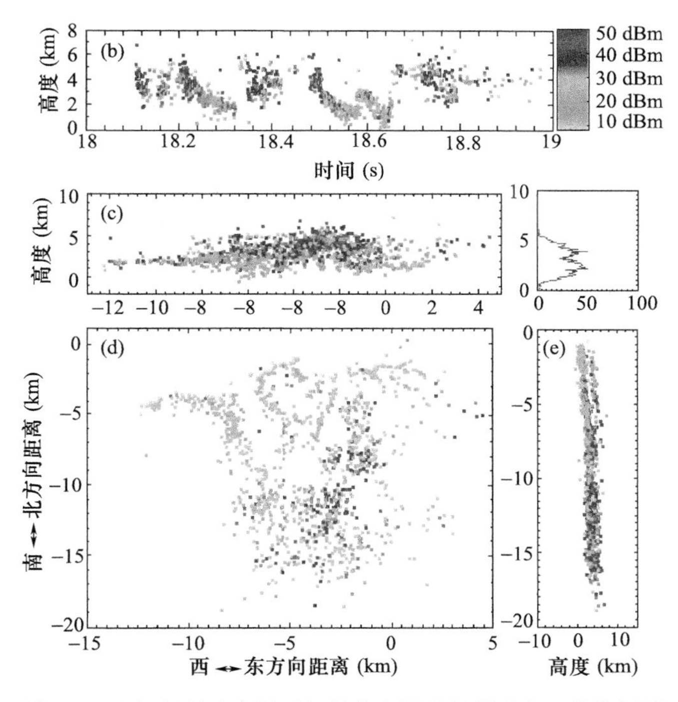

图 2　正地闪辐射功率随时间的分布图及辐射功率三维特征图

表 2　正地闪辐射源点功率分布表

闪电类型	正地闪				
闪电辐射源点总数	1466				
闪电辐射脉冲功率分布(W)	0～3	3～5	5～10	10～20	20～100
区间内辐射源点数	1301	74	60	15	12
所占比例(%)	88.7	6.2	4.1	1.04	0.82

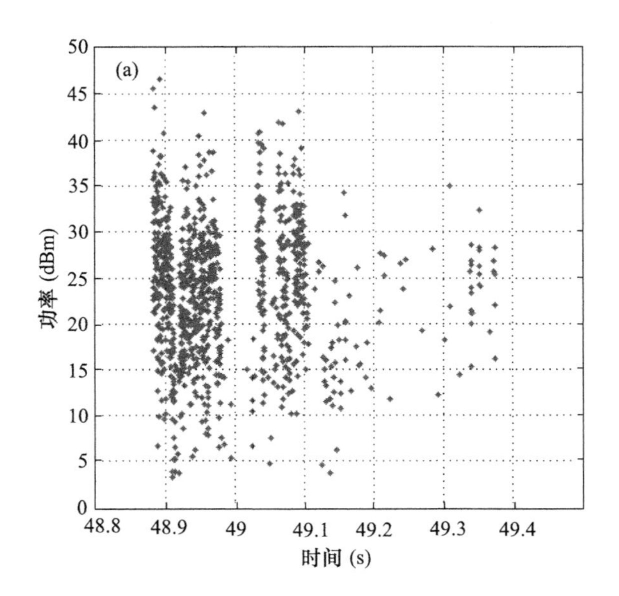

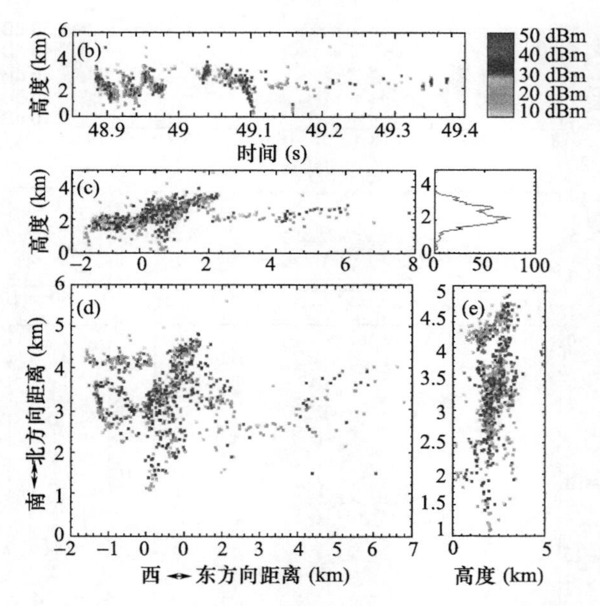

图 3 负地闪辐射功率随时间的分布图辐射功率三维特征图

表 3 负地闪辐射源点功率分布表

闪电类型	负地闪				
闪电辐射源点总数	990				
功率分布区间(W)	0～3	3～5	5～10	10～20	20～100
区间内辐射源点数	931	28	20	7	4
所占比例(%)	94	2.8	2.0	0.7	0.4

4.1 云闪(20120827162148)

该闪电发生于2012年08月27日16:21:48(北京时间),在267～273 MHz的频段内。总的来说,云闪的辐射脉冲功率的最小值是9.6 mW,最大值是9.5×10^4 mW,平均值为3.2×10^3 mW,辐射源功率分布在9.6 mW(10 dBm)～95 W (50 dBm)的区间内。从辐射功率三维特征图可以看出,闪电辐射功率的三维分布特征呈现双层结构,且正电荷区域的辐射强度较负电荷区域大。

4.2 正地闪(20090818033918)

它只有一次回击,发生在2009年08月18日03:39:18(北京时间),闪电起始于5 km高度负电荷区域。如图2为正地闪辐射源辐射脉冲功率随时间的分布图及闪电辐射功率三维特征图。在267～273 MHz的频段内,正地闪的辐射脉冲峰值功率的最小值是2.5 mW,最大值是3.75×10^4 mW,平均值为1.6×10^3 mW。在267～273 MHz的频段内,正地闪的辐射源功率分布在3 mW(4 dBm) ～37.5 W(46 dBm)的范围内。从辐射功率三维特征图可以看出闪电辐射功率的三维分布特征呈现双层结构,且上部正电荷区域的闪电辐射功率较下部负电荷区域辐射功率大。

4.3 负地闪(20120827162048)

该闪电发生于2012年08月27日16:20:48(北京时间),闪电起始于4 km高度负电荷区域。如图3为负地闪辐射源辐射脉冲功率随时间的分布图及闪电辐射功率三维特征图。在267~273 MHz的频段内,可以得出:负地闪的辐射脉冲功率的最小值是2.2 mW,最大值是4.5×10^4 mW,平均值为1.1×10^3 mW。在267~273 MHz的频段内,负地闪的辐射源功率分布在2.2 mW(3.3 dBm)~45 W (47 dBm)范围内。从辐射功率三维特征图可以看出闪电辐射功率的三维分布特征呈现双层结构,且正电荷区域的闪电辐射功率较负电荷区域辐射功率大。

由表1、表2、表3可以看出,正地闪辐射源点功率分布与负地闪辐射源点功率分布以及云闪辐射源点功率分布情况,即得出,在0~5 W之间的辐射源点正地闪,负地闪占了95%以上,云闪占了大概85%,这就说明了在0~5 W这个范围里面,地闪辐射点比云闪要多,在10 W以上的辐射源点中正负地闪占了大概1%左右,云闪却占了8%左右,即说明云闪的辐射脉冲功率10 W以上的点分布要比地闪多,并且在50 W以上的辐射源点云闪要比地闪多。

所以说,云闪的辐射源点的功率值要比地闪辐射源点的功率值高,这可能与云闪和地闪的起点机制和放电发展过程的不同有关。

从辐射功率三维特征图分析得出,闪电辐射功率的分布特征呈现电荷分层特性,即通过计算得出正电荷区域的辐射功率值比负电荷区域功率值偏大。

5 结论与讨论

(1) 在267~273 MHz的频段内,负地闪的辐射源点功率分布在2.2 mW~45 W的区间内,正地闪的辐射源点功率分布在3 mW~37.5 W的区间内,云闪辐射源点功率分布在9.6 mW~95 W的区间内。

(2)云闪的辐射脉冲功率的平均值为3.2×10^3 mW。正地闪的辐射脉冲峰值功率平均值为1.6×10^3 mW,负地闪的辐射脉冲功率的平均值为1.1×10^3 mW。

(3)在0~5 W之间的辐射源点地闪占了95%以上,云闪占了大概85%,这就说明了在0~5 W这个范围里面,地闪辐射点比云闪要多。在1 W以上的辐射源点中正负地闪占了大概1%左右,云闪却占了8%左右,这就说明云闪的辐射脉冲功率10 W以上的点分布要比地闪多。并且在50 W以上的辐射源点云闪要比地闪多。所以说,云闪的辐射源点的功率值要比地闪辐射源点的功率值高,这可能与云闪和地闪的起点机制和放电发展过程的不同有关。

(4)从辐射功率三维特征图分析得出,闪电辐射功率的分布特征呈现电荷分层特性,即通过计算得出正电荷区域的辐射功率值比负电荷区域功率值偏大。

参考文献

[1] 张义军,葛正谟,陈成品,等. 青藏高原东部地区的大气电特征[J]. 高原气象,1998,17(2):135-141.
[2] LE VINE D M, KRIDER E P, The temporal structure of HF and VHF radiations during Florida lightning return strokes[J]. Geophys Res Lett, 1977, 4(1):13-16.
[3] SHAO X M, RHODES C T, HOLDEN D N. RF radiation observations of positive cloud-to-ground flashes[J]. J Geophys Res, 1999, 104(D8): 9601-9608.

[4] KREHBIEL P R, THOMAS R J, RISON W, et al. GPS-based mapping system reveals lightning inside storms[J]. EOS, 2000,81(3):21-32.

[5] 张广庶,王彦辉,郄秀书,等. 基于时差法三维定位系统对闪电放电过程的观测研究[J]. 中国科学(D辑),2010,40(4):523-534.

[6] RISON W, THOMAS R J, KREHBIEL P R, et al. A GPS-based three-dimensional lightning mapping system: initial observations in central New Mexico[J]. Geophys Res Lett, 1999,26(23): 3573-3576.

[7] THOMAS R J, KREHBIEL P R, RISON W, et al. Accuracy of the Lightning Mapping Array[J]. J Geophys Res, 2004,109(D14207).

[8] KREHBIEL P R, THOMAS R, RISON W, et al. Lightning mapping observations in central Oklahoma [J]. EOS,2000, 81:21-25.

[9] 王才伟,陈茜,刘欣生,等. 雷雨云下部正电荷中心产生的电场[J]. 高原气象,1987,6(1):66-74.

[10] 张义军,KREHBIEL PR,刘欣生,等. 闪电放电通道的三维结构特征[J]. 高原气象,2003,22(3): 217-220.

[11] 李亚珺,张广庶,文军,等,沿海地区一次多单体雷暴电荷结构时空演变[J]. 地球物理学报,2012,55(10):3203-3212.

[12] WORKMAN E J, HOLZER R E. A preliminary investigation of the electrical structure of thunderstorms [J]. Aero Tech Note, 1942, 85: 1-29

[13] WORKMAN E J, HELZER R E, PELSOR G T. The electrical structure of thunderstorms [R]. Aero Tech Note, 1942, pp: 1-47.

[14] SIMPSON G C, SCRASE F J. The distribution of electricity in thunderclouds [J]. Proc Roy Soc, A, 1937,161:309-352.

[15] SIMPSON G C, ROBINSON G D. The distribution of electricity in thunderclouds [J]. Proc Roy Soc, A, 1941, 177:281-329.

近30年六盘山东西坡降水及空中水汽条件差异特征分析

邓佩云[1,2]　桑建人[1,2]　杨　萌[3]　穆建华[1,2]　常倬林[1,2]　曹　宁[1,2]

（1. 中国气象局旱区特色农业气象灾害监测预警与风险管理重点实验室，银川 750002；
2. 中国气象局云雾物理环境重点开放实验室，北京 100081；3. 宜宾市气象局，宜宾 644007）

摘　要　利用1989—2018年欧洲中期天气预报中心（ECMWF）发布的ERA-Interim的高时空分辨率（0.125°×0.125°）的再分析资料以及气象站降水观测资料，对六盘山区近30年东西坡降水及空中水汽条件差异特征进行诊断分析。结果表明：(1)近30年六盘山区大气可降水量、700 hPa比湿、水汽通量与降水量空间分布特征较为一致，呈东高西低、南大北小的特征。(2)六盘山区的水汽主要来源于低层孟加拉湾、南海及印度洋的暖湿气流的水汽输送。(3)六盘山区的水汽输送特征表现为700 hPa和750 hPa以西南风水汽输送为主导，750 hPa以下六盘山东侧为东南风迎风坡，受地形强迫的影响，东南暖湿气流在东坡抬升。(4)六盘山系东坡存在高层辐散、低层辐合或弱辐散的动力场配置，加之地形、东亚季风与天气系统之间相互作用的共同影响，造成六盘山区降水及空中水汽条件呈东高西低的分布特征。初步的研究结果可揭示区域空中水汽条件的分布特征，为该地云水资源开发提供可参考性依据。

关键词　六盘山区　大气可降水量　水汽通量　水汽通量散度　风场　地形

1　引言

在全球变暖的大背景下，我国区域经济发展和有限的环境资源禀赋之间的矛盾日益突出，以干旱灾害为代表的生态问题严重制约着当地社会的发展，其重要性愈加受到政府、公众和学界的关注[1,2]。西北干旱区深居亚欧大陆腹地，是我国水资源最短缺的地区之一，干旱缺水的生态特点造成西北地区土地贫瘠，灾害频发，对农业和区域生态环境的影响巨大[3,4]。中国西北地区降雨成因较复杂，水汽含量相对较低，姚俊强等[5]探讨了西北干旱区的气候变化特征及其对生态环境的影响；郑丽娜[6]利用近55年中国西北地区气象站点的日降水数据以及再分析资料，揭示了该地区夏季降水的时空演变特征；陈楠等[7]利用NCEP/NCAR月均再分析资料，初步探讨了宁夏水汽通量的年际、年代际演变特征以及不同区域和不同季节的分布特征。已有研究表明[8]，西北地区水汽含量随海拔高度的升高而减少，降水效率随海拔高度的升高而增大，其来源主要为西风带水汽输送，少量来自于西西伯利亚，王宝鉴等[9]研究表明东部季风区是西北地区大气水汽含量最丰富的地区，西风带区次之，高原区最少，巩宁刚等[10]研究发现，近38年西北腹地的祁连山区大气水汽含量呈东南多、西北少的空间分布特征，且随海拔的升高而逐渐减少，整层大气水汽主要集中在5000m以下，并揭示了该地区空中水资源的开发潜力；祁连山区水汽输送主要受西风带、偏南季风与东亚季风的共同影响[11,12]。此外，研究表明，山地上空的云量较周边区域偏多[13]，空气的上升运动在较低海拔山脉也能产生对流云[14]。

六盘山作为西北地区东部的主要山脉，位于青藏高原东部，黄土高原的西北部，六盘山区是中国气象局精准扶贫行动计划示范区，是重要的水源涵养地及雨养农业区，也是海洋暖湿气流进入西北内陆的门户，维系西北内陆地区空中水汽输送的关键区域，担负着陕、甘、宁三省区水源的供水重任，然而其干旱少雨、灾害性天气多、区域降水差异大等气候特征严重制约着当地经济发展。空中水汽条件的分布以及水汽的输送对山区降水至关重要[15]，但六盘山区针对此方面还鲜有研究，因此，明晰该区域空中水汽条件特征及其成因，可为区域降水预测、农业气象评估以及人工影响天气等提供科学依据，具有重要的现实意义和科学价值。

为此，本文基于六盘山区的气象站逐时降水量观测资料，对六盘山区 1989—2018 年的降水特征进行分析，并基于同期的 ERA-Interim 高分辨率再分析资料对包括六盘山在内的西北地区东部的空中水汽条件特征进行分析，进一步探究六盘山区的水汽来源以及东西坡降水和空中水汽条件的差异特征及其成因，以期为后续云和降水物理过程参数化方案等相关研究和应用提供可参考性依据。

2 资料方法及研究区概况

2.1 资料

使用的资料包括 1989 年 1 月—2018 年 12 月期间六盘山区的气象站(西吉站、隆德站、六盘山站、泾源站、固原站、彭阳站)逐日降水量观测资料以及同期 ECMWF 的 ERA-Interim 高分辨率再分析资料(10°—70°N，30°—160°E)。ERA-Interim 再分析资料时间分辨率为 6 h，空间分辨率为 0.125°×0.125°，垂直分为 16 层等压面(本文选取 1000～500 hPa)。具体包括：大气可降水量、位势高度场、风场、相对湿度、表面气温、海平面气压场和垂直速度等。

单位气柱内整层水汽通量[16]，垂直积分水汽通量[16]，某层水汽通量散度[17]及大气可降水量[18]的计算公式如下：

$$Q=-\frac{1}{g}\int_{p_s}^{p_t} Vq\,\mathrm{d}q \tag{1}$$

$$Q_u=-\frac{1}{g}\int_{p_s}^{p_t} qu\,\mathrm{d}p \tag{2}$$

$$Q_v=-\frac{1}{g}\int_{p_s}^{p_t} qv\,\mathrm{d}p \tag{3}$$

$$D=-\frac{1}{g}\nabla\cdot(Vq) \tag{4}$$

$$W=-\frac{1}{g}\int_{p_s}^{p_t} q\mathrm{d}q \tag{5}$$

式中，Q 表示水汽通量；Q_u 表示纬向水汽通量，Q_v 表示经向水汽通量，单位：g/(s· hPa·cm)；D 表示某层的水汽通量散度，单位：g/(s· hPa·cm^2)；W 表示大气可降水量，单位：mm；q 表示各层大气的比湿，单位：g/kg；V 为风速矢量，其中 u 为纬向风，v 为经向风，单位：m/s；p 表示气压，p_s，p_t 分别为大气柱下界气压和上界气压，单位：hPa；g 为重力加速度，单位：m/s^2。

2.2 六盘山区地理及气候特征

六盘山位于宁夏南部，是我国大地形中比较小的一个典型近似南北走向(与南北方向夹角近 30°)的连续山脉(西北接青藏高原北麓祁连山东部余脉，东南接秦岭西部的余脉)，山地东坡陡峭，坡度为26°～60°，坡向以东-东北为主，西坡和缓，坡度为20°～35°，坡向以西南为主。区域内以六盘山为南北脊柱，范围约在105.2°—107°E，34.7°—36.5°N内，海拔高度大于宁夏的其余地区，大部分在1500～2200 m，山脊海拔高度在2500 m以上，最高峰米缸山达2942 m。本文以六盘山站为基准，向东至宁夏东部边缘范围为六盘山东坡区域，即106.2°—107°E，34.7°—36.5°N，向西至宁夏西部边缘范围为六盘山西坡区域，即105.2°—106.2°E，34.7°—36.5°N，见图1。表1为六盘山区6个国家气象站基本情况，其中，西吉、隆德站位于六盘山的西坡，泾源、固原、彭阳站位于六盘山的东坡。

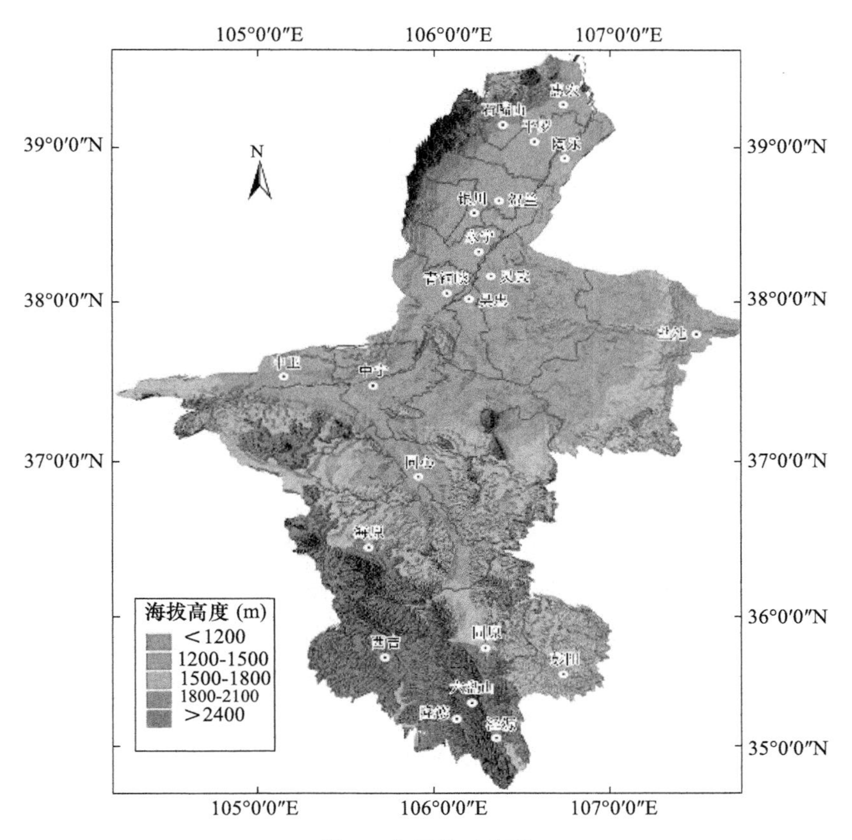

图1　宁夏地区地形

（黑色加粗区域为六盘山区）

表1　六盘山区6个国家气象站基本情况表

站名	海拔高度(m)	距六盘山站距离(km)
西吉国家基本气象站	1916.5	43.83
隆德国家气象观测站	2078.6	9.36
六盘山国家基准气候站	2845.2	0
泾源国家气象观测站	1984.7	21.3
固原国家基准气候站	1752.8	37.55
彭阳国家气象观测站	1496.0	31.27

六盘山区气候属中温带半湿润向半干旱过渡带,具有大陆性和海洋季风边缘气候特点,春低温少雨,夏短暂多雹,秋阴涝霜早,冬严寒绵长,区域年均降水量高于宁夏的引黄灌溉区与中部干旱带,但降水仍为匮乏且差异大,其中东坡年均降水量大于西坡。具有雨雾日数多、水汽条件充沛、对流条件以及垂直扩散上升条件好、催化条件适宜等特征,人工增雨潜力较大,其特殊的地理优势与气候特征为西北山区气候的研究提供了天然的实验场。

3 六盘山区近30年降水量与空中水汽条件的时空分布特征

3.1 六盘山区近30年降水量的时空分布特征分析

基于1989—2018年六盘山区降水量距平图(图2)对研究区降水量的年际变化特征进行分析,历年降雨量变化过程表现为1990年、1992年、2003年、2005年、2013年、2014年、2017年、2018年为8个雨量偏多年;1989年、1991年、1993年、1994年、1995年、1996年、1997年、1998年、1999年、2000年、2001年、2002年、2004年、2006年、2007年、2008年、2009年、2010年、2011年、2012年、2015年、2016年为22个雨量偏少年,整个分析期六盘山区降水量以降水偏少年居多,降水偏多年次数不多但变幅较大,最高年份为2013年,年降水量为771.54 mm。由六盘山区近30年的6个国家气象站各站的年均降水量统计图(图3)可见,降水量分布呈现显著的南多北少和东高西低的空间分布特征,六盘山区年均降水量为520.09 mm,其中东坡年均降水量为531.15 mm,西坡年平均降水量为456.49 mm,逐年的降水量在六盘山区东坡大于西坡的年份高达90%。进一步分析表明,六盘山区暴雨日数共计72 d,大雨为483 d,中雨为1964 d,小雨日数为10676 d,各类型的降雨日数的空间分布特征也均表现为六盘山东坡高于西坡的空间分布特征。此外,六盘山区降水量的季节变化特征表现较为明显,降水过程主要集中在夏季。

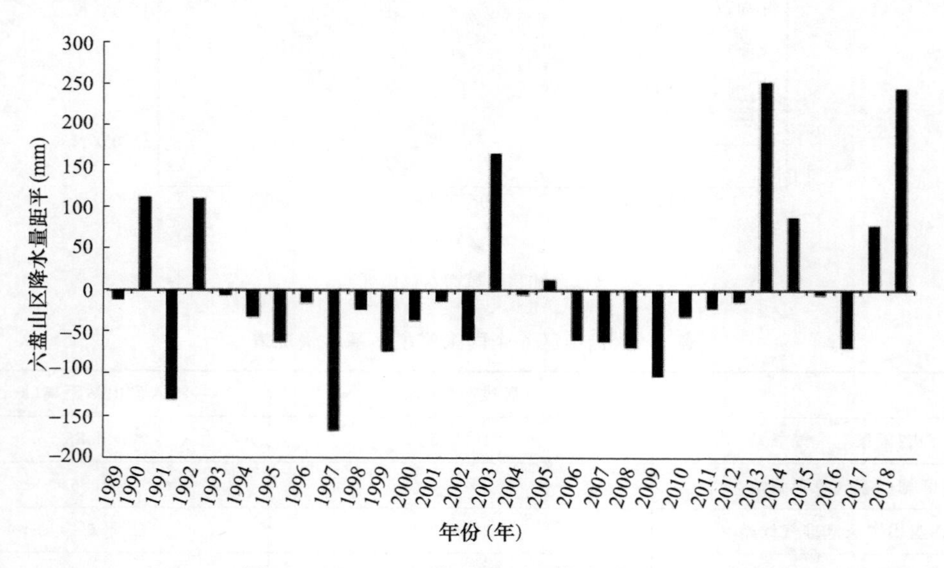

图2 1989—2018年六盘山区降水量距平图

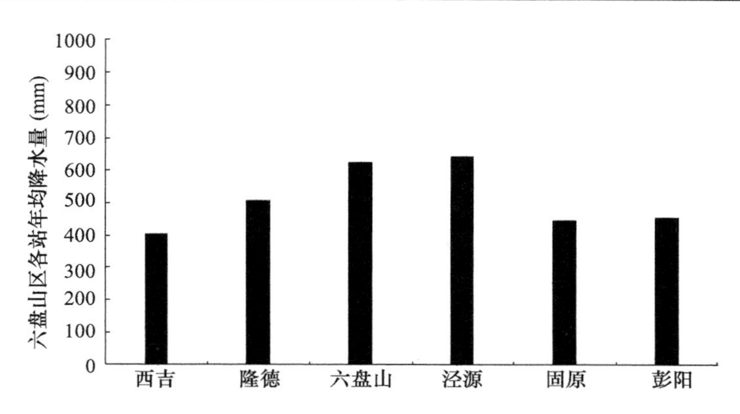

图 3　1989—2018 年六盘山区各站年均降水量统计图

3.2　六盘山区近 30 年空中水汽条件分布特征

大气可降水量(W)，又称为大气水汽含量，表示地面上大气柱的总水汽量，是评估区域空中水资源的重要指标。为明晰六盘山区近 30 年空中水汽条件的分布特征，利用 ERA-Interim 再分析资料计算 1989—2018 年包括六盘山区在内的西北地区东部(33°—37°N，103°—109°E)的大气可降水量分布，由图(图 4a)可以看出，六盘山区近 30 年年均大气可降水量达 12～14 mm，呈东南向西北递减趋势，区域内的大气可降水量显著高于宁夏中北部地区，区域平均大气可降水量为 12.89 mm，其中六盘山东坡年均区域平均大气可降水量为 13.43 mm，而西坡仅为 12.46 mm。基于 ERA-Interim 再分析资料与站点资料有很好的一致性，进一步将再分析资料插值到六盘山区的各站点中，并求取出六盘山区各站点近 30 年的年均大气可降水量(图 4b)，可以看出，近 30 年的年均大气可降水量在六盘山系东西坡具有显著的差异，尤其以东坡的泾源辖区为代表的区域各站点，最大年均大气可降水量高达 12.94 mm 以上，而西坡的隆德各站点的年均可降水量显著低于东坡，最大年均大气可降水量为 12.59～12.94 mm，这与实际降水量的空间分布差异特征一致。进一步分析表明，六盘山区大气可降水量的季节变化表现为夏季最大、春秋季次之、冬季最少(图略)，其年际变化表现为 20 世纪 80—90 年代呈降低趋势，90 年代后呈上升趋势[7]，2006 年后呈下降趋势[18]，其时空变化规律与田磊等人[19]利用气象观测站资料的验证结果相一致。

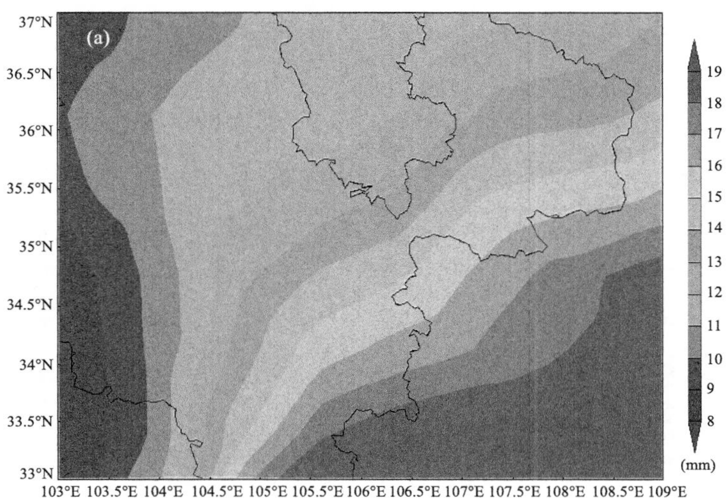

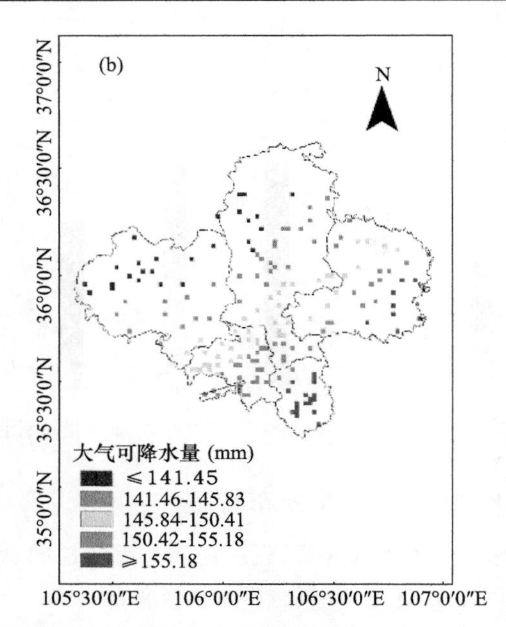

图 4　1989—2018 年西北地区东部(a)和六盘山区各站点(b)年均大气可降水量分布

比湿(q)，又称为水汽含量，指湿空气中的水汽质量与湿空气的总质量之比。赵美等[20]研究表明，700 hPa 高空比湿对地面降水具有强烈的指示意义，总的降水趋势是随着 700 hPa 比湿的增大而降水的可能性也增大，六盘山区东西坡 700 hPa 比湿场的显著差异，对揭示该区域东西坡降水差异以及人工影响天气有着重要的指示作用。利用 1989—2018 年的再分析资料对六盘山区 700 hPa 比湿的变化特征进行分析(图 5a)，六盘山区近 30 年的年均比湿在 3.6～4.2 g/kg 范围内呈现南高北低、东高西低的空间分布特征，年均区域平均比湿为 4.02 g/kg，其中东坡为 4.03 g/kg，西坡为 4.01 g/kg，进一步将再分析资料插值到六盘山区的各站点中(图 5b)，可以看到以六盘山系东坡为代表的泾源辖区各站点的比湿均在 3.94 g/kg 以上，而西坡隆德区域内大部分站点的比湿值在 3.88～3.94 g/kg 内，其值显著低于东坡，其季节变化表现为夏季最大，冬季最小(图略)，这与实际降水量的时空分布特征一致。

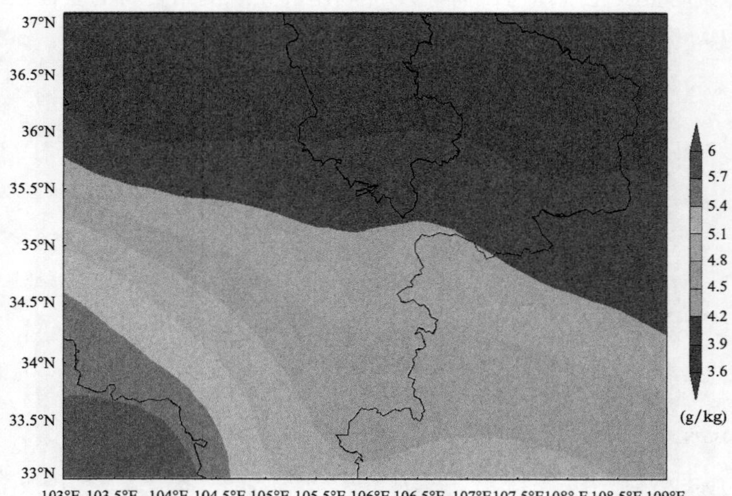

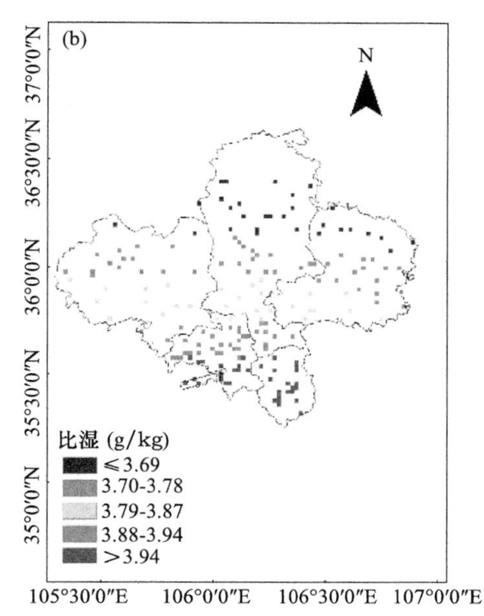

图5 1989—2018年700 hPa西北地区东部(a)和六盘山区各站点(b)年均比湿分布

水汽通量(Q),又称为水汽输送量,可表示水汽输送的强度和方向。本文利用ERA-Interim再分析资料计算得出近30年六盘山区700 hPa区域平均水汽通量值为0.56 g/(s· hPa·cm),其中东坡为0.66 g/(s· hPa·cm),西坡为0.47 g/(s· hPa·cm),进一步沿六盘山站(106.20°E,35.67°N)对六盘山区850～500 hPa范围的水汽通量的经纬向进行剖面(图6),由图6a可以看出,高层水汽通量的强度低于低层,水汽通量的大值区集中在六盘山东坡800 hPa左右,高达2.2 g/(s· hPa·cm)及以上,在六盘山西坡范围内,800～750 hPa有一次高值区,达2 g/(s· hPa·cm)及以上,较大值区主要集中在沿六盘山脉的海拔较高地。由图6b可以看出,南部地区水汽通量的大值区范围高于北部地区,水汽主要积聚在山系东坡,西坡的水汽有抬升作用,六盘山区水汽通量近30年的年际变化表现为逐渐减少的趋势,但其值仍高于宁夏区域内的引黄灌区和中部干旱带[7]。

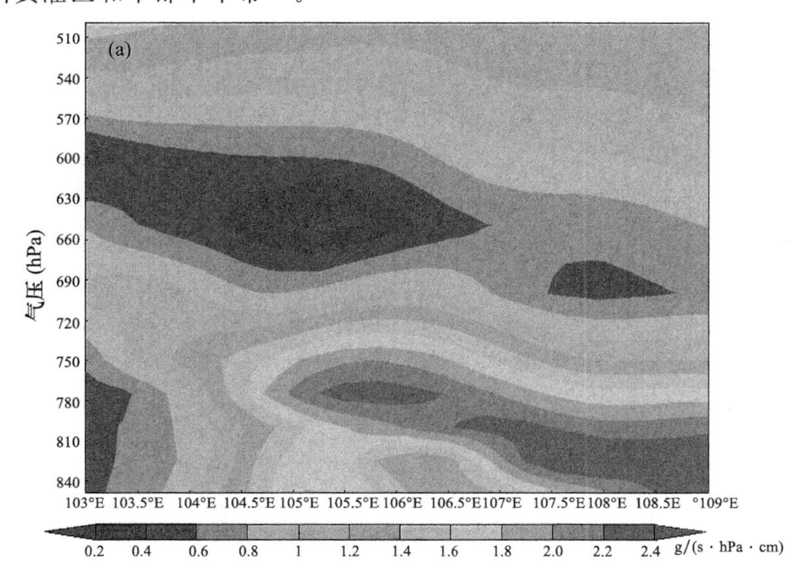

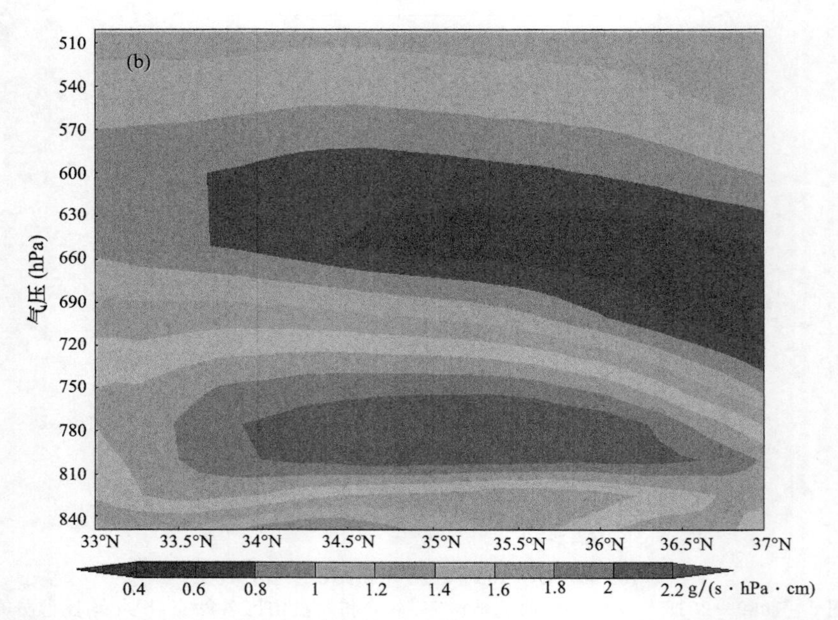

图 6 1989—2018 年西北地区东部沿 35.67°N(a)及沿 106.20°E(b)水汽通量剖面

综合以上分析,近 30 年六盘山东坡年均降水量比西坡高 74.66 mm,区域平均大气可降水量比西坡高 0.97 mm,700 hPa 区域平均比湿比西坡高 0.02 g/kg,700 hPa 区域平均水汽通量比西坡高 0.19 g/(s · hPa · cm),相较于海拔较高地处于西风带气候区的天山以及高原气候区的祁连山[21],六盘山区具有更为充沛的水汽条件,这与海拔较高以及山地对水汽的阻挡作用等因素有关[22]。

4 六盘山区近 30 年空中水汽条件分布成因

4.1 六盘山区水汽来源

水汽输送是产生降水的一个重要物理因子,考虑到气候平均状况下水汽源地上空的水汽通量相当充沛,水汽输送源地可能是水汽输送路径上水汽通量大值区下方的海洋、江河及湖泊等地,已有研究表明[7],在水汽输送偏多年,西太平洋到孟加拉湾有较大闭合比湿中心,这是西北地区东部重要的水汽来源地之一。为进一步分析六盘山区的水汽来源,绘制(10°—70°N,30°—160°E)范围内的 30 年年均的水汽通量与风场的叠加图(图 7),可以看出,六盘山区近 30 年水汽来源于孟加拉湾、南海及印度洋。700 hPa 从孟加拉湾有明显的西南风水汽输送带延伸至甘肃东南部、宁夏南部、陕西一带;850 hPa 从南海有一明显的西北向水汽输送带,此外,印度洋-孟加拉湾的水汽输送带向东北方向输送,两支水汽输送带经云南、四川转为向西北输送,在青藏高原的地形的影响下[23],将水汽输送至六盘山区。

4.2 六盘山区水汽通量散度场

水汽通量散度(D),指的是单位时间、单位体积中,从水平方向汇合进来或辐散出去的某层的水汽量,是表征水汽输送的主要物理量,若 $D<0$,水汽通量辐合,若 $D>0$,水汽通量辐散。

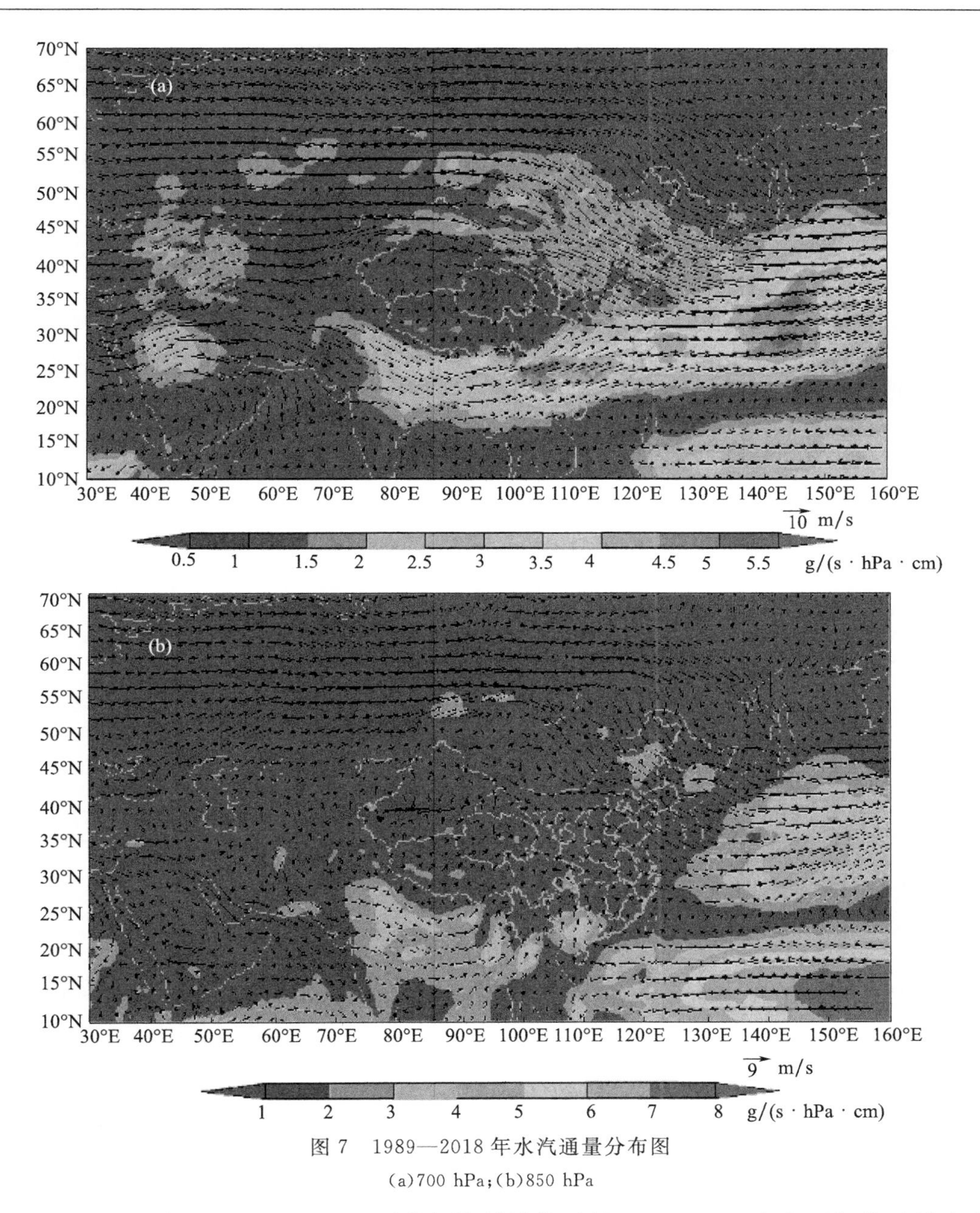

图7 1989—2018年水汽通量分布图

(a)700 hPa;(b)850 hPa

利用1989—2018年的ERA-Interim再分析资料计算可得，500 hPa六盘山区年均区域水汽通量散度值为−5.67 g/(s· hPa·cm^2)，其中东坡年均区域平均值为4.25 g/(s· hPa·cm^2)，水汽辐散，而西坡年均区域平均值为−17.06 g/(s· hPa·cm^2)，水汽辐合；700 hPa六盘山区平均水汽通量散度值为−1.98 g/(s· hPa·cm^2)，其中东坡年均区域平均水汽通量散度值为−5.22 g/(s· hPa·cm^2)，水汽辐合，西坡年均区域平均水汽通量散度值为0.60 g/(s· hPa·cm^2)，水汽辐散；850 hPa六盘山区年均区域平均值为241.12 g/(s· hPa·cm^2)，其中东坡为81.52 g/(s· hPa·cm^2)，西坡高达368.80 g/(s· hPa·cm^2)。为进一步明晰六盘山区东西坡站点水汽通量散度场的差异性，将1989—2018年的水汽通量散度插值到六盘山区的各站点

(图 8),由图 8a 可知,500 hPa 水汽通量散度正值集中在六盘山东坡,其中大值区位于泾源县,水汽通量散度值>19.54 g/(s・hPa・cm^2)的站点居多,水汽辐散,而西坡大部分区域为负值区或弱正值区,水汽辐合或弱辐散。由图 8b 可见,850 hPa 水汽通量散度正值的大值区集中在六盘山系西坡区域,其中水汽通量散度最大值多集中在隆德辖区,高达 354.92 g/(s・hPa・cm^2)以上,水汽显著辐散,而在东坡范围内大部分站点的水汽通量散度值为负值或弱正值,水汽辐合或弱辐散,六盘山东坡存在着高层辐散、低层辐合或弱辐散的配置。进一步分析表明,近 30 年六盘山区在主要降水天气过程前期,700 hPa 青海东南部—甘肃南部—宁夏南部—陕西西部一带通常存在明显的水汽辐合区,水汽通量散度值可达(−6～−3)g/(s・hPa・cm^2)。因此,六盘山东坡受地形的抬升作用引起的高层辐散、低层辐合或弱辐散的动力场[24],使东坡相较于西坡有着更为有利的较强降水发生发展条件。

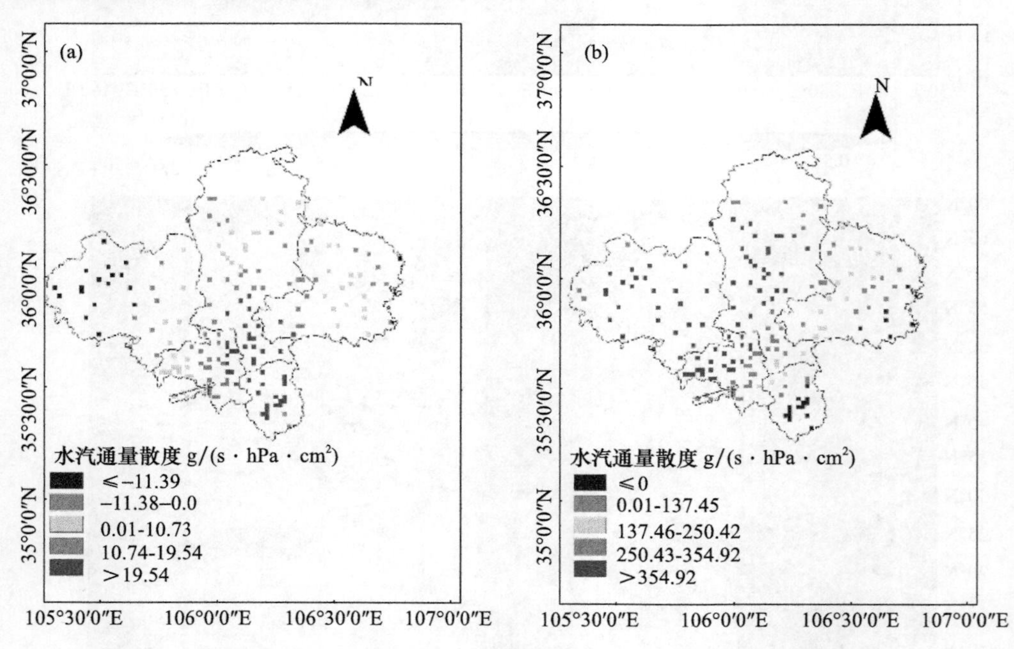

图 8 1989—2018 年六盘山区 500 hPa(a)及 850 hPa(b)水汽通量散度分布

宁夏六盘山区近 30 年较好的空中水汽条件主要集中在 4—10 月,季节变化表现为夏季最为充沛,冬季相对较弱(表 2),这与六盘山区的降水实况相符。已有研究表明[25],东亚季风对西北地区降水的影响较为显著,季风是由海洋和大陆的热力特征差异造成的气候现象,其盛行风向随季节变化。进一步分析可见(表 3),六盘山区在 750 hPa(约 2.5 km 高度)以下于 4 月开始盛行东南风,并于 10 月消退,季节变化表现为冬季盛行干冷的西北气流,夏季盛行东南风,六盘山区空中水汽条件的优劣与东南季风的进退具有较好的吻合性。六盘山区地处青藏高原东北部与黄土高原西北边缘的狭长喇叭口地带,在夏季受青藏高原的影响,西南暖湿气流很难到达海拔较高地,六盘山区位于东南季风及其边缘影响区域,受东亚季风影响较大,低层来自孟加拉湾、南海及印度洋的较为稳定的东南暖湿气流,受西太平洋副高北抬的影响,将水汽输送到六盘山区,并在六盘山系附近积聚,空中水汽含量较多[20],而宁夏中部干旱带及北部川区由于所处纬度较高,受到东亚季风的影响减弱,水汽很难到达,因此,六盘山区的空中水汽条件相较于宁夏其他地区更为充沛。

表 2　1989—2018 年六盘山区逐月空中水汽条件

月份	1	2	3	4	5	6	7	8	9	10	11	12
大气可降水量(mm)	3.99	5.11	7.10	9.88	13.62	19.93	26.28	25.57	20.58	12.23	6.74	4.21
700 hPa 比湿(g/kg)	0.013	0.013	0.013	0.013	0.013	0.014	0.013	0.013	0.006	0.013	0.013	0.013
700 hPa 相对湿度(%)	47.57	53.12	55.88	52.40	51.96	58.16	66.42	69.80	66.70	59.88	46.56	40.24
700 hPa 水汽通量(g/(s·hPa·cm))	0.555	0.556	0.557	0.557	0.559	0.559	0.560	0.560	0.561	0.562	0.562	0.562

表 3　1989—2018 年六盘山区逐月主导风向

月份	1	2	3	4	5	6	7	8	9	10	11	12
700 hPa	NW	NW	NW	NW	NW	SW	SW	SW	SW	NW	NW	NW
750 hPa	NW	W	W	W	SW	SW	SW	SW	SW	SW	NW	NW
800 hPa	NW	W	S	SE	SE	SE	SE	SE	SE	SE	NW	NW
850 hPa	NW	W	S	SE	SE	SE	SE	SE	SE	S	NW	NW

六盘山区东西坡降水量及空中水汽条件的明显差异，除了东坡受地形的抬升作用引起的高层辐散、低层辐合或弱辐散的动力场外，还受制于地形、季风与天气系统之间相互作用的共同影响。基于 ERA-Interim 再分析资料对六盘山区近 30 年大到暴雨降水过程的天气系统及影响系统进行分析，结果表明，两槽一脊和一脊一槽为最主要的降水环流形势，主要影响系统为 500 hPa 低压槽和 700 hPa 切变及急流，切变一般位于六盘山区，急流区一般位于甘肃东南部至陕西一带，六盘山区处于急流区西侧，进一步分析表明，六盘山区近 30 年在 700 hPa 与 750 hPa 以西南风水汽输送为主，并与西北风通量汇合后继续向东南方向输送(图 9a，b)，这与张沛等[17]研究结果相符，而在 750 hPa 以下以东南风水汽输送为主，以 800 hPa、850 hPa 为例(图 9c，d)，六盘山区地形大部分在 750 hPa 以下，因此，在此高度范围内，六盘山东坡为迎风坡，且地势更为陡峭，降水潜力更大，尤其在主要降水天气过程下，此风场特征更为显著，水汽输送受六盘山地形的强迫辐合抬升，加之有利的天气系统配合，造成六盘山系多年年均降水量及空中水汽条件呈东高西低分布特征。

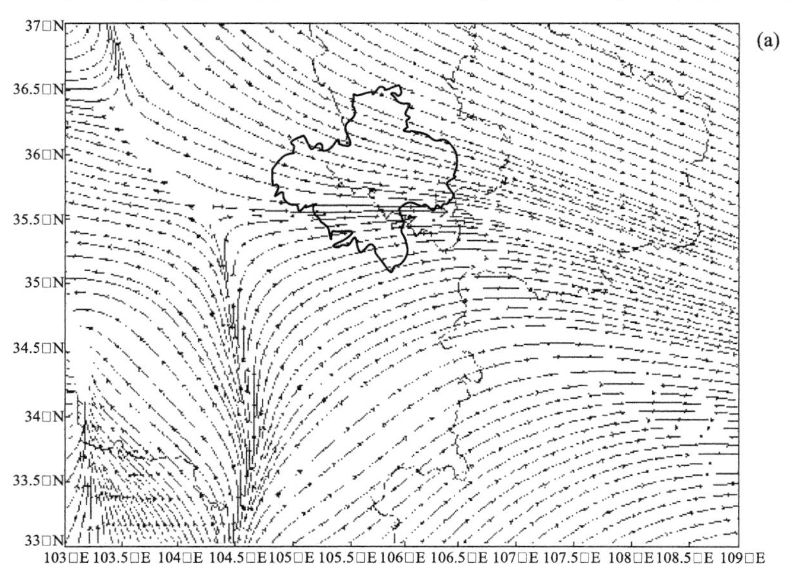

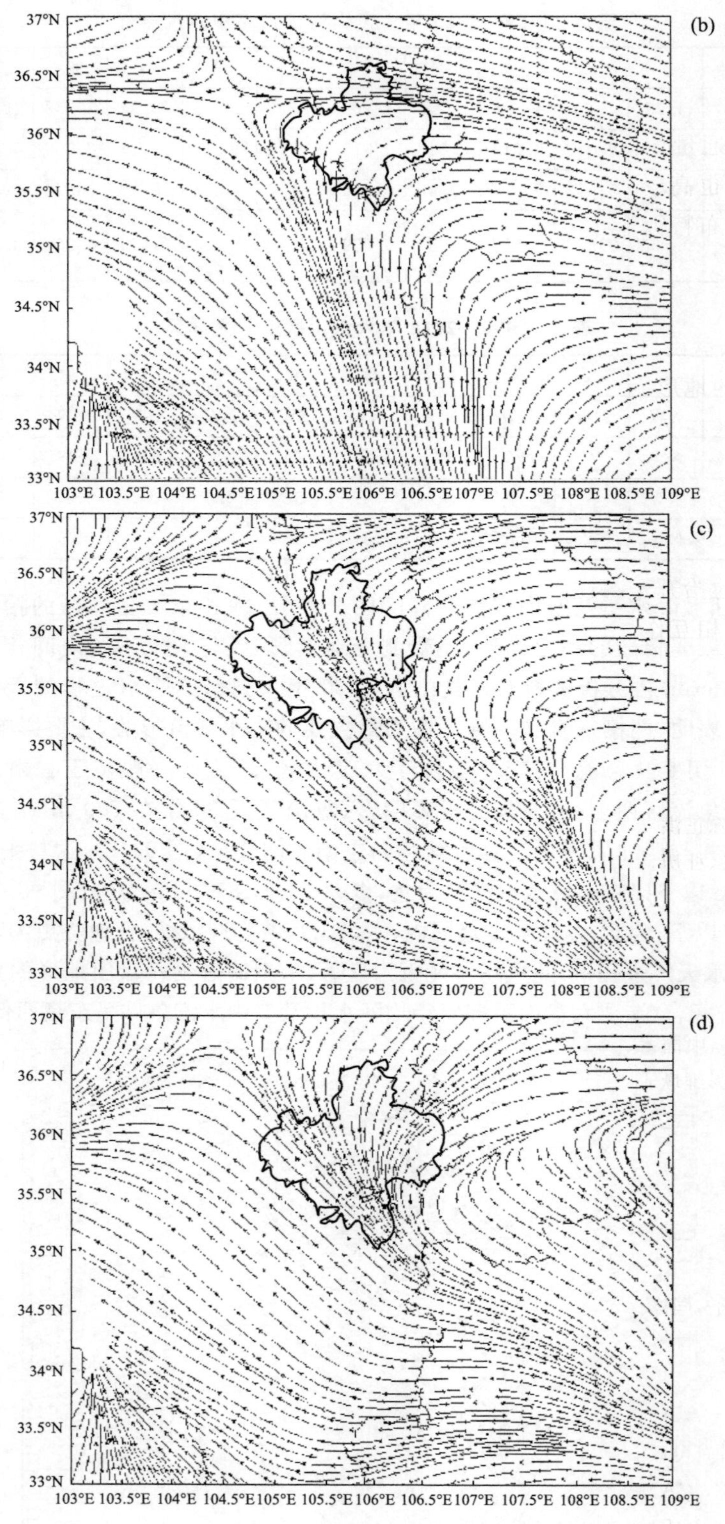

图 9　1989—2018 年西北地区东部风场

(a)700 hPa;(b)750 hPa;(c)800 hPa;)(d)850 hPa(黑色加粗区域为六盘山区)

5 结论

(1)近30年六盘山区年均区域平均大气可降水量为12.89 mm,700 hPa区域平均比湿为4.02 g/kg,水汽通量为0.69 g/(s· hPa·cm),其中东坡年均降水量比西坡高74.66 mm,各类型的降雨日数也高于西坡,年均区域平均大气可降水量、700 hPa比湿、相对湿度、水汽通量与降水量空间分布特征较为一致,呈东高西低、南大北小的特征,并存在明显的夏高冬低的季节变化特征。

(2)700 hPa从孟加拉湾有明显的西南风水汽输送带延伸至甘肃东南部、宁夏南部、陕西一带,850 hPa六盘山区水汽主要来源于孟加拉湾、南海及印度洋,经云南、四川转为向西北输送,在青藏高原的地形的影响下,将水汽输送至六盘山区。

(3)六盘山区在700 hPa和750 hPa以西南风水汽输送为主,并与西北风通量汇合后向东南方向输送,750 hPa以下六盘山东侧为东南风迎风坡,东南季风于4月开始进入六盘山区,并于10月消退,受六盘山地形强迫影响,东南暖湿气流在东坡抬升,使东坡相较于西坡有着更为有利的降水发生发展条件。

(4)受地形的抬升作用引起的高层辐散、低层辐合或弱辐散的动力场,加之地形、东亚季风与天气系统之间相互作用的共同影响,造成六盘山系降水及空中水汽条件呈东高西低的分布特征。

参考文献

[1] 黄会平.1949—2005年全国干旱灾害若干统计特征[J].气象科技,2008(5):39-43.

[2] 任国玉,吴虹,陈正洪.我国降水变化趋势的空间特征[J].应用气象学报,2000,11(3):322-330.

[3] 徐利岗,周宏飞,杜历,等.1951—2008年中国西北干旱区降水时空变化及其趋势[J].中国沙漠,2015,35(3):724-734.

[4] 白虎志.西北地区东部秋季降水日数时空特征分析[J].气象科技,2006,34(1):47-51.

[5] 姚俊强,杨青,陈亚宁,等.西北干旱区气候变化及其对生态环境影响[J].生态学杂志,2013,32(5):1283-1291.

[6] 郑丽娜.近55a中国西北地区夏季降水的时空演变特征[J].海洋气象学报,2018,38(2):53-62.

[7] 陈楠,陈豫英,彭维耿,等.宁夏近44年水汽时空分布及环流差异特征分析[J].干旱区资源与环境,2008,22(7):49-54.

[8] 刘芸芸,张雪芹.西北干旱区空中水资源的时空变化特征及其原因分析[J].气候变化研究进展,2011,7(6):385-392.

[9] 王宝鉴,黄玉霞,王劲松,等.祁连山云和空中水汽资源的季节分布与演变[J].地球科学进展,2006,21(9):948-955.

[10] 巩宁刚,孙美平,闫露霞,等.1979—2016年祁连山地区大气水汽含量时空特征及其与降水的关系[J].干旱区地理,2017,40(4):762-771.

[11] MA X, JIA W, ZHU G, et al. Stable isotope composition of precipitation at different elevations in the monsoon marginal zone[J]. Quaternary International, 2018:S1040618218302209.

[12] 张良,王式功,尚可政,等.祁连山区空中水资源研究[J].干旱气象,2007,25(1):14-20.

[13] SUMARGO E, CAYAN D R. Variability of Cloudiness over Mountain Terrain in the Western United States[J]. Journal of Hydrometeorology, 2017, 18:1227-1245.

[14] BARTH E L. Cloud formation along mountain ridges on Titan[J]. Planetary and Space Science, 2010,

58:1740-1747.

[15] SMITH B L, YUTER S E. Water Vapor Fluxes and Orographic Precipitation over Northern California Associated with a Landfalling Atmospheric River[J]. Mon Weather Rev, 2009, 138:74-100.

[16] TRENBERTH K E. Climate Diagnostics from Global Analyses: Conservation of Mass in ECMWF Analyses[J]. Journal of Climate, 1991, 4(4):707-722.

[17] 张沛,姚展予,谭超,等. 六盘山地区空中水资源特征及水凝物降水效率研究[J]. 大气科学,2019,43(6):421-434.

[18] 黄露,范广洲. 影响青藏高原大气可降水量的因素及其变化特征[J]. 气象科技,2018,46(6):110-117.

[19] 田磊,翟涛,常倬林,等. 宁夏空中水资源分布特征的初步分析[J]. 宁夏工程技术,2016,15(3):193-196.

[20] 赵美,李永,张军,等. 高空 700 hPa 规定层比湿与地面降水关系分析[C]//推进气象科技创新,提高防灾减灾和应对气候变化能力——江苏省气象学会第七届学术交流会论文集. 2011.

[21] 宋连春,张存杰. 20 世纪西北地区降水量变化特征[J]. 冰川冻土,2003,25(2):143-148.

[22] 王凌梓,苗峻峰,韩芙蓉. 近 10 年中国地区地形对降水影响研究进展[J]. 气象科技,2018,46(1):64-75.

[23] 乔钰,周顺武,马悦,等. 青藏高原的动力作用及其对中国天气气候的影响[J]. 气象科技,2014,42(6):1039-1046.

[24] 廖菲,洪延超,郑国光. 地形对降水的影响研究概述[J]. 气象科技,2007,35(3):309-316.

[25] 张存杰,谢金南,李栋梁,等. 东亚季风对西北地区干旱气候的影响[J]. 高原气象,2002,21(2):193-198.

2017—2018 年宁夏水汽标高变化特征分析

贾 乐 常倬林 穆建华 党张利

（1. 中国气象局旱区特色农业气象灾害监测预警与风险管理重点实验室，银川 750002；
2. 宁夏回族自治区人工影响天气中心，银川 750002）

摘 要 根据宁夏 22 个 GNSS/MET 站 2017—2018 年逐小时大气水汽含量（precipitable water vapor，*PW*）观测资料，以及距离 MET 站最近的地面自动气象站逐小时气温、相对湿度观测资料，统计分析了宁夏大气水汽标高（*H*）的变化特征。结果表明：宁夏地区 *H* 的分布主要集中在 0.5～3.5 km，*H* 的平均高度为 2.15 km；从站点分布来看，*H* 最大出现在固原市为 2.35 km，最小出现在金贵镇为 1.96 km；六盘山区大气平均水汽含量明显高于西部相关地区，地形云云水资源的开发利用潜力很大；从季节变化来看，*H* 最大出现在冬季，其次为夏季，最小出现在春季，秋季略大于春季，夏季 *H* 的变化较小，冬季 *H* 的变化较大，且大于 5 km 的极端高值主要集中在冬季；从四季 *H* 的日变化来看，各季节都有明显的日变化特征，但 *H* 的时分布规律不一致，春秋两季一天当中 *H* 最大出现的时间为 14 时左右，夏季为 16 时，而冬季是在 09 时，*H* 值最小出现的时间春夏两季为 08 时，秋季在 03 时，而冬季在 17 时；夏季一天当中 *H* 和地面水汽密度呈明显的负相关，冬季二者相关性不明显。

关键词 水汽标高 水汽含量 水汽密度 数理统计

1 引言

水汽是大气降水的物质基础，也是全球水循环过程中最为活跃的成分，其变化不仅深刻影响着全球气候系统和水资源系统的结构和演变，也影响着人类社会的发展和生产活动[1]。目前探测大气水汽主要有无线电探空、地基微波辐射计探测、卫星资料反演、地基 GPS 遥感等手段。地基 GPS 遥感探测具有实时连续性、探测精度高、观测稳定、高时空分辨率，不受天气状况影响等优点，已经逐渐超越常规的气象探测手段，成为目前大气水汽含量实时监测的最优化方案[2]。虽然地基 GPS 遥感探测可以得到毫米精度的水汽资料[3]，但是并不能直接探测水汽的垂直分布情况。根据研究大气中水汽的质量仅占大气总质量的 0.25%，近一半水汽位于海平面至海平面以上 1.5 km 之间，5%～6%的水汽位于 5 km 以上，而少于 1%的水汽位于平流层[4]；对于山地来说，山峰高度为 2 km 的山，大约有三分之二的大气水汽在山顶以下[5]；Bobak 和 Ruf 研究得出 1995 年春季宾夕法尼亚州大气水汽含量为 10%的平均高度在 335 m[6]。以上关于大气水汽含量方面的研究能够在一定程度上反映出大气水汽的垂直变化特征。

水汽标高（*H*）的物理意义是地面水汽密度（水汽压、比湿）减少为原值的 36.7%（e^{-1}）时高度的增加量[7]。它是一个反映水汽垂直分布特征的参数，也是 GNSS 天顶湿延迟高程改正、GNSS 水汽层析中的一个辅助参数[8]。Reitan 提出的大气总可降水量与地面露点温度的关系中，截距被认为是大气水汽标高和地面温度的函数[9]；Tomasi 等利用探空数据研究得出意大利 PoValley 地区冬季白天和夜间的平均大气水汽标高为 1.97 km 和 1.87 km[10]；李超等利用微波辐射计资料研究了 2002 年 9 月到 2006 年 8 月合肥地区晴天大气水汽标高变化特征,得出 H 的平均值为 1.31 km,夏季 H 值是冬季的 2.29 倍[7];张学文利用探空数据研究了新疆水汽压力的铅直分布规律,得出新疆地区 H 的平均值为 2.17 km[11]。

目前宁夏未见水汽标高研究成果。本文拟利用宁夏近年建成的有连续观测资料的 22 个 GNSS/MET 站、自动气象站资料,结合前期利用银川探空站、甘肃平凉探空站以及"六盘山地形云野外科学试验基地"在六盘山区泾源、隆德气象站布设的微波辐射计相关研究成果,研究整个宁夏地区垂直方向水汽含量分布特征。大气水汽标高的计算,对宁夏空中云水资源的开发和利用有重要的应用价值。

2 资料和方法

2.1 资料

本文选取 2017 年 1 月 1 日至 2018 年 12 月 31 日有连续观测资料的 22 个 GNSS/MET 站(图 1)逐小时大气水汽含量(PW)观测资料和距离 MET 站最近的自动气象站地面气温和相对湿度观测数据进行水汽含量和水汽标高的计算分析。对于前期隆德气象站安装的微波辐射计探测的水汽相关研究,孙艳桥等[12]用 5 种方法对微波辐射计数据进行质量控制,并与同期平凉站探空资料进行了对比,结果发现,数据质量以晴空最优、云天次之、降水稍差,微波辐射计观测性能优良,各高度层上晴空背景下数据相关性最好,云天次之,降水较晴空和云天稍差,相关性都处在较高的水平上,降水情况下的数据质量控制效果最显著。田磊等[13]用隆德气象站微波辐射计和平凉探空数据进行对比,发现平均温度廓线、水汽密度廓线及相对湿度廓线的相关系数较高,各高度层的相关系数随高度逐渐递减。

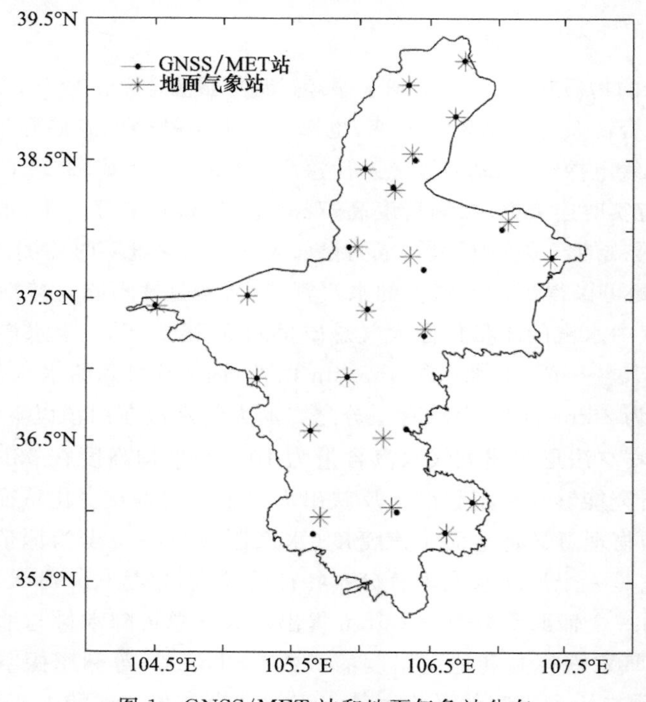

图 1 GNSS/MET 站和地面气象站分布

2.2 水汽标高的计算方法

水汽密度随高度的分布可以表示为[7]

$$\rho_z = \rho_0 e^{\frac{-z}{H}} \tag{1}$$

式中，ρ_z 表示相对地面高度 z 处的水汽密度；ρ_0 表示地面水汽密度；H 为大气水汽标高。整层大气水汽含量 W（g/cm^2）为水汽密度 ρ_z 沿整层大气柱的积分，因此由公式（1）可得

$$W = \int_0^z \rho_z \mathrm{d}z = \int_0^z \rho_0 e^{\frac{-z}{H}} \mathrm{d}z = (1 - e^{\frac{-z}{H}})\rho_0 H \tag{2}$$

随着高度 z 无限增大，$e^{\frac{-z}{H}} \to 0$ 可得

$$W \approx \rho_0 H \tag{3}$$

式中，W，ρ_0，H 单位分别为 g/cm^2，g/cm^3，cm；换算为常用测量单位即 W，ρ_0，H 单位分别为 g/cm^2，g/m^3，km 后，（3）式可改写为

$$H = \frac{10W}{\rho_0} \tag{4}$$

根据水的密度公式 $\frac{W}{0.1PW} = \rho_水$，$\rho_水 = 1$ g/cm^3，得到 $PW = 10W$，带入公式（4）可得

$$H = \frac{PW}{\rho_0} \tag{5}$$

根据湿空气的水汽状态方程可得

$$\rho_0 = \frac{e}{R_V T} \tag{6}$$

式中，R_V 为水汽的比气体常数，值为 0.4615 J/kg；T（K）为混合气体的绝对温度；e（Pa）为地面水汽压；根据马格纳斯经验公式[14]，公式（6）可改写为

$$\rho_0 = \frac{e}{R_V T} = \frac{RH \times e_{s0} \times 10^{\frac{at}{b+t}}}{0.4615(t + 237.15)} \tag{7}$$

式中，$e_{s0} = 610.78$Pa，是水面和冰面的温度为 0℃时的饱和水汽压；RH（%）为地面相对湿度；t（℃）为地面气温；a、b 为经验系数，对水面而言：$a = 7.5$，$b = 237.3$。

3 观测及计算结果分析

3.1 大气水汽含量和水汽标高的年、季分布特征

由图 2a 可以看出，宁夏 2017—2018 年平均水汽含量从东南向西北呈减小的趋势，平均水汽含量为 12.71 mm，大值中心位于彭阳县为 14.87 mm，最小值位于甘塘镇为 11.07 mm，六盘山区的大气平均水汽含量显著高于宁夏中北部地区。邓佩云等[15]利用 ERA-Interim 再分析资料计算了 1989—2018 年包括六盘山区在内的西北地区东部的大气可降水量分布，得到六盘山区年均大气可降水量达 12～14 mm，西北地区东部平均大气可降水量为 12.89 mm，六盘山区大气水汽含量高于西北地区东部的平均值。对于同样开展地形云人工增雨相关研究的天山地区，姚俊强等[1]通过建立水汽含量和地面水汽压的关系研究了天山地区水汽含量的时空分布特征，得出天山地区年平均水汽含量为 7.83 mm，远低于六盘山区，所以在开展地形云人

工增雨相关研究方面，六盘山区具有很好的水汽条件。

由图 2b 可以看出，宁夏平均大气水汽标高为 2.15 km，最大出现在固原市为 2.35 km，最小为金贵镇为 1.96 km。即平均而言，宁夏地区地面水汽密度减小为原值 36.7%的高度增量为 2.15 km，与利用探空数据计算的新疆地区平均大气水汽标高 2.17 km 相差仅为 0.02 km，与利用微波辐射计资料计算的合肥地区晴天平均大气水汽标高 1.31 km 相差 0.84 km。这也反映出我国西北地区在气候条件和水汽特征方面较东部地区的明显差异，在低海拔地区，水汽往往更集中于低层。

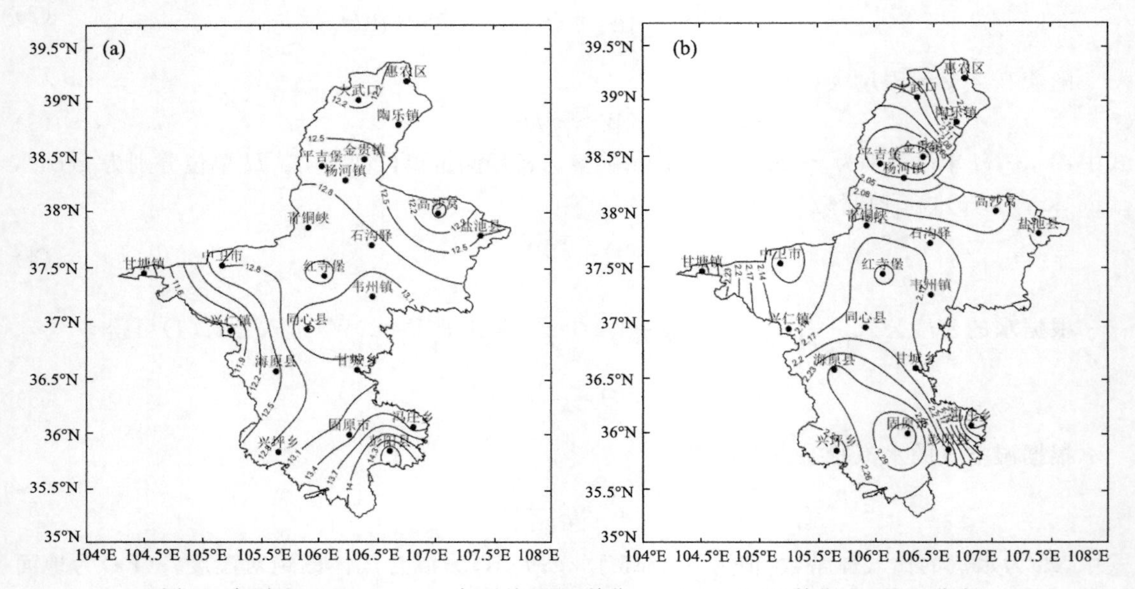

图 2 宁夏地区 2017—2018 年平均 PW(单位:mm)(a)和 H(单位:km)(b)分布

从宁夏平均大气水汽含量的季节变化来看，夏季最大为 25.84 mm，其次是秋季为 11.15 mm，春季为 8.05 mm，冬季最少为 2.95 mm。林彤等[16]利用 2017 年 12 月至 2019 年 11 月的微波辐射计数据研究了六盘山西侧隆德站上空大气水汽季节分布特征，得出夏季平均大气水汽含量为 23.44 mm，其次是秋季为 12.26 mm，春季为 9.23 mm，冬季最少为 4.26 mm。通过对比可以看出除夏季六盘山西侧水汽含量略小于宁夏平均值外，其他时段均高于平均值。

计算 2017—2018 年 22 个站逐小时水汽标高值进行统计，H 主要集中在 0.5～3.5 km，占总样本数的 89.9%，1～3 km 占 74.4%。大于 5 km 的极端高值占总样本数的 2.2%，主要集中在冬季为 76.5%；小于 0.25 km 的极端低值占总样本数的 1.2%，其中冬季占 50%，春季占 35.1%(图略)。不同季节，大气的垂直温湿廓线也不同，水汽标高的分布特征也不同。以 0.25 km 分段统计了各季节 H 的频率分布。将每段频率大于 5%的相加，可以看出春季 H 主要分布在 0.75～2.75 km，占春季样本总数的 74.7%；夏季 H 主要分布在 1.25～3.25 km，占 90.4%，而且未出现小于 0.5 km 的样本；秋季 H 主要分布在 1～3 km，占 79.8%；冬季 H 主要分布在 0.5～2.5 km，占 62%。夏季 H 的分布最集中，冬季 H 的分布范围最大。

表 1 分析了四季 H 的特征值，可以看出，夏季 H 的平均值等于中间值，且标准差的绝对值最小，说明夏季 H 分布更集中；而冬季 H 平均值为四季最大，但中间值为四季最小，标准差的绝对值也为四季最大，说明冬季 H 的分布范围更大，且极端高值较其他季节多，与之前统计

总样本中大于5 km的极端高值冬季占76.5%相对应。四季 H 的特征值与频率分布情况相一致。

表1 四季水汽标高 H(km)的特征值

季节	平均值	中间值	标准差
春	1.97	1.86	±1.19
夏	2.31	2.31	±0.62
秋	2.01	1.94	±0.83
冬	2.34	1.79	±2.24

3.2 水汽含量和水汽标高的月分布特征

宁夏地区水汽含量的月变化呈单峰型(图略),2—8月水汽含量逐渐增加,9月—翌年1月逐渐减少。夏季水汽含量最高,平均为25.9 mm,其中8月最大为30 mm;冬季最低,平均为3 mm,其中12月最小为2.7 mm。水汽含量最大月和最小月相差27.3 mm,说明宁夏水汽的季节变化特征非常明显。分析水汽含量的逐月变化率可以看出,宁夏上空水汽在2—8月为增长期,6月的增长率最大为75.9%,8月的增长率最小为5.2%;9月到次年1月逐月递减,11月递减率最大为52.2%,1月递减率最小为11.6%,可以看出水汽含量在春季迅速增长,在秋季则快速下降。

宁夏上空大气水汽标高的逐月变化可以看出(图略),12月平均水汽标高最大为2.55 km,3月最小为1.71 km,两者相差0.84 km。5—11月水汽标高变化趋势与水汽含量基本一致,12月—翌年4月水汽标高变化波动较大。

3.3 水汽标高的日变化特征

四季 H 的日变化平均范围为春季1.76～2.19 km,夏季2.13～2.51 km,秋季1.93～2.15 km,冬季2.16～2.56 km(图3),春季 H 日变化最明显,秋季日变化最小。地面水汽密度 ρ_0 四季平均日变化有明显差异,春季在3.67～4.62 g/m^{3}之间,夏季为10.43～11.84 g/m^3,秋季为5.15～5.73 g/m^3,冬季为1.42～1.57 g/m^3;夏季 ρ_0 的平均日变化最大为1.39 g/m^3,而冬季最小仅为0.15 g/m^3。

春夏两季 H 的日变化分布呈单峰型,H 值均在08时处在谷底,不同的是春季最大出现在14时,夏季出现在16时。秋冬两季 H 的日变化分布呈双峰型,秋季 H 值在03时和20时处在谷底,14时和23时处在峰值,最大出现在14时,最小出现在03时;冬季 H 值在06时和17时处在谷底,09时和23时处在峰值,最大出现在09时,最小出现在17时。

由(图3)可以看出,春夏两季一天中 H 和地面水汽密度呈明显负相关,根据经验关系式 $H=a\rho_0+b$,计算经验系数 a、b 和相关系数 R 值(表2),夏季 R 为-0.9823,冬季相关性 R 仅为-0.0936。夏季08时 H 值最小,至16时快速增长至日最大,到次日08时是减小的趋势。这是因为夏季夜间低层大气相对稳定,水汽主要集中在低层,地面水汽密度较大,日出后地面辐射增温明显,大气由稳定转为不稳定,垂直方向对流加强,低层水汽向上扩散,地面水汽密度逐渐减小,16时后随着太阳辐射的减弱,水汽重新开始向低层聚集,至次日08时地面水汽密度最大。

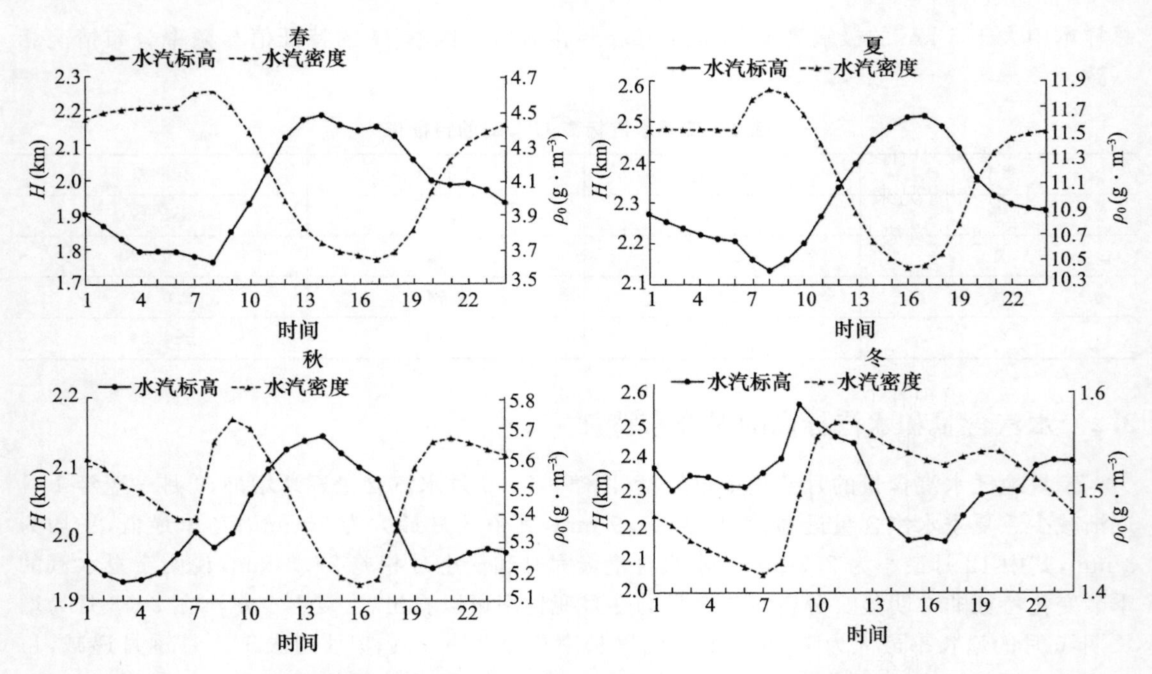

图3　不同季节宁夏大气水汽标高 H 和地面水汽密度 ρ_0 的平均日变化

表2　各季节水汽标高 H 和地面水汽密度 ρ_0 的相关系数

季节	a	b	R
春	－0.3904	3.6106	－0.9493
夏	－0.2545	5.1707	－0.9823
秋	－0.2318	3.2839	－0.5533
冬	－0.1977	2.6360	－0.0936

根据公式(5)可知，H 是 PW 和 ρ_0 的函数 ρ_0，冬季平均 PW 为 3 mm，仅为夏季的11.5%，相应的 ρ_0 也最低，平均为 1.5 g/m³，为夏季的13.3%。统计 ρ_0 的平均日变化，夏季为1.39 g/m³，冬季为0.15 g/m³，二者日变化率分别为12.34%和10%，相差不大；统计 PW 的平均日变化，夏季为0.81 mm，冬季为0.47 mm，二者日变化率分别为3.13%和15.67%，差别明显。根据研究，水汽含量的日变化与很多大气物理过程有关，这些过程包括地面蒸散发、大尺度垂直运动、低层水汽辐合和降水等，PW 日变化还受到天气系统的强烈影响[17]。可见 PW 日变化的成因是非常复杂的。因此，PW 平均日变化率的差异，可能是造成冬季一天中 H 和 ρ_0 相关性不明显的主要原因。

4　结论

(1)2017—2018年宁夏地区平均大气水汽含量为12.71 mm，呈东南向西北减小的趋势，六盘山区大气平均水汽含量明显高于宁夏中北部地区，也显著高于同样开展地形云人工增雨相关研究的天山地区，地形云云水资源的开发利用潜力很大。从地形来看，六盘山区沟壑纵横，要研究六盘山地区大气水汽含量的精细化分布特征，还需布设更多的水汽探测相关仪器，对地形云人工增雨技术的发展有重要意义。

(2)H的分布主要集中在0.5～3.5 km,平均为2.15 km。季节分布来看,宁夏地区H平均最大值出现在冬季,其次为夏季,最小出现在春季,秋季略大于春季。夏季H的分布最集中,冬季H的分布范围最大。H中间值从大到小依次为夏季、秋季、春季、冬季,大于5 km的极端高值主要集中在冬季。

(3)月分布情况来看,月平均H最大出现在12月,最小出现在3月,两者相差0.84 km。5—11月H变化趋势与PW变化趋势基本一致,均为5—8月逐渐增大,9—11月逐渐减小,12月—翌年4月H变化波动较大。

(4)四季H的日变化平均范围来看,春季H日变化最明显,秋季日变化最小。春秋两季一天当中H最大出现在14时左右,夏季为16时,而冬季是在08时;H最小值,春夏两季出现在08时,秋季出现在03时,冬季出现在17时。H的平均日变化中,春夏两季H与ρ_0呈明显的负相关,夏季R值为-0.98,秋冬两季二者相关性不明显。

参考文献

[1] 姚俊强,杨青,黄俊利,等. 天山山区及周边地区水汽含量的计算与特征分析[J]. 干旱区研究,2012,29(4):567-573.

[2] 张鹏飞. 地基GPS探测水汽理论与技术研究[D]. 西安:长安大学,2013.

[3] 李育,徐安伦,董保举. 大理地基GPS观测大气可降水量变化特征[J]. 气象研究与应用,2020,41(3):32-37.

[4] American Geophysical Union. Water Vapor in The Climate System Special Report[R]. 1995.

[5] SMITH R B. 100 Years of Progress on Mountain Meteorology Research[J]. Meteorological Monographs, 2019,59(20):1-5.

[6] BOBAK J P, RUF CS. Prediction of Water Vapor Scale Height from Integrated Water Vapor Measurements[Z]. IGARSS,1996:1694.

[7] 李超,魏和理,王珍珠,等. 合肥地区大气水汽标高变化特征的统计研究[J]. 大气与环境光学学报,2008,3(2):116-120.

[8] 张豹,姚宜斌,许超钤. 一种可用于估计全球水汽标高的经验模型[J]. 测绘学报,2015,44(10):1085-1091.

[9] REITAN CH. Surface Dew Point and Water Vapor Aloft[J]. J Appl Meteor,1963,6(2):776-779.

[10] TOMASI C. Determination of the total precipitable water by varying the intercept in Reitian's relationship[J]. J Appl Meteor,1981,20:1058-1069.

[11] 张学文. 新疆水汽压力的铅直分布规律[J]. 新疆气象,2002,25(4):1-14.

[12] 孙艳桥,汤达章,桑建人,等. RPG_HATPRO_G4型地基微波辐射计温度数据质量控制方法与效果分析[J]. 干旱区地理,2019,42(6):1283-1288.

[13] 田磊,桑建人,姚展予,等. 六盘山区夏秋季大气水汽和液态水特征初步分析[J]. 气象与环境学报,2019,35(6):29-36.

[14] 盛裴轩,毛节泰,等. 大气物理学[M]. 北京:北京大学出版社,2003:21.

[15] 邓佩云,桑建人,杨萌,等. 近30年六盘山东与西坡降水及空中水汽条件差异特征分析[J]. 气象科技,2021,49(1):78-85.

[16] 林彤,桑建人,姚展予,等. 基于微波辐射计的宁夏六盘山西侧大气水汽变化特征[J]. 干旱区地理,2021,44(4):924-933.

[17] 梁宏,刘晶淼,陈跃. 地基GPS遥感的祁连山区夏季可降水量日变化特征及成因分析[J]. 高原气象,2010,29(3):726-736.

内蒙古地区一次飞机探测资料分析

靳雨晨[1]　郑旭程[2]　李　慧[2]　辛　悦[2]

(1. 内蒙古自治区气象科学研究所,呼和浩特 010051;
2. 内蒙古自治区人工影响天气中心,呼和浩特 010051)

摘　要　本文利用机载云粒子探测设备对 2020 年 9 月 13 日在内蒙古地区探测获得的一次云飞行个例资料,通过分析云内微物理结构特征发现飞机在爬升阶段和下降阶段云滴数浓度(N_c)和液水含量(liquid water content,LWC)存在明显的起伏,说明云系在垂直方向不均匀,同时发现云内的 N_c 与 LWC 的变化趋势较为一致。云内微物理量的垂直分布特征发现云滴有效半径(effective radius,ED)最大值出现在 4000～5000m 高度区间附近,显示在该高度区间为云滴尺度增长的主要部位,在 1500m 附近高度的逆温层的上部出现云粒子数浓度以及液水含量的峰值。小云滴粒子(cloud droplets particles,CDP)谱数浓度随尺度增大整体上呈现先增加后减小的趋势,谱型为多峰型分布,降水粒子(precipitation particles,PIP)谱与大云滴粒子谱分布相似。

关键词　飞机探测　微物理参量　云滴谱

1　引言

云的微物理结构是研究云降水物理过程的基础,是云是否产生降水的基础条件,通过分析飞机探测云资料,获得更加合理的云物理参数以及云微物理过程,可应用于模式中,改进其参数化方案,获得更准确的模拟结果。目前对于云微物理特征准确的定量化描述仍然十分稀缺,对云降水物理很多过程的理解还不够深入。云降水物理过程的研究手段多种多样,卫星和雷达等对云的遥感探测[1,2]、数值模式对云的模拟[3,4]都是研究云的有效手段。但与这些相比,外场观测研究是研究云降水物理过程最重要的途径[5],其中最有效的方法是利用飞机搭载的探测平台的气溶胶-云-降水外挂探头直接探测云中的各微物理参量获取相关数据[6,7]。杨洁帆等[8]利用飞机和地面雷达观测数据分析得到层状云发展程度不同的区域过冷水的含量不同,冰晶粒子的增长以凝华和聚集碰并过程为主。党娟等[9]利用 2004 年甘肃省一次层积云降水云系的探测数据分析得到层积云云底附近存在较强的逆温层,会对云底附近的微物理结构造成一定影响。本文利用飞机观测资料,详细分析内蒙古地区云微物理结构特征,获得更加合理的云物理参数以及云微物理过程。

2　观测资料与数据处理

2.1　探测仪器及飞行作业情况

探测数据来源于新舟 60 飞机搭载的美国 DMT 云物理探测系统,分析用到的探头包括云和气溶胶粒子探头(CDP)、云粒子二维探头(CIP)、降水粒子二维图像探头(PIP)、气压腔气溶胶谱仪(PCASP)以及飞机综合气象要素测量系统(AIMMS)。上述探头的探测频率均为

1 Hz。为保证观测资料准确可用，在飞行观测前对各台仪器均进行了校正，数据处理时剔除观测资料的异常值以确保数据的准确性。

按照飞机人工增雨-探测作业方案，自治区人影中心于2020年9月13日利用新舟60增雨飞机开展飞机人工增雨作业1架次，飞行时间为12:30—14:35，总飞行时长2小时5分，飞行区域主要为呼和浩特市、四子王旗、准格尔旗。

2.2 天气背景

2020年9月13日08时，贝加尔湖南部有低涡中心，作业区位于槽前西南风控制，水汽条件好。阿盟至锡盟大范围系统云系覆盖，阿盟东、巴盟、鄂尔多斯、包头市、呼和浩特市出现大范围降水，部分地区小时降水量10 mm以上。内蒙古自治区人影中心综合考虑天气条件，进行多次会商，制定了9月13日的增雨-探测飞行作业计划。

2.3 数据处理及分析方法

本文所研究云内微物理参量由机载探测平台所探测资料计算得到，计算公式如下：

云滴数浓度(N_c)：

$$N_c = \sum_{i=1}^{k} n_i \tag{1}$$

云内液水含量(LWC)：

$$LWC = \sum_{i=1}^{k} 10^{-6}\left(\frac{4}{3}\pi\right) r_i^3 \rho_w n_i \tag{2}$$

云滴数浓度(N_c)和云滴有效直径(ED)是根据云和气溶胶粒子探头(CDP)探测得到，通过对所有通道的数浓度进行积分，可以得到云滴粒子的数浓度 N_c：

$$N_c = \sum N_{ci} \tag{3}$$

式中，N_{ci}(cm^{-3})是第 i 个通道的云滴粒子数浓度。

云滴粒子有效直径计算使用以下公式：

$$ED = \frac{\int d_i^{\ 3} n(d_i) \mathrm{d}d_i}{\int d_i^{\ 2} n(d_i) \mathrm{d}d_i} = \frac{\sum_{i=1}^{k} N_{ci} d_i^3}{\sum_{i=1}^{k} N_{ci} d_i^2} \tag{4}$$

式中，d_i是第 i 个通道的平均几何直径。ED 是表征云滴有效尺寸的一个非常有用的参数，在科学界得到了广泛的应用。虽然CDP的探测可能由云滴和一些粗模气溶胶组成，但对于本研究中的非粗模气溶胶，粗模气溶胶的数量可以忽略不计。

本文以云滴数浓度(N_c)大于10个/ cm^3，云内液水含量(LWC)大于0.001 g/m^3且连续5个记录满足该条件判定为云区，此标准可用于减小气溶胶对云滴样本的干扰。绘制2020年9月13日进行飞机探测过程飞行轨迹图，以云滴数浓度(N_c)进行颜色标识，从图1中可以看出，在不同高度都有云区的分布，同时垂直高度上云滴数浓度分布也存在较大差异。如图1所示，例如本次飞行探测过程中位于4.0～4.5 km高度处连续飞行探测云滴数浓度大于10 cm^{-3}且超过5个记录的区域(方框)判定为云区。

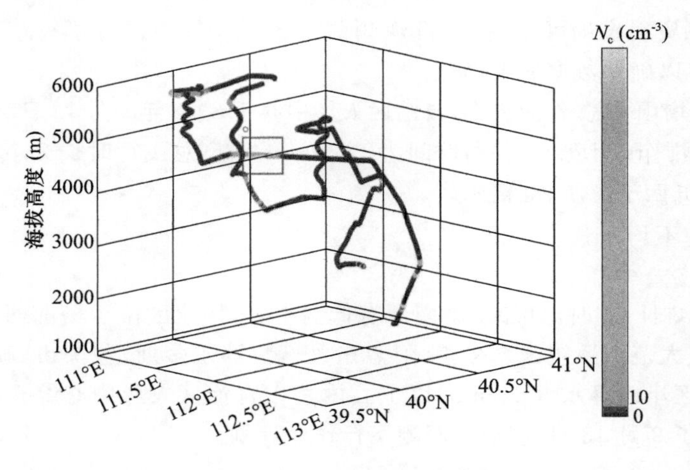

图 1　20200913 飞机飞行轨迹

(矩形区域表示云区;阴影表示云滴数浓度,N_c,单位:cm^{-3})

3　微物理参量分布特征

3.1　各探头微物理参量时间序列分布特征

分析探测时段微物理参量随时间的变化(图 2)。本次飞行的目的为增雨和探测,起飞后飞机多在 4000 m 以上飞行,期间进行了三次垂直探测,飞行高度和气温呈现反相关关系。降水粒子(图 2a)的数浓度为 10^{-5}～1 cm^{-3},大云滴数浓度为 10^{-5}～10 cm^{-3},CDP 测得的小云滴粒子数远大于大云滴粒子和降水粒子,最大可达到 10^{3} cm^{-3}量级。降水粒子和大云滴数浓度随时间的变化趋势较为一致,小云滴数浓度多数情况下小于 10 cm^{-3},大于 10 cm^{-3}的高值时段与雷达垂直剖面图中的云内时段相对应,说明选用的云内判别方法是合理的。

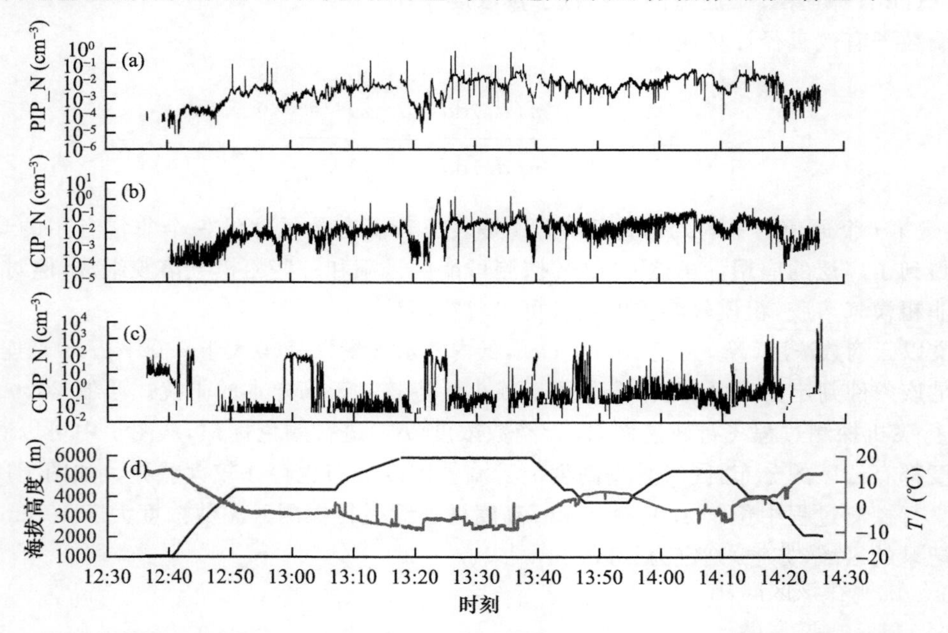

图 2　飞机探测的 PIP_N、CIP_N、CDP_N、温度 T 和海拔高度时间序列分布特征

3.2 CDP 探头云微物理参量时间序列分布特征

研究 CDP 探头(直径 0.35～49 μm)所探测到的云滴数浓度(N_c)和云内液水含量(LWC)随时间的演变趋势。由图 3 可知,飞机在起飞过程中经历了 N_c和 LWC 突然增加,高度基本在 1500～2500 m 附近。飞机在爬升阶段和下降阶段,可以看到 N_c和 LWC 存在明显的起伏,说明云系在垂直方向不均匀,在这几次的飞行过程中存在着无云或少云区(13:07—13:17,N_c小于 1 cm^{-3}),也存在着 N_c和 LWC 突然增大的区域(13:22—13:29,N_c达到 250 cm^{-3},LWC 达到 0.347 g/m^3)。同时可以看出,云内的 N_c与 LWC 的变化趋势较为一致。

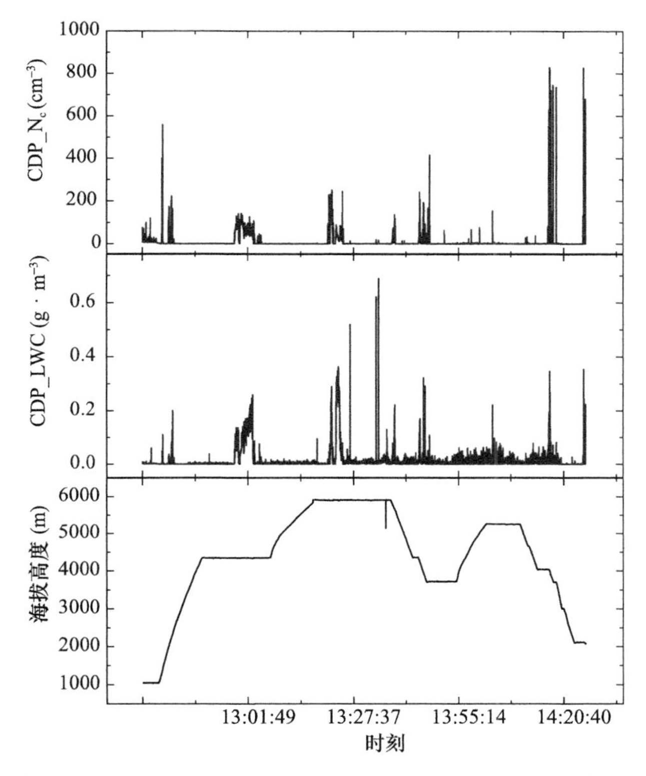

图 3　云中液态含水量(LWC)、云滴数浓度(N_c)、飞行高度时间序列分布特征

3.3 CDP 探头云微物理参量垂直分布特征

由于数据量较大,波动明显,因此,采取高度上每 50 m 取一次平均,在保证具有统计意义的基础上分析云内各微物理参量的垂直分布特征。研究 CDP 探头探测到的各微物理数据在垂直方向的分布特征。

由图 4 可见,各微物理量均随高度变化明显。云滴数浓度(N_c)和液水含量(LWC),随高度分布不均匀,呈现多峰分布,云滴数浓度(N_c)随高度呈现递减趋势。ED 在 2000 m 高度以上呈现随高度的增加先增后减的趋势,云滴有效直径(ED)小值区基本出现在 1000～4000 m 高度区间,说明在该区间内富集较多尺度较小的云滴,ED 最大值出现在 4000～5000 m 高度区间附近,显示在该高度区间为云滴尺度增长的主要部位。

图 4 中显示 CDP 探测到的液态含水量(LWC)与粒子总数浓度(N_c)有着很好的对应关系。云内 LWC 和云粒子 ED 都会随着高度的升高而呈增加的趋势,LWC 较大处的云粒子 ED 也较大,通过物理解释是由于云体的绝热冷却使云滴不断增长,具体来说,随着高度的升高,大气温度不断的降低,当空气块绝热上升时,它会膨胀做功,水蒸气会凝结以保持系统的内能。因此,云中的含水量和云滴大小随着云中高度的增加而增加。在 1500 m 附近高度出现一段逆温层(红色方框),逆温层内云粒子特征产生较大的起伏变化,在逆温层的上部出现云粒子数浓度以及液水含量的峰值。

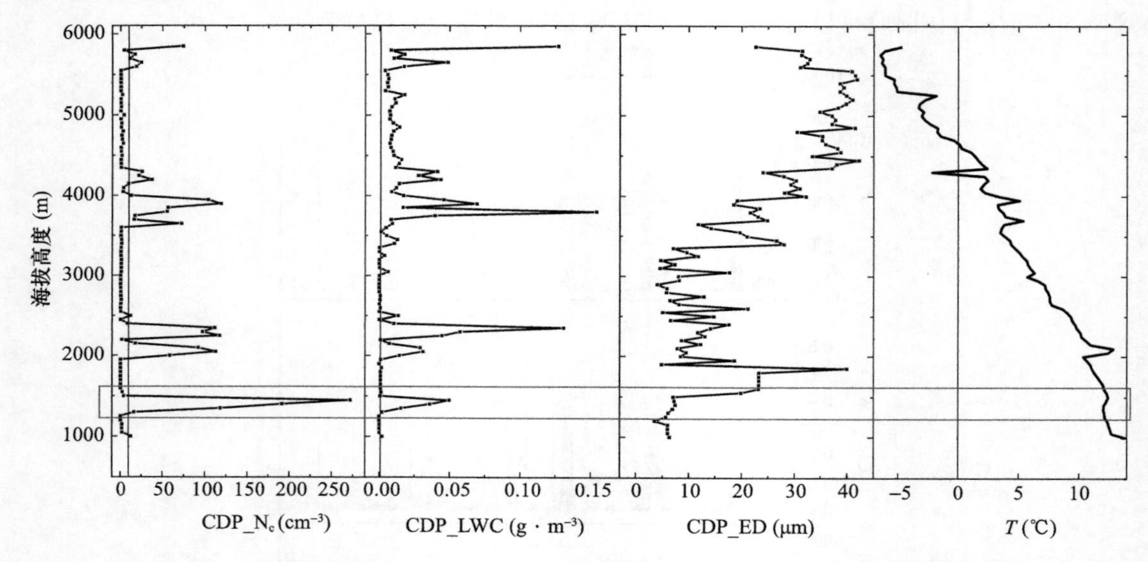

图 4 云滴数浓度(N_c,单位:cm^{-3})、液态含水量(LWC,单位:$g\ cm^{-3}$)、云滴有效直径(ED,单位:μm)、探测区域温度(T,单位:℃)的垂直分布特征

3.4 云滴谱分布

挑选云内样本分析各尺度段内云滴谱和雨滴谱的分布情况,给出云内平均谱(图 5)。由图 5 可见,小云滴粒子(CDP)谱数浓度随尺度增大整体上呈现先增加后减小的趋势,谱型为多峰型分布,第一峰值为 208.24 $cm^{-3}\cdot\mu m^{-1}$,对应的粒子直径为 6.5 μm。大云滴粒子(CIP)谱随尺度增加,数浓度整体呈现下降趋势,从 $10^{-3}cm^{-3}\cdot\mu m^{-1}$ 下降到 $10^{-7}cm^{-3}\cdot\mu m^{-1}$。降水粒子(PIP)谱与大云滴粒子谱分布相似,数浓度随尺度增加呈现下降趋势,最大和最小数浓度相差 3 个数量级,总液滴谱的谱宽达到了 6100 μm。

4 结论

本文利用机载云粒子探测设备对 2020 年 9 月 13 日在内蒙古地区探测获得的一次云飞行个例资料,详细分析了云内微物理结构特征,获得更加合理的云物理参数以及云微物理过程。

(1)云内微物理量的时间序列分布特征发现,飞机在爬升阶段和下降阶段 N_c 和 LWC 存在明显的起伏,说明云系在垂直方向不均匀,同时发现,云内的 N_c 与 LWC 的变化趋势较为一致。

(2)云内微物理量的垂直分布特征发现,云滴数浓度(N_c)和液水含量(LWC)随高度分布

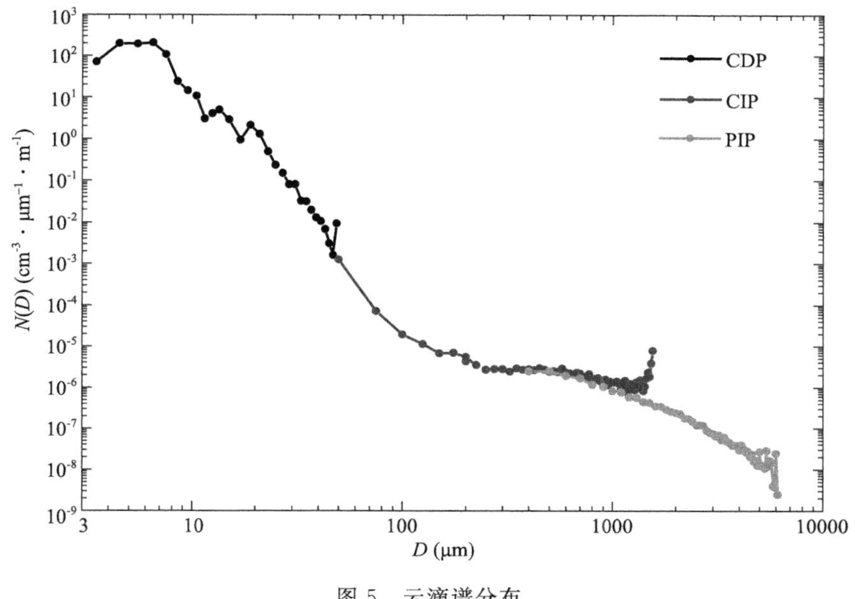

图 5 云滴谱分布

不均匀，呈现多峰分布，云滴数浓度（N_c）随高度呈现递减趋势；云滴有效半径（ED）最大值出现在 4000～5000 m 高度区间附近，显示在该高度区间为云滴尺度增长的主要部位，在 1500 m 附近高度的逆温层的上部出现云粒子数浓度以及液水含量的峰值。

（3）小云滴粒子（CDP）谱数浓度随尺度增大整体上呈现先增加后减小的趋势，谱型为多峰型分布，大云滴粒子（CIP）谱随尺度增加，数浓度整体呈现下降趋势，降水粒子（PIP）谱与大云滴粒子谱分布相似。

参考文献

[1] 周后福，孔令帅，赵倩，等，基于观测资料的云系分裂现象分析[J]. 气象科学，2017，37(4)：535-541.

[2] 黄兴友，张帅，李盈盈，等，云参数的两种地基雷达反演方法对比研究[J]，气象科学，2019，39(5)：608-616.

[3] 胡嘉缨，银燕，陈倩，等，深对流云对不同高度示踪气体层垂直输送的数值模拟研究[J]. 大气科学，2019，43(1)：171-182.

[4] 黄钰，郭学良，毕凯，等，北京延庆山区降雪云物理特征的垂直观测和数值模拟研究[J]. 大气科学，2020，44(2)：356-370.

[5] 游来光．利用粒子测量系统研究云物理过程和人工增雨条件[M]//云降水物理和人工增雨技术研究．北京：气象出版社，1994：236-249.

[6] 王元，牛生杰，雷恒池，利用三架飞机联合探测资料分析层积混合云催化物理效应[J]. 大气科学学报，2017，40(5)：686-696.

[7] ZHAO Chuanfeng，QIU Yanmei，DONG Xiaobo，et al，Negative Aerosol-Cloud re Relationship from Aircraft Observations over Hebei，China[J]. Earth and Space Science，2018，5(1)：19-29.

[8] 杨洁帆，胡向峰，雷恒池，等，太行山东麓层状云微物理特征的飞机观测研究[J]. 大气科学，2021，45(1)：88-106.

[9] 党娟，刘卫国，陶玥，一次降水性层积云系的微物理特征分析[J]. 高原气象，2016，35(6)：1639-1649.

基于 Ka 波段测云仪的内蒙古中部层状云个例物理特征初步分析

辛 悦 郑旭程 李汉超 张德广

(1. 内蒙古自治区人工影响天气中心,呼和浩特 010051;
2. 内蒙古自治区人工影响天气重点实验室,呼和浩特 010051)

摘 要 毫米波云雷达可用于探测晴空或弱降水情况下云的微物理特征,是探测和反演云降水物理及动力参数精细结构的重要手段。文章利用 Ka 波段测云仪数据,针对 2020 年发生在内蒙古中部的一次层状云个例开展初步分析,结果发现:降水发生前云系的平均云顶高度为 7733.94 m,平均云底高度 3790.34 m,云层的平均厚度约为 3943.61 m;随着降水时刻的临近,云底逐渐降低,云层发展变厚,云中反射率因子逐渐增大,云中下沉气流逐渐增强,速度谱宽增大,云中湍流活动加强。

关键词 云雷达 层状云 宏观特征

1 引言

毫米波雷达具有较好的灵敏度和空间分辨率,既可以探测晴空云的微小粒子结构和微物理特征,也能用于弱降水或降雪系统的宏观结构特征观测和微物理参数反演[1]。毫米波云雷达于 20 世纪 50 年代开始研发,最早采用束调管体制,对非降水云探测能力较弱,随着技术的进步,各国逐步研发了用于探测云及弱降水的毫米波雷达,如美国能源部发起的大气辐射观测计划的行波管发射机的 Ka 波段云雷达(MMCR)、德国基斯塔赫特研究中心研发的地基云雷达、日本 SPIDER 雷达、英国里丁大学的 Rabelais 雷达等[2]。国内毫米波雷达的研究和发展相对滞后,但近几年,以中国气象科学研究院为代表的科研团队在云南和青藏高原等地开展了多次外场试验[3-7],研究了西藏那曲地区夏季云的宏观特征,并利用数值模拟的方法,分析了利用毫米波云雷达功率谱密度反演雨滴谱时,降水粒子米散射效应、空气湍流、空气上升速度等对雨滴谱和液态水含量等参数反演的影响,建立了功率谱密度处理及其直接反演雨滴谱、液态含水量、降水强度和空气上升速度的方法。目前,我国研制的云雷达在人工影响天气、大城市观测等业务中投入使用[8]。

HT101 型全固态 Ka 波段测云仪(以下简称“测云仪”),是一种全新的云观测设备,采用顶空垂直探测的工作方式,获取云顶高、云底高、云廓线结构、垂直速度等参数,实现云降水连续演变过程的探测。其工作在 Ka 波段,中心频率 35 GHz,天线口径 1.6 m,采用全固态、准连续波体制和脉冲压缩的信号形式,以顶空垂直固定扫描的方式工作,最大探测高度大于 15 km、定量测量高度大于 10 km;具有−40～+40 dBZ 的探测能力,高度分辨率 30 m、时间分辨率小于 1 min,内蒙古自治区气象科学研究所于 2020 年初引进该型号云雷达。

本文利用该测云仪数据,针对 2020 年 9 月 13 日一次层状云降水过程开展了初步研究,分析了云顶高度、云底高度、云层厚度、云内反射率因子、云中垂直速度和速度谱宽的变化情况,为了解云中微物理过程,研判人工影响天气作业条件提供了不同的思路与方法。

2 天气条件及作业概况

2020年9月13日受高空槽过境影响,内蒙古中西部有大范围云系覆盖,9月13日08时,贝加尔湖南部有低涡中心,内蒙古中部受槽前西南风控制,水汽条件好。内蒙古阿拉善盟至锡林郭勒盟有大范围系统云系覆盖,阿拉善盟东部、巴彦淖尔市、鄂尔多斯市、包头市、呼和浩特市出现大范围降水,部分地区小时降水量10 mm以上。根据位于内蒙古自治区气象科学研究所的云雷达观测显示,云层从00:17开始移入云雷达观测上空,云层发展连续,云雷达上空云系一直持续到午后,期间不间断有降水发展,从02:16—02:25,该云层第一次产生降水,持续时间10 min,从02:49—03:25,该云层第二次产生降水,持续时间达40 min,从03:42之后,云层产生连续性降水,一直持续到午后12时左右。按照飞机人工增雨探测作业方案,自治区人影中心于9月13日利用新舟60增雨飞机开展飞机人工增雨作业1架次,飞行时间为12:30—14:35,总飞行时长125 min,飞行区域主要为呼和浩特市、四子王旗、准格尔旗。飞行过程中采用碘化银烟条和烟弹共同催化的方式进行作业,催化剂用量1471.5 g,作业同时开展飞机大气探测。飞机作业增雨影响区面积7200 km^2,增雨效果270万t。

3 云宏观特征

降水发生前,云雷达观测显示云层主要以单层云和双层云为主,单层云占到云总数的68.99%,双层云占到云总数的30.45%,三层云仅占云总数的0.99%,无多层云出现。表1给出了00—04时逐半小时云雷达观测各物理量的平均值变化情况。

表1 逐半小时云雷达观测物理量变化情况

时间	云顶高度(m)	云底高度(m)	云层厚度(m)	反射率因子(dBZ)	垂直速度(m/s)	速度谱宽	液态水含量(g/m^3)
0:00—0:30	8140.541	6990.81	1149.73	−25.2221	−0.1694	1.087247	30.91768
0:30—1:00	7675.571	6935.64	739.9286	−22.5471	−0.1316	1.059869	34.38172
1:00—1:30	7316.256	5493.41	1822.844	−14.6845	−0.4116	1.150095	29.98476
1:30—2:00	7896.776	4761.87	3134.908	−14.2158	−0.517	1.198634	29.33321
2:00—2:30	6683.393	2521.19	4162.202	−13.4685	−0.8891	1.178286	34.82468
2:30—3:00	7982.019	2062.86	5919.159	−7.73106	−1.289	1.293031	33.03041
3:00—3:30	7494.667	796.067	6698.6	−4.19991	−1.7369	1.454996	31.05853
3:30—4:00	8682.408	760.916	7921.492	−1.42458	−1.9373	1.533448	34.53555

由表1可见,降水发生前4小时内,降水云系的平均云顶高度为7733.94 m、平均云底高度3790.34 m,云层的平均厚度为3943.61 m。随降水临近,云顶高度略有所升高,平均云底高度逐渐降低,导致云层不断增厚,临近降水前,厚度达到接近8 km。云中反射率逐渐增强,液滴的垂直下降速度和速度谱宽逐渐增大,液态水含量则基本维持不变,略有增大。

3.1 云底高度变化情况

图1a为云底高度随时间变化趋势图,可以看出,发展初期00点至01点期间,云底高度较

高,基本在 6.5 km 以上,随着云层的不断发展,云底高度逐渐降低,在降水前,云底高度主要维持在 2.5~3.5 km 范围内,低层偶有一些分散云层,或有一些已经接地的降水生成。从云底高度的整个概率分布图上可以看出(图 1b),云底高度从近地面到高空 9 km 均有云层分布,但是云底主要集中在 2~8 km 范围内,以中高云为主,云底高度在 2 km 以下的云不足云总数的 7%,云底高度在 8 km 以上的高云不足云总数的 3%。具体来看,云底高度分布的峰值在 4.5~5 km,占到云总数的 13.95%,次峰值分别为距地面 6 km 和 3.5 km 处,其出现频率分别达到 12.95%和 11.12%,出现频率超过 10%以上的,仅有以上 3 个高度层。

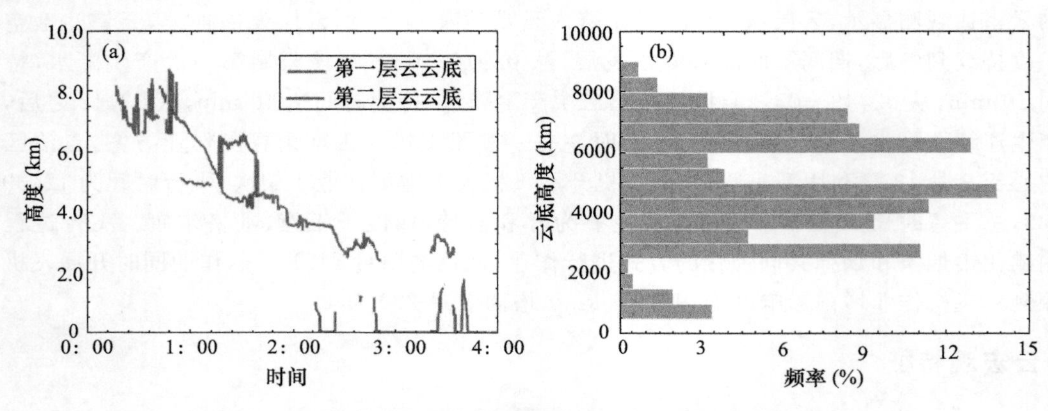

图 1　云底高度随时间变化(a)及云底高度频率分布图(b)

3.2　云顶高度变化情况

与云底高度随着降水靠近越来越低的特点相比,云顶高度的变化幅度不大,且基本呈现出波动的状态。从降水前 00—04 时,还是主要以高云为主,02 时之前云层较高,01 时左右云层出现一段双层云的状态,第一层云的云顶高度基本在 8~9 km 范围内变化,最低值为 6.66 km,最高值为 9.6 km,第二层云云顶高度在 5~6 km 范围内变化。在降水发生时刻左右,伴随有少量的低云出现,但是这类云层较少,只占云总数的不超过 3%。从概率分布图上也可以看出,这种明显的趋势,有超过 83%的云,云顶高度位于 8~10 km 的范围内,云顶高度的概率分布峰值在 8.5~9 km,峰值概率为 36.65%。

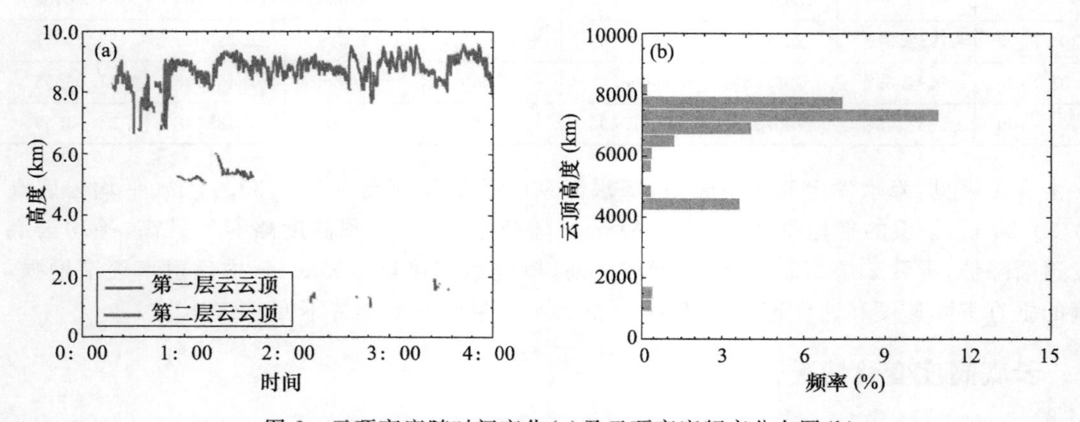

图 2　云顶高度随时间变化(a)及云顶高度频率分布图(b)

3.3 云层厚度变化情况

从云层厚度的概率分布图上可以看出(图3),云厚分布在0～9 km的范围内,各种厚度的云都有,体现了云层由厚变薄的过程,但是整体上还是以薄云居多,厚度小于1 km范围内的云超过云总数的30%,超过6.5 km的厚云,不超过总云量的2%。单层云的平均厚度达到3568.53 m,双层云的平均厚度达到692.26 m。在所有云中,厚度小于0.5 km的薄云最多,占到所有云的18.34%,这种薄云主要出现在降水时刻中,云层之间存在夹层,下层云的厚度较小。厚度在5～5.5 km的云所占比重也较大,占所有云的11.65%,这类云主要为高层的层积混合云,在降水发展的前期,多出现这类高层的层积混合云。

4 云垂直特征

4.1 反射率因子变化情况

00—04时,云雷达观测到的反射率因子随时间和高度变化如图4所示。反射率因子与云滴谱分布有关,它反映了不同粒径云滴粒子分布情况下散射能力的大小,该数值越大,表示云滴粒子的散射能力越强。从图4上可以看出,01时之前,云雷达上空主要在6.5～9 km的高空分布着一些不连续的碎层云和一些卷云,云中反射率因子也较小,基本在0 dBZ以下。01—02时,云层逐步发展加厚,最上层云的云顶还是基本维持在9 km左右,但是云层不断向下发展,云底高度逐渐降低,但是云中水汽不是很充足,发展过程中云中存在1 km左右的夹层,云层在垂直发展上不连续。02时之后,云层发展极为深厚,基本形成了6～7 km厚的降水云,也不间断产生降水,云中反射率因子比之前明显增大,云中反射率因子最大达到25 dBZ,出现时段为降水过程中3时57分时距离地面1290～1560 m的近地面低空中。从3:50—04:00,近地面2.6 km以下云中反射率因子均大于20 dBZ。

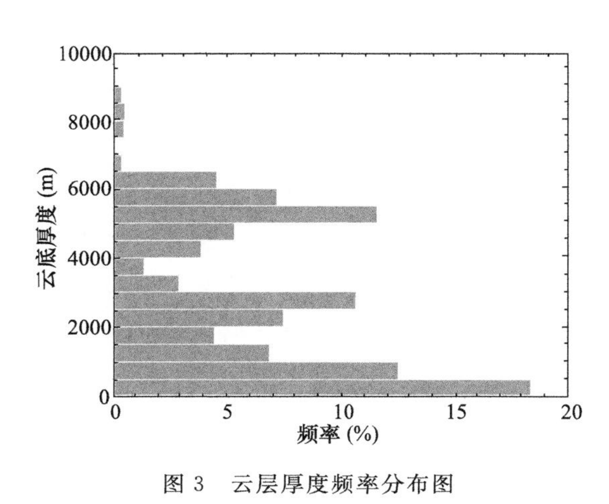

图3 云层厚度频率分布图

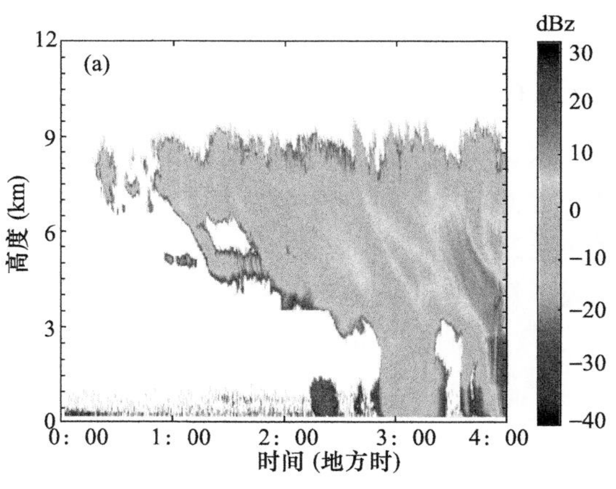

图4 反射率因子随时间-高度变化图

4.2 垂直速度变化情况

00—04时,云雷达观测到的垂直速度和速度谱宽随时间和高度变化如图5所示。云雷达测量的垂直速度为利用多普勒原理测得的气块的径向多普勒速度大小,它是有效照射体内粒子平均下落末速度与大气垂直速度叠加的结果。速度谱宽为雷达有效照射体内粒子多普勒速度分布偏离平均值的程度,反映了云中湍流活动的强弱。从图5中可以看出,上升气流主要位于云层上部,尤其在云层的发展初期,上升气流较为连续,但是其数值不是很大,一般均在1 m/s左右,部分时刻能达到2 m/s。随着云层的逐步发展,云中下沉气流逐步加强,下沉气流的速度逐渐增大,在发生降水时,近地层2.6 km范围内的下沉速度明显增大,基本均维持在2~6 m/s的范围内。在降水发展一定时间后,在03:50—04:00,降水较为连续的时段内,在6 km处云层的中部有明显的湍流活动,上升和下沉气流交互出现,云中湍流活动旺盛,云下部下沉速度明显增大,最大可达到10 m/s。从云中速度谱宽可以看出,相比较之下,云层中部速度谱宽比云顶和云底大,云中部湍流活动较云顶和云底更为丰富,在降水发生时近地面及降水发展较为旺盛时,速度谱宽有所增大且在时空上更为连续,由此可以看出,速度谱宽这个物理量对云中湍流区具有较好的指示作用。

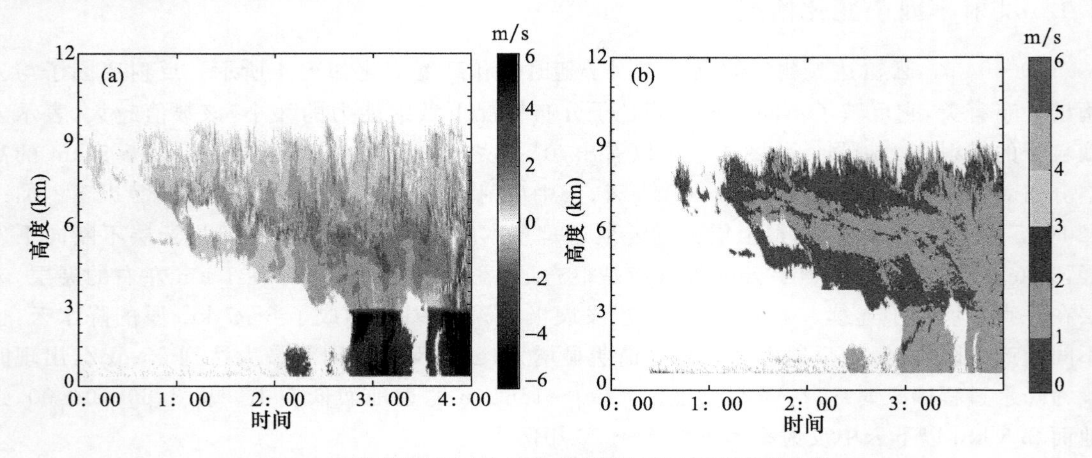

图5 多普勒速度(a)和速度谱宽(b)随时间高度变化图

5 结论

本文利用Ka波段测云仪的观测数据,从云顶高、云底高、云厚、云量、云垂直结构、垂直速度等方面,分析了2020年9月13日发生在内蒙古中部一次典型的层状云降水事件的前端云系演变过程,主要得出以下结论:降水前端云系具有明显的发生发展过程,在云层厚度和反射率因子等物理量上有明显的前后差异,相比之下,云顶高度变化幅度较小。随着云层的不断发展,云层不断加厚,时空分布更为连续,云中反射率因子逐步增大,下沉气流逐渐明显。

参考文献

[1] 陈羿辰,金永利,丁德平,等. 毫米波测云雷达在降雪观测中的应用初步分析[J]. 大气科学,2018,42(1):134-149.

[2] 刘黎平. 毫米波云雷达观测和反演云降水微物理及动力参数方法研究进展[J]. 暴雨灾害,2021,40(3):231-242.

[3] 刘黎平,谢蕾,崔哲虎. 毫米波云雷达功率谱密度数据的检验和在弱降水滴谱反演中的应用研究[J]. 大气科学,2014,38(2):223-236.

[4] 刘黎平,张扬,丁晗.Ka/Ku双波段云雷达反演空气垂直运动速度和雨滴谱方法研究及初步应用[J]. 大气科学,2021,45(5):1-15.

[5] 马宁堃,刘黎平,郑佳锋. 利用Ka波段毫米波雷达功率谱反演云降水大气垂直速度和雨滴谱分布研究[J]. 高原气象,2019,38(2):325-339.

[6] GAO W, LIU L, LI J, et al. The Microphysical Properties of Convective Precipitation over the Tibetan Plateau by a Subkilometer Resolution Cloud-Resolving Simulation[J]. Journal of Geophysical Research, 2018,33:463-477.

[7] 吴翀,刘黎平,翟晓春.Ka波段固态发射机体制云雷达和激光云高仪探测青藏高原夏季云底能力和效果对比分析[J]. 大气科学,2017,41(4):659-672.

[8] 刘黎平. 毫米波云雷达观测和反演云降水微物理及动力参数方法研究进展[J]. 暴雨灾害,2021,40(3):231-242.

基于雷达和闪电定位仪对冰雹云的识别预警研究

颜海前 张玉欣 康晓燕 王启花 张博越

(青海省人工影响天气办公室,西宁 810000)

摘 要 本文选取2016—2017年青海省西宁市及海东地区的30次降雹过程雷达和闪电定位仪数据,对冰雹天气的雷达回波演变和闪电特征进行分析,重点分析正、负地闪的数量、频次、极性和强度的变化规律,并选取个例对冰雹云发生前后闪电、雷达参数变化进行分析。在冰雹云形成、消亡的过程中,负地闪占绝对优势,正地闪出现频率很少,且分布不集中,这与北方地区冰雹出现时高正地闪频次特征不同。正地闪出现的位置和时间与降雹位置和时间没有明显对应关系。从时间和位置上分析,对流发展初期,负地闪在空间上稀疏出现,随着对流的发展,负地闪分布趋向集中,负地闪集中区域主要集中在组合反射率强度较大的区域且频次存在明显增加。闪电频数的变化和空间分布特征,在强对流天气监测和临近预警中有一定的参考作用。

关键词 雷达 闪电定位仪 青海省 冰雹 地闪

1 引言

近年来,探测技术的发展,多普勒雷达是强对流天气监测预警不可缺少的工具,闪电定位仪能连续实时记录探测范围内地闪的位置、强度等,在冰雹云发展、成熟、消亡各个阶段都会产生地闪,在强单体回波出现或出现前,地闪已经出现,移动过程的强回波带,少量地闪出现在强回波移动方向的前方,地闪能很好地预示强回波未来的移动方向,地闪发生的数目和变化与雷达回波有较好的对应关系。因此,二者数据相结合进行对比研究得出的特征参数值,可以对冰雹云的提前识别预警提供相关的数据。

冰雹云即存在强盛的上升气流,又有冰相粒子参与的复杂的物理过程,因此,冰雹云中的起电过程非常剧烈,放电现象也非常活跃。近年来闪电作为强对流过程的“指示器”已被用于识别发展中的对流云。Orville等(2001)发现出现大冰雹的可能性随着正地闪次数的增加而加大,随后的研究李永果等(2008)也发现以正地闪为主的雷暴常常在正地闪发生阶段出现大冰雹。国内气象工作者近年来对我国冰雹天气做了大量的研究。如李德俊等(2011)、王秀玲等(2012)、张一平等(2010)分析了我国各地多个冰雹个例中的闪电活动特征,这些研究帮助我们加深了对强对流天气发生时闪电活动特征的认识。因为不同的地理位置、气象条件、海拔高度等都可能引起雷暴放电的特征差异。青海省地处青藏高原东北部,境内地形、地貌复杂,高山、谷地、盆地交错,多年积雪、冰川、戈壁、沙漠、草原等广有分布,由于青藏高原强烈的隆升和复杂的地形作用,使青海具有独特的气候条件和频繁发生的气象灾害。青藏高原是我国雹日最多、范围最广的地区,青海省冰雹频繁、雹灾严重,是影响经济发展的重要因素之一,在青海针对雷电近年来也有研究(刘仙婵和保广裕,2011;赵仕雄,1991;李汉超等,2017)。因此,冰雹作为青海最主要的气象灾害,也是地方灾害防御的重点。因此,本文通过利用雷达和闪电定位仪分析冰雹云发生前后各参量的变化,为人工防雹消雹提供有价值的参考依据。

2 资料与方法

2.1 资料的选取

青海省位于青藏高原东北部，位于 89°35′—104°04′E，30°39′—39°19′N，属夏季副热带急流徘徊的纬区（35°—0°N），加之境内地形错综复杂，地表性质差异很大，地形起伏较大，高山众多，沟壑相连，冰雹灾害成为影响经济发展的重要因素。青海省西宁市南山多普勒天气雷达站，海拔 2447 m，最大可测距离 150 km，其所探测范围基本覆盖了西宁及海东地区，闪电定位仪是由 ADTD 闪电定位仪系统及闪电定位中心站组成，对每次闪电回击过程时间、强度、位置、极性进行监测和定位。因此，本项目选取 2016—2017 年青海省西宁市及海东地区的 30 次降雹过程通过雷达和闪电定位仪数据，对冰雹天气的雷达回波演变和闪电特征进行分析，以西宁雷达站位中心在 150 km 范围内对发生的地闪进行统计，重点分析正、负地闪的数量、频次、极性和强度的变化规律，对闪电发生前后冰雹云雷达参数变化进行分析。

2.2 冰雹等级划分

一般情况下，冰雹强度分为强冰雹云、中等强度和弱冰雹云，根据赵仕雄[8]等在青海高原冰雹研究中提出回波强度与降雹的这一关系，判断时可以分为如下几档来考虑（Z 为雹云反射率因子）：

30 dBZ≤Z<35 dBZ　弱冰雹云

35 dBZ≤Z<40 dBZ　中等强度冰雹云

40 dBZ≤Z<45 dBZ　强冰雹云

陈渭民（2003）将地闪分为正地闪和负地闪，正地闪：闪电电流为正（向下）的称正地电；通常云底电荷为正电荷，地面为负电荷。负地闪：闪电电流为负（向上）的为负地闪；通常云底电荷负电荷，地面为正电荷。

3 结果与讨论

3.1 冰雹过程地闪统计特征分析

强对流云系尺度较小，移动速度较快，强对流云的强回波区水平尺度一般不超过 50 km，因此，取冰雹发生时前后 120 min，以回波中心为中心，半径 50～100 km 范围内发生的地闪进行统计，重点分析正、负地闪的变化规律。根据冰雹特征筛选出 6 次强冰雹天气个例。强冰雹天气过程的地闪特征见表 1。

表 1　强冰雹天气过程的地闪特征

日期	降雹时间		总地闪数（个）	正地闪数（个）	正地闪占总地闪比例（%）	最大正地闪强度（kA）	负地闪数（个）	负地闪占总地闪比例（%）	最大负地闪强度（kA）
2016/8/2	16:00	降雹前	4	4	100	28.8	0	0	0
		降雹后	126	4	3.2	39.1	122	96.8	−67.5

续表

日期	降雹时间		总地闪数(个)	正地闪数(个)	正地闪占总地闪比例(%)	最大正地闪强度(kA)	负地闪数(个)	负地闪占总地闪比例(%)	最大负地闪强度(kA)
2016/8/3	18:00	降雹前	288	3	1.1	82.6	285	98.9	−93.1
		降雹后	547	2	0.03	57.7	545	99.6	−89.5
2017/6/19	13:26	降雹前	114	1	0.01	25.1	113	99.9	−73.6
		降雹后	139	7	0.05	41.8	132	99.5	−114
2017/7/9	15:10	降雹前	23	12	52.1	50.6	11	47.9	−125
		降雹后	70	10	14.2	101.8	60	85.8	−35
2017/8/3	17:00	降雹前	35	9	25.7	96	26	74.3	−48.8
		降雹后	1	0	0	0	1	100	0
2017/8/3	21:20	降雹前	389	6	0.015	59.5	383	98.5	−56
		降雹后	76	0	0	0	76	100	−84.7
2017/8/8	15:00	降雹前	25	2	0.8	25.6	23	92	−57
		降雹后	157	5	13.8	77.4	152	96.2	−64.6

从表1中可以看出,降雹地点附近在降雹前120 min有地闪发生;6个个例中在降雹前正地闪数全部小于15次,所占比例均未达到30%,正地闪强度均未达到100kA,降雹后正地闪变化不大。而负地闪数则是正地闪数的数倍,负地闪所占比例均达到85%以上,最大强度也略有增加。

分析表明,西宁及海东地区强冰雹天气发生时,无论降雹前后正地闪数都很少且频次很低,没有发现冰雹发生前后正地闪频次明显增大现象,正地闪占比均未达到30%,强度也较弱,负地闪数及出现的频次均高于正地闪,负地闪占比不低于70%,强度要高于正地闪。这与北方地区强冰雹天气过程中正地闪比例平均为57%存在明显的不同[10]。

30次冰雹天气过程中,根据冰雹特征筛选出19次中等强度冰雹天气个例,中等强度冰雹天气地闪特征见表2。

表2 中等强度冰雹天气地闪特征

日期	降雹时间		总地闪数(个)	正地闪数(个)	正地闪占总地闪比例(%)	最大正地闪强度(kA)	负地闪数(个)	负地闪占总地闪比例(%)	最大负地闪强度(kA)
2016/6/11	17:30	降雹前	19	4	21	92.2	15	79	−51.2
		降雹后	45	2	4.4	45.3	43	95.6	−37.4
2016/6/21	16:40	降雹前	83	1	1.2	9.1	82	98.8	−48.9
		降雹后	0	0	0	0	0	0	0
2016/6/26	17:30	降雹前	2	0	0	0	2	100	−44.5
		降雹后	6	0	0	0	6	100	−30.1

续表

日期	降雹时间		总地闪数（个）	正地闪数（个）	正地闪占总地闪比例（%）	最大正地闪强度（kA）	负地闪数（个）	负地闪占总地闪比例（%）	最大负地闪强度（kA）
2016/6/26	19:38	降雹前	4	0	0	0	4	100	－30.1
		降雹后	0	0	0	0	0	0	0
2016/6/27	16:00	降雹前	18	3	16	66.7	15	84	－43.2
		降雹后	22	0	0	0	22	100	－46.2
2016/7/7	19:10	降雹前	0	0	0	0	0	0	0
		降雹后	0	0	0	0	0	0	0
2016/7/26	16:40	降雹前	0	0	0	0	0	0	0
		降雹后	0	0	0	0	0	0	0
2016/7/27	17:00	降雹前	0	0	0	0	0	0	0
		降雹后	0	0	0	0	0	0	0
2016/8/9	18:00	降雹前	0	0	0	0	0	0	0
		降雹后	0	0	0	0	0	0	0
2016/8/12	17:45	降雹前	0	0	0	0	0	0	0
		降雹后	1	0	0	0	1	100	－36.3
2017/6/4	19:35	降雹前	0	0	0	0	0	0	0
		降雹后	0	0	0	0	0	0	0
2017/6/7	15:40	降雹前	12	1	8.3	21.2	11	91.7	－32.9
		降雹后	26	2	7.6	50.4	24	92.4	－47
2017/6/15	18:40	降雹前	145	0	0	0	145	100	－56.4
		降雹后	9	0	0	0	9	100	－36.2
2017/6/20	13:26	降雹前	14	0	0	0	14	100	－28.5
		降雹后	18	11	61.1	34.5	7	38.9	－27.6
2017/6/20	19:30	降雹前	105	39	37.1	89	66	62.9	－65.3
		降雹后	109	5	4.5	53.7	104	95.5	－40.3
2017/6/28	14:42	降雹前	31	5	16.1	44.6	26	83.9	－36.7
		降雹后	263	1	0.03	18.8	262	99.97	－85
2017/8/12	16:00	降雹前	124	10	8.0	61.9	114	92	61.9
		降雹后	604	18	2.9	115.3	586	97.1	－81.5
2017/9/20	21:00	降雹前	0	0	0	0	0	0	0
		降雹后	0	0	0	0	0	0	0

由表2可知，2016年7月7日19:10、2016年7月26日16:40、2016年7月27日17:00、2016年8月9日18:00、2017年6月4日19:35、2017年9月20日六个个例在降雹前后没有地闪发生。13个个例在降雹前后均有地闪发生，2016年6月20日在第二次降雹时正地闪为39次外，其余个例正地闪均未超过15次，正地闪占有比例没有超过30%的，频次、强度也较

弱。负地闪数出现的频次、次数、强度均高于正地闪,负地闪占有比例不低于80%,这与青海省西宁及海东地区强冰雹天气过程负地闪占主导地位相符合。

30个个例中筛选出5个弱冰雹云个例,弱冰雹云天气过程的地闪特征见表3。

表3 弱冰雹云天气过程的地闪特征

日期	降雹时间		总地闪数(个)	正地闪数(个)	正地闪占总地闪比例(%)	最大正地闪强度(kA)	负地闪数(个)	负地闪占总地闪比例(%)	最大负地闪强度(kA)
2016/6/12	17:45	降雹前	23	7	30.4	87.6	16	69.6	−45.9
		降雹后	1	0	0	0	1	100	−18.8
2016/6/14	17:40	降雹前	0	0	0	0	0	0	0
		降雹后	0	0	0	0	0	0	0
2017/6/4	19:35	降雹前	0	0	0	0	0	0	0
		降雹后	0	0	0	0	0	0	0
2017/6/7	15:30	降雹前	5	1	20	21.2	4	80	−32.9
		降雹后	4	0	0	0	4	100	−22.4
2017/6/15	18:40	降雹前	145	0	0	0	145	100	−56.4
		降雹后	9	0	0	0	9	100	−36.2

由表3分析表明,2016年6月14日17:40、2017年6月4日19:35在降雹前后均没有地闪发生,其余个例中的正地闪无论在次数、频次、强度均低于负地闪,负地闪在地闪总数中占主导地位。

3.2 个例分析

以往的分析往往是统计冰雹云天气过程发生区域内很大范围的闪电数据,而实际情况是降雹只发生在某个小区域,因此,分析结果往往与实际情况存在一定程度的误差,为了避免这种不足,以降雹中心为参考点,统计其周围半径50 km区域内的闪电数据,另外,考虑降雹时间通常很短,多发生在20 min甚至10 min以内,因此,选取5 min间隔的闪电频数来讨论降雹前后的闪电变化特征及空间分布。

2016年8月3日16:39,其发源于海北门源地区的对流云系形成,云系初生强度并不强,组合反射率强度为30～35 dBZ(图1a)。云体沿大阪山南麓向大通县和互助县一带移动,期间在云体移动的路线上并没有闪电发生,16:50第一次负地闪出现在互助县,随后负地闪缓慢的增加。至17:20最强组合反射率出现高度在8 km左右,强度在45～50 dBZ之间,负地闪集中出现在强回波中心的后方。17:25回波范围有所扩大,17:31第一次正地闪出现强回波中心的前侧方。17:20—17:50的30 min地闪分布叠加图可以看出(图1b)负地闪以明显的方式增加,负地闪密集区域并未完全和强回波中心重合。18:02组合反射率强度最大处开始降雹,18:09回波仍具有明显冰雹回波特征(图1c),负地闪密集区域在雹云的后方出现,18:30基本反射率因子减弱,负地闪频数略有减少,18:51雹云已移出大通、互助一线,负地闪随着雹云的消退逐渐减少或转移。虽然闪电密集区位于雷达组合反射率强度较大的区域附近,但闪电密集区域并未与强回波中心完全重叠,反射率强度较大的区域是固态粒子(冰晶、雹粒)和过冷水滴大量聚集区域，固态粒子之间的碰撞感应起电、冰晶与霰粒碰撞摩擦的温差起电使该区域形成明显的闪电源区，雹云随着风向或山的走势移动，因此，就会出现负地闪密集区域在雹云的后方，正地闪出现在雹云的前侧方。

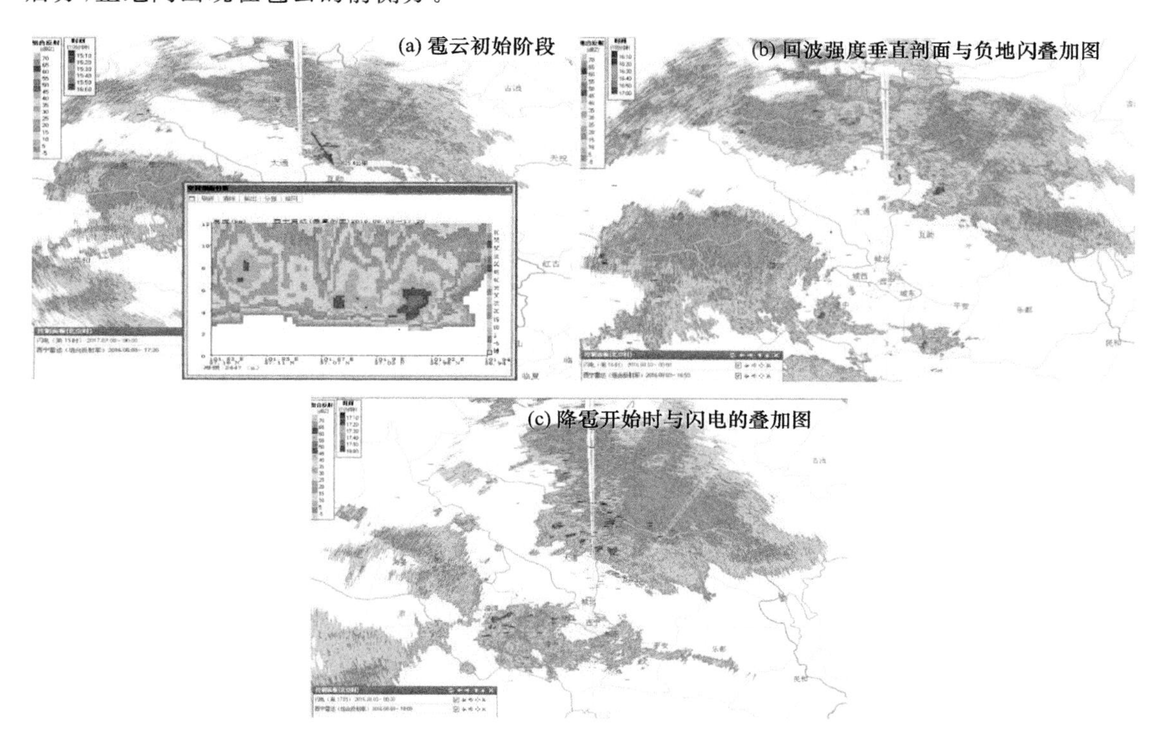

图 1　雹云初始阶段和降雹开始时雷达回波强度垂直剖面与负地闪叠加图

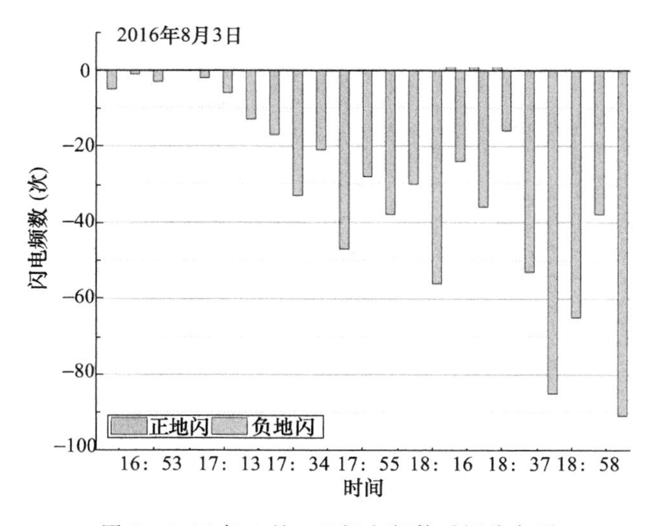

图 2　2016 年 8 月 3 日闪电频数时间分布图

从 5 min 的闪电频数时间分布图上(图 2)可以看出 17:10 开始负地闪在逐渐增加，17:30 至 17:55 略有摆浮在小幅下降后再次增加，18:05 达到峰值 62 次，峰值较降雹时间(18:02)晚了 3 min，而后负地闪数逐渐减少，18:20 开始负地闪数急剧减少，由前一时段 34 次减少为 7

次随后逐渐或转移。正地闪仅出现过一次，正地闪出现时间是在降雹前 32 min，地点在雹云的前方与降雹地点无明显的对应关系。结合雷达组合反射率强度演变和地闪分布图来看，闪电出现连续增幅的时间较降雹时间提前了 5～8 min，在一定程度上可以作为冰雹的预警指标。

2017 年 7 月 9 日 14:04 雷达回波演变图显示对流回波至湟源县初生，由西北向西南方向移动，移动过程中不断生消，期间回波强度低于 30 dBZ，此时闪电活动不明显(图 3a)。14:38 进入湟中回波强度有所加强，在云体的前方出现正地闪 4 次，但同时回波中心也在逐渐减弱。15:14 回波强度有所加强，负地闪出现但并不活跃，15:37 回波中心分裂成多个小单体，负地闪在此次过程中并不活跃，未出现负地闪密集区域(图 3b)。此次过程从云体发展到消亡时间较短，在前期出现 4 次正地闪，均处于云体减弱阶段。

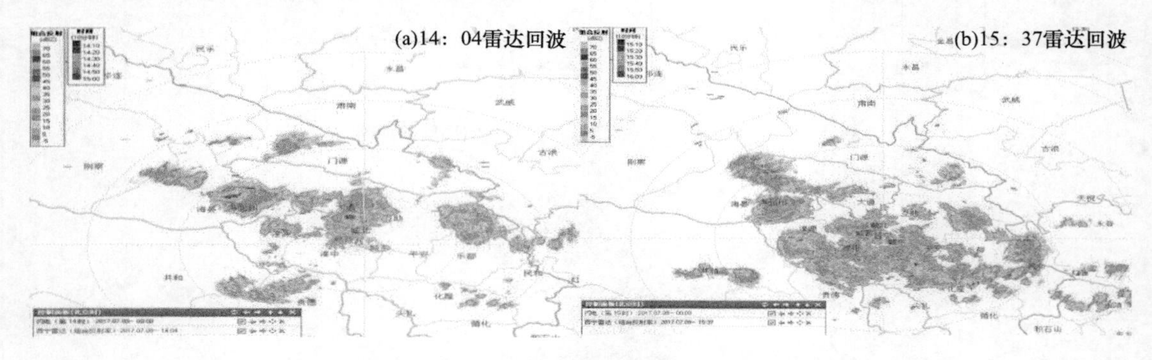

图 3　14:04 与 15:37 雷达回波与闪电叠加图

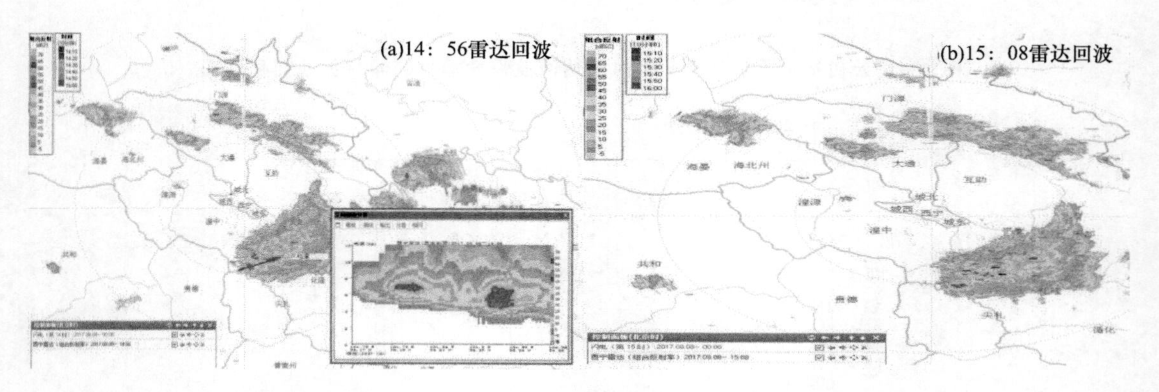

图 4　14:56 与 15:08 雷达回波与闪电叠加图

2017 年 8 月 8 日 14:43 在湟中县与化隆县之间生成超级单体，同时负地闪也已出现在强回波中心附近但是量级不大，单体移动迅速。14:56 单体强回波中心开始分裂(图 4a)，强中心分裂为两个，左方强中心高度在 7.5 km 左右，强度为 50 dBZ，右方强中心高度在 7.4 km 左右，强度为 50 dBZ。闪电活动并不活跃，正地闪未出现，负地闪出现在侧后方的平安县境内。15:08 负地闪突然活跃，呈继续增加趋势(图 4b)。

15:15 随着地面降雹的开始，强中心开始消退，闪电以负地闪占绝大多数。总的来看，初期负地闪为缓慢增加，明显“跃增”从 15:08 开始，峰值时间为 15:10～15:15 达到 27 次(图 5)，比地面提前了大约 5 min，降雹开始后地闪活动进入减弱阶段，15:21 再次进入负地闪增加阶段，说明这段时间对流活动表现活跃，仍有降雹的可能，15:21 从单体分裂出去另一强回波也在逐渐减弱，向南尖扎县方向移动。15:40 强回波中心消散，此时闪电活动也趋于平静。因此，闪电频次的跃增可以作为冰雹发生的参考指标。

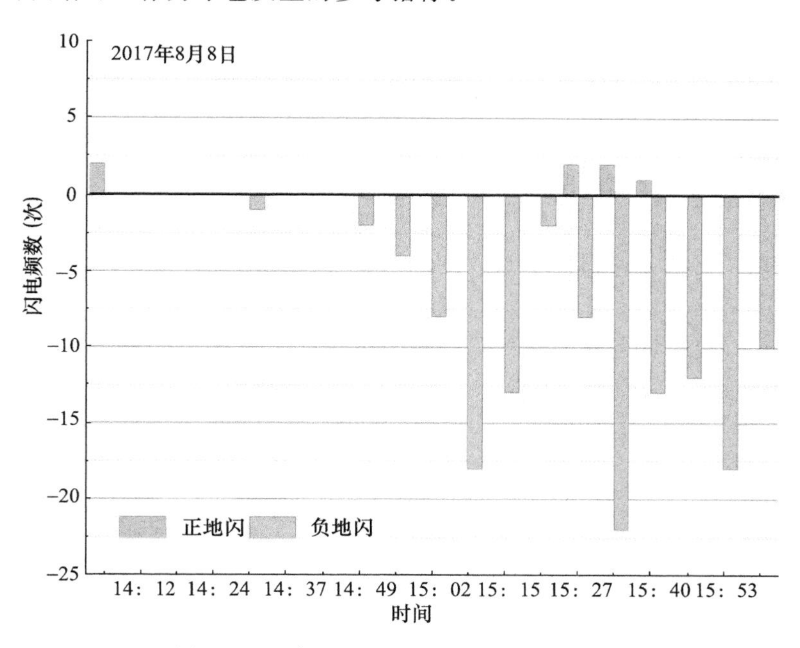

图 5　2017 年 8 月 8 日闪电频数时间分布图

4　结论

本文选取 2016—2017 年青海省西宁市及海东地区的 30 次降雹过程雷达和闪电定位仪数据，对冰雹天气的雷达回波演变和闪电特征进行分析，重点分析正、负地闪的数量、频数、极性和强度的变化规律，并选取 3 个个例对冰雹云发生前后闪电、雷达参数变化进行分析。

在冰雹云形成、消亡的过程中，负地闪占绝对优势，正地闪出现频数很少，且分布不集中，这与北方地区冰雹出现时高正地闪频次特征不同。正地闪出现的位置和时间与降雹位置和时间没有明显对应关系。

从时间和位置上分析，对流发展初期，负地闪在空间上稀疏出现，随着对流的发展，负地闪分布趋向集中，负地闪集中区域主要集中在组合反射率强度较大的区域且频次存在明显增加，总体来看，负地闪在对流发展旺盛阶段会出现一次小峰值，但峰值和强对流中心未完全重合。

闪电频数的变化和空间分布特征，在强对流天气监测和临近预警中有一定的参考作用，在实际分析应用时，应结合雷达、卫星云图、天空资料的高时空密度的监测资料，进行综合分析，才能得出对实际强对流监测和预报有指示意义的综合指标。

参考文献

陈渭民，2003. 雷电学原理[M]. 北京：气象出版社.

李德俊，唐仁茂，熊守权，等，2011. 强冰雹和短时强降水天气雷达特征及临近预警[J]. 气象，37(4)：474-480.

李汉超，毕力格，田颖，等，2017. 内蒙古巴彦淖尔市冰雹天气云地闪电特征分析[J]. 科学技术与工程，17

(23):1671-1815.

李永果,马丽,刘强,等,2008. 冰雹云系发展演变与其地闪的相关性分析[J]. 气象科技 (3):331-334.

刘仙婵,保广裕,2011. 西宁地区雷暴天气分析及预报方法研究[J]. 青海农林科技(4):4-7.

王秀玲,郭丽霞,高桂芹,等,2012. 唐山地区冰雹气候特征与雷达回波分析[J]. 气象,38(3):344-348.

张一平,王新敏,牛淑贞,等,2010. 河南省强雷暴地闪活动与雷达回波的关系探析[J]. 气象,36(2):54-61.

赵仕雄,1991. 青海高原冰雹的研究[M]. 北京:气象出版社.

ORVILLE R E, HUFFINES G R, 2001. Cloud-to-Ground Lightning in the United States: NLDN Results in the First Decade, 1989—98[J]. Monthly Weather Review, 129(5):1179.

西宁市大气颗粒物来源和输送季节特征

刘 娜[1] 余 晔[2] 马学谦[1]

(1. 青海省人工影响天气办公室,青海省防灾减灾重点实验室,西宁 810001;
2. 中国科学院西北生态环境资源研究院,寒旱区陆面过程与气候变化重点实验室,兰州 730000)

摘 要 在2016—2018年西宁市大气污染物(particulate matter,PM)季节污染特征分析的基础上,利用HYSPLIT模式和GDAS资料计算了逐日72h气流后向轨迹,通过聚类分析确定气流输送路径及其对日均PM质量浓度的影响,运用潜在源贡献因子分析(potential source contribution function analysis,PSCF)和浓度权重轨迹分析法(concentration weighted trajectory,CWT),探讨不同季节影响西宁市PM质量浓度的潜在源区分布及贡献。结果表明,输送来源位置多分布在西宁的西—北方向和东—北方向,周边及邻近区域垂直高度较低。输送路径主要受西风、偏西风、西北、西南和偏东气流的影响。距离短、高度低和移速慢的气流轨迹出现概率最高,在春夏秋三季来源于青海,冬季源自新疆,省内输送占主导地位。污染气流主要来自青海省内源、新疆外源及新疆以西的境外源,源地多沙漠、戈壁等脆弱地带分布。潜在源区范围及贡献大小有明显季节差异,冬季范围广且贡献最大,春秋次之,夏季最小。最主要潜在源区位于青海北部、中部和东部地区、新疆南部、中部和东部,其周边地区为中等贡献潜在源区。

关键词 PM_{10} $PM_{2.5}$ 后向轨迹 聚类分析 输送路径 潜在源区

1 引言

我国每年都有人因大气污染而死亡[1,2],大气污染导致空气质量恶化的经济成本约占全国GDP的1%～8%[3,4],以颗粒物为主要污染物的城市及城市群大气环境问题仍很突出[5-9]。京津冀城市间大气污染影响范围平均可达200 km,区域扩散与传输导致本地污染受邻近区域影响显著,邻近地区的$PM_{2.5}$每升高1%,将导致本地$PM_{2.5}$至少升高0.5%[6]。由于污染物本身具有空间溢出效应[9],大气污染存在明显的跨区域传输,单个城市污染物质量浓度不仅受本地污染源排放的影响,还在一定程度上受外来污染源输送的影响,探讨区域大气污染输送问题,研究城市及城市群与周边区域的交互影响,对制定大气污染区域间联防联控防治措施有重要意义。

近年来,利用HYSPLIT后向轨迹聚类分析、潜在源贡献因子分析(PSCF)和浓度权重轨迹分析(CWT)已成为研究大气污染来源和输送的重要方法[10-23]。西宁市地处青藏高原河湟谷地南北两山对峙之间,统属祁连山系,黄河支流湟水河自西向东贯穿市区,属于典型河谷盆地地形,城区多出现不利于污染物扩散的静风天气,且易受向下游输送亚洲沙尘的影响[24],同时也是兰西城市群中心城市,是西部大开发重要工业基地、资源开发基地和交通网络枢纽。随着兰西城市群经济带和大西宁都市圈的发展,大气污染问题也趋于严重。已有学者对西宁市的大气污染问题进行了大量研究,主要集中在污染特征、成因分析、干湿沉降、来源解析、典型天气过程输送规律和污染气象条件等方面[25-34],针对较长时间尺度上大气污染输送来源和路径季节变化的研究较少。

基于此,本文对HYSPLIT计算的后向轨迹进行聚类分析,结合西宁市PM质量浓度监测数据,研究季节输送来源与路径变化特征及其与颗粒物浓度关系,运用受体模型PSCF和CWT分析颗粒物潜在源区及对其质量浓度贡献,加深对河谷盆地地形颗粒物输送特征认识,以期为不同季节污染防治措施提供参考。

2 数据与方法

2.1 数据来源

PM_{10}和$PM_{2.5}$质量浓度数据来源于全国城市空气质量实时发布平台,对应时段为2016年1月1日至2018年12月31日。为保证数据质量,对原始数据进行了质控,剔除原始数据缺失值。计算日均值时,若缺失超过4 h则当日数据无效。后向轨迹计算气象资料为NCEP提供的GDAS资料,数据分辨率为1°× 1°,时间间隔6 h,垂直高度层为23层,包括风场、气温、气压和相对湿度等气象参量。

2.2 研究方法

本文主要利用融合HYSPLIT模式可执行文件和GIS功能的TrajStat软件进行后向轨迹计算、聚类分析、PSCF和CWT分析。

HYSPLIT是具有处理多种气象要素输入场、多种物理过程和不同类型排放源功能的较完整的输送、扩散和沉降模式,可直观了解气流或粒子的运动轨迹[35]。根据气流移速和方向进行轨迹聚类分析。以西宁为轨迹起始点,进行72h后向轨迹计算,每天计算4个时次,轨迹起始点高度为距地500 m。

TrajStat可使用多种轨迹分析方法,从长期污染观测数据中识别污染物潜在源区和相对贡献[36]。PSCF和CWT是基于气流轨迹的受体模型分析方法。PSCF是经过研究区内某网格ij的污染轨迹数(m_{ij})与经过该网格的所有轨迹数(n_{ij})的比值,反映的是一种条件概率,可给出所有可能污染来源位置的概率分布场。为了减小n_{ij}较小时引起的较大不确定性,当某一网格内n_{ij}小于研究区内平均轨迹端点数的3倍时使用权重函数W_{ij}计算PSCF。CWT计算轨迹权重浓度,确定潜在源区贡献,反映轨迹的污染程度,可给出所有可能潜在源区的贡献分布,同样需要W_{ij}进行CWT的计算,具体计算公式可参考文献[11,13]。

3 结果与讨论

3.1 PM质量浓度特征

图1为西宁市PM_{10}和$PM_{2.5}$质量浓度季节变化箱线图。PM_{10}和$PM_{2.5}$质量浓度冬季最高,分别为143.5 μg/m³和68.2 μg/m³,春季次之,夏季最低。PM_{10}和$PM_{2.5}$质量浓度最高值出现在冬季12月,PM_{10}最低值出现在夏季8月,$PM_{2.5}$最低值出现在秋季9月。依据《环境空气质量标准:GB 3095—2012》中日均值和年均值标准,利用指数法[37]计算出PM_{10}和$PM_{2.5}$质量浓度季节二级标准限值分别为84 μg/m³和42 μg/m³,对比可知,PM_{10}质量浓度仅在夏季达标,$PM_{2.5}$仅在冬季未达标,PM_{10}污染程度较$PM_{2.5}$严重。

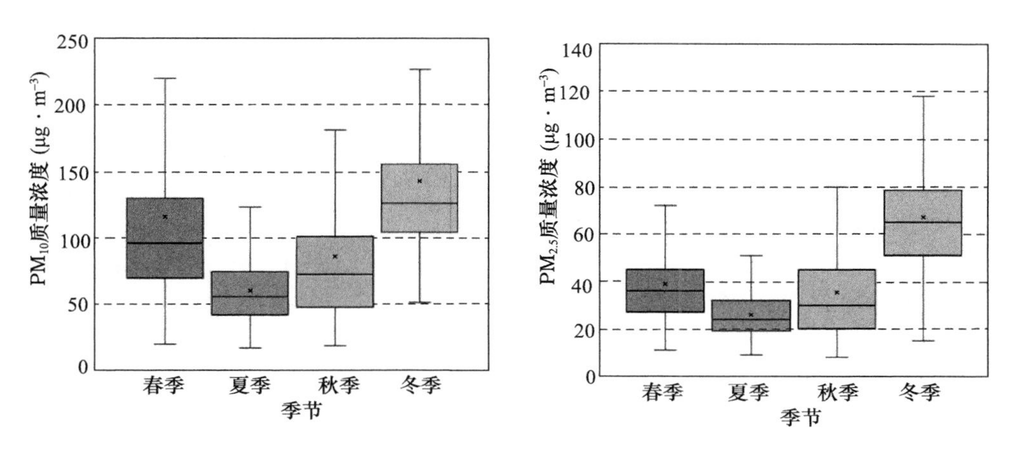

图 1　西宁市 PM_{10} 和 $PM_{2.5}$ 质量浓度季节变化

$PM_{2.5}/PM_{10}$ 随时间的变化特征和滑动平均趋势可知，$PM_{2.5}/PM_{10}$ 平均值为 0.45，$PM_{2.5}$ 占 PM_{10} 接近半数，说明 $PM_{2.5}$ 和 $PM_{2.5\sim10}$（粒径为 2.5～10 μm 的颗粒物）质量浓度相当，$PM_{2.5}$ 逐渐在 PM_{10} 中占主要地位。研究表明，PM_{10} 受人为源和自然源双重影响，$PM_{2.5}$ 则主要受人为源影响，当 $PM_{2.5}/PM_{10}$ 小于 0.2 时，存在明显沙尘天气过程影响；当 $PM_{2.5}/PM_{10}$ 大于 0.6 时，存在典型人为源气溶胶影响[38]。西宁市 $PM_{2.5}/PM_{10}$ 大于 0.6 的散点明显多于小于 0.2 的散点，说明西宁市受自然源气溶胶影响呈减少趋势较少，受人为源气溶胶影响呈增加趋势明显。

3.2　输送来源特征

以受点为中心的西北方向的输送来源最多，占 52.2%，东北方向次之，占 23.8%，西南方向占 14.0%，东南方向最少，占 10.0%。在受点周边及邻近区域，轨迹来源点垂直高度相对较低，在较远及更远区域轨迹来源点垂直高度相对较高。统计可知，来源点分布在 1 km 以内大气边界层的概率达 57.8%，500 m 以内概率为 51.5%，10 m 以内概率为 34.5%。输送源点垂直高度有明显季节差异。夏季东北和东南方向输送来源最多，秋季次之，冬季最少；冬季西南方向输送来源最多，秋季次之，夏季最少；春季西北方向输送来源最多，冬季次之，夏季最少。

3.3　输送路径特征

将四季后向轨迹聚类均为 6 类，进行气流输送路径特征分析（图 2）。输送路径和方向表示气流到达受点前经过的区域，输送距离可判断气流移动速度[17]。春季，最主要的输送路径来自青海东北部的短距离西北路径（聚类 2），占轨迹总数的比例最大，为 33.1%，其次是源自新疆中部的较长距离西北路径（聚类 1）；夏季，来自青海东部的短距离偏北路径（聚类 4），占比最大，为 37.2%，其次是源自甘肃北部的较长距离西北路径（聚类 2）；秋季，来自青海东北部的短距离偏北路径（聚类 3）占比最大，为 45.9%，其次是源自新疆南部的较长距离偏西路径（聚类 2）；冬季，来自新疆中南部的较短距离西北路径（聚类 3），占比最大，为 29.0%，其次是源自甘肃中部短距离偏东路径（聚类 2）。

春冬季多为西北和偏西气流，秋冬季轨迹移速快，输送距离较春季远，夏季距离最短；夏秋冬季西宁都出现了近距离输送的影响，秋季出现概率高于夏季，路径上有明显转向折回，冬季概率最小;春夏秋冬季最主要的输送路径分别来源于青海东北部、青海东部、青海东部和新疆中南部,且青海北部是各类主要轨迹必经之地,省内输送对西宁市大气颗粒物影响占主要地位。

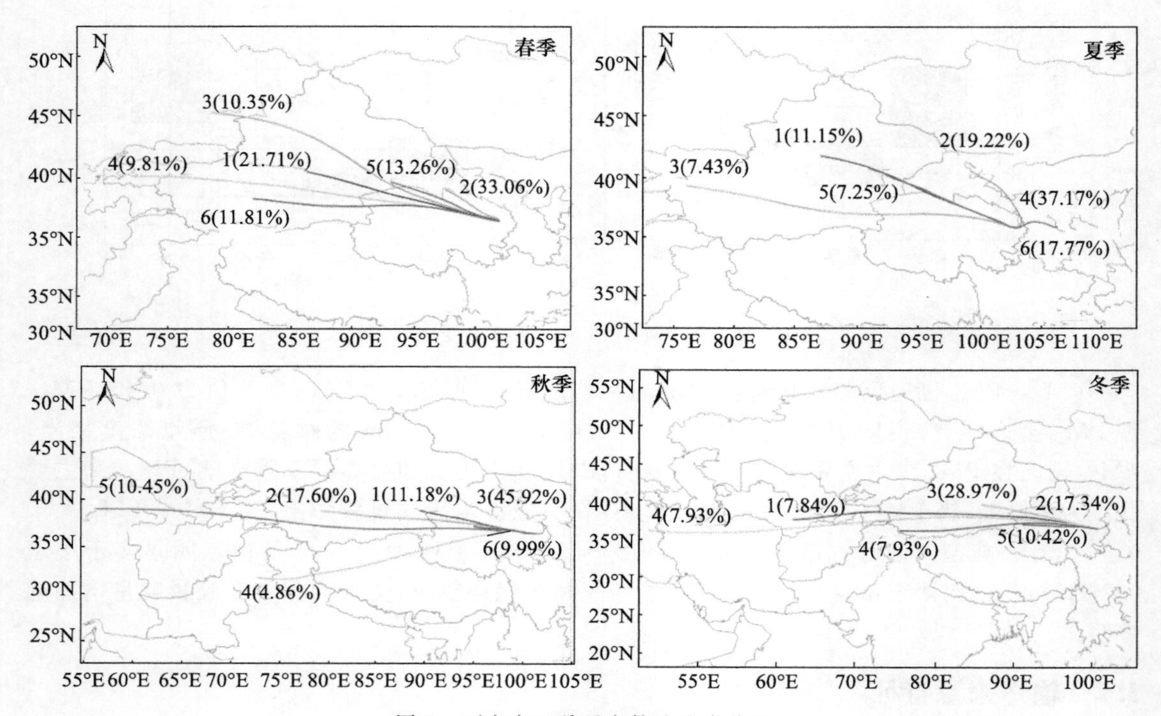

图 2　西宁市四季后向轨迹聚类分析

聚类轨迹 72 h 移动过程中垂直气压变化可反映到达西宁前气流垂直混合特征。从输送源点至受点垂直混合呈 3 种变化趋势:第一种是先上升后下降,符合此类趋势的输送路径最多;第二种是先下降后上升;第三种是整体上升,此类路径最少。垂直输送高度的峰值范围为 520～350 hPa,秋季峰值最大,春季最小。春夏冬季垂直输送高度峰值对应最长输送路径,秋季对应较长输送路径,最低高度对应最短路径。长距离轨迹移速快,高度高,出现比例低;短距离轨迹移速慢,高度低,出现比例高。长距离跨区域输送颗粒物至西宁,短距离临近输送且易受到近地面污染源的影响。

3.3　输送路径污染特征

当轨迹对应的 PM 质量浓度大于二级标准限值时为污染轨迹,反之为清洁轨迹。图 3 给出了聚类轨迹对应的 PM 平均质量浓度箱线图,表 1 给出了污染轨迹出现比例和平均质量浓度的统计特征。结果显示,聚类轨迹和污染轨迹 PM 平均质量浓度有显著差异。

聚类轨迹对应 PM 平均质量浓度冬季最高,春季次之。污染轨迹对应 PM_{10} 平均质量浓度春季最高,冬季次之;污染轨迹对应 $PM_{2.5}$ 平均质量浓度春冬季相当;夏季轨迹清洁,仅出现一次 PM_{10} 污染事件,无 $PM_{2.5}$ 污染事件。从季节比例高于 20%可知,春季主要污染轨迹为聚类 2,说明源自青海东北部和新疆中部的西北气流对西宁颗粒物污染影响最大;秋季主要污染轨迹为聚类 2 和 5,受西风和偏西气流影响,轨迹源自土库曼斯坦西部和我国新疆南部地区;冬季主要污染轨迹为聚类 3 和 6，受西风和西北气流影响，轨迹源自新疆中南部和南部地区。污染轨迹源地多分布在脆弱地带，颗粒物随气流被携带至西宁，与本地污染源排放相互叠加对西宁颗粒物质量浓度造成较大的影响。冬季污染轨迹最多，春季次之。颗粒物污染轨迹有季节对应关系且多出现在各季主要轨迹输送路径上，秋季污染轨迹路径较长，冬春季较短。

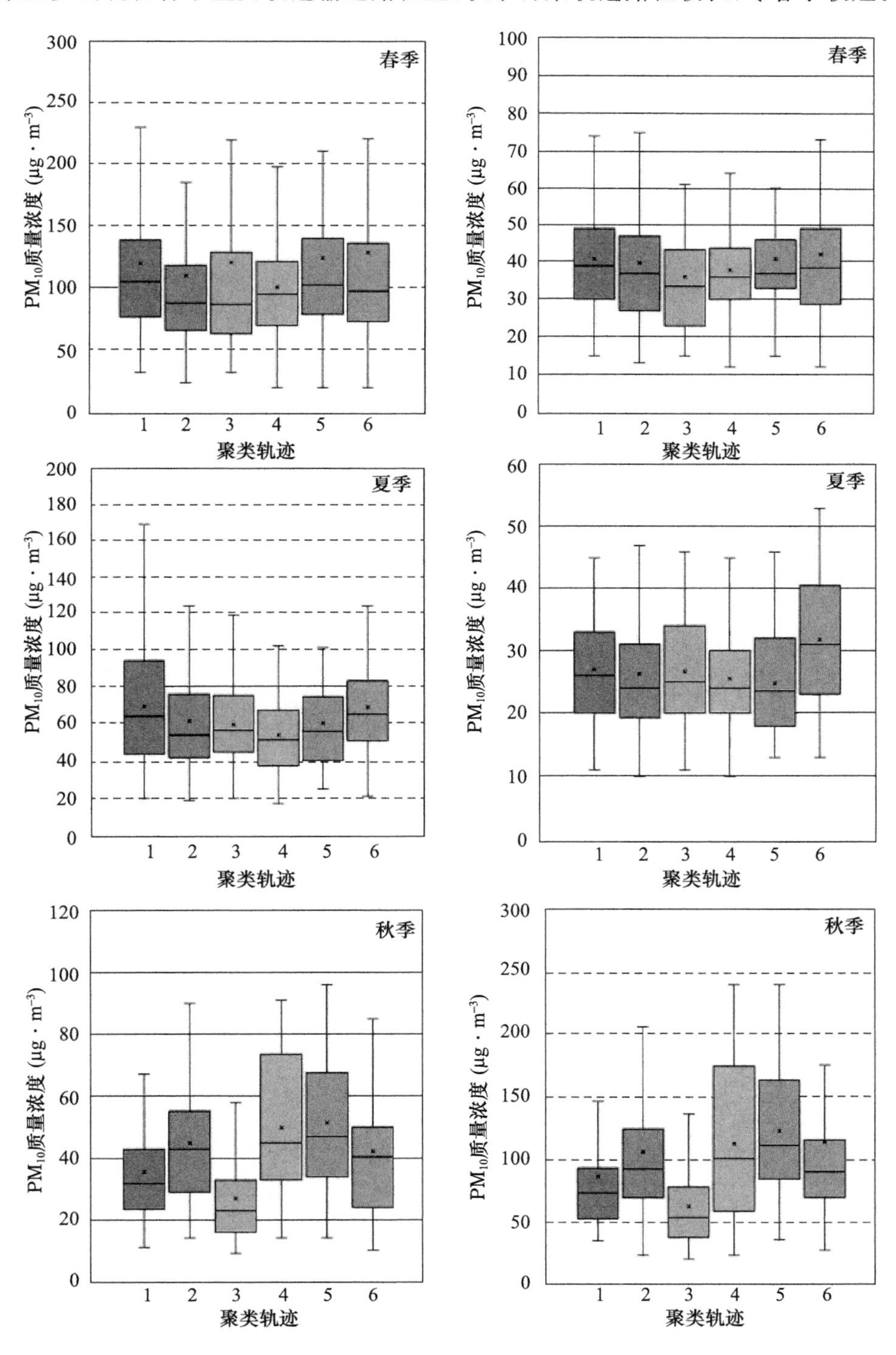

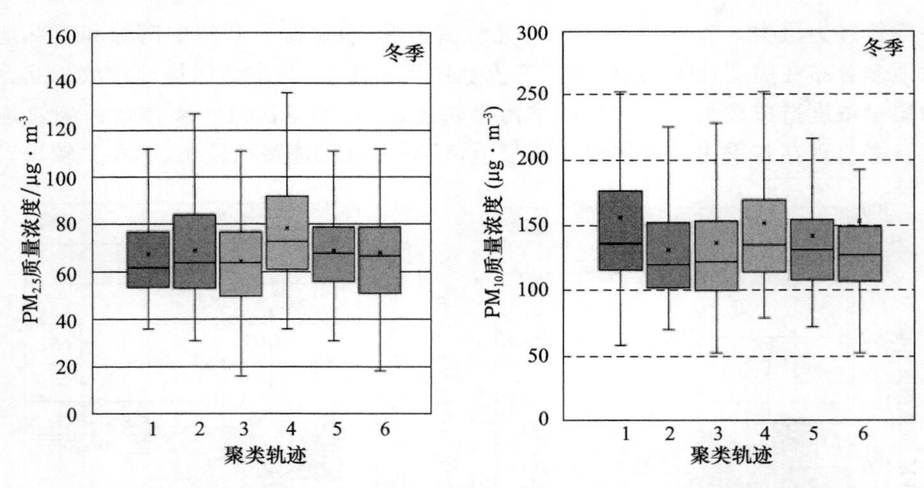

图 3　西宁市四季各聚类轨迹对应 PM_{10}（左列）和 $PM_{2.5}$（右列）平均质量浓度

表 1　污染轨迹数量、出现比例和对应 PM_{10} 和 $PM_{2.5}$ 质量浓度

季节	聚类轨迹	PM_{10}污染轨迹				$PM_{2.5}$污染轨迹			
		数量	类中比例（%）	季节比例（%）	质量浓度（μg/m³）	数量	类中比例（%）	季节比例（%）	质量浓度（μg/m³）
春季	1	43	18.0	**22.9**	235.2	10	4.2	19.2	85.5
	2	59	16.1	**31.4**	251.1	19	5.2	**36.5**	95.3
	3	17	14.9	9.0	326.4	5	4.4	9.6	101.0
	4	10	9.3	5.3	215.3	3	2.8	5.8	84.0
	5	31	21.2	19.5	248.3	10	6.9	19.2	97.0
	6	28	21.5	14.9	268.6	5	3.9	9.6	119.2
夏季	1	1	0.8	25.0	169.0	0	0	0	0
	2	1	0.5	25.0	169.0	0	0	0	0
	3	0	0.0	0.0	0.0	0	0	0	0
	4	2	0.5	50.0	169.0	0	0	0	0
	5	0	0	0	0	0	0	0	0
	6	0	0	0	0	0	0	0	0
秋季	1	7	5.8	5.7	354.0	8	6.6	11.1	94.3
	2	36	18.8	**29.0**	197.5	18	9.4	**25.0**	86.8
	3	18	3.6	14.5	172.0	6	1.2	8.3	79.2
	4	16	30.2	12.9	189.0	13	24.5	8.0	84.2
	5	36	31.6	**29.0**	188.3	18	15.8	**25.0**	87.4
	6	11	10.0	8.9	381.7	9	8.2	12.5	101.3

续表

季节	聚类轨迹	PM_{10}污染轨迹				$PM_{2.5}$污染轨迹			
		数量	类中比例（%）	季节比例（%）	质量浓度（$\mu g/m^3$）	数量	类中比例（%）	季节比例（%）	质量浓度（$\mu g/m^3$）
冬季	1	33	38.8	11.2	213.4	22	25.9	6.3	99.6
	2	47	26.7	15.9	189.9	54	30.7	15.5	98.9
	3	81	26.0	**27.4**	215.8	91	29.2	**26.2**	92.8
	4	32	37.2	10.8	207.8	40	46.5	11.5	101.1
	5	30	28.3	10.1	204.5	43	40.6	12.4	88.3
	6	73	24.8	**24.7**	270.9	98	33.2	**28.2**	97.3

注：黑体字为季节比例＞20%为主要污染轨迹。

3.4 污染潜在源区分析

用 PSCF 对 2016—2018 年西宁市颗粒物污染潜在源区进行判断，计算结果见图 4，PSCF 高值所在网格区域即是造成受点污染最主要的潜在源区。因夏季污染轨迹占比小，本小节不对其潜在源区进行分析。

西宁市 PM_{10} 和 $PM_{2.5}$ 的污染潜在源区分布季节差异明显。春季潜在源区位置偏北，秋季偏西南，春秋季 PM_{10} 的潜在源区比 $PM_{2.5}$ 范围广且更集中。冬季源区范围分布最广，且 $PM_{2.5}$ 高值区范围较 PM_{10} 大。源区内的气流沿主要轨迹输送路径到达受点，并影响着受点颗粒物质量浓度，冬季影响最大，春秋季次之。西宁市颗粒物主要污染潜在源区分布在新疆、青海、西藏、甘肃和内蒙古部分地区，境外区有零散分布。

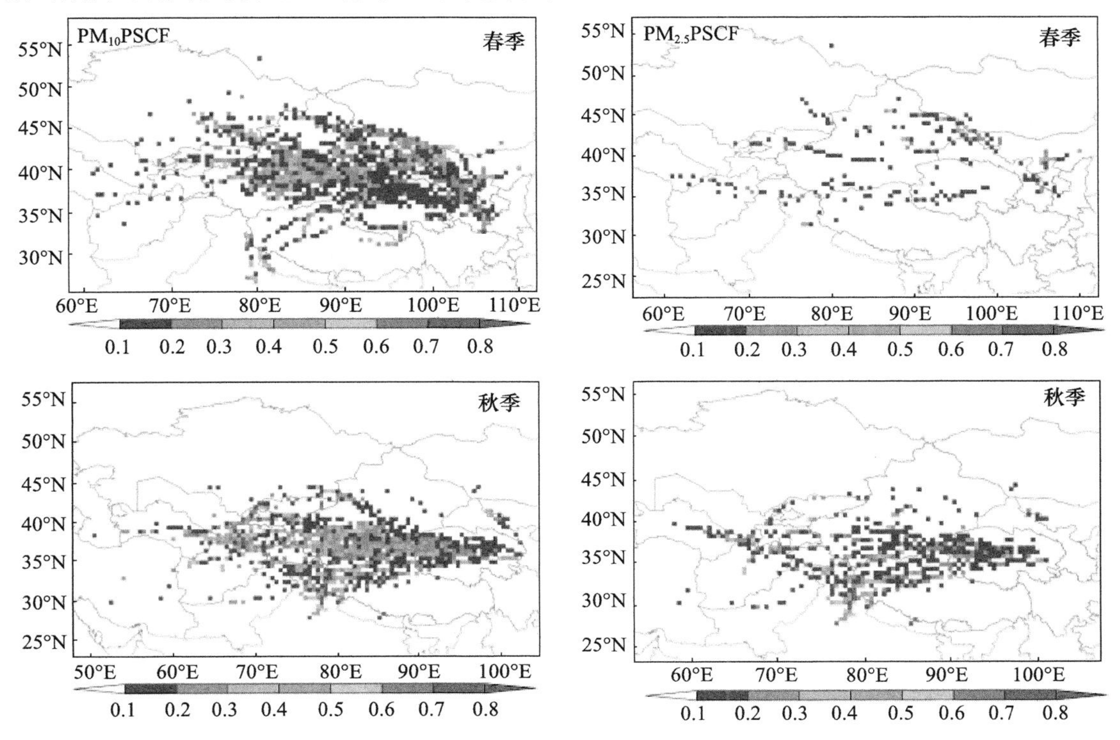

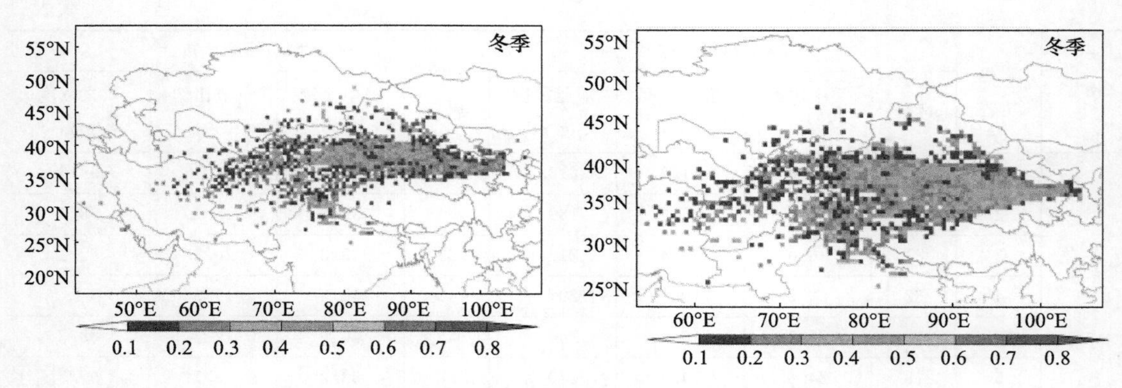

图 4 西宁市 PM_{10}(左列)和 $PM_{2.5}$(右列)四季 PSCF 分布

3.5 潜在源区贡献分析

对 2016—2018 年西宁市 4 季进行 PM_{10} 和 $PM_{2.5}$ 权重浓度轨迹分析,CWT 计算结果见图 5,CWT 高值区域即是对西宁颗粒物高质量浓度有贡献的主要源区。从图中可知,西宁市 PM_{10} 和 $PM_{2.5}$ 的潜在源区贡献季节差异明显,与 PSCF 相比,CWT 不仅给出了潜在源区分布,还给出了潜在源区对受点颗粒物质量浓度贡献的大小。

春季,PM_{10} 的 CWT 高值区主要集中在新疆塔里木盆地、吐鲁番盆地和准噶尔盆地、甘肃河西走廊、青海柴达木盆地、内蒙古巴丹吉林沙漠和乌兰布和沙漠,对西宁日均 PM_{10} 质量浓度贡献 100 $\mu g/m^3$,局部贡献超 150 $\mu g/m^3$,强贡献源区周边为 50～100 $\mu g/m^3$ 中等贡献源区。夏季潜在源区日均 PM_{10} 质量浓度贡献主要集中在 50～100 $\mu g/m^3$ 之间,与春季相比范围和贡献明显较小,受点以西范围缩小,以南有扩展现象,如南方四川源区的输送。秋季 CWT 高值区主要分布在新疆南和青海北,日均 PM_{10} 质量浓度贡献超 100 $\mu g/m^3$,局部超 150 $\mu g/m^3$,相比春季范围明显减小,同时甘肃、新疆和内蒙古贡献减小。冬季高值区主要分布在新疆大部、青海北、甘肃中和西藏北,贡献大于 150 $\mu g/m^3$,在我国新疆北、印度北和尼泊尔中有超过 250 $\mu g/m^3$ 的贡献区,相比春季,西部范围增大,无内蒙古贡献。比较而言,冬季贡献高于 100 $\mu g/m^3$ 的区域范围分布最广,春季次之,秋季最小。

$PM_{2.5}$ 的 CWT 高值区对应的主要潜在源贡献区与 PM_{10} 贡献区分布范围有较好的对应关系,但贡献值有明显季节差异。春季日均 $PM_{2.5}$ 质量浓度贡献普遍超过 30 $\mu g/m^3$,超过 60 $\mu g/m^3$ 贡献区零散分布。夏季贡献为 15～45 $\mu g/m^3$。秋季日均 $PM_{2.5}$ 质量浓度超过 45 $\mu g/m^3$ 的贡献区分布相比春季明显增大,超过 60 $\mu g/m^3$ 贡献区比较分散。冬季日均 $PM_{2.5}$ 质量浓度潜在源区分布范围和贡献最大,普遍超过 60 $\mu g/m^3$,在我国新疆塔里木盆地和吐鲁番盆地、青海柴达木盆地和西宁周边地区,以及印度北部和尼泊尔中部等地有明显日均贡献超过 75 $\mu g/m^3$ 的潜在源区分布。

4 结论

(1)西宁市 2016—2018 年 PM_{10} 和 $PM_{2.5}$ 平均质量浓度有明显季节变化特征。冬季最高分别为 143.5 $\mu g/m^3$ 和 68.2 $\mu g/m^3$,春季次之,夏季最低,PM_{10} 污染程度相比 $PM_{2.5}$ 较严重。$PM_{2.5}/PM_{10}$ 平均值为 0.45,且大于 0.6 的人为源影响时间。

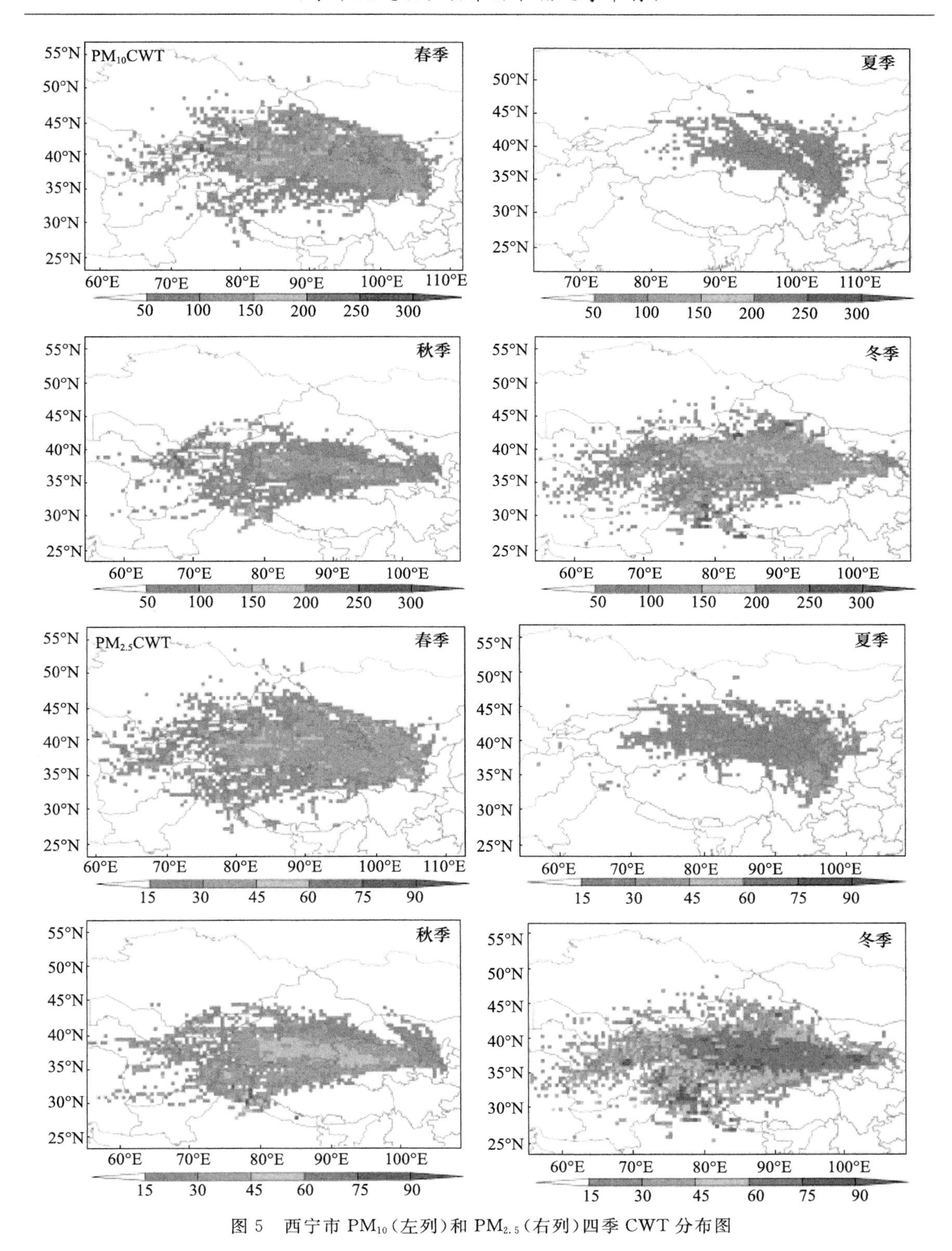

图 5　西宁市 PM_{10}（左列）和 $PM_{2.5}$（右列）四季 CWT 分布图

（2）输送来源多分布在受点西北和东北方向，出现概率高达 76.0%。输送来源高度小于 1 km的出现概率达 57.8%，多分布于西宁周边及邻近区域。夏季东北和东南方向输送来源最多,冬季最少;冬季西南方向输送来源最多,夏季最少;春季西北方向输送来源最多,夏季最少。

(3)季节输送路径主要受西风、偏西风、西北、西南和偏东气流的影响,冬季路径最长,春秋次之,夏季最短。距离短、高度低、移速慢的输送路径出现概率较高,主要源自青海、新疆和甘肃。近距离输送的影响显著,秋季概率最高,路径上有明显转向折回。PM_{10}和$PM_{2.5}$污染轨迹多出现在主要输送路径上。冬季污染轨迹最多,春季次之,夏季轨迹最清洁。

(4)西宁市PM_{10}和$PM_{2.5}$的PSCF和CWT区域分布和比值大小有明显季节差异。主要潜在源贡献区分布在新疆大部、青海北部和甘肃中部。冬季主要潜在源贡献区范围最广且贡献最大,PM_{10}春季次之,$PM_{2.5}$秋季次之,夏季均最小。

参考文献

[1] MATUS K, NAM K M, SELIN N E, et al. Health damages from air pollution in China[J]. Global Environmental Change, 2012, 22(1): 55-66.

[2] YANG G, WANG Y, ZENG Y, et al. Rapid health transition in China, 1990—2010: Findings from the Global Burden of Disease Study 2010[J]. Lancet, 2013, 381(9882): 1987-2015.

[3] CRANE K, MAO Z M. Costs of selected policies to address air pollution in China [R]. Calif: RAND Corporation, 2015:1-26.

[4] HECK T, HIRSCHBERG S. China: Economic impacts of air pollution in the country[J]. Encyclopedia of Environmental Health, 2011: 625-640.

[5] 李名升,张建辉,张殷俊,等. 近10年中国大气PM_{10}污染时空格局演变[J]. 地理学报,2013,68(11):58-66.

[6] 刘海猛,方创琳,黄解军,等. 京津冀城市群大气污染的时空特征与影响因素解析[J]. 地理学报,2018,73(1):177-191.

[7] TIAN S, PAN Y, LIU Z, et al. Size-resolved aerosol chemical analysis of extreme haze pollution events during early 2013 in urban Beijing, China [J]. Journal of Hazardous Materials, 2014, 279(28): 452-460.

[8] 王占山,李云婷,陈添,等. 2013年北京市$PM_{2.5}$的时空分布[J]. 地理学报,2015,70(1):110-120.

[9] 薛文博,付飞,王金南,等. 中国$PM_{2.5}$跨区域传输特征数值模拟研究[J]. 中国环境科学,2014,34(6):1361-1368.

[10] JORBA O, CARLOS P, FRANCESC R, et al. Cluster analysis of 4-day back trajectories arriving in the Barcelona area, Spain, from 1997 to 2002 [J]. Journal of Applied Meteorology, 2004, 43(6): 887-901.

[11] WANG Y Q, ZHANG X Y, ARIMOTO R. The contribution from distant dust sources to the atmospheric particular matter loadings at XiAn, China during spring [J]. Science of Total Environment, 2006, 368(2/3): 875-883.

[12] BORGE R, LUMBRERAS J, VARDOULAKIS S, et al. Analysis of long-range transport influences on urban PM_{10} using two-stage atmospheric trajectory clusters[J]. Atmospheric Environment, 2007, 41(21): 4434-4450.

[13] XU X, AKHTAR U S. Identification of potential regional sources of atmospheric total gaseous mercury in Windsor, Ontario, Canada using hybrid receptor modeling [J]. Atmospheric Chemistry and Physics, 2010, 10(15): 7073-7083.

[14] 石春娥,姚叶青,张平,等. 合肥市PM_{10}输送轨迹分类研究[J]. 高原气象,2008,27(6):1383-1391.

[15] 王芳,陈东升,程水源,等. 基于气流轨迹聚类的大气污染输送影响[J]. 环境科学研究,2009,22(6):637-642.

[16] 王茜. 利用轨迹模式研究上海大气污染的输送来源[J]. 环境科学研究,2013,26(4):357-363.

[17] 刘娜,余晔,何建军,等．兰州冬季大气污染来源分析[J]. 环境科学研究,2015,28(4):509-516.

[18] 王郭臣,王东启,陈振楼．北京冬季严重污染过程的 $PM_{2.5}$ 污染特征和输送路径及潜在源区[J]. 中国环境科学,2016,36(7):1931-1937.

[19] 王艳,柴发合,王永红,等．长江三角洲地区大气污染物输送规律研究[J]. 环境科学,2008,29(5):1430-1435.

[20] 任传斌,吴立新,张媛媛,等．北京城区 $PM_{2.5}$ 输送途径与潜在源区贡献的四季差异分析[J]. 中国环境科学,2016,36(9):2591-2598.

[21] 李颜君,安兴琴,范广洲．北京地区大气颗粒物输送路径及潜在源分析[J]. 中国环境科学,2019,39(3):915-927.

[22] 严晓瑜,缑晓辉,武万里,等．银川地区大气颗粒物输送路径及潜在源区分析[J]. 环境科学学报,2018,38(5):1727-1738.

[23] 雷雨,张小玲,康平,等．川南自贡市大气颗粒物污染特征及传输路径与潜在源分析[J]. 环境科学,2020,41(7):3021-3030.

[24] 刘娜,余晔,陈晋北,等．兰州春沙尘过程 PM_{10} 输送路径及其潜在源区[J]. 大气科学学报,2012,35(4):477-486.

[25] 赵玉成,德力格尔,蔡永祥,等．西宁地区大气中黑碳气溶胶浓度的观测研究[J]. 冰川冻土,2008,30(5):789-794.

[26] 谈昌蓉,郭晓宁,陈奇,等．西宁近地面臭氧特征及其影响因素[J]. 干旱气象,2019,37(1):31-39.

[27] 胡晓峰,赵露,李佳,等．西宁取暖季 $PM_{2.5}$ 水溶性离子的污染特征研究[J]. 环境污染与防治,2019,41(1):95-100.

[28] 郭晓宁,马秀梅,张青梅,等．青海高原一次沙尘重污染天气成因分析[J]. 中国环境监测,2020,36(1):45-54.

[29] 许稳,金鑫,罗少辉,等．西宁近郊大气氮干湿沉降研究[J]. 环境科学,2017,38(4):1279-1288.

[30] 窦筱艳,赵雪艳,徐珣,等．应用化学质量平衡模型解析西宁大气 $PM_{2.5}$ 的来源[J]. 中国环境监测,2016,32(4):7-14.

[31] 窦筱艳,许嘉,韩德辉,等．西宁市典型污染日 PM_{10} 输送规律研究[J]. 气象与环境学报,2012,28(2):85-90.

[32] 谢启玉,何永晴,朱宝文,等．西宁市区不同天气形势下的 PM_{10} 输送路径及潜在源区[J]. 气象与环境科学,2018,41(1):56-61.

[33] 马明亮,申红艳,张加昆,等．西宁地区污染气象条件的数值模拟研究[J]. 高原气象,2013,32(6):1765-1773.

[34] 张磊．西宁地区大气颗粒物污染形成的气象条件数值模拟研究[J]. 环境科学与管理,2019,44(11):82-86.

[35] DRAXLER R R, HESS G D. Description of the HYSPLIT_4 modeling system [EB/OL]. Maryland: Sliver Spring, 2018. 1-28. https://www.arl.noaa.gov/wp_arl/wp-content/uploads/documents/reports/arl-224.pdf.

[36] WANG Y Q, ZHANG X Y, DRAXLER R R. TrajStat: GIS-based software that uses various trajectory statistical analysis methods to identify potential sources from long-term air pollution measurement data [J]. Environmental Modeling and Software, 2009, 24(8): 938-939.

[37] 魏玉香,童尧青,银燕,等．南京 SO_2、NO_2 和 PM_{10} 变化特征及其与气象条件的关系[J]. 大气科学学报,2009,32(3):451-457.

[38] SUGIMOTO N, SHIMIZU A, MATSUI I, et al. A method for estimating the fraction of mineral dust in particulate matter using $PM_{2.5}$-to-PM_{10} ratios[J]. Particuology, 2016, 28(5): 114-120.

三江源地区空中云水资源人工增雨潜力及其对生态环境影响评估

龚 静 张玉欣 王启花 朱世珍 郭三刚

(青海省人工影响天气办公室,西宁 810001)

摘 要 2011年中国气象局人影中心提出了CWR-PEP增雨潜力评估方法,本文应用该评估方法对2017—2019年青海省三江源地区人工增雨潜力做了评估,得出:2017—2019年青海省三江源地区人工增雨(雪)共增加降水62.18亿～93.25亿 m^3。其中,飞机增雨作业增加降水51.01亿～62.18亿 m^3,地面增雨作业增加降水11.18亿～16.75亿 m^3,增雨(雪)作业补充了三江源地地区水资源短缺,使扎陵湖和鄂陵湖水体面积增加,牧草覆盖度提高,江河源径流量增加。该方法对空中水资源科学合理开发提供了依据,对今后人工增雨潜力评估工作具有一定意义。

关键词 CWR-PEP法 三江源 云水资源 潜力评估

1 引言

三江源地区位于青藏高原的腹地,是长江、黄河及澜沧江源头汇水区,长江总水量25%、黄河总水量的49%和澜沧江总水量的15%都来自于三江源地区,是我国乃至亚洲地区的重要水源地[1-2],是中国面积最大、海拔最高的天然湿地和生物多样性分布区以及生物物种形成、演化的中心之一,同时也是我国生态安全的重要屏障及全球气候变化的敏感区和生态脆弱区[3-4]。气候为典型的高原大陆性气候,干湿两季分明,暖季降水多于冷季降水。2006年青海省开始实施以森林防火、水源涵养及草地恢复型为目的三江源生态修复型人工增雨作业,目的是开发空中云水资源,解决森林湿地、牧草湖泊等方面缺水的状况。三江源地区气候及生态环境的变化不仅直接影响着当地的资源开发利用和经济建设,对全国乃至全球气候变化及生态平衡起着极其重要的作用。

为了改善三江源地区湖泊面积萎缩、河流干涸、冰川退缩、草场退化、水土流失以及土壤沙化、盐渍化等水资源及生态环境恶化趋势,同时根据三江源地区降水分布特征[5-7],青海省气象部门从2006年开始实施生态保护、生态恢复型的三江源人工增雨(雪)工作,每年作业时段为2—11月,作业范围为青海省玉树州、果洛州、海南州及黄南州,面积约 $32.25\times10^4\ km^2$。作业方式以飞机作业为主,地面作业为辅,目前,该地区布设的火箭、燃烧炉地面作业点已达到101个,飞机作业范围基本覆盖了整个三江源区域。

客观、定量地评估人工增雨(雪)作业实际效果是人工影响天气工作的重要组成部分,而进行云水资源潜力评估,对提高播云作业水平、验证和改进催化作业理论与方法都十分重要。人工增雨潜力是指对作业云系通过人工影响增加地面降水的能力[8-9],为了了解全国各省人工增雨潜力,中国气象科学研究院人工增雨中心于2011年提出了CWR-PEP增雨潜力评估方法,该评估方法采用人影作业有效贡献率来评估人工增雨潜力。本文利用CWR-PEP增雨潜力评估方法对2017—2019年青海省三江源地区人工增雨潜力进行了评估,得出2017—2019年青海省三江源地区人工增雨潜力为62.18亿～93.25亿m^3。

2 2017—2019年前期三江源气候背景

2017年入春以来，三江源地区出现多次降雪过程，由于黄河上游地区前期来水量持续偏枯，春季降水产生的径流无法补齐长期的流量亏空，水资源呈整体偏枯的态势；2018年春季，三江源地区大部分地区降水量较常年相比偏多2～9成；2019年前期(2018年11月1日—2019年2月28日)，青海省南部地区强降雪日数偏多、为历史最多年，多地降水量创历年同期最多。

三年来，三江源春季充沛的降水为牧草返青提供了良好的条件，根据水源涵养、草地恢复及森林防火的生态修复需求，仍需在该地区持续开展夏秋季人工增雨作业，从而保护该地区的生态环境，增雨作业从每年2月初开始到11月结束。

3 2017—2019年三江源地区人工增雨(雪)作业情况

3.1 2017—2019年飞机人工增雨(雪)作业情况

2017—2019年省人工影响天气办公室共组织实施三江源地区飞机人工增雨(雪)作业62架次，飞行总时长211小时46分，飞行总航程102286 km。详情见表1。

表1 2017—2019年三江源地区飞机人工增雨(雪)作业情况

月份	2017年		2018年		2019年	
	作业架次	作业耗用量 烟条(根)/焰弹(枚)	作业架次	作业耗用量 烟条(根)/焰弹(枚)	作业架次	作业耗用量 烟条(根)/焰弹(枚)
4月	—	—	1	24/—	3	114/506
5月	—	—	2	93/—	3	89/564
6月	3	125/—	3	132/—	5	180 /686
7月	3	133/—	2	75/—	3	143/760
8月	5	210/—	3	79/98	—	—
9月	4	121/96	1	24/—	1	43/—
10月	—	—	2	60/132	—	—
11月	—	—	12	248/160	—	—
合计	15	645/96	32	735/1390	15	569/2516

3.2 2017—2019年地面人工增雨(雪)作业情况

2017—2019年地面增雨(雪)作业756次，其中，火箭作业587次，高炮作业12次，燃烧炉作业157次。详情见表2。

表 2　2017—2019 年三江源地区地面人工增雨(雪)作业情况

作业工具	年份		
	2017	2018	2019
火箭(次/发)	299/1146	131/535	157/683
高炮(发)	4/61	8/54	—
燃烧炉(次/根)	12/233	73/332	72/314

4　云水资源和人工增雨潜力的评估

4.1　评估方法

评估云水资源的方法较多，根据中国气象局人影中心的研究，推广使用的 CWR-PEP（云水资源-增雨效果评估）方法是作为业务评估云水资源量的可行方法之一[10-11]。该方法不是研究水汽含量、过冷水及云水转化率等云物理角度评估云水资源增雨潜力，而是采用人影作业有效贡献率来评估人工增雨潜力。该方法做如下设定：(1)所选取作业云系主要是层状云为主的降水云系，通过播云作业可以增加降水；(2)作业云系增雨作业后增加降水幅度可参考美国西部地区通过播云可增加降水试验计划结果，可选定 10%～15%；(3)影响增雨潜力充分利用的条件主要是作业条件和作业方法。

云水资源人工增雨开发潜力评估方法可用下述方程表达：

$$\mathrm{PEP}=Hh\times S\times E_{\mathrm{w}}\times P_{\mathrm{e}} \tag{1}$$

式中，PEP 为增雨潜力；Hh 为某一区域的月平均降雨(雪)量；S 为影响区面积；E_{w}为增雨效率；P_{e}为增雨概率，并有：

$$P_{\mathrm{e}}=P_{\mathrm{c}}\times P_{\mathrm{n}}\times(1-P_{\mathrm{k}})\times P_{\mathrm{a}} \tag{2}$$

式中，P_{c}为适宜播云条件出现概率；P_{n}为作业需求概率；P_{k}为不宜作业概率；P_{a}为作业能力。

4.2　CWR-PEP 评估方法特点

该方法考虑了制约人工增雨的各种条件因地区差异、时间差异会发生不同程度改变，对增雨概率产生影响的评估方法选取的制约条件也是实际工作中影响增雨潜力的主要因素；该方法的各个变量表达意义明确，且可简化统计方法中繁杂的评估过程，同时满足了增雨作业以层状云系为主的设定条件，适宜在全国大部分地区推广就应用。

4.3　CWR-PEP 评估方程各因子在三江源地区人工增雨(雪)作业中的确定及应用

4.3.1　方程(1)中各因子变量的确定和应用

Hh 为某一区域的月平均降雨(雪)量。

S 为作业影响区面积。

(1)地面火箭及高炮作业影响面积：根据中国气象局颁发的《高炮人工防雹增雨作业业务规范》，地面人工增雨作业影响区范围为：

$$S=L\times V\times T \tag{3}$$

式中，S 为估算的扩散面积(即作业影响区范围)；L 为火箭、高炮控制范围，控制半径取 8 km；V

为水平风速，三江源地区由 400 hPa 高空风推算，设定为 10 m/s；T 为扩散时间，取 3 h。

（2）地面燃烧炉作业影响面积：地面燃烧炉作业的扩散面近似圆形，因此，可根据圆面积 $S=\pi r^2$ 的变形公式

$$S=\pi(VT)^2 \tag{4}$$

计算得到燃烧炉的作业影响面积，其中 V 为风速，取地面风速 3 m/s；T 为作业时间，取1 h。

（3）飞机作业影响面积：综合考虑催化影响的云体移到下风方目标区的时间受风速的影响、催化剂在云中扩散范围以及飞机作业航线等因素，三江源地区飞机作业 1 h 影响区域面积约为 $S=3.8$ 万 km²。

4.3.2 方程(2)中各因子变量的确定和应用

P_e为增雨概率，适合并实施人工增雨作业所占降水区域时段的比例评估方程。

E_w为人工增雨效率，即人工增雨量占自然降水的比例。本文采用国内外大量试验结果得出的人工增雨效率平均值 10%～15%。

P_c为适宜播云条件出现的概率，是指符合播云条件的云层在拟播云的时段内的覆盖时间，或者在拟播云区域内达到某一数量测站出现某一量级降水占拟播云时段的比例。本文将三江源地区至少有 5 个测站出现日降水≥0.1 mm 降水天气定为适宜播云天气条件，其在每月所占的比例即 P_c。2017—2019 年三江源地区各月适宜播云天气概率 P_c值见表 3。

表 3　2017—2019 年青海省三江源地区适合播云天气概率(P_c，单位：%)

年份	2 月	3 月	4 月	5 月	6 月	7 月	8 月	9 月	10 月	11 月
2017	—	—	—	—	100	77.42	74.19	93.33	—	—
2018	—	—	56.67	77.42	86.67	70.97	83.87	90	35.48	30
2019	39.29	45.16	43.33	54.84	60.71	54.84	56.67	54.84	—	—

P_n为作业需求概率，作业需求概率＝作业天数/适宜播云天数。严格的作业需求概率是在满足适宜条件的情况下，增加的降雨量能产生明显的社会经济效益而须作业的比例，还应扣除汛期雨水充沛及麦收期间不需增雨等情况，这种需求只能在增雨作业实际中视具体情况而定。2019 年三江源地区 P_n值见表 4。

表 4　2017—2019 年青海省三江源地区作业需求概率(P_n，单位：%)

月份	2017 年			2018 年			2019 年		
	火箭	燃烧炉	飞机	火箭	燃烧炉	飞机	火箭	燃烧炉	飞机
2 月	—	—	—	—	—	—	45.45	—	—
3 月	—	—	—	—	—	—	35.71	—	—
4 月	—	—	—	11.54	—	5.89	38.46	—	23.08
5 月	—	—	—	31.82	—	8.33	10.71	—	10.71
6 月	3.7	—	10	100	—	15.38	3.70	3.7	18.52
7 月	—	—	12.5	7.41	—	4.55	—	—	13.04
8 月	3.85	—	21.7	—	—	11.54	3.85	65.38	—
9 月	—	—	14.3	—	—	3.70	—	52.17	4.35
10 月	—	—	—	—	—	18.18	—	—	—
11 月	—	—	—	—	—	88.89	—	—	—

P_k为不宜作业概率,是指为避免增雨(雪)作业而加大降水强度或降水量级而发生灾害(如:洪涝、泥石流等)所不宜作业的概率 。青海省三江源地区人工增雨(雪)作业区地广人稀,适宜开展作业,作业可能带来的局地灾害的风险较低,故忽略不计。

P_a为作业能力,是指适合作业的区域实现科学作业所占的比例(亦称批复率)。其包含的因素:(1)飞机作业安全与否,航次时间限制,不具备夜航条件。(2)地面作业点工具布局及作业区域的限制,地理环境复杂而影响作业时机,以及地面作业人员及装备的短缺等问题。(3)空域限制,使飞机、火箭、高炮作业不能实施,错过作业时段及区域等。2017—2019 年三江源地区 P_a值见表 5。

表 5　2017—2019 年青海省三江源地区人工增雨(雪)作业批复率(P_a,单位:%)

月份	2017 年		2018 年		2019 年	
	地面	飞机	地面	飞机	地面	飞机
2		—	—	—	24.00	—
3	—	—	—	—	85.71	—
4	—	—	—	100.00	58.82	100.00
5	—	—	—	100.00	13.04	100.00
6	47.73	75.00	25.81	100.00	3.85	100.00
7	51.01	100.00	10.00	100.00	—	75.00
8	45.81	83.33	25.14	66.67	21.23	—
9	100.00	100.00	34.21	100.00	19.38	100.00
10	—	—	—	100.00	—	—
11	—	—	—	100.00	—	—

5　2017—2019 年三江源地区人工增雨潜力利用 CWR-PEP 方程评估结果

5.1　2017—2019 年 2—9 月三江源地区降水分布特点

5.1.1　三江源地区历年及 2017—2019 年降水量的时空分布特征

三江源地区降水的天气系统主要是低涡切变和高空槽的影响。魏永亮等[7]通过统计三江源地区 1961—2013 年共 53 年降水资料可以看出:三江源地区的降水时空特征呈现南多北少,东多西少,这 53 年平均降水分布极不均匀,平均年降水量为 463.6 mm,1989 年最多为 572.8 mm,1969 年最少为 395.7 mm,平均年降水最多地区是该地区果洛州久治县,为 749.0 mm。

5.1.2　三江源地区 2019 年 2—9 月降水量的分布特征

根据三江源地区 23 个国家站(位置分布见图 1)2017—2019 年降水量数据统计:该地区三年来年平均降水量分别为 497.84 mm、590.17 mm 及 531.74 mm。2017 年、2019 年降水量最多地区都是果洛州久治县,年降水量分别为 854.5 mm、887.9 mm,2018 年降水最多地区是海南州贵南县,年降水量分别为 880.7 mm,久治县的年降水量位于第二位,为 854.5 mm。2017—2019 年久治县年平均降水量均超过 1961—2013 年 53 年来的历史平均值。

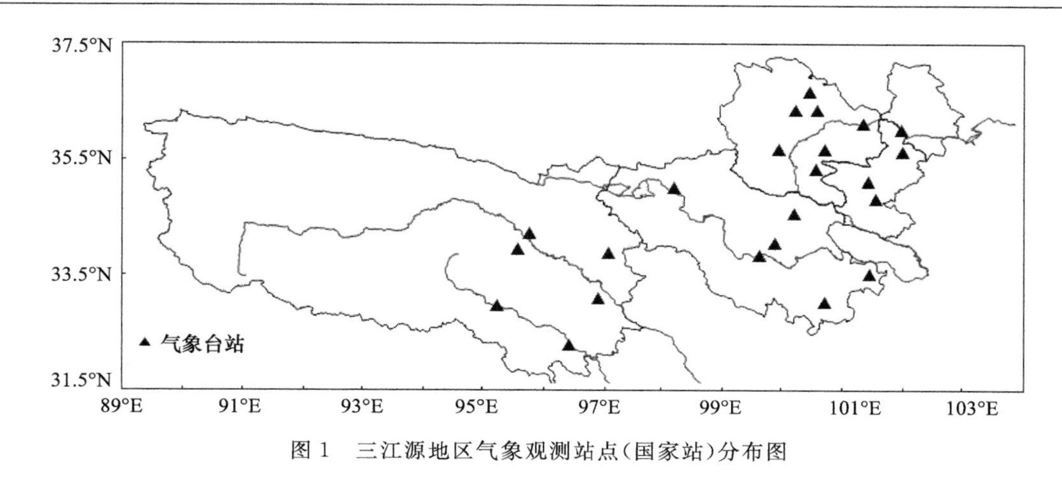

图 1　三江源地区气象观测站点(国家站)分布图

2017—2019 年三江源地区实施人工增雨期间降水量图(图 2)显示:期间三江源地区的降水量大值区位于三江源东南部地区,符合三江源地区的降水分布特征。根据统计:2017 年 6—9 月,三江源地区的降水中心在果洛州久治县,降水总量为 550.5 mm;2018 年 4—11 月,三江源地区的降水中心海南州贵南县,降水总量为 872.8 mm;2019 年 2—9 月,三江源地区的降水中心在果洛州久治县,降水量为 796.5 mm;2017—2019 年三江源地区实施人工增雨期间降水总量占全年降水总量比例分别为 69.38%、95.87%及 90.95%。

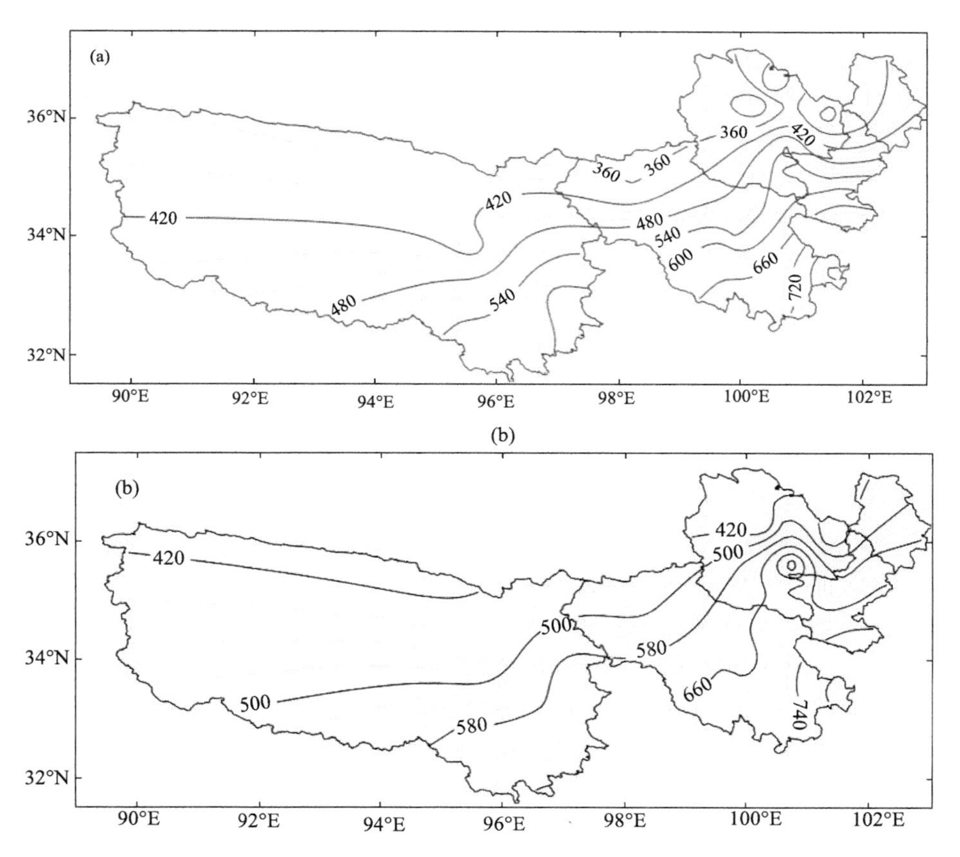

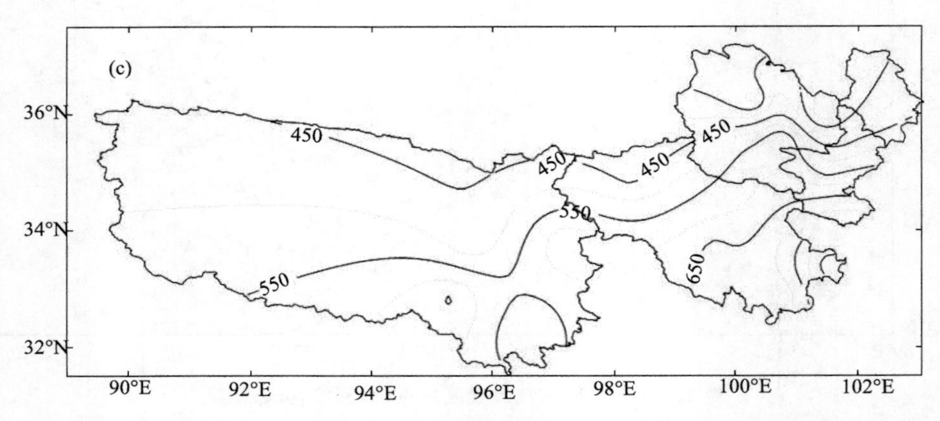

图 2　三江源地区 2017—2019 年年降水总量(单位:mm)分布图

(a)2017 年;(b)2018 年;(c)2019 年

2017—2019 年三江源地区实施人工增雨期间有效降水天数显示(图 3):期间三江源地区各州县的每月有效降水天数均超过 8 d,有效降水天数最多均为玉树州称多县,2017—2019 年分别为 20.25 d/月、19.22 d/月及 20.13 d/月。

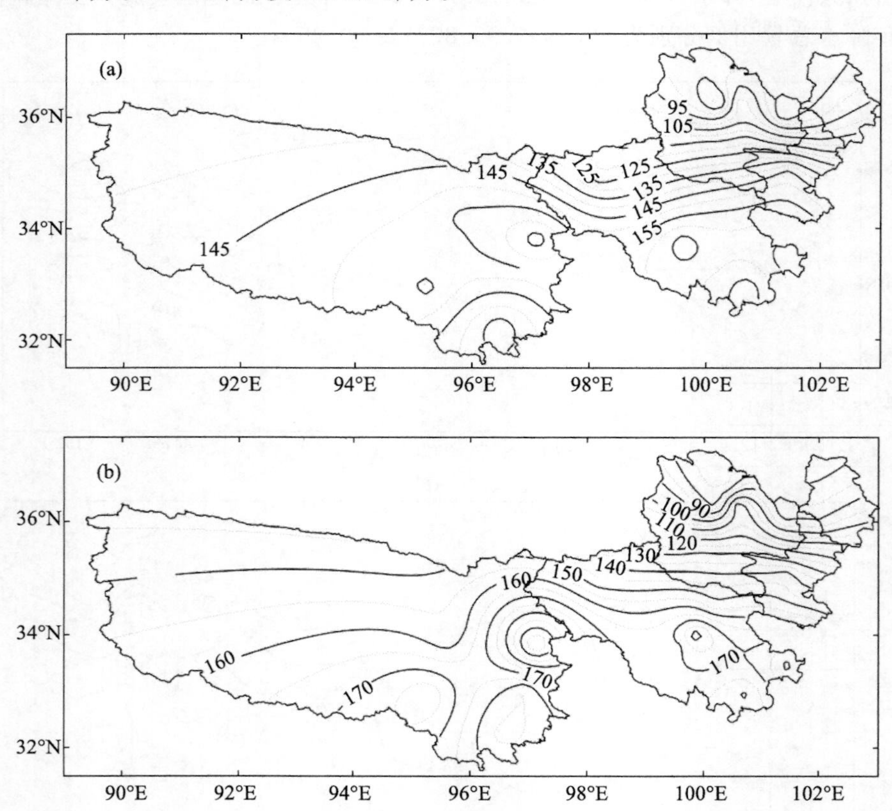

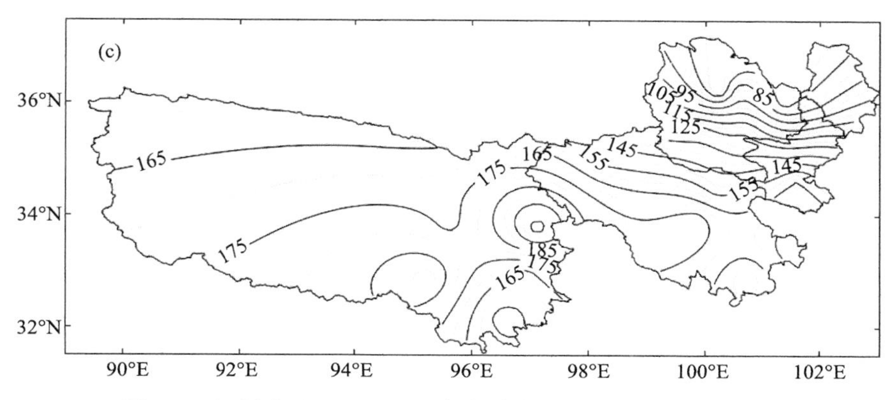

图 3　三江源地区 2017—2019 年年降水总天数(单位:d)分布图

(a)2017 年;(b)2018 年;(c)2019 年

5.1.3　2019 年 2—9 月三江源地区人工增雨效果 CWR-PEP 评估方法评估结果

应用 CWR-PEP 增水效果评估方法计算结果见表 6,2017 年 6—9 月青海省三江源地区人工增雨(雪)共增加降水 28.45 亿～42.68 亿 m^3。其中,飞机增雨作业增加降水 17.39 亿～33.85 亿 m^3,地面增雨作业增加降水 5.89～8.83 亿 m^3。2018 年 2—9 月青海省三江源地区人工增雨(雪)共增加降水 16.34 亿～26.08 亿 m^3。其中,飞机增雨作业增加降水 14.63 亿～21.95 亿 m^3,地面增雨作业增加降水 2.76 亿～4.13 亿 m^3。2019 年 2—9 月青海省三江源地区人工增雨(雪)共增加降水 16.34 亿～24.51 亿 m^3。其中,飞机增雨作业增加降水 13.81 亿～20.71 亿 m^3,地面增雨作业增加降水 2.53 亿～3.79 亿 m^3。

表 6　2017—2019 年三江源地区人工增雨(雪)CWR-PEP 效果评估方法的相关参数及增雨潜力计算结果(PEP,单位:亿 m^3)

年份	月份	月平均降水量(Hh)(mm)	作业面积(S)(万 km^2)			增雨效率(E_w)(%)	增雨概率(P_e)(%)			PEP(亿 m^3)		
			火箭	燃烧炉	飞机		火箭	燃烧炉	飞机	火箭	燃烧炉	飞机
2017	6 月	89.7	1.81	—	38.95	10～15	19.1	—	7.5	0.31～0.47	—	2.62～3.93
	7 月	70.9	12.23	—	43.9	10～15	34.5	—	9.6	2.99～4.49	—	2.99～4.48
	8 月	123.3	6.35	—	77.14	10～15	32.1	—	13.8	2.51～3.77	—	13.13～19.69
	9 月	58.3	0.52	—	49.4	10～15	23.3	—	13.3	0.07～0.11	—	3.83～5.75
合计										5.89～8.83	—	22.56～33.85
2018	4 月	35.81	—	—	13.86	10～15	—	—	4.49	～	—	0.22～0.33
	5 月	64.43	—	—	34.12	10～15	—	—	6.44	～	—	1.42～2.12
	6 月	109.86	0.49	—	62.05	10～15	1.98	—	4.97	0.01～0.02	—	3.39～5.08
	7 月	103.36	3.67	—	82.76	10～15	2.32	—	3.19	0.09～0.13	—	2.73～4.09
	8 月	136	10.1	—	23.98	10～15	19.33	—	8.05	2.66～3.98	—	2.63～3.94
	9 月	20.54	0.43	—	1.14	10～15	2.03	—	3.3	0.00～0.00	—	0.01～0.01
	10 月	19.14	—	—	23.04	10～15	—	—	6.47	—	—	0.29～0.43
	11 月	18.65	—	—	80.35	10～15	—	—	26.41	—	—	3.96～5.94

续表

年份	月份	月平均降水量(Hh)(mm)	作业面积(S)(万 km²)			增雨效率(E_w)(%)	增雨概率(P_e)(%)			PEP(亿 m³)		
			火箭	燃烧炉	飞机		火箭	燃烧炉	飞机	火箭	燃烧炉	飞机
合计										2.76—4.13		14.63—21.95
2017	2月	11.76	0.52	—	—	10～15	4.29	—	—	—	—	—
	3月	14.06	0.52	—	—	10～15	13.87	—	—	0.01～0.02	—	—
	4月	22.91	1.12	—	31.35	10～15	9.83	—	10	0.03～0.04	—	0.72～1.08
	5月	70.66	0.78	—	70.65	10～15	0.76	—	5.87	0.00～0.01	—	2.93～4.40
	6月	110.51	0.26	1.3	79.33	10～15	0.09	2.02	11.24	0.00～0.0	0.03～0.04	9.85～14.78
	7月	84.28	0	—	—	10～15	—	—	5.36	—	—	—
	8月	89.13	6.31	6.4	47.16	10～15	0.45	33.35	0	0.03～0.04	1.90～2.85	0.00～0.00
	9月	81.84	4.06	2.5	15.66	10～15	0	25.75	2.39	0.00～0.00	0.53～0.79	0.31～0.46
合计										0.07～0.10	2.46～3.69	13.81～20.71

5.1.4 2017—2019 年三江源地区人工增雨的生态效益分析

(1)扎陵湖和鄂陵湖水体面积呈增加趋势

根据青海省气象局科研所提供数据统计:2003 年以来,扎陵湖和鄂陵湖水体面积呈波动增加趋势(图 4)。2017—2019 年扎陵湖和鄂陵湖平均水体面积与 2003—2012 年平均值相比,分别增加 2.08%和 1.24%。

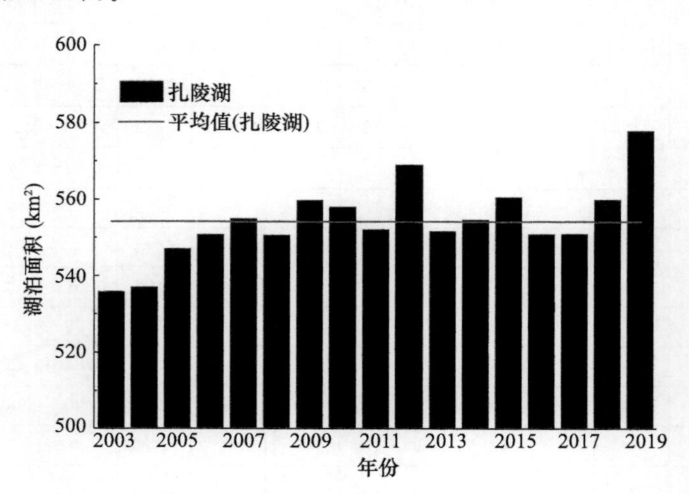

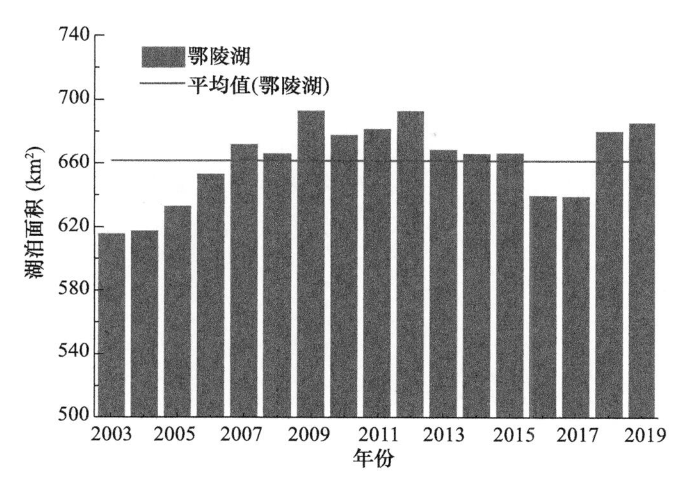

图 4　2003—2019 年扎陵湖和鄂陵湖水体面积变化图

(2)植被覆盖度提高

根据青海省卫星遥感监测中心植被覆盖度遥感监测结果分析:从开展人工增雨前(2000—2004 年)与后(2005—2019 年)不同等级覆盖度植被面积对比分析,实施人工增雨后三江源地区的低覆盖度植被面积增加 286.04 km^2,增幅 0.6%;中覆盖度植被面积增加 438.79 km^2,增幅 0.33%;高覆盖度植被面积减少 695.17 km^2,减幅 0.37%。可见人工增雨工程实施后,中、低覆盖度植被增加,高覆盖度植被略减少。

2019 年三江源地区植被覆盖以高覆盖度为主,高覆盖度植被主要分布在东南部地区;中覆盖度植被主要分布在北部及西南部地区,低覆盖度草地主要分布在西部可可西里地区(图 5)。

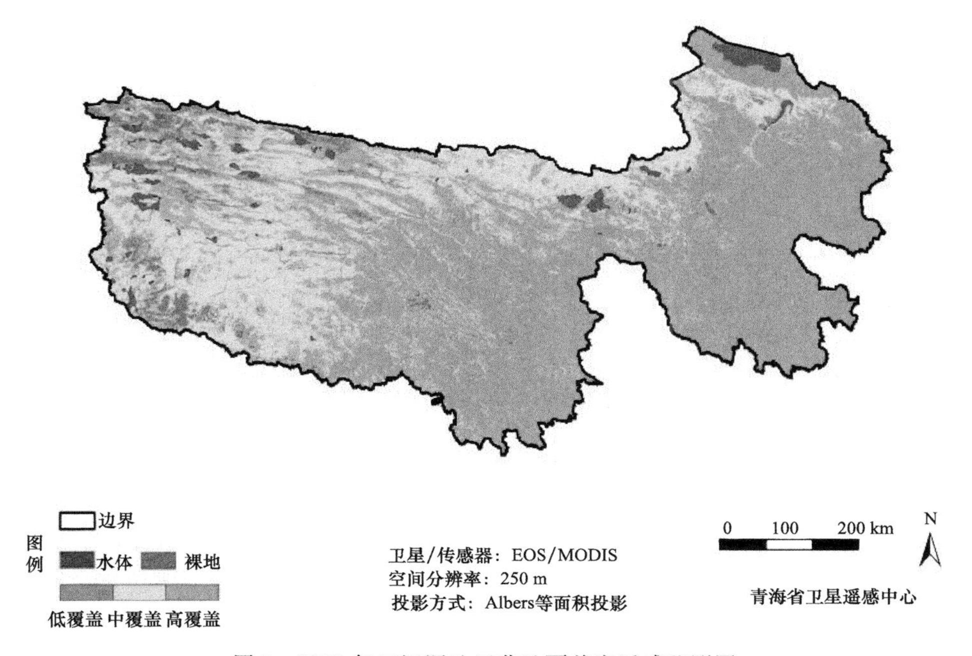

图 5　2019 年三江源地区草地覆盖度遥感监测图

(3)长江上游及黄河上游径流量增加

从近16年(2004—2019年)黄河上游唐乃亥水文站和长江上游直门达水文站径流量的年际变化图可以看出:长江上游及黄河上游年平均径流量线性倾向均呈现显著增加趋势;从相关性最优的6阶多项式拟合线看出:2004—2012年长江上游及黄河上游年平均流量呈逐年增加趋势,2013—2016年流量相对偏枯,2017—2019年再次呈明显增加态势(图7)。

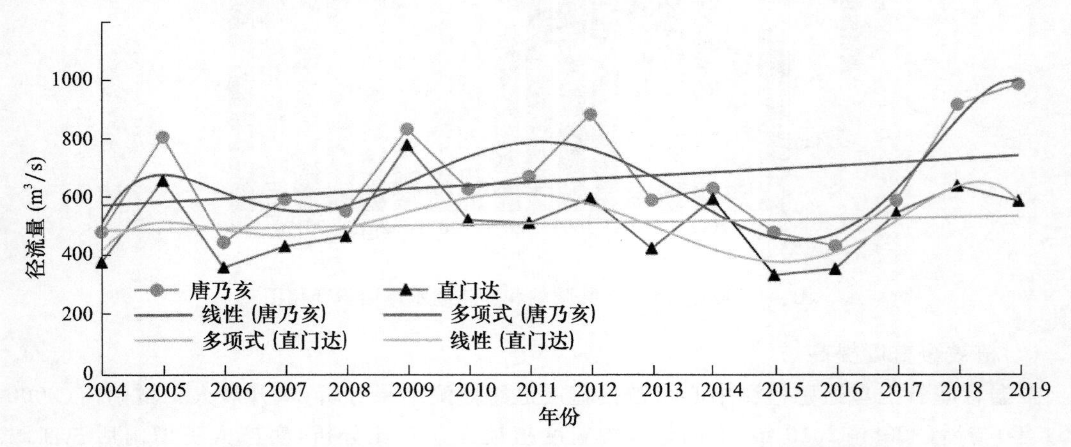

图7 唐乃亥水文站和直门达水文站历年(2004—2019年)年平均径流量图

从2017—2019年唐乃亥水文站和直门达月平均径流量变化来看(图8),6—10月为丰水期,其中7月流量达到峰值,对应时段作业较为集中,人工增雨作业的实施对江河源径流量增加提供了有利条件。

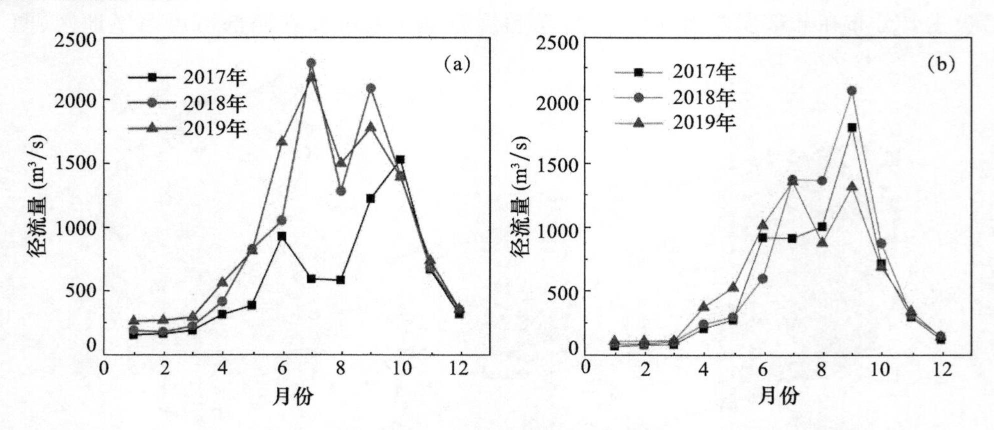

图8 2017—2019年唐乃亥水文站(a)和直门达水文站(b)月平均径流量图

6 结论

(1)2017—2019年青海省人工影响天气办公室共组织实施三江源地区飞机人工增雨(雪)作业62架次,飞行总时长211小时46分钟,飞行总航程102286 km;地面增雨(雪)作业756次,其中,火箭作业587次,高炮作业12次,燃烧炉作业157次。

(2)应用CWR-PEP增水效果评估方法计算得出,2017年6—9月青海省三江源地区人工增雨(雪)共增加降水28.45亿～42.68亿 m^3。其中,飞机增雨作业增加降水17.39亿～33.85亿 m^3,地面增雨作业增加降水 5.89 亿～8.83 亿 m^3。这些降水的增加一定程度上补充该地区水资源短缺的需求，也为此后的空中云水资源科学合理开发提供了必要依据。

(3)三江源地区年降水量大值区位于三江源地区果洛东南部，降水天数的大值区位于玉树东南部。

(4)2017—2019 年三江源地区人工增雨也为该区域带来了较明显的生态效益：2017—2019 年扎陵湖和鄂陵湖平均水体面积与 2003—2012 年平均值相比，分别增加 2.08% 和 1.24%；从开展人工增雨前(2000—2004 年)与后(2005—2019 年)不同等级覆盖度植被面积对比分析，实施人工增雨后三江源地区的低覆盖度植被面积增加 286.04 km^2，中、低覆盖度植被增加，高覆盖度植被略减少。从近 16 年(2004—2019 年)黄河上游唐乃亥水文站和长江上游直门达水文站径流量的年际变化图可以看出：长江上游及黄河上游年平均径流量线性倾向均呈现显著增加趋势；月平均径流量 6—10 月为丰水期，7 月流量达到峰值，对应时段作业较为集中，人工增雨作业的实施对江河源径流量增加提供了有利条件。

参考文献

[1] 郭佩佩．近 52 年来三江源地区气候生产力的变化特征及其对气候变化的响应[D]．兰州：西北师范大学，2014：8-23.

[2] 周秉荣，李凤霞，肖宏斌，等．三江源潜在蒸散时空分异特征及气候归因[J]．自然资源学报，2014，29(12)：2068-2069.

[3] 刘纪远，徐新良，邵全琴．近 30 年来青海三江源地区草地退化的时空特征[J]．地理学报，2008，63(4)：364-365.

[4] 刘宪锋，任志远，林志慧，等．2000—2011 三江源地区植被覆盖时空变化特征[J]．地理学报，2013，68(7)：897-899.

[5] 李林，李凤霞，郭安红，等．近 43 年来“三江源”地区气候变化趋势及其突变研究[J]．自然资源学报，2006，21(7)：79-84.

[6] 刘蕊蕊，陆宝宏，陈昱潼，等．基于 PDSI 指数的三江源干旱气候特征分析[J]．人民黄河，2013，35(6)：59-60.

[7] 魏永亮，韩方昕，解文璇．三江源地区近 53 年降水变化特征分析[J]．青海农林科技，2015(2)：45-48.

[8] 洪延超，周非非．层状云系人工增雨潜力评估研究[J]．大气科学，2006，30(5)：913-926.

[9] 李大山．人工影响天气现状与展望[M]．北京：气象出版社，2002.

[10] 马玉岩，马学谦，康晓燕，等．青海省空中云水资源人工增雨潜力评估[J]．青海气象，2012(4)：55-59.

[11] 中国气象科学研究院人影中心．2011 年各省空中云水资源评估调查报告[R]．2011.

第二部分　人工影响天气作业效果检验和评估

一次飞机冷云增雨作业效果检验

岳治国[1]　余　兴[2]　刘贵华[2,3]　王　瑾[1,3]　戴　进[2,3]　李金辉[1,3]

（1. 陕西省人工影响天气中心，西安 710016；2. 陕西省气象科学研究所，西安 710016
3. 秦岭和黄土高原生态环境重点实验室，西安 710016）

摘　要　最近六十多年，全球范围内广泛开展了人工增雨作业，但人工增雨效果检验一直是一个难题。传统上，利用雨量计和目标/对比区统计数据评估人工增雨效果，结果大多不确定。对一次人工增雨作业而言，从科学上给出令人信服的效果检验更是没有好的解决方案。2017 年 3 月 19 日，陕西省实施业务飞机冷云增雨作业播撒含有 750 g 碘化银（AgI）的催化剂，播撒线长 125 km。作业后卫星、雷达观测到一条与播云线对应的清晰的云迹线，地面雨滴谱仪观测到相应的雨强、雨滴数浓度、雨滴直径增大，表明播云使云体产生了增雨响应。针对这次增雨过程，从连片雷达回波中分离增雨作用造成的回波增强带（增雨影响回波）和确定了自然降水回波强度，建立增雨影响回波强度（Z）与地面雨强（I）的拟合关系（Z-I 关系），定量研究人工增雨的时、空演变。结果表明：（1）增雨影响时间约 4 h，增雨影响回波区域（增雨影响区）面积为 5448 km^2。该区累计降雨总量和增雨总量分别为 1.518×10^6 m^3 和 8.04×10^5 m^3，增雨影响区内增雨率达 53%。（2）总降雨量、增雨量、自然降雨量随时间先增后减，总降雨量与增雨量的峰值同步，两者峰值都早于自然降雨峰值；催化后 146 min（04:47 世界时，本篇下同），每 6 min 增雨量达到最大，为 4.9×10^4 m^3；催化后 174 min（05 时15 分），增雨雷达回波面积达到最大（1711 km^2），面积峰值滞后增雨量峰值出现。（3）增雨影响区位于播撒线下游，呈条带状；区域内总降雨量空间分布为中间大边缘小，与增雨量空间分布一致。（4）此次增雨作业改变了降雨时、空分布，促进降雨形成，增加了地面降雨量。

关键词　飞机增雨　效果检验　过冷层云　增雨定量估算　Z-I 关系

1　引言

随着人口增长、经济规模扩大及气候变化加剧，水资源短缺等问题日益严重，中国各级政府非常重视人工增雨工作，近年来发展迅速，作业规模和投入均居世界首位。中国飞机人工增雨作业对象主要为层状冷云，每年作业近千架次，但总体科学水平不高（洪延超 等，2012；雷恒池 等，2008；郭学良 等，2019；段婧 等，2017）。增雨效果始终是人工影响天气工作必须回答的问题，但一直没有得到很好解决。增雨效果检验常用方法有统计检验、物理检验（刘晴 等，2013）、数值模拟检验（刘卫国 等，2021；刘香娥 等，2021）。由于成云致雨过程的复杂性和地面降水的随机性，最常用的增雨效果统计检验大都没有定论（Haupt et al，2018）。对一次人工增雨作业而言，科学地给出令人信服的效果检验结果更是没有好的解决方案。

自然云降水过程涉及巨大的能量交换，这意味着通过改变云系的质量或能量平衡来增强降水是不可行的，人工影响天气主要针对云降水微物理过程施加影响（毛节泰 等，2006），冷云增雨是利用冰面饱和水汽压小于水面饱和水汽压、水汽在冰晶上快速凝华增长的特点，在云中过冷云水区播撒催化剂（AgI 或致冷剂）产生冰晶，经一系列冰相增长过程和繁生机制，形成降水粒子，降落到地面达到增加降水目的。因此，有效果的冷云增雨作业，在播撒区会形成冰晶等大粒子,如果出现在云顶就会被气象卫星观测到,雷达也应能发现由于催化形成的大粒子而增强的回波。

French 等(2018)和 Tessendorf 等(2019)使用地面雷达、机载云雷达和云物理探测等设备,开展冬季地形云人工增雪观测试验,取得了许多新进展,发现了三次从播撒人工冰核到核化、冰晶生长再降到地面的完整微物理过程链。针对这三次增雪试验,Friedrich 等(2020)从自然降水回波中分离出了人工增雪催化产生的回波,使用等效雷达回波反射率因子和降雪量的关系(Z_e-S)定量估算增雪量,分析人工增雪量的时、空演变。

早在 1963 年,河北省气象局(1973)对层状冷云实施干冰催化后,在雷达 PPI 回波上就发现了与飞机航迹平行的条状雷达回波,猜测与飞机催化有关。2000 年 3 月 14 日业务增雨飞机在陕西省境内实施 AgI 播云后,NOAA-14/AVHRR 卫星观测到一条出现在云顶的清晰折线云迹(飞机催化航迹上云顶塌陷,航迹内云顶温度高于周边云顶温度,也称"云沟"),形状与飞机播云航线相似。通过卫星云微物理特征反演、催化剂输送扩散模拟等多方面对比分析,证实云迹是播云物理效应在云顶的直观反映(Rosenfeld et al, 2005;Yu et al, 2005;戴进 等,2006;余兴 等,2005),这是首次在卫星云图上观测到冷云催化的物理响应。近年来,中国也发现 AgI 催化使过冷水滴数浓度降低、冰晶尺度和数浓度升高,卫星云图显示其云顶塌陷和云顶温度升高(Dong et al, 2020)。遗憾的是,这些产生明显云物理响应的增雨个例都没有连续观测的数字化雷达数据,无法追踪催化云体的时、空演变,未能定量估算地面增雨量。

2017 年 3 月 19 日陕西省飞机冷云增雨作业后,在 FY-3C 卫星云图上再次出现了催化"云沟",气象雷达也完整记录了催化云系的演变(Wang et al, 2021)。针对此次增雨过程,本研究给出了一种基于物理检验的增雨定量估算新方法,即分离人工增雨产生的边界清晰的降雨区域和识别自然降水量,使用激光雨滴谱仪和雷达数据定量估算一次飞机作业的增雨量。

2 飞机增雨个例、资料和方法

2.1 飞机增雨

2017 年 3 月 19 日业务增雨飞机燃烧 AgI 焰剂对陕西关中盆地西部的层状冷云实施催化作业,02:41—03:14(世界时,本篇下同)在 3200~3975m 海拔高度实施催化,播撒线总长 125 km(图 1BC 段),共播撒 AgI 750g,AgI 平均播撒率为 0.368 g/s。19 日 00 时泾河站探空数据显示 3950 m 高度层温度为-10.3℃,风速 9 m/s、西南风(图 1b)。

2.2 雷达资料

西安泾河 C 波段业务多普勒天气雷达位于(34.43°N,108.97°E)(图 1),海拔高度 459 m,6 min 完成一次体扫,最大探测距离为 400 km,径向分辨率为 500 m,最低扫描仰角为 0.5°。雷达体扫反射率经孤立点剔除、噪声消除等质量控制后,插值得到水平格距为 500 m、垂直格距为 200 m 的格点数据。

飞机增雨作业后,雷达回波增强区域(增雨影响回波)与自然云降水回波一起持续向东北方向移动,移速 8.55 m/s。增雨作业影响回波经过的最高地形海拔为 1800 m,为了减少地物

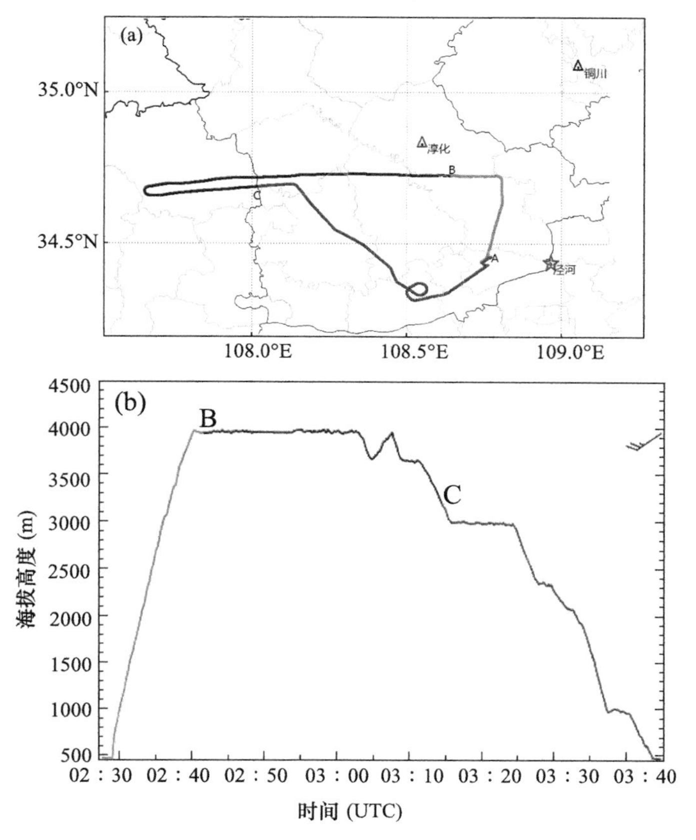

图 1　2017 年 3 月 19 日陕西增雨飞机航迹(a)和播撒路线(b)

(增雨飞机在 AB 段起飞爬升,BC 段(02:41—03:14)播撒 AgI,CA 段返航;

(b)中风标表示播撒高度 3950 m 层风向和风速,1 个长风向杆代表 4 m/s)

回波的干扰,且考虑到越接近地面的雷达回波强度与地面降雨量(Z-I 关系)相关关系越好,故采用海拔 1800 m 等高度面雷达数据(CAPPI),建立 Z-I 拟合关系,计算地面增雨量。

2.3　雨滴谱资料

西安泾河雷达站距离淳化和铜川站的直线距离分别为 57 km 和 69 km,淳化距离铜川站 54 km(图 1)。淳化和铜川气象站分别布设了 1 部 OTT-Parsivel 型激光雨滴谱仪,采样频率为 60 s。3 月 19 日 00—08 时,淳化和铜川气象站出现间歇性小雨,激光雨滴谱仪连续记录了降雨发生时间和雨滴大小。

3　增雨物理响应

3.1　雷达回波演变

增雨飞机在 02:41(图 1 的 B 点)开始播撒 AgI,18 min 后(02:59)的雷达组合反射率图上已观测到与移动后播云航线位置一致的增雨影响回波(长 13.4 km、10～15 dBZ,图 2a)。随后,增雨影响回波在移动过程中变长增宽(图 2c,e,g)。沿着回波移动方向、经过淳化站的回波强度剖面(图 2b,d,f,h)显示,增雨影响回波最初在飞机播撒高度出现,逐渐向下发展到达地面。04:47,大于 15 dBZ 的增雨影响回波宽度超过 15 km(图 2g)。增雨影响回波向东北方向移动 100 km 后,在 06:35 以后逐渐减弱消散。02:36—07:14 每 6 min 间隔的雷达组合反射率和垂直剖面动画可详见 Wang 等(2021)。

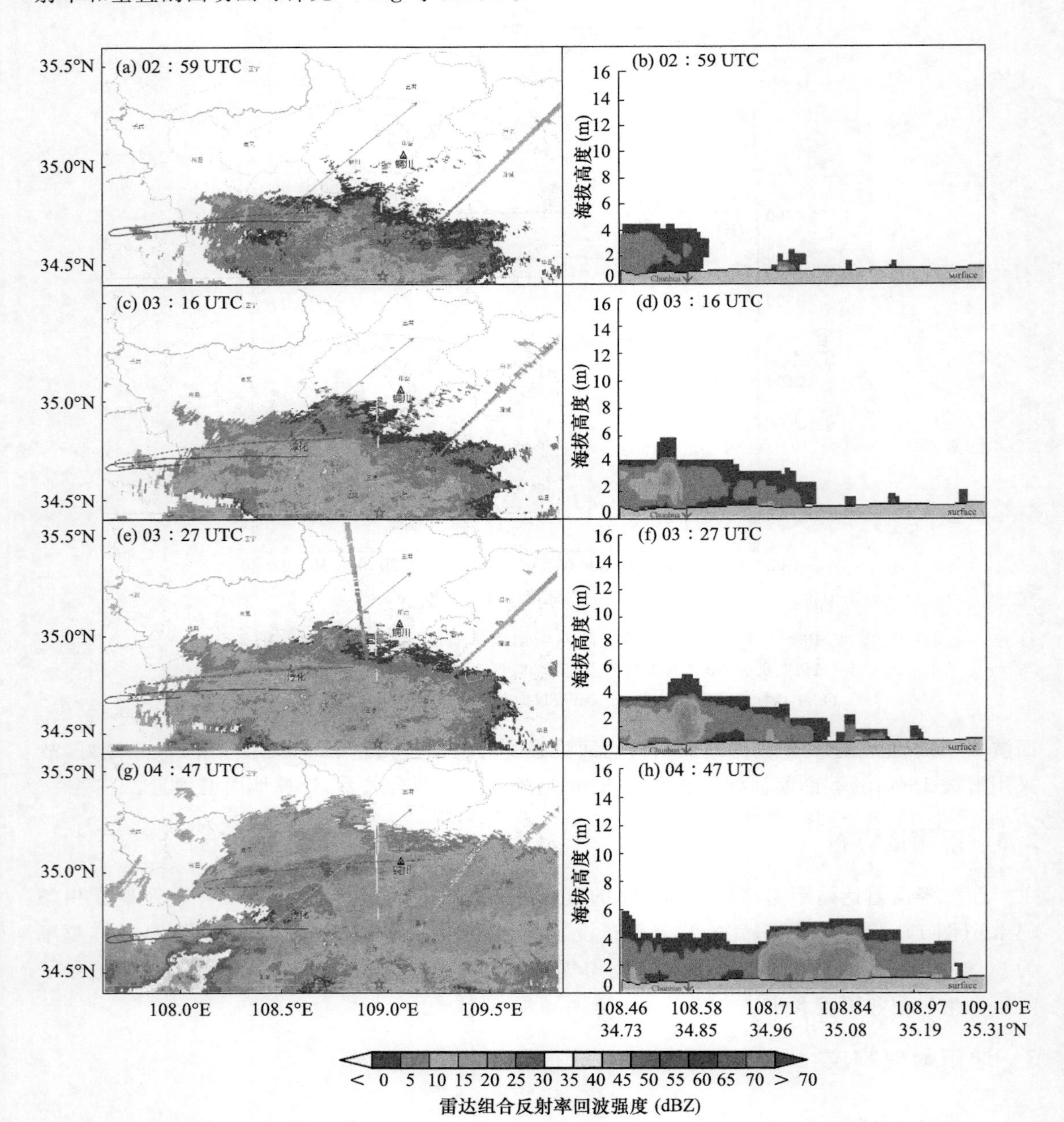

图 2 泾河雷达组合反射率回波和回波强度垂直剖面的时间演变(Wang et al, 2021)

(实线为飞机播撒 AgI 轨迹,点虚线为播撒 AgI 轨迹当前时刻位置,b,d,f,h 分别为 a(02:59)、c(03:16)、e(03:27)、g(04:47)中沿着实线箭头位置的剖面回波。)

3.2 卫星云图"云沟"

飞机增雨作业结束后，在 03:30 的 FY-3C/VIRR 卫星多光谱彩色合成图上，催化航迹的北部红色虚线位置观测到催化产生的"云沟"(图 3)，这与图 2e 中雷达组合反射率强度图(03:27)上发现增雨作业增强了雷达回波强度(虚线位置)位置一致(Wang et al, 2021)。

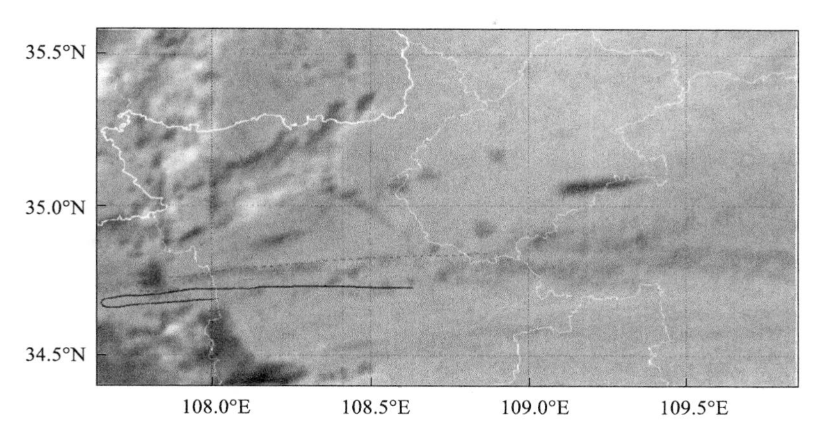

图 3　2017 年 3 月 19 日 03 时 30 分 FY-3C/VIRR 卫星云微物理图上的"云沟"(Wang et al, 2021)

3.3 地面雨滴谱演变

在雷达组合反射率图上，根据回波强度大于 15 dBZ 的增雨影响回波经过测站的时间，可确定增雨影响回波经过淳化和铜川站的时间分别为 03:25—03:35 和 04:32—05:11，过测站时的回波强度比经过前和经过后增强 10 dBZ 左右(图 4a,b)(Wang et al, 2021)。03:30，淳化站的组合反射率达到最大值 26 dBZ。由于高空的增强回波降落到地面存在时间差，2 min 后(03:32)淳化激光雨滴谱仪数据计算的地面雨强达到了 0.35 mm/h 的峰值(图 4a)。增雨影响回波经过测站时，淳化站雨滴数浓度和雨滴直径增大明显(图 4c)。由于云中过冷水经过 100 min 的消耗，尽管增雨影响回波使铜川站地面雨滴数浓度出现升高，但雨滴直径变化不明显(图 4d)。

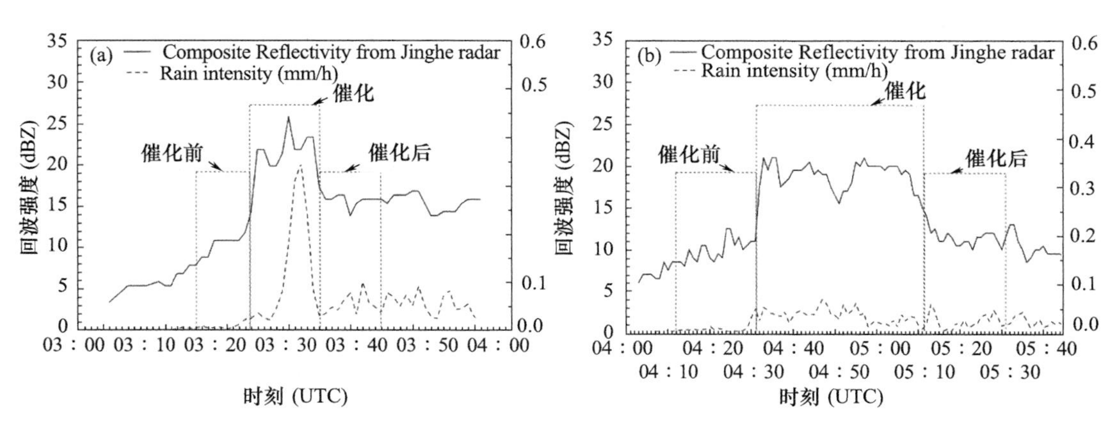

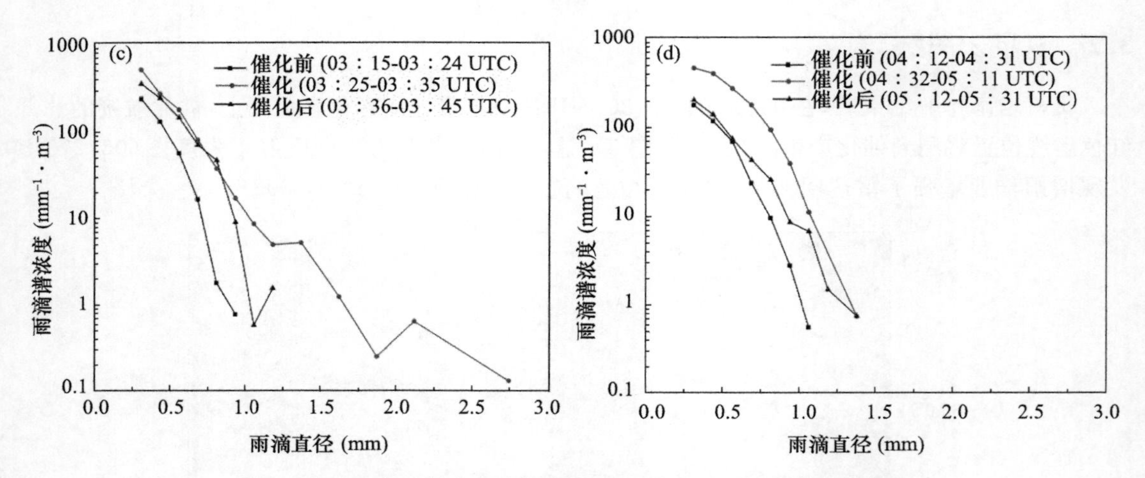

图 4　雷达组合反射率回波强度(a 和 b,实线)、雨滴谱数据计算的雨强(a 和 b,虚线)和雨滴谱演变(Wang et al, 2021)

(a 和 c 为淳化,b 和 d 为铜川。增雨前、增雨、增雨后的时间段根据回波强度大于 15 dBZ 的增雨影响回波经过测站的时间确定)

以上分析可见,雷达回波增强带、增雨影响回波在垂直方向的演变、卫星云图“云沟”位置和地面雨滴谱数据变化都与飞机催化航迹相对应。多种数据如此一致的观测到催化云体的物理响应,不可能是层状云自然变率造成,可以确认这是过冷层云对飞机播撒 AgI 的物理响应(Wang et al, 2021)。

4　分离增雨影响回波和背景回波

4.1　单站增雨影响回波

由于增雨影响回波是人工催化效应增强的回波(增雨回波)和背景回波(自然降水回波)的综合体现,从增雨影响回波中得到增雨回波是人工增雨效果检验的关键环节。将 0.5°仰角上增雨影响回波经过测站前后时刻的回波强度近似作为自然降水回波的起止(图 5红色小圈),然后线性插值得到对应的自然降水回波强度(图 5 蓝线,增雨影响回波之外都为自然回波)。增雨影响回波强度减去自然降水回波强度,就可近似得到增雨回波强度(图 5 红线)。

4.2　区域增雨影响回波

为了得到地面增雨的区域分布,必须从连片雷达回波中分离增雨影响回波。从 02:41 开始,飞机在 3950 m 高度附近播撒增雨催化剂(AgI),29 min 后(03:10)在 1800 m 等高面上出现了增强的条状雷达回波(增雨影响回波),一直持续到 268 min 后(07:09)消失,增雨影响时间为 03:10—07:09,约为 4 h (图 6)。

分析 1800 m 高度 CAPPI 回波(图 6a,c,e,g)可知,虽然背景回波与条状增强带连成一片,但界限非常清晰。通过跟踪飞机播云航迹随时间的移动,识别出增雨影响回波,即与航迹对应的边界清晰的条状回波增强带,其面积为增雨雷达回波面积(图 6b,d,f,h),与确定单站增雨

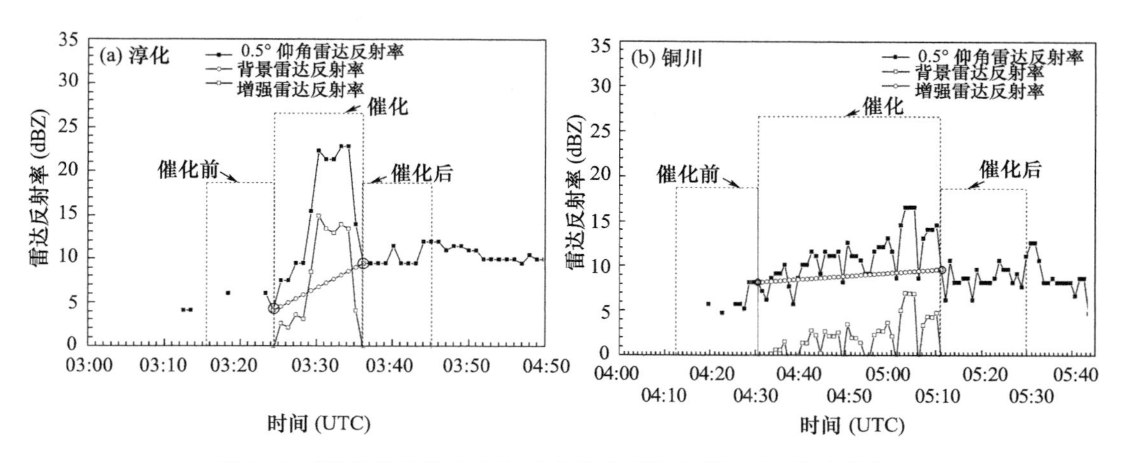

图 5　0.5°仰角增雨影响回波、自然降水回波和增雨回波强度的演变

（a 为淳化，b 为铜川。增雨前、增雨、增雨后的时段同图 4）

方法类似，将紧邻的未受影响的雷达回波强度近似平均作为背景回波，例如从图 6a，c，e，g 可确定背景回波强度分别为 10 dBZ、12 dBZ、15 dBZ、10 dBZ。同理，可逐时（每 6 min）分离整个时段的增雨影响回波和得到背景回波强度。

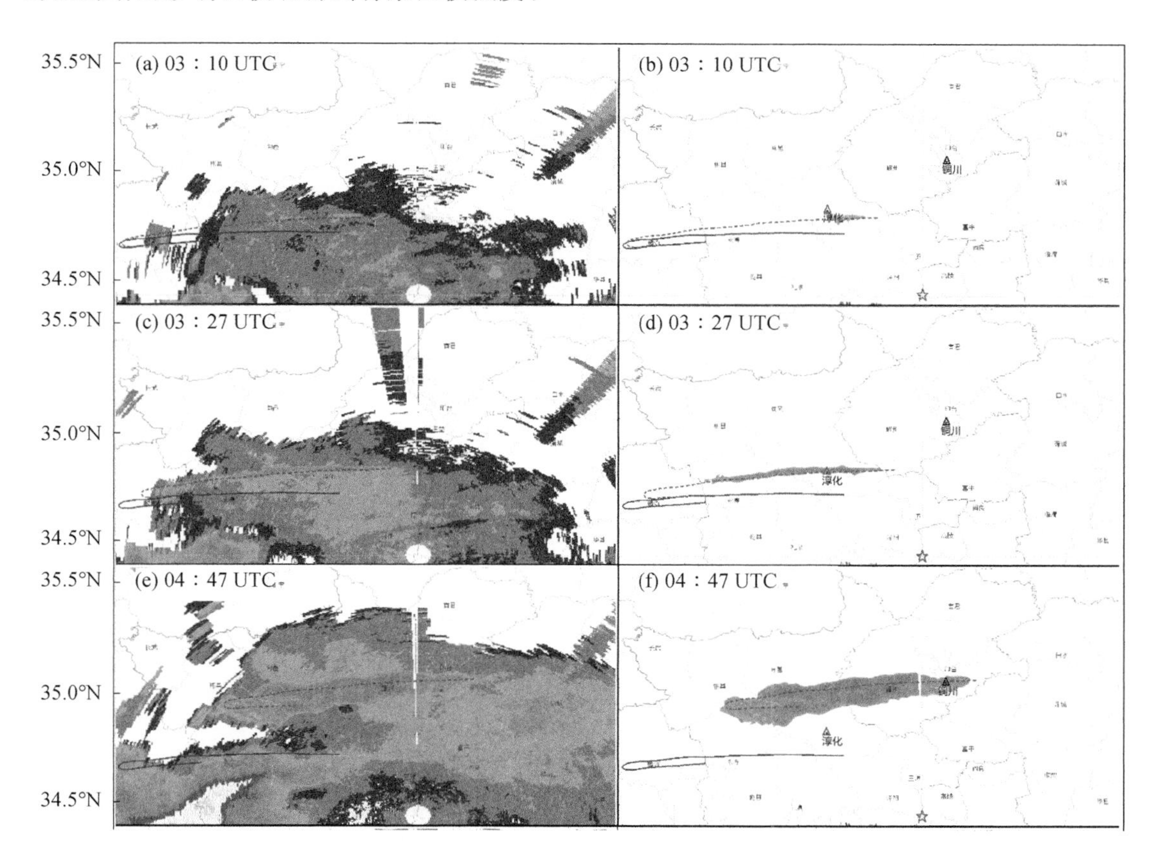

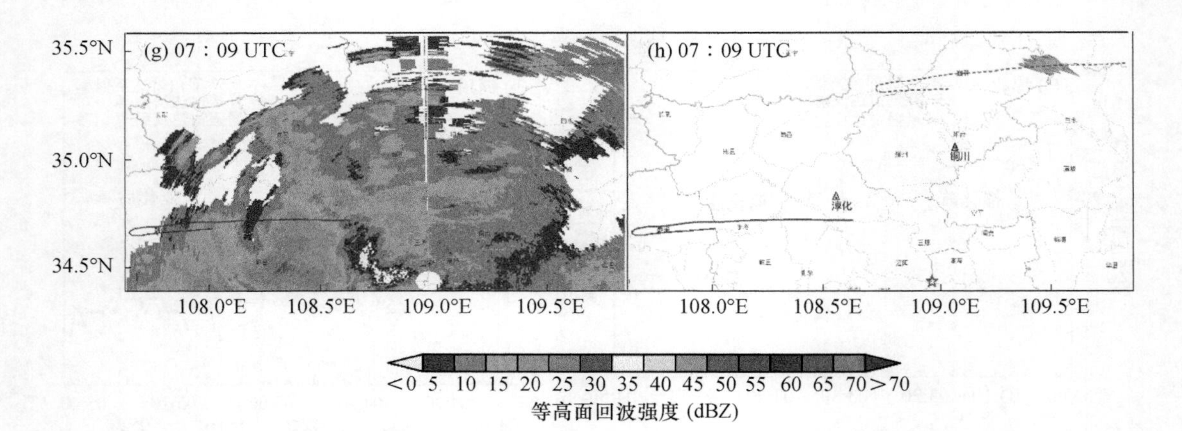

图 6 泾河雷达 1800 m 等高面回波强度 (a,c,e,g)和增雨影响回波(b,d,f,h)

(a 和 b 为 03:10 初始出现增雨影响回波,c 和 d 为 03:27 增雨影响回波经过淳化气象站,e 和 f 为 04:47 增雨影响回波经过铜川气象站,g 和 h 为 07:09 增雨影响回波最后时刻,其他同图 2)

5 建立 *Z-I* 拟合关系

为了更加准确用雷达回波计算雨量,采用这次增雨作业雷达和雨滴谱观测资料,建立雷达反射率因子和降雨强度(*Z-I*)的拟合关系。

用雨滴谱计算降雨强度(*I*)的公式为

$$I = \frac{\pi \times 10^{-9} \times 10^{3} \times 3600}{6} \sum_{i=1}^{32} D_i^3 \, v_i N(D_i) \tag{1}$$

式中,D_i为第 i 档的雨滴直径(单位:mm);v_i为第 i 直径档雨滴下落速度(单位:m/s);$N(D_i)$为第 i 个直径档雨滴数浓度;I 单位为 mm/h。$N(D_i)$为

$$N(D_i) = \sum_{j=1}^{32} N_{ij} \tag{2}$$

$$N_{ij} = \frac{n_{ij}}{18 \times 3 \times 10^{-4} \times v_j \times 60} \tag{3}$$

式中,N_{ij}为雨滴谱第 i 个直径档、第 j 个速度档的雨滴数浓度;n_{ij}为 60 s 内第 i 个直径档、第 j 个速度档的雨滴个数(单位:个/m^3);v_j为第 j 个速度档雨滴下落速度(单位:m/s)。

雷达反射率因子(*Z*)的计算公式为

$$Z = \sum_{i=1}^{32} N(D_i) \, D_i^6 \tag{4}$$

式中,Z 的单位为 mm^6/m^3。

结合式(1)和式(4),得到 *Z-I* 拟合关系式为

$$I = aZ^b \tag{5}$$

式中,a,b 分别为拟合系数。

通过对增雨雷达回波和背景回波演变分析发现,02:53—05:00 降水云系经过淳化站,取得雨滴谱样本共 118 份。03:21—06:00 降水云系经过铜川站,取得雨滴谱样本共 126 份。分别使用淳化和铜川站的雨滴谱资料,计算得到两组 *Z* 和 *I*(图 7),建立两个 *Z-I* 拟合关系式(图 7红线)分别为

$$I_1 = 0.022336Z^{0.67976} \tag{6}$$

$$I_2 = 0.019612Z^{0.67388} \tag{7}$$

式中，I_1为淳化站 Z-I 关系式，相关系数为 0.87；I_2为铜川站 Z-I 关系式，相关系数为 0.94。

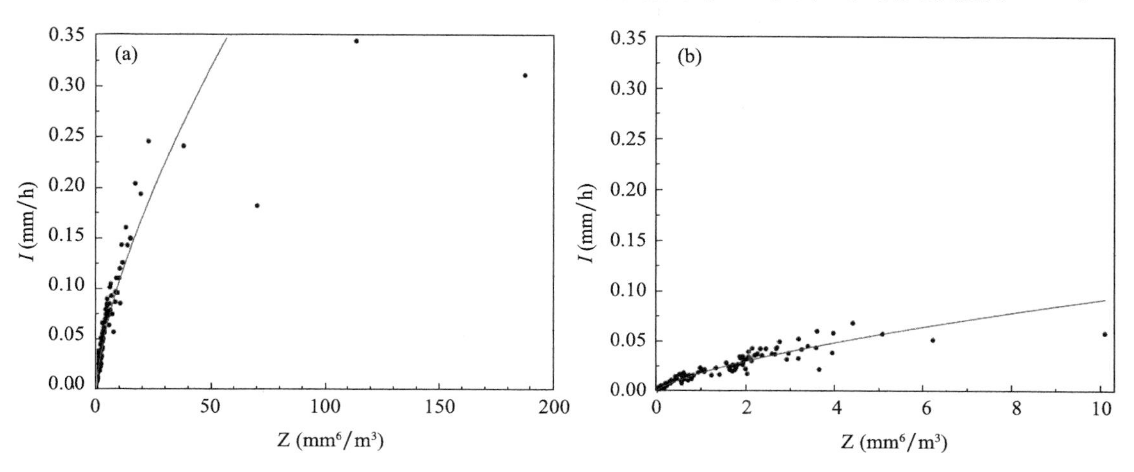

图 7　淳化(a)和铜川(b)气象站雨滴谱计算雷达反射率因子(Z)和降雨强度(I)散点图
(a 和 b 中曲线分别为用公式(6)和公式(7)拟合)

6　增雨量的时、空分布和增雨总量

首先比较两个拟合关系式对增雨量计算的代表性。用雨滴谱计算的 I 作为实测值，分析淳化(02:53—05:00)、铜川站(03:21—06:00)测量值(I)与用式(6)和(7)估算雨强 I_1、I_2的散点图(图 8)可知，式(6)结果总体大于测量值。这是由于淳化站处在增雨影响回波的初期，云体过冷水含量充沛，催化效应产生了较多的大雨滴落到地面，导致拟合公式偏向较大雨量。

增雨回波对应的地面雨量是本研究关注的重点。通过进一步分析可知增雨雷达回波经过淳化站(03:25—03:35)时式(6)和(7)估算雨量的平均相对误差为 46%和 41%，经过铜川站(04:32—05:11)时估算雨量平均相对误差都为 16%(表略)，拟合关系式(7)计算结果总体上更接近实测值，故文中采用拟合关系式(7)计算降雨量。

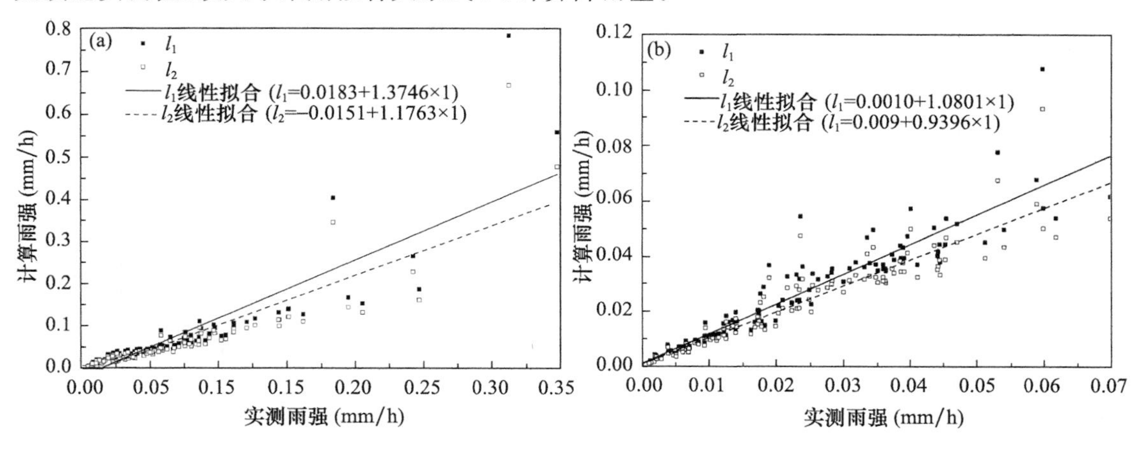

图 8　淳化(a)和铜川站(b)实测雨强(I)和计算雨强(I_1、I_2)的散点分布

首先,对增雨影响回波强度和背景回波强度分别应用关系式(7),得到单个时次增雨影响区每个位置的总降水雨强和自然降水雨强,再计算增雨影响区内 6 min 总的降水量和自然降水量,总降水量减去自然降水量为增雨量。然后,在增雨影响时段(03:10—07:09),逐次重复上述过程,得到每个时次的总降雨量、自然降雨量和增雨量(图 9)。分析图 9 可知,总降雨量、增雨量、增雨影响回波面积、自然降雨量随时间先增后减。总降雨量峰值与增雨量峰值同步,早于自然降雨峰值,说明增雨作业改变了降雨随时间变化,降雨极值出现时间提前,促进降雨发生。增雨量在催化后 146 min(04:47)达最大 4.9×10^4 m^3。增雨影响回波面积在催化后 174 min(05:15)达到最大(1711 km^2),面积峰值滞后增雨量峰值出现。另外,催化后 180 min(05:21),自然降雨量大于增雨量,也就是说,作业 3 h 后,增雨作用小于自然降雨。

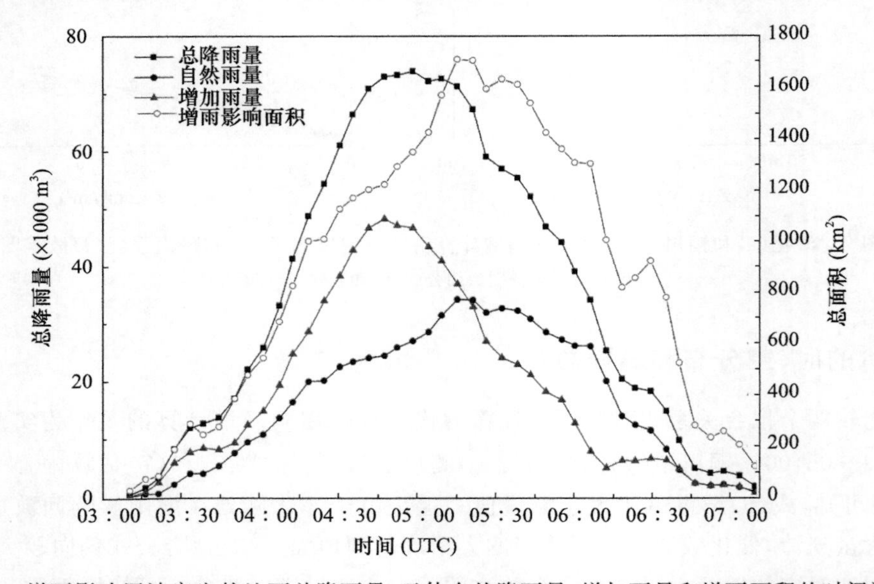

图 9　增雨影响回波产生的地面总降雨量、云体自然降雨量、增加雨量和增雨面积的时间演变

增雨影响时段,逐次将增雨影响回波投影到地面得到增雨影响区(图 10a),其面积为 5448 km^2。在增雨影响区内,逐次分别叠加自然降雨量、总降雨量、增雨量,得到相应的空间分布图 10b—d。分析图 10 可知,增雨影响区位于播撒线下游,呈条带状,与播撒结束时形成播撒线平行,影响区形状与播撒线相关;增雨影响区内总降雨量空间分布为中间大边缘小,高值区位于淳化北部和耀州地区,与增雨量空间分布一致,而与自然降雨分布关联性不大,说明增雨改变了降雨空间分布。计算得到增雨影响区总降雨总量和增雨总量分别为 1.518×10^6 m^3 和 8.04×10^5 m^3,影响区内增雨率达 53%。

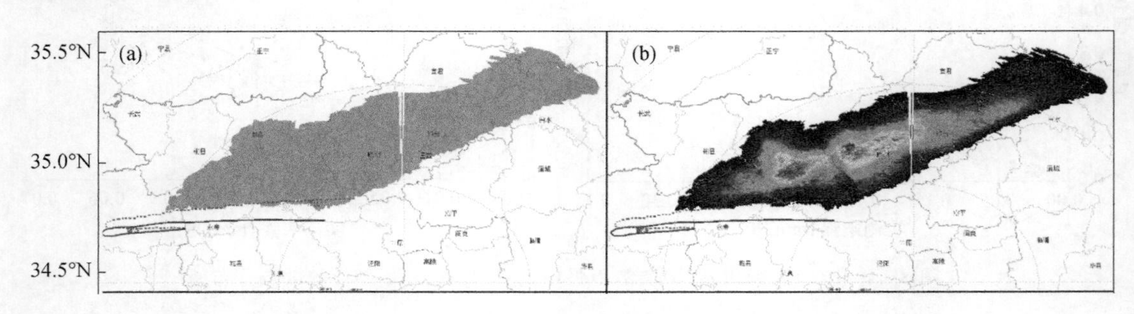

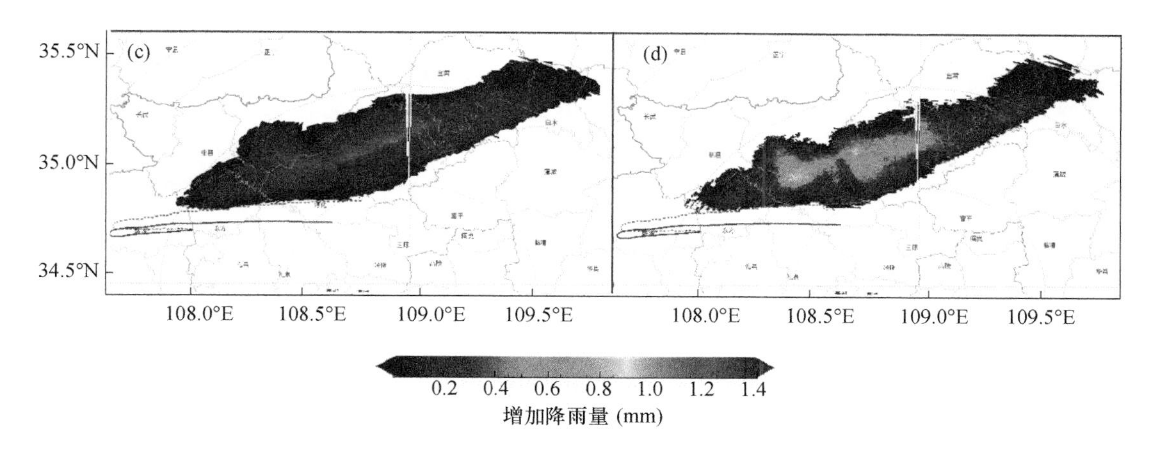

图 10　增雨影响区(a)、累计总降雨量(b)、自然降雨(c)和人工增加降雨(d)的空间分布
(实线和点虚线同图 2)

7　结论和讨论

增雨作业成功的基本指标是观测到地面降雨量超过预期的自然降雨量。当前，从自然降雨的变化中直接探测人工催化增加的降雨量仍然具有极大的难度。针对这一难题，本文提出了利用雷达回波和雨滴谱数据计算地面增雨量的方法，对一次飞机冷云增雨作业进行了增雨量定量估算，得到主要结论如下：

(1)增雨影响时间约 4 h，影响区面积为 5448 km^2。该区总降雨总量和增雨总量分别为 1.518×10^6 m^3和 $8.04\times10^5 m^3$，增雨影响区内增雨率达 53%。

(2)总降雨量、增雨量、自然降雨量随时间先增后减，总降雨量峰值与增雨峰值量同步，早于自然降雨峰值；增雨影响区位于播撒线下游，呈条带状，与播撒线有关，区域内总降雨量空间分布为中间大边缘小，与增雨量空间分布一致。说明此次增雨作业改变了降雨时空分布，促进降雨形成，增加了地面降雨量。

增雨率不是一个固定量，对于不同云系、不同作业时机和部位都有所不同，仅对这次作业而言，增雨影响区内增雨率达 53%。增雨率计算还存在许多不确定性，例如，位于淳化与铜川之间海拔高度为 1500～1800 m 的黄土高原沟壑纵横，对云系发生、发展可能产生不同影响；天气系统和云系自身发展演变，*Z*-*I* 拟合关系式的误差等因素，都会影响增雨率计算。

本研究呈现了一次增雨云系从产生地面降雨到消散的完整过程，尽管只是一次飞机增雨个例，却是基于增雨物理效应检验的增雨定量估算，这些结果向着定量评估增雨效果迈出了关键一步。利用文中提出的增雨定量评估方法，可对其他的增雨作业个例开展效果评估，这对提高中国人工增雨效果评估的科学水平具有重要的推动作用。

此方法应用时，需把握两个关键环节，一是增雨作业一定要在满足作业条件云体和部位实施，这样雷达和雨滴谱仪才能观测到相应的增雨响应；二是作业云体会随着高空气流移动，应追踪作业云体的时、空演变，准确分离增雨影响区，以及确定增雨影响区的自然降雨回波强度。

此方法能较好地回答增雨作业的增雨总量、影响时间、影响面积等问题，遗憾的是没有更多观测资料(增雨响应)支持新方法应用。目前，中国已经建成较完备的雷达和雨滴谱观测网

(每个地面气象站布设了激光雨滴谱仪),本文结果就是基于常规气象观测网取得的,因此,现有气象观测网基本可以满足飞机增雨效果检验要求。应用新方法检验增雨效果,必须满足条件是雷达和雨滴谱仪观测到增雨响应,这里还存在许多亟待解决的科学问题,今后仍需不断探索。

致谢:本研究得到南京信息工程大学大气物理学院楚志刚博士在泾河雷达基数据处理方面的帮助,使用了风云卫星遥感数据服务网(http://satellite.nsmc.org.cn)提供的 FY-3C 数据,在此一并表示感谢。

参考文献

[1] 洪延超,雷恒池,2012. 云降水物理和人工影响天气研究进展和思考[J]. 气候与环境研究,17(6):951-967.

[2] 雷恒池,洪延超,赵震,等,2008. 近年来云降水物理和人工影响天气研究进展[J]. 大气科学,32(4):967-974.

[3] 郭学良,方春刚,卢广献,等,2019. 2008—2018 年我国人工影响天气技术及应用进展[J]. 应用气象学报,30(6):641-650.

[4] 段婧,楼小凤,卢广献,等,2017. 国际人工影响天气技术新进展[J]. 气象,43(12):1562-1571.

[5] 刘晴,姚展予,2013. 飞机增雨作业物理检验方法探究及个例分析[J]. 气象,39(10):1359-1368.

[6] 刘卫国,陶玥,周毓荃,等,2021. 基于飞机真实轨迹的一次层状云催化的增雨效果及其作用机制的模拟研究[J]. 气象学报,79(2):340-358.

[7] 刘香娥,何晖,高茜,等,2021. 中尺度碘化银催化数值模式在人工影响天气业务中的应用试验[J]. 气象学报,79(2):359-368.

[8] HAUPT S E, RAUBER R M, CARMICHAEL B, et al, 2018. 100 years of progress in applied meteorology. Part I: Basic applications[J]. Meteorological Monographs, 59: 22.1-22.33.

[9] 毛节泰,郑国光,2006. 对人工影响天气若干问题的探讨[J]. 应用气象学报,17(5):643-646.

[10] FRENCH J R, FRIEDRICH K, TESSENDORF S A, et al, 2018. Precipitation formation from orographic cloud seeding[J]. Proc Natl Acad Sci USA, 115(6): 1168-1173.

[11] TESSENDORF S A, FRENCH J R, FRIEDRICH K, et al, 2019. A transformational approach to winter orographic weather modification research: The SNOWIE project[J]. Bull Amer Meteor Soc, 100(1): 71-92.

[12] FRIEDRICH K, IKEDA K, TESSENDORF S A, et al, 2020. Quantifying snowfall from orographic cloud seeding[J]. Proc Natl Acad Sci USA, 117(10): 5190-5195.

[13] 河北省气象局,1973. 1963 年 3 月 8 日干冰催化层性冷云试验报告[G]//全国人工降水、防雹科技座谈会报告选编(上). 北京:中央气象局研究所:121-126.

[14] ROSENFELD D, YU X, DAIJ, 2005. Satellite-retrieved microstructure of AgI seeding tracks in supercooled layer clouds[J]. J Appl Meteor, 44(6): 760-767.

[15] YU X, DAI J, ROSENFELD D, et al, 2005. Comparison of model-predicted transport and diffusion of seeding material with NOAA satellite-observed seeding track in supercooled layer clouds[J]. J Appl Meteor, 44(6): 749-759.

[16] 戴进,余兴,ROSENFELD D,等,2006. 一次过冷层状云催化云迹微物理特征的卫星遥感分析[J]. 气象学报,64(5):622-630.

[17] 余兴,戴进,雷恒池,等,2005. NOAA 卫星云图反映播云物理效应[J]. 科学通报,50(1):77-83.

[18] DONG X B, ZHAO C F, YANG Y, et al, 2020. Distinct change of supercooled liquid cloud properties

by aerosols from an aircraft-based seeding experiment[J]. Earth Space Sci, 7(8): e2020EA001196.

[19] WANG J, YUE Z G, ROSENFELD D, et al, 2021. The evolution of an AgI cloud-seeding track in central China as seen by a combination of radar, satellite, and disdrometer observations[J]. J Geophys Res: Atmos, 126(11): e2020JD033914.

祁连地区一次飞机增雨作业效果的物理检验

郭世钰　康晓燕　韩辉邦　张玉欣

(青海省气象灾害防御技术中心,西宁 810001)

摘　要　针对2020年6月7日祁连地区的一次飞机人工增雨作业过程,利用地面自动站数据、多普勒天气雷达数据对此次过程的作业效果展开物理检验。分析了作业区内云体作业前后的最大反射率、回波顶高、垂直累计液态水含量、回波体积、降水通量及地面站点实际降水量的变化特征。结果表明:6月7日祁连山地区飞机增雨后雷达回波强度明显增大,最大反射率和垂直累积液态水含量随着催化的进行,有一个明显的跃升过程,回波顶高在催化后升高,并在一定时间段保持在该水平,回波体积和降水通量均出现不断增大的趋势,作业区及影响区内降水明显增大且在作业结束后3~4 h仍有降水产生。同时发现飞机在催化作业过程中,除了主要云体不断地发展增强,还促进了次生云体的不断生成。

关键词　物理检验　人工增雨　雷达回波

1　引言

人工增雨是指通过地面高炮、燃烧炉、增雨飞机等将催化剂播入云中,使得其中丰沛的云水资源更加高效的转化为地面降水,从而达到趋利避害的目的。国内外人工增雨检验开展过多次大型外场试验,国外比较著名的有以色列播云试验和Climax播云催化试验[1],所取得的试验结果对人工影响天气的发展产生了很大的促进作用;国内方面,1975—1986年,在福建古田水库地区开展了为期12年的对流云高炮增雨试验,该试验采用固定目标区和对比区的随机回归试验方案进行,相对增雨在20%左右显著水平高于5%[2],该试验的物理检验结果显示,催化后30~40 min回波强度增强11.1%、回波顶高增加10.9%[3],催化效果明显。

针对人工增雨产生降水的评估是一项非常重要工作,效果检验的初衷是判断人工增雨的有效性和实际增加的降水情况。然而,效果检验评估工作一直是这个领域的国际性难题[4],难点在于云中的自然降水与人工增加的降水很难通过目前现有的技术手段进行有效分割。目前主流的效果检验方法包括统计检验、物理检验及数值模拟检验[5-6]。

统计检验主要关注地面观测站检测到的降水,通过定量分析其增量运用概率论、数理统计等方法对增加的降水量进行定量评估[7-10],但是由于统计检验方法十分依赖随机化试验,对试验样本积累有很大的需求,随机化试验所需周期也很长,在实际业务工作中较难实现。物理检验相对于统计检验不需要开展大量试验,也不需要很长的周期,能够快速给出检验结果,检验结果也更加直观。物理检验通常利用雷达、雨滴谱仪等探测设备分析作业前后云的宏微观物理特征的变化情况,或对作业单元与科学选取的对比单元进行对比分析找出作业后云体的物理变化上的证据,定性或定量分析作业效果。张中波等[11]利用雷达资料分析了湖南一次催化作业的目标云和对比云的雷达参数特征变化。汪玲等[12]基于雷达跟踪法实现了对作业区的跟踪,分析了回波参数的变化特征。唐仁茂等[13]提出了一种根据回波参量能够自动快速地识别并选取对比云进行效果检验的方法。刘伯华等[14]利用两部雨滴谱仪对一次人工增雪进行了物理检验，他们发现增雪作业后，降水强度明显增大。数值模拟检验是建立一套包含云和降水形成的热力过程、动力过程及人工增雨催化作业过程的数值模式，以及定量预报催化与不催化情况下，云的发展和降水量特征，并与实测结果相比较，从而判断实际的作业效果[15-16]。

2 资料方法

2.1 资料

本文利用2020年6月7日青海省祁连山地区一次飞机人工增雨作业资料，包括祁连县地面自动站1 h降水数据、多普勒天气雷达资料、FY-4卫星反演产品资料、EC模式预报产品资料等。其中地面降水资料包括青海省海北州祁连县、门源县、刚察县、海晏县等6个国家站、区域站2020年6月7日的1 h降水数据；雷达资料来自6月7日作业期间覆盖作业区的新一代C波段多普勒天气雷达每6 min一次的体扫基数据；卫星资料使用FY-4静止气象卫星数据。

1.2 物理检验方法

本文使用TITAN算法进行物理检验，TITAN算法主要通过对多普勒天气雷达数据进行风暴识别追踪并加以分析，从雷达回波中识别风暴单体，通过多种计算对单体的发展演变特征进行外推[17]。基于TITAN云追踪技术对作业云体进行追踪识别，通过给定反射率和体积阈值，根据作业信息，包括作业时间、作业地点，对雷达范围内的云体进行识别，采用跟踪算法，对云体单元系统进行跟踪分析，给出云体单元各物理属性随时间的变化特征。

3 个例分析

3.1 天气条件

根据EC模式预报产品2020年6月6日08时高空500 hPa场(图1a)，青海省处在高原低涡控制下，但低涡即将移出青海省范围；6月7日08时，高空500 hPa场(图1b)中青海省处在北部短波槽槽前位置，具有较好的水汽条件。

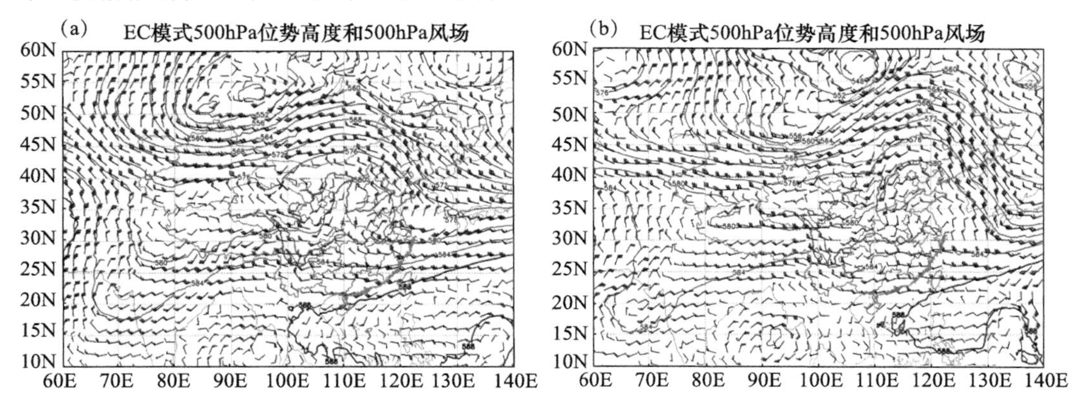

图1 EC模式产品500 hPa位势高度场和风场

(a)6月6日08时；(b)6月7日08时

根据云监测反演资料显示(图 2),6 月 7 日 07:30,青海省西宁、海东、海西、海北、海南、黄南、玉树、果洛等地区有云系覆盖,云系自西向东移动,移速约为 40 km/h,云顶高度为 10~15 km,云系主要以厚冰云和混合云为主,具备增雨作业的条件。

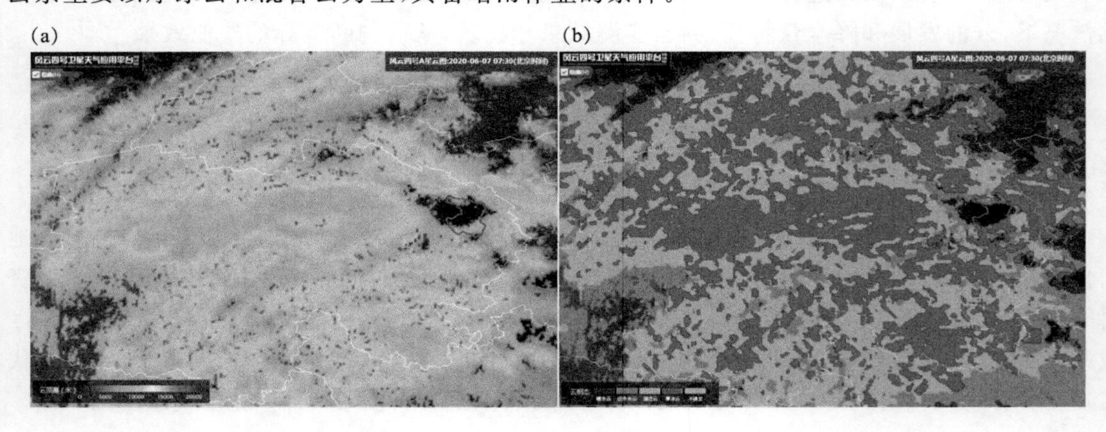

图 2　6 月 7 日 07 时 30 分 FY-4 反演产品云顶高度(a)和 FY-4 反演产品云相态(b)

3.2　飞机作业概况

2020 年 6 月 7 日 10:09 增雨飞机从曹家堡机场起飞前往祁连山区执行飞机增雨作业。根据作业人员宏观记录显示,飞机到达作业区后平均飞行高度在 6200m 左右,作业区内以层积云和积云为主,云层间存在间隙,飞机作业期间存在轻微颠簸现象。6 月 7 日 10:39 开始播撒作业,11:58 作业结束,共消耗碘化银烟条 47 根、焰弹 158 枚。增雨飞机于 12:17 降落,飞行作业历时 2 小时 8 分钟,飞行航程达到 967.5 km。表 1 给出了 2020 年 6 月 7 日飞机增雨作业航线,图 3 给出了增雨飞机实际作业航线。

表 1　2020 年 6 月 7 日飞机增雨作业航线

序号	经度(E)	纬度(N)	航迹点名称	航程
1	102°02′48″	36°32′07″	曹家堡机场	0 km
2	100°51′43″	37°24′41″	海晏	143 km
3	101°05′14″	37°52,07″	祁连	55 km
4	100°51′27″	37°52′07″	祁连 1	20 km
5	101°09′56″	37°23′48″	门源	59 km
6	100°58′04″	37°24′14″	大通	17 km
7	101°15′11″	37°52′07″	山丹	57 km
8	101°01′35″	37°51′50″	祁连 2	20 km
9	101°18′25″	37°23′44″	门源 1	58 km
10	101°04′46″	37°24′04″	大通 1	20 km
11	101°22′00″	37°52′10″	山丹 1	58 km
12	101°10′08″	37°51′44″	门源 2	17 km

续表

序号	经度(E)	纬度(N)	航迹点名称	航程
13	101°26′17″	37°23′58″	门源 3	57 km
14	101°20′29″	37°03′53″	大通 2	38 km
15	101°23′48″	37°23′58″	门源 4	38 km
16	101°30′58″	37°23′44″	门源 5	11 km
17	101°34′50″	37°03′20″	大通 3	38 km
18	101°41′53″	37°03′13″	大通 4	10 km
19	101°42′50″	37°23′58″	门源 6	38 km
20	101°49′44″	37°23′58″	门源 7	10 km
21	101°53′53″	37°03′13″	互助	39 km
22	102°01′36″	37°02′60″	互助 1	11 km
23	102°01′45″	37°24′11″	门源 8	39 km
24	102°09′12″	37°24′04″	门源 9	11 km
25	102°15′08″	37°02′40″	互助 2	41 km
26	102°02′48″	36°32′07″	曹家堡机场	59 km

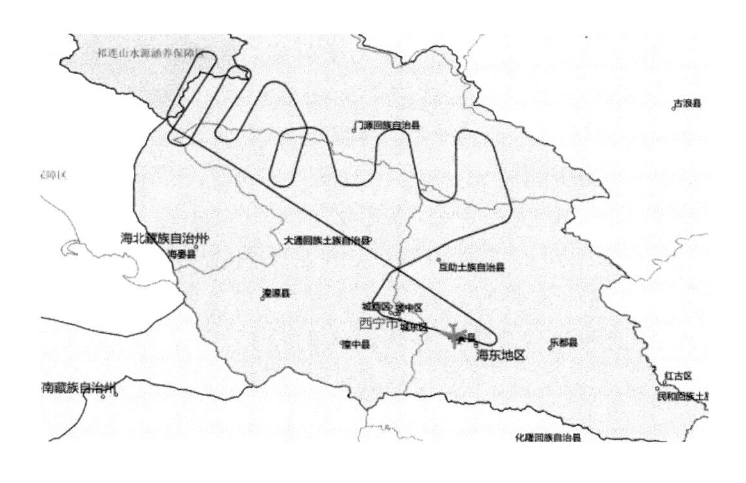

图 3　2020 年 6 月 7 日增雨作业航线图

3.3　雷达回波特征物理检验

从图 4 可以看出，催化前作业区内雷达回波组合反射率总体上呈破碎状，回波较为分散，强度低于 10 dBZ，随着飞机人工增雨作业的进行，作业区内的回波出现明显增强趋势，回波强度不断增大，组合反射率最大值达到 40 dBZ 以上，回波逐渐发展成片状分布，面积不断增加。

根据该个例增雨作业信息，选择覆盖作业目标区，催化前半小时和催化后 1 h(10:00—13:00)西宁站天气雷达探测数据进行物理检验分析。选择国际上常用的回波顶高、回波体积、最大反射率、垂直累积液态水含量和降水通量这 5 个雷达探测物理量进行播云作业效果的物理检验。

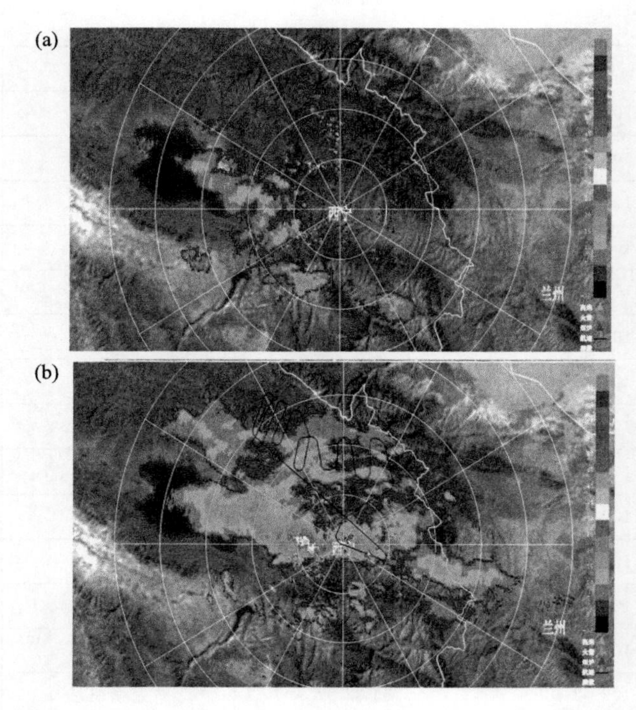

图 4　2020 年 6 月 7 日催化前组合反射率(a)和催化后组合反射率(b)

具体分析催化前后回波顶高、回波体积、最大反射率、垂直累积液态水含量和降水通量等物理参量(图 5)。最大反射率能够反映云体发展的旺盛程度,作业区内主要云体(云体 1)的最大反射率在催化前 20 min 增达至一个极大值,随后开始减小,作业开始 10 min 后出现缓慢增大的趋势,作业 45 min 后开始明显增大,由催化前的 20 dBZ 跃升到 46 dBZ,并在随后保持缓慢增大的趋势,催化作业 1 h 后达到最大值 59 dBZ。

回波顶高可以反映云体中对流的强弱特征,作业区内主要云体的回波顶高由催化前的 10 km 上升到 11.5 km,并在一定时间段保持在该水平,意味着主要云体中上升运动较强,云体发展旺盛。主要云体的回波体积总体上呈现增大的趋势,随着催化的进行回波体积变化曲线的斜率明显增大,由作业开始前的 1500 km^3 增大至作业结束后的 11000 km^3,且继续保持增大状态。

作业前降水通量保持在很低的水平,只有 70 m^3/s,表示该时段内降水量较少,催化后 50 min 降水通量开始明显增大,结束作业的时刻降水通量达到 490 m^3/s。总体上的变化趋势与回波体积十分相似,区别在于开始显著增大的时间点不同,降水通量开始增大的时间点与最大反射率基本一致,意味着该时刻云中的降水粒子数浓度开始明显增多,云中过冷水的核化过程和贝吉隆过程开始显著增强。

作业前主要云体的垂直累积液态水含量较小,随着催化的进行开始出现波动增长,作业开始后 35 min 有一个明显的跃升过程,垂直累计液态水含量也从作业开始时的 0.08 kg/m^2 增大至作业结束时的 0.49 kg/m^2,作业结束 18 min 后达到最大值,之后随着降水的不断增大云中过冷水被快速消耗,垂直累计液态水含量开始锐减。在飞机催化作业过程中,除了主要云体不断地发展增强,也促进了次生云体(云体 2—5)的不断生成发展。

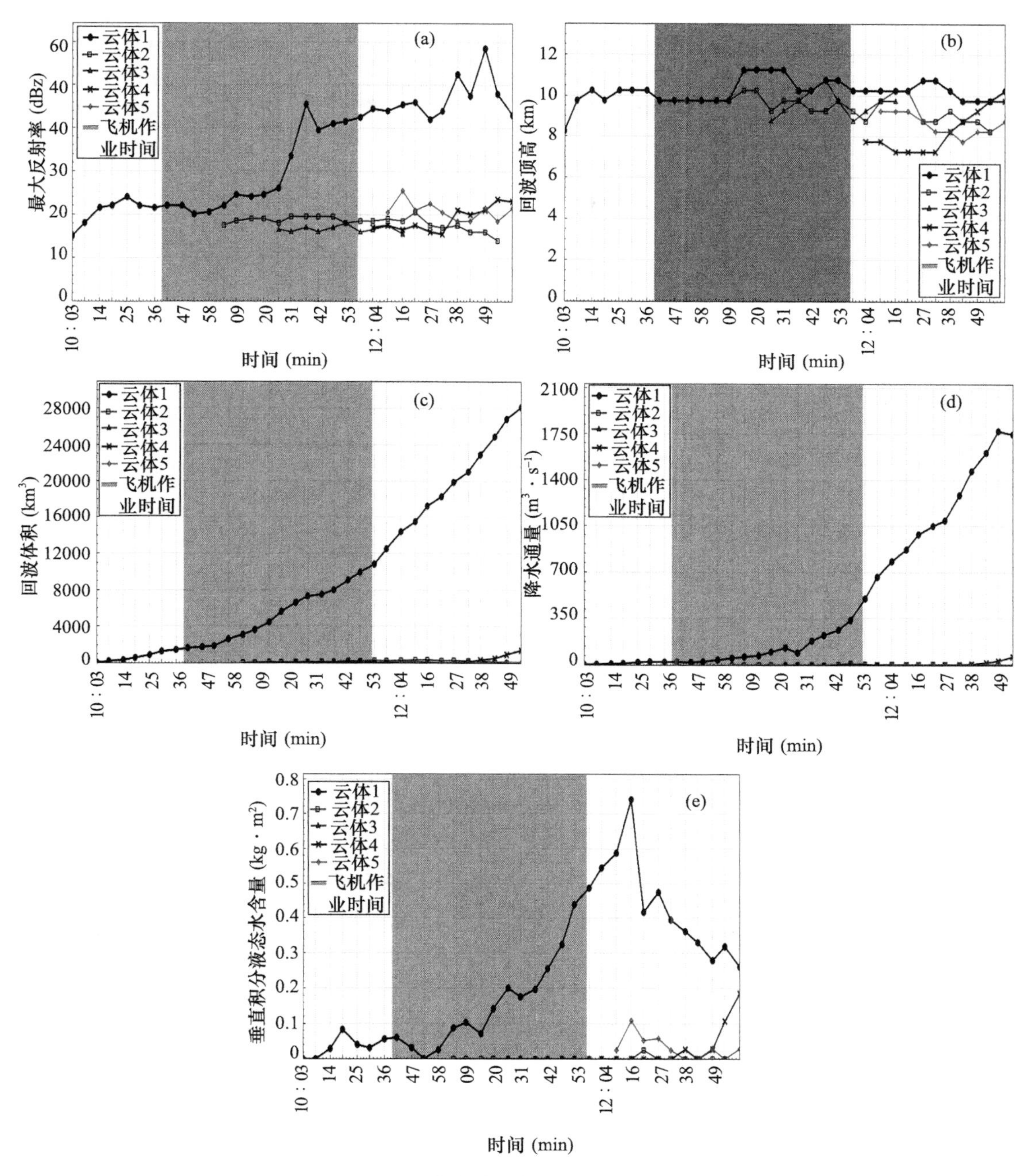

图 5　催化前后各物理量变化图

(a)最大反射率;(b)回波顶高;(c)回波体积;(d)降水通量;(e)垂直积分液态含水量(阴影部分为作业时段)

3.4　雨量分析

取飞机作业区及影响区内自动雨量站的 1 h 降水资料分析(图 6),作业前作业区及影响区内降水不明显,随着催化作业的进行,作业区及影响区内降水明显增大,其中刚察、门源、野牛沟降水最大达到 3.2 mm/h、2.9 mm/h、2.2 mm/h,且在作业结束后 3～4 h 仍有降水产生。

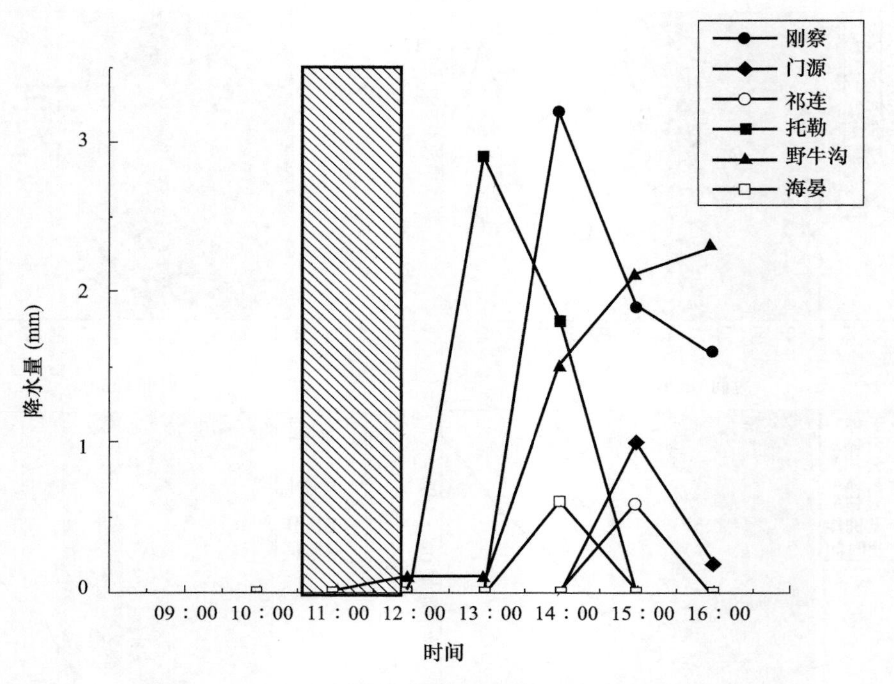

图 6　催化前后地面小时降水变化图

4　结论与讨论

从此次作业过程来看,根据 EC 模式预报产品和云检测反演产品,2020 年 6 月 7 日青海省有一次自西向东的降水天气过程,青海省气象灾害防御技术中心积极协调空管有关部门,组织开展了一次针对祁连地区的飞机人工增雨作业。此次作业过程中,飞机增雨后雷达回波强度明显增大,组合反射率最大值达到 40 dBZ 以上,回波发展成片状分布,面积不断增加;最大反射率在作业开始 10 min 后出现缓慢增大的趋势,作业开始 45 min 后开始明显增大,并在随后保持缓慢增大的趋势;回波顶高由催化前的 10 km 上升到 11.5 km,并在一定时间段保持在该水平;回波体积总体上呈现增大的趋势,随着催化的进行回波体积变化曲线的斜率明显增大,由作业开始前的 1500 m^3 增大至作业结束后的 11000 m^3;作业前降水通量保持在 70 m^3/s 的低水平状态,结束作业的时刻降水通量达到 490 m^3/s;垂直累积液态水含量随着催化的进行开始出现波动增长,作业开始后 35 min 有一个明显的跃升过程。总体来看,此次催化效果明显。

参考文献

[1] 段婧,楼小凤,卢广献,等．国际人工影响天气技术新进展[J]. 气象,2017,43(12):1562-1571.

[2] 曾光平,方仕珍,肖锋．1975—1986 年古田水库人工降雨效果总分析[J]. 大气科学,1991(4):97-108.

[3] 冯宏芳,林文,曾光平．福建省古田水库人工增雨随机回归试验回顾及展望[J]. 海峡科学,2019(5):21-29.

[4] 李大山．人工影响天气现状与展望[M]. 北京:气象出版社,2001.

[5] 徐冬英,张中波,唐林,等．几种人工增雨效果检验方法分析[J]. 气象研究与应用,2015,36(1):105-107.

[6] 邓战满，张中波．几种人工增雨效果评估方法的应用与研究[J]．安徽农业科学，2014，42(9)：2675-2680.
[7] 程鹏，沈天成，罗汉，等．石羊河上游地面人工增雨效果统计检验分析[J]．干旱区地理，2021，44(4)：962-970.
[8] 程鹏，陈祺，蒋友严，等．河西走廊石羊河流域近10年人工增雨效果检验评估[J]．高原气象，2021，40(4)：866-874.
[9] 王伟健，姚展予，贾烁，等．随机森林算法在人工增雨效果统计检验中的应用研究[J]．气象与环境科学，2018，41(2)：111-117.
[10] 翟羽，肖辉，杜秉玉，等．聚类统计检验在人工增雨效果检验中的应用[J]．南京气象学院学报，2008(2)：228-233.
[11] 张中波，仇财兴，唐林．多普勒天气雷达产品在人工增雨效果检验中的应用[J]．气象科技，2011，39(6)：703-708.
[12] 汪玲，刘黎平．人工增雨催化区跟踪方法与效果评估指标研究[J]．气象，2015，41(1)：84-91.
[13] 唐仁茂，袁正腾，向玉春，等．依据雷达回波自动选取对比云进行人工增雨效果检验的方法[J]．气象，2010，36(4)：96-100.
[14] 刘伯华，马晓龙，曹建新．人工增雨(雪)效果评估方法探索[J]．中国环境管理干部学院学报，2014，24(5)：29-32.
[15] 王婉，姚展予．非随机化人工增雨作业功效数值分析和效果评估[J]．气候与环境研究，2012，17(6)：855-861.
[16] 陈钰文，王佳，商兆堂，等．一次人工增雨作业效果的中尺度数值模拟[J]．气象科学，2011，31(5)：613-620.
[17] 韩雷，王洪庆，谭晓光，等．基于雷达数据的风暴体识别、追踪及预警的研究进展[J]．气象，2007(1)：3-10.

基于人工影响天气技术的石河子冬季城市空气质量改善试验效果统计分析

李　斌[1]　陈　魁[2]　杨　璟[2]　王红岩[1]　银　燕[2]　郑博华[1]

(1. 新疆维吾尔自治区人工影响天气办公室,乌鲁木齐 830000;
2. 南京信息工程大学气象灾害预报预警与评估协同创新中心,中国气象局气溶胶-云-降水重点开放试验室,南京 210044)

摘　要　本文采用2019年12月在天山北部石河子(目标区)和昌吉(对比区)地区的空气质量指数资料,对石河子人工改善空气质量的效果进行分析,提供了基于人工影响天气技术消减空气质量指数(air quality index,AQI)的证据。研究采用区域回归方法,建立两地AQI回归方程,计算目标区在未进行人工作业时的AQI期望值,将其与实测值对比,统计分析作业效果。结果表明,在石河子开展人工消雾作业期,AQI指数相较于不进行作业时平均减少52,相对减少28.1%。进一步进行90%置信区间估算结果表明,开展作业后目标区AQI平均值减小了23.71,相对减小15.1%。通过两个蒙特卡洛随机试验表明,人工作业对AQI产生的作用超过了试验期间大部分情况下两地AQI自然变化的区别,因此,统计结果有较高的可信度,在样本数足够时,人工作业的作用可以从复杂的自然变化中体现出来。但是,对于单日内的污染过程,其自然变化十分复杂,人工作业的作用难以进行定量化计算。

关键词　人工影响天气　飞机作业　统计分析　空气质量指数

1　引言

雾霾污染过程对人类活动有着重要影响,为了减轻雾霾污染过程对生产和生活造成的损失,需要采用科学的方法来改善空气质量。研究发现,城市空气质量与气象条件有着密切联系,因此,采用人工消雾(人工影响天气技术一个重要手段)对气象状态的干预,使城市空气质量朝着有利于方向改善成为可行。我国已有采用人工影响天气手段改善环境空气质量的研究。例,宋润田等分析了在首都机场进行的人工消雾试验,结果表明通过播撒液氮可以显著改善能见度;王雪等在三峡进行的消雾试验中,发现播撒碘化银后,透光度在1 min内提高了40%以上,其提高效率超过了雾在自然消散过程中透光度提高的效率。另外一些研究者,采用人工增雨的方式改善当地环境空气质量。国外研究者通过模拟表明,用吸湿性催化剂改善能见度的效果与播撒速度和雾中的含水量密切相关。

上述研究证明人工消雾能够改善环境空气质量,但是很少涉及检验人工消雾改善空气质量效果。检验人工消雾改善空气质量效果的方法可以分为物理检验法和统计检验法。其中,物理检验法是通过设计外场试验,布设多种观测设备,如雷达、微波辐射计、雾滴谱等,并进行气溶胶和冰核的采集,通过对个例进行综合观测和融合分析,来研究在人工作业过程中,雾霾的宏微观结构的变化,从而达到检验人工作业效果的目的。这种方法成本高,获得的有效样本少,因此注重物理过程的研究。部分研究也尝试用数值模拟来研究相关的物理机制,但是这种方法同样主要针对个例，并且模式中的参数化方案常常导致检验结果产生较大的误差。另一种方法是统计检验法，这种方法通过对常规气象环境资料的长期采集和统计分析，来检验人工消雾改善空气质量的效果。这种方法难以针对具体的过程进行深入研究，但由于样本多，其结果对人工作业效果的定量评估更具参考意义。

由于目前对基于人工消雾技术改善空气质量的评估结果的可信度未知。本文的目的便是通过分析 2019 年 12 月在新疆石河子进行的人工消雾的观测数据，来定量统计人工消雾对 AQI 产生的影响。其原理是在播撒吸湿性催化剂后雾中形成大液滴，或者播撒碘化银后雾中形成冰晶，这些大粒子通过碰并或者贝吉龙过程增长下沉，并在下沉过程中收集雾滴和气溶胶粒子，达到湿清除的作用，使得 AQI 下降。此外，通过设计蒙特卡洛随机试验来评估自然变化对统计结果的影响，讨论其可信度。统计结果将进一步为人工播撒催化剂产生消雾作用提供证据。

2 研究方法

2.1 试验描述

本试验于 2019 年 12 月在我国新疆中天山北侧的石河子市与昌吉市进行(图 1)，试验目的是分析验证人工播撒催化剂消减雾霾的作用。为了达到试验目的，选取石河子市作为目标区进行人工飞机作业，并选取昌吉市作为对比区(不作业)，通过对比两个区域在试验过程中 AQI 的变化来统计分析人工作业的效果。成功的对比试验需要满足如下条件：首先，区域选定要求对比区不会受到催化剂影响；其次，对比区地形、面积等应与作业区基本相似；再次，两地污染过程(主要为雾霾)的自然变化具有足够的相关性。昌吉市和石河子市均位于北疆沿天山一线。其城市规模、地理位置、天气背景、污染源方向等方面均很相似，生态环境治理上常用“乌(乌鲁木齐)—昌(昌吉)—石(石河子)”空气污染一体化体现其关联性。本试验选择图 1 中红色三角形标出的区域作为目标区和对比区。同时，昌吉市位于石河子市以东 130 km 左右，两地相距较远，试验过程中，石河子市飞机人工作业均在 1000 m 以下的低空作业，且都是在有逆温层出现的稳定天气下作业，风速小(表 1)，因而，催化剂不会大量扩散影响到昌吉市。已有的研究也表明，在风速较大、湍流较强或有对流的情况下，上游播撒的催化剂可以影响到下游 50～100 km 的距离。部分研究表明，催化剂在风速很大且近地面稳定度低的情况下，也可能扩散到 130 km 以外，但产生的影响相较于靠近播撒源的区域影响较小。此外，通过试验数据分析证明，两地污染过程的自然变化有高度的相关性。因此，两地区分别符合对比区与目标区的选取要求。

图 1　中天山北侧地图

(三角形为对比区(昌吉市)以及目标区(石河子市))

表 1 雾天作业日单日次试验列表及作业期间平均气象背景条件

试验日期	架次	作业时间	AQI	主要污染物	风向	风速(m/s)	温度(℃)	相对湿度(%)	边界层高度(m)
20191214	2	16:30—18:30	208	$PM_{2.5}$	西北	1.5	−5	89.0	1100
20191218	1	17:17—18:20	98	$PM_{2.5}$	东北	2.9	−4.9	93.5	1000
20191219	2	12:40—14:40	92	$PM_{2.5}$	东北	2.0	−5.7	84.0	700
20191220	4	12:40—18:15	105	$PM_{2.5}$	东北	2.8	−4.6	82.3	700
20191221	1	16:23—17:25	140	$PM_{2.5}$	西	2.7	−10.3	87.8	700
20191222	4	11:04—16:45	127	$PM_{2.5}$	西南	2.7	−5.7	83.8	1500
20191223	1	17:32—17:56	107	$PM_{2.5}$	西北	2.3	−3.9	89.5	1200
20191225	1	17:35—18:15	117	$PM_{2.5}$	西南	2.9	−10.5	90.0	600
20191227	2	16:39—18:21	149	$PM_{2.5}$	西北	2.3	−12.4	84.8	600
20191228	2	15:40—17:30	208	$PM_{2.5}$	西北	2.5	−16.3	83.0	600
20191229	4	11:24—17:10	137	$PM_{2.5}$	西北	1.0	−14.5	80.3	900
20191230	6	10:30—18:30	134	$PM_{2.5}$	西北	1.6	−12.5	79.0	1100
20191231	2	16:07—18:20	112	$PM_{2.5}$	西北	3.2	−11.1	80.8	1000

试验从 2019 年 12 月 1—31 日,为期 31 d。其中,在部分有雾的时段内进行飞机作业,作业飞行共计 32 架次,作业时间段及作业期间石河子平均气象背景条件如表 1 所示。因此,按天数计算,作业前和无作业样本共计 18 组,作业样本共计 13 组。在不同的试验过程中,记录下石河子气象站(图 1)的观测数据。从表 1 可以看出,在大部分试验日期中,为偏西风,12 月 18—20 日为东北风,边界层高度低,近地面稳定度高,且温度均低于−5 ℃,具有天山北侧典型冬季污染过程的背景天气特征。当温度较低且相对湿度较大时,容易有雾霾生成,这种情况下适合用碘化银、吸湿性催化剂或静电催化剂进行消减雾霾作业。试验过程中主要使用了冷云碘化银催化剂,并配合使用了吸湿性催化剂和静电催化剂。共消耗碘化银焰条 434 根、吸湿性催化剂 500 kg、暖云(吸湿性)焰条 48 根、静电催化剂 500 kg。在试验期间,由于航空管制的限制,消雾作业均选择在下午。通常,浓雾过程发生在夜间和凌晨,但在气温较低且相对湿度较高的静稳天气下(表 1),雾在日间仍然能维持。

2.2 分析方法

区域回归分析是分析人工影响天气效果常用的统计方法。该方法是借助于一个或一个以上的对比区,根据历史资料建立目标区与对比区的历史时间序列对应统计变量的统计回归方程。假定作业期两个区域的统计变量满足上述回归关系,则利用统计回归方程由作业期对比区的统计变量值推算出作业期目标区的统计变量自然值,亦称作业期目标区自然统计变量的期待值,再与试验期间目标区的实际统计变量值比较,即可得到目标区统计变量的评估结果。当有效样本数足够时,该方法具有一定的统计意义。本文基于区域回归分析对 2019 年 12 月石河子人工作业的效果进行检验。选取"日"作为时间单位对目标区石河子市和对比区昌吉市的 AQI 指数进行回归分析。在试验期间,主要污染物均为 $PM_{2.5}$(表 1)。在人工消雾作业后,雾中形成的冰晶或大液滴在下沉过程中收集小雾滴和气溶胶粒子,达到湿清除的作用,从而改善空气质量。通过分析 AQI 的变化,可以验证人工消雾的效果。AQI 数据来源于 https://www.aqistudy.cn/historydata/网站,由国家生态环境部设置的监测站点观测得到。

采用该分析方法的前提条件是:目标区与对比区空气质量的自然变化有较高的相关性,这要求目标区和对比区有历史期 10 个样本以上相应资料,两区样本相关系数 r 的相关性显著水平要满足 $\alpha \leqslant 0.05$,且适合进行统计检验。相关系数 r 的公式见式(1)。

$$r = \frac{\sum_{i=1}^{n}(x_i - \overline{x})(y_i - \overline{y})}{\sqrt{\sum_{i=1}^{n}(x_i - \overline{x})^2 \sum_{i=1}^{n}(y_i - \overline{y})^2}} = \frac{S_{xy}}{S_x S_y} \tag{1}$$

$$S_x = \sqrt{\frac{1}{n-1}\sum_{i=1}^{n}(x_i - \overline{x})^2}$$

$$S_y = \sqrt{\frac{1}{n-1}\sum_{i=1}^{n}(y_i - \overline{y})^2}$$

$$S_{xy} = \frac{1}{n-1}\sum_{i=1}^{n}(x_i - \overline{x})(y_i - \overline{y})$$

式中,x 和 y 分别为两个区域的 AQI 数值。

本文使用的试验数据中,目标区与对比区均有 18 个非作业期样本,满足样本数量要求。此外,由图 2 可以看出,目标区石河子市与对比区昌吉市的 2019 年 12 月 AQI 指数日变化趋势基本一致。12 月 21 日前对比区平均值小,但两地平均值走向靠拢,至 21 日后目标区平均值小于对比区了。播撒催化剂后,目标区 AQI 指数值基本都在 200 以内。经计算,在非作业期内,两区 AQI 的变化高度相关,相关系数 r 为 0.74。利用 t 检验法计算 $t = r \times \sqrt{\frac{n-2}{1-r^2}}$,得到 t 为 4.375,自由度 $\nu = 18 - 2 = 16$,查 t 分布表得 $t_{0.001} = 4.015$,$t > t_{0.001}$。因此,相关系数显著性水平 α 小于 0.001,远超要求的 0.05 阈值,两地样本相关性很好。样本相关性满足要求。因此,本文所用的试验样本满足使用区域回归分析的条件。

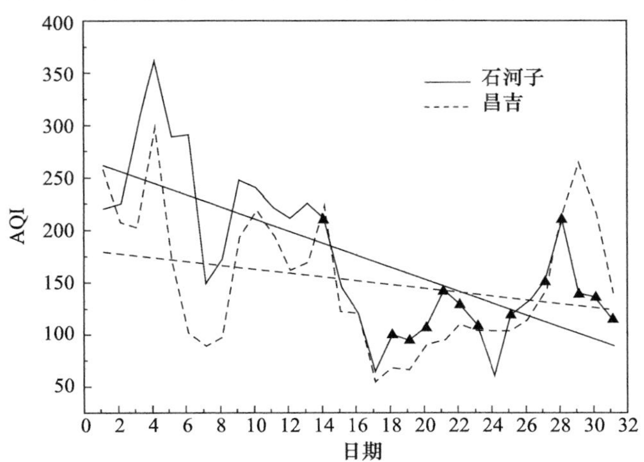

图 2　2019 年 12 月昌吉(对比区)和石河子(目标区)AQI 日变化

(▲为作业区人工消雾作业日)

按照历史回归统计原理,采用最小二乘法计算出两个区域样本之间的线性拟合关系:

$$\hat{y}_k = a + b\,x_k \tag{2}$$

式中,$a=\overline{y}-b\,\overline{x}$,$b=\frac{S_{xy}}{S_x^2}$。由作业期对比区样本值代入上述线性方程,可计算得出对应的目标区样本估计值$\hat{y}_k$,经与目标区样本值比较,便可评估出作业期目标区样本的变化值:

$$\Delta y_k = y_k - \hat{y}_k \tag{3}$$

若$\Delta y_k < 0$,则认为人工作业影响 AQI 指数有效。有效性需进一步进行显著性检验。

为了检验上述方法的可信度,本文还通过两个蒙特卡洛随机试验来分析目标区和对比区 AQI 可能的自然变化对统计结果的影响。第一个随机试验是按照时间将所有样本随机分成两组,然后分别计算两个区域在两组样本中 AQI 的平均值进行对比分析,共进行 1000 次随机试验。第二个随机试验是随机抽取 15 个样本作新的回归方程,再以新的回归方程计算人工消雾作业后目标区 AQI 的期望值,共进行 1000 次随机试验。两个随机试验的具体步骤和结果分析将在下文(3.3 节)说明。

3 结果

3.1 目标区与对比区 AQI 回归方程

按照第 2 节中描述的方法,得到如下回归方程:

$$\hat{y}_k = 55.1255 + 0.932\,x_k \tag{4}$$

式中,$\hat{y}_k$为作业期目标区 AQI 样本的期待值,x_k为对比区在作业期实测 AQI 指数样本值。历史回归方程与样本分布结果见图 3。从图中可以看出,样本基本均匀分布在回归线附近两侧,相关系数较高。但是,回归方程仍然与观测值有一定偏差,其所产生的误差是由多种因素造成的综合结果,如两地的人为活动不同,两地的环境背景变化不尽相同等。因此,需要对回归方程进行显著性检验。在目标区与对比区样本均总体服从正态分布且相关性较好的条件下,可以运用方差分析的 F 检验法,检验确定回归方程的显著性。

首先采用柯尔莫哥洛夫分布函数配合适度检验法进行两个区域的样本正态分布检验。经计算,对比区样本和目标区非作业期样本的拟合度分别为 0.61 和 0.84,均大于要求的 0.5。由此认为,对比区和目标区的样本接近正态分布,符合要求。此外,两个区域样本的相关性较高,因此,用 F 检验法,检验回归方程的显著性:

$$F = \frac{Q_{回}/1}{Q_{剩}/(n-2)} \tag{5}$$

式(5)服从自由度为 1 和$(n-2)$的 F 分布。当 $F > F_{\alpha}(1, n-2)$时,线性回归方程显著;反之为不显著。其中:

$$Q_{回} = b^2 \sum_{i=1}^{n} (x_i - \overline{x})^2 \tag{6}$$

$$Q_{剩} = \sum_{i=1}^{n} (y_i - \overline{y})^2 - Q_{回} \tag{7}$$

$Q_{回}$ 为回归平方和,反映了自变量 x_k 的重要程度;$Q_{剩}$ 为剩余平方和,反映的是未加控制的因素(包括试验误差)对试验结果的影响。经计算,$F \approx 19.18$,远大于 $F_{0.01} = 8.53$。因此,线性回归方程显著,可信程度达到 99%以上。

由上述分析可知,试验目标区和对比区 AQI 样本有较高的相关性,拟合出的线性回归方程显著性高,相关统计变量的选择满足要求,可通过此线性回归方程估算作业期作业区样本的期待值并作统计检验。

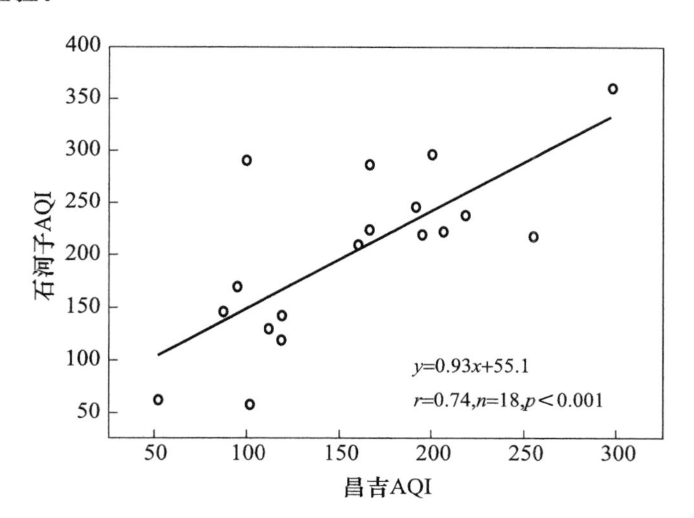

图 3　目标区与对比区 AQI 散点图及其线性回归结果(直线)

3.2　效果评估与统计检验

将对比区在作业期的样本值代入上述线性方程,可计算得出对应的目标区样本期望值$\hat{y}_k$,经与目标区样本观测值比较,便可评估出作业期目标区样本的变化值Δy_k。图 4 是作业期线性回归的 AQI 期望值和实测值的对比。从图中可以看出,在所有的作业期内,实测的 AQI 都小于拟合值,即$\Delta y_k<0$。作业期目标区石河子实测 AQI 样本平均值为 133,而经线性回归方程计算估计的 AQI 样本平均值为 185。因此得出样本 AQI 平均值绝对减少值为 52,相对减少率为 28.1 %。

为检验上述统计结果的显著性,首先采用多个事件的 t 检验法进行评估。

$$t=\frac{\overline{d}_k}{\sqrt{\frac{1-r^2}{n-2}\sum_{i=1}^{n}(y_i-\overline{y}_n)^2\left[\frac{1}{k}+\frac{1}{n}+\frac{(x_k-\overline{x}_n)^2}{\sum_{i=1}^{n}(x_i-\overline{x}_n)^2}\right]}} \tag{8}$$

式中

$$\overline{d}_k=\frac{1}{k}\sum_{i=1}^{k}(y_i-\hat{y}_i)=\overline{y}_k-\hat{\overline{y}}_k$$

n 和 r 分别为建立线性回归方程时的样本容量和对比区与目标区统计变量的相关系数;$\overline{x}_n$、$\overline{y}_n$分别为非作业期对比区和目标区样本平均值;k 为作业期样本容量;$\overline{x}_k$、$\overline{y}_k$分别为作业期 k 次试验的对比区和目标区样本平均值;$\hat{\overline{y}}_k$为作业期 k 次试验目标区样本估计值的平均值。

将有关数据代入上式计算得 $t\approx-2.463$,其服从自由度 $\nu=18-2=16$ 的 t 分布。经查 t 分布表,单边检验 $t<-t_{0.025}=-2.12$,接近$-t_{0.0125}=-2.473$ 表明作业期目标区 AQI 指数样

本平均值减少很显著,单边显著度水平 α 接近 0.0125,超过了 0.05 的阈值水平。

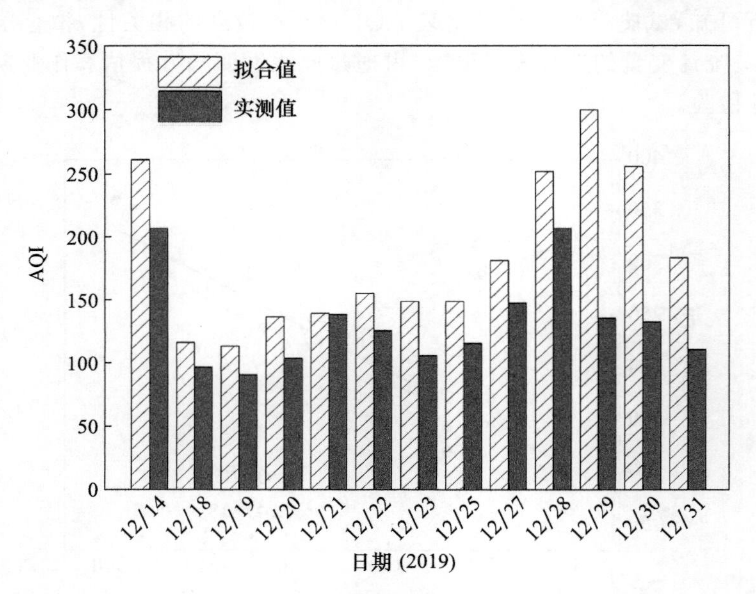

图 4　线性拟合方程计算值与作业实测值对比图

进一步对试验样本进行 90%置信区间估算:

$$\overline{y}_{k0} > \hat{y}_k - t_{2\alpha} S_{(y-\hat{y})}$$

$$S_{(y-\hat{y})} = \sqrt{\frac{1-r^2}{n-2}\sum_{i=1}^{n}(y_i-\overline{y}_n)^2\left[\frac{1}{k}+\frac{1}{n}+\frac{(x_k-\overline{x}_n)^2}{\sum_{i=1}^{n}(x_i-\overline{x}_n)^2}\right]} \tag{9}$$

式中,$\hat{y}_k$ 为回归方程计算得作业期目标区样本平均值;$\overline{y}_{k0}$ 为开展作业后样本值平均值的估算值。上式成立的概率为(1-α)。这里取(1-α)=0.9,即 α=0.1,根据自由度 ν=18-2=16,由 t 分布表得 $t_{0.2}$=1.337。将有关数据代入式(9),计算得 $\overline{y}_{k0}$>157.09 。即作业期目标区如不开展作业,其样本平均值大于 157,这一置信度为 90%。由此可得,开展作业后使得目标区样本平均值减小了 $\Delta R = \overline{y}_k - \overline{y}_{k0} \approx -23.71$,平均值相对减小率为 $E = \frac{|\Delta R|}{\overline{y}_{k0}} = \frac{23.71}{157.09} \approx$ 0.151。即减小率为 15.1%。

对作业日单日次进行 t 检验:

$$t = \frac{\Delta y_k}{\sqrt{\frac{1-r^2}{n-2}\sum_{i=1}^{n}(y_i-\overline{y}_n)^2\left[1+\frac{1}{n}+\frac{(x_i-\overline{x}_n)^2}{\sum_{i=1}^{n}(x_i-\overline{x}_n)^2}\right]}} \tag{10}$$

式中,x_k 为作业期对比区第 k 次试验的样本值。由作业日单日次检验列表 2 可以看出,作业期每天实测 AQI 值均小于线性拟合方程计算得出的 AQI 期望值,差值 Δy_k 均小于 0,整体作业效果明显。作业确实使得每天的 AQI 值减小了。但是经单次事件的 t 检验,只有 20191229 和 20191230 两天作业效果显著性达到显著以上标准,并且 90%置信区间减小率较高。这是因为单次回归试验检验效率很低,要求很高;并且,回归方程的可靠性虽然通过了验证,但是还是会受到对比区选择和对比区与目标区样本差异的影响。

表 2　作业日单日次试验统计结果列表

试验日期	绝对变化 Δy_k	相对变化	t 值	t 检验显著性 α(单边)	显著性	90%置信区间值 ΔR	90%置信减小率	当日秩和检验
20191214	−54.03	−20.6%	−0.901	<0.2	低	—	—	0.05
20191218	−19.57	−16.6%	−0.318	>0.25	不	—	—	—
20191219	−22.77	−19.8%	−0.369	>0.25	不	—	—	—
20191220	−33.07	−24.0%	−0.549	>0.25	不	—	—	—
20191221	−0.87	−0.6%	−0.014	>0.25	不	—	—	0.025
20191222	−29.71	−19.0%	−0.501	>0.25	不	—	—	0.025
20191223	−43.19	−28.8%	−0.724	<0.25	低	—	—	—
20191225	−33.19	−22.1%	−0.557	>0.25	不	—	—	—
20191227	−33.81	−18.5%	−0.577	>0.25	不	—	—	—
20191228	−44.71	−17.7%	−0.751	<0.25	低			—
20191229	−164.2	−54.5%	−2.621	<0.01	高	−83.76	27.8%	—
20191230	−122.4	−47.7%	−2.050	<0.05	显著	−79.83	31.1%	—
20191231	−72.67	−39.4%	−1.241	<0.1	基本	—	—	0.025

3.3　随机试验统计分析

为了检验以上结果的可信度，本课题组进行两个蒙特卡洛随机试验来分析两地 AQI 可能的自然变化对统计结果带来的可能影响，从而进一步分析上述检验结果的可信度。第一个随机试验的具体步骤如下：

第一，按照时间，将所有试验样本(包括作业和非作业)，随机分成 A、B 两组，每组 15 个；

第二，分别计算目标区和对比区在 A、B 两组内 AQI 的平均值。

第三，计算随机双差值 RDD(random double difference)：

$$\mathrm{RDD}=(\mathrm{AQI}_{\mathrm{T_A}}-\mathrm{AQI}_{\mathrm{T_B}})-(\mathrm{AQI}_{\mathrm{C\_A}}-\mathrm{AQI}_{\mathrm{C\_B}}) \tag{11}$$

式中，下标 A、B 为两组随机样本，T 为目标区，C 为对比区。

第四，进行上述随机试验 1000 次，绘制出 RDD 的频率分布。

第五，计算作业和非作业期两地 AQI 变化的区别 DD(double difference)：

$$\mathrm{DD}=(\mathrm{AQI}_{\mathrm{T\_SEED}}-\mathrm{AQI}_{\mathrm{T\_NOSEED}})-(\mathrm{AQI}_{\mathrm{C\_SEED}}-\mathrm{AQI}_{\mathrm{C\_NOSEED}}) \tag{12}$$

式中，下标 SEED、NOSEED 代表作业期和非作业期。

上述方法可以估算试验期间两地在任意时段内 AQI 变化的区别。如图 5 所示，RDD 的值在−55～65 之间变化，总体成高斯分布，峰值出现在 RDD 约为−10 处。DD 值(−50.62)小于绝大部分 RDD，说明人工消雾导致的两地 AQI 变化的区别不同于绝大部分情况下两地自然变化的区别，因此，人工消雾对 AQI 的作用可以从复杂的自然变化中体现出来。

在 3.2 节的分析中，以非作业期的样本做回归方程，为了将可能的 AQI 自然变化体现在回归方程中，设计第二个蒙特卡洛随机试验，具体步骤如下：

第一，在所有样本中(包括作业和非作业)，随机选择 15 个样本；

第二，对所选择的随机样本做回归方程；

第三,基于新的回归方程计算作业期目标区样本的 AQI 变化值Δy_k;

第四,重复随机试验 1000 次,绘制Δy_k的频率分布。

第二个随机试验的结果如图 5 所示,从图中可以看出,85.54%的随机试验结果得到的Δy_k是小于 0 的。在所有Δy_k大于 0 的随机试验中,至少有 9 个样本实际上是在进行播撒催化剂作业后的 AQI,用这些 AQI 数据进行随机试验,可能已经包含了较大的人工消雾影响。

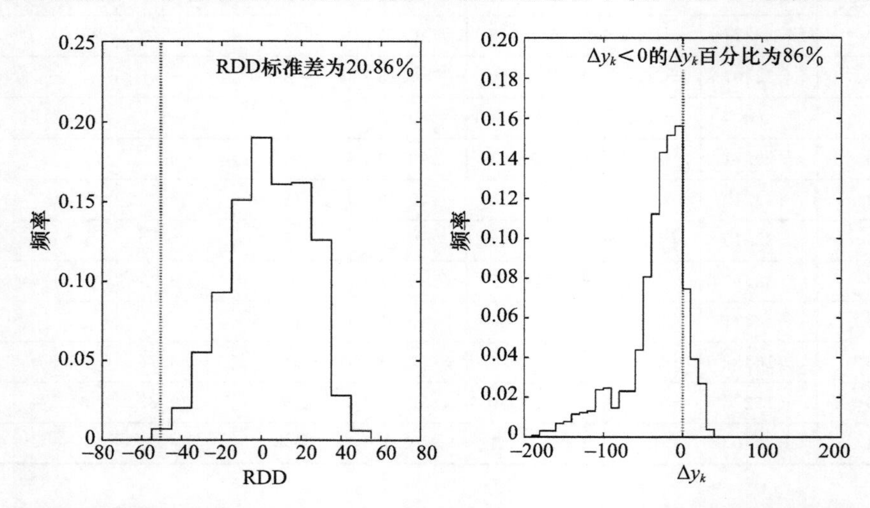

图 5　第一种蒙特卡洛随机试验 RDD 频率分布 (a);第二种蒙特卡洛随机试验Δy_k频率分布(b)

(虚线是作业和非作业期两地 AQI 变化的区别 DD)

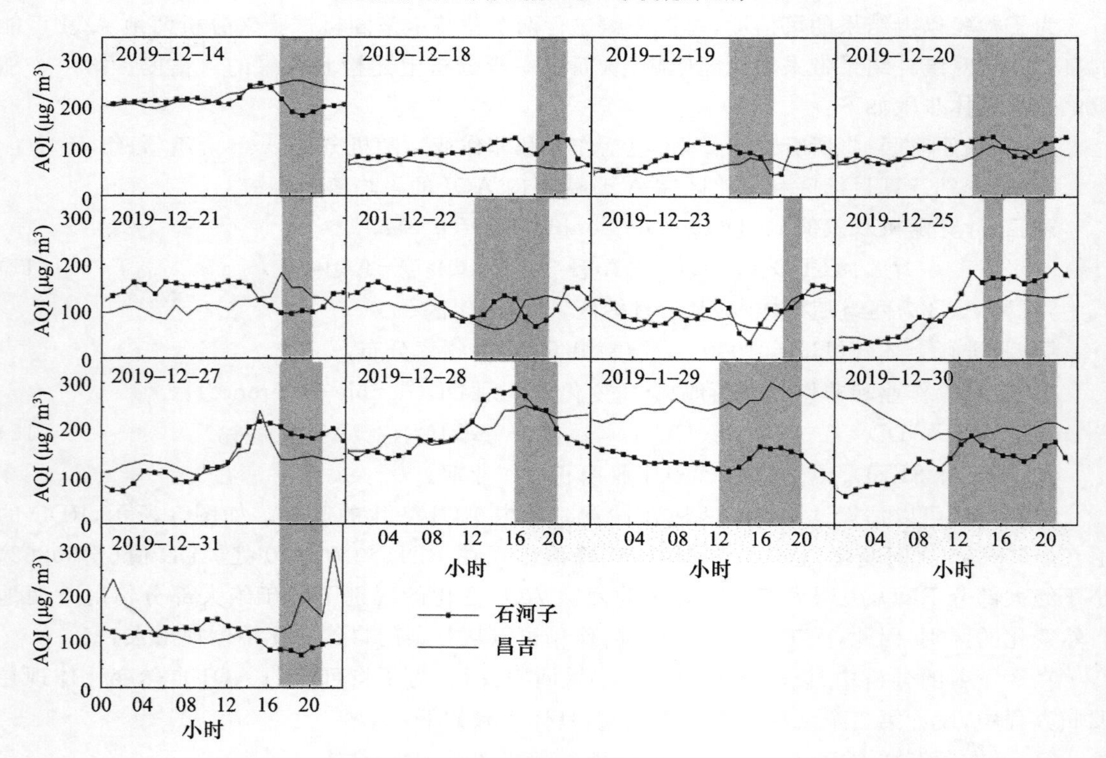

图 6　作业日 AQI 指数 24 h 整点变化图

(阴影区域为每日作业及影响时段)

以上分析表明，在人工作业期间，目标区平均 AQI 的实测值小于期望值，且从两个随机试验结果来看，人工消雾的作用超过了大部分情况下可能的自然变化的影响，因此从统计上说明人工消雾起到了一定作用。以上分析均基于日均或多日平均的 AQI，这并不能表明每次人工作业都有显著的作用。同时，上述统计也不能完全排除单日内 AQI 自然变化的影响，尤其是在两地区 AQI 相关性不高的日期，这从表 2 的单日样本显著性分析已经可以得到初步结论。在表 2 中，作业日每日秩和检验是根据当日作业时间，取开始作业后整点小时数据到作业完毕 3 个整点小时的数据作为影响数据，与当天 24 h 的其他整点 AQI 数据进行秩和检验。表 2 当日秩和检验列中看出只有 20191214、20191221、20191222 和 20191231 四天当天的作业时段作业效果很显著，均为 0.05～0.025 显著性水平，其他作业天不显著。分析原因主要是，作业时段均在白天，特别主要是在污染时段重的下午实施作业，而晚上一般由于城市人流活动基本停止，企业生产也是部分生产，因而晚上 AQI 指数自然会较小。因此，作业效果与当日全天 24 h 的 AQI 值进行比对很难显现。但是以“日”为单位的整体评估效果显著，说明人工作业还是抑制了白天人们生产生活活动造成的 AQI 指数的上涨。图 6 是 13 个作业日内两个地区 AQI 的时间变化，该图进一步说明，在有些情况下，单日内两地 AQI 的自然变化大，甚至趋势不同，且相关性并不高，因此，对于单日的人工消雾效果分析，难以排除自然变化带来的影响，只有在样本数足够的情况下进行多日的统计分析，才能体现出人工消雾的作用，而对于统计来说，有效样本数量越多，统计结果越可靠。

4 讨论

由于受温度、湿度、风、降水等天气条件，以及污染源分布、排放等诸多因素综合影响，样本背景时空分布 AQI 的自然变化很大。人工作业效果的统计检验相当于从这些高的“噪声”中提取人工作业影响而产生的效果“信号”。因此，用统计检验方法分析人工消雾的影响需要进行严格的可靠性分析。从统计学和人工影响天气角度考虑，相对于序列试验法、不成对秩和检验法和 Welch 检验法等，本文采用的区域回归试验法检验功效、准确度较高。所谓回归分析，就是为了寻找非确定性关系的统计相关，并运用其从一个或多个变量去估算统计相关的另一个变量，同时还应确定其准确度的大小。本文在确定两地区的日均 AQI 有高度相关性的基础上，进行了回归检验分析，并且用 t 检验法检验了显著性；其次，为了分析变量差异主要是有自变量引起还是其他因素造成的，利用 F 检验法对回归方程进行了显著性检验；再次，为了估算 AQI 自然变化的对统计结果的可能影响，采用两个不同的蒙特卡洛随机试验对样本进行了统计分析。因此，本文采用的统计检验是严格的，其结果有较高的可信度。

虽然区域回归试验法相比较于其他一些检验法，检验功效、准确度较高，但是它也存在一些缺陷。主要是：常常较难选择到理想的对比区，致使回归分析灵敏度不高，难于分析出较小的作业效果；选择不同的对比区建立回归方程，可以得到不同的结论；必须依赖历史资料，而实际对比区和目标区历史资料难以满足建立回归方程的要求。此外，从图 6 的分析可以看出，在单个试验日期内，或者样本数量不够时，自然变化的影响是不能忽略的，因此，需要足够的样本数。未来，通过更多的人工消雾作业试验，可以进一步加强本文的统计分析。

除了统计检验人工作业的作用外，还应注重消减雾霾过程中的物理检验，即通过设计试验分析人工消雾对雾的发展过程和宏、微观特征带来的影响，以体现人工影响天气作业效果的物理机制和效应。物理检验通常注重的是雾的发展过程，从本文的分析可以看出，雾的自然变化可能很大,难以定量提取出人工作业的作用。因此,需要利用多种仪器同步观测并进行融合分析,例如,使用激光雷达回波探测雾的垂直结构随时间的变化,用雾滴谱观测其微物理特征,并结合常规气象站点资料、再分析资料、风廓线雷达等对环境的变化进行监测。结合物理检验和多样本的统计检验,能更好地理解人工作业过程中相关的物理机制,并对人工作业的效果进行综合的定量分析。

本试验并没有针对不同天气条件下、不同催化剂的消雾效果进行检验,主要是因为试验样本总数不够,并且试验是在冬季进行的。大部分作业过程中使用的是冷云碘化银催化剂,仅在部分作业过程中配合使用了吸湿性催化剂和静电催化剂。之前的研究表明,用碘化银对冷云增雪的催化效果与温度、稳定度、风速等单一环境变量没有直接关系,说明用碘化银增雪的效果可能会受到多种不同因素的影响。但是,还没有研究分析不同环境变量下用碘化银消雾的效果,从理论上说,其效果也是与多种因素相关的,例如人工播撒的方式、温度、雾内的湍流强度、雾的微物理特征以及地形等。

综上,本文通过对 31 个样本进行分析,从统计上给出了人工消雾改善空气质量产生作用的一些证据。但是,为了更好地理解其中的相关物理机制,以及定量分析不同条件下不同催化剂的效果,未来还需要对更多的样本进行采集和分析,并设计试验用多种设备进行综合观测。

5 结论

(1)在非作业日内,石河子和昌吉的 AQI 日变化呈高度的相关性,用于进行人工作业效果分析的试验数据样本相关性经 t 检验满足要求。所建立的线性回归方程经 F 检验可信程度达到 99%,显著性非常高。

(2)区域回归分析表明,石河子市开展人工消雾作业期,AQI 指数平均减少值为 52,相对减少率为 28.1%。进一步进行 90%置信区间估算结果表明,开展作业后目标区 AQI 值的平均值减小了 23.71,平均值相对减小率为 15.1%。

(3)通过两个不同的蒙特卡洛随机试验表明,人工消雾对 AQI 产生的作用超过了试验期间大部分情况下两地 AQI 可能的自然变化的区别,因此,可以认为统计结果的可信度是很高的,在样本数足够时,人工消雾改善空气质量的作用可以从复杂的自然变化中体现出来。但是,对于单日内的污染过程,其自然变化十分复杂,人工作业的作用难以进行定量化计算。

本文通过统计方法提供了人工消雾消减 AQI 的一些证据。未来,需要更多的试验样本以及综合观测试验,来进一步理解不同天气背景条件下人工消雾的相关物理机制,并进行人工改善空气质量的定量计算。

利用统计检验对比法对克拉玛依市冬季飞机人工增水作业效果再分析

郑博华[1]　李圆圆[1]　赵克明[2]　兰文杰[3]

（1. 新疆维吾尔自治区人工影响天气办公室，乌鲁木齐 830002；
2. 新疆气象台，乌鲁木齐 830002；3. 克拉玛依市气象局，克拉玛依 834000）

摘　要　利用1961—2017年新疆塔城地区塔城站（对比区）、克拉玛依市克拉玛依区气象站（目标区）57 a气象观测站的年12月降水量资料，运用不成对秩和检验、序列试验检验和 t 检验等数理统计方法，结合对比区对目标区1988年起开展飞机人工增水作业前历史期27 a和作业期30 a的12月降水量进行了客观定量地统计对比差异评估分析。结果表明：(1)运用非参数性不成对秩和检验法，对比区增水显著性水平低于0.05，而目标区增水显著性达到 $\alpha=0.025$。(2)使用序列试验法，虽然在降水绝对增加值上目标区远不及对比区，但从相对增加率可以明显看出，开展飞机人工增水后目标区大于对比区，两者相差11.57%。(3)利用单边检验，对比区 t 显著性小于0.05，而目标区 t 显著性为 $\alpha=0.025$；选定 $\alpha=0.1$ 置信区间，对比区平均年12月降水量绝对增加值为为3.57 mm，相对增加率为16.5%，而目标区绝对降水增加值为1.19 mm，相对增加率为26.0%，高于对比区增加率9.5%。由此可得，开展冬季飞机增水以来，认为目标区降水量增量有了显著的增长。

关键词　飞机人工增水　对比区　目标区　统计分析　效果评估

1　引言

人工增雨，是指根据自然界降水形成的原理，人们为了补充某些形成降水的必要条件，促进云滴迅速凝结或碰并增大成雨滴，降落到地面的过程。自20世纪50年代起美国就着手开展大规模人工增雨试验，时至今日仍保持年平均40多架次飞机人工作业增雨实施方案，同时期澳大利亚也相继开展飞机人工播撒干冰对层积云作业试验。目前为止，世界上已有超过90个国家和地区先后加入了人工增雨的科技作业试验实施行列中，其中高性能飞机的投入使用以及播撒技术和装备不断升级改造，人工影响天气作业装备水平呈显著提高趋势[1-4]。我国人工增水事业紧跟世界脚步，近年来，不断有成熟的现代化科技手段运用于人工增水作业业务工作中。孙锐等[5]结合我国人工影响天气地面作业空域申报系统，实现地面作业空域直达申报，明显提升空域资源使用率；丁晓东等[6]利用2 a CLOUDSAT和CALIPSO卫星主动遥感资料分析了我国西北3个典型区域不同云类型的宏观及微观的垂直结构特征，得到降水云的有效粒子半径随高度上升具有明显的递减趋势；王以琳等[7]选取2016年6月23日人工增雨作业个例，得出作业后作业云的基本反射率观测像元总数逐渐增加，催化对强度较小的雷达回波先起作用，对作业层内垂直液态水含量的影响随高度增加而减小；王劲松等[8]利用1991—2002年飞机人工增雨作业资料，得出三种甘肃降水的高空环流类型，即平直多波动型、西南气流型和西北气流型；李宗义等[9]选用甘肃省飞机人工增雨共计116架次飞机资料样本，对有利飞机人工增雨的天气系统进行了分类;曹玲等[10]利用多普勒雷达资料,分析了2005年一次人工增雨降水过程的雷达回波特征,认为在人工增雨作业共同影响下强度场、速度场具有混合性降水回波特征,并且在增雨催化阶段表现显著。

新疆作为21世纪战略资源枢纽和欧亚大陆通道,国家在推进"一带一路"建设中,将新疆定位为"丝绸之路经济带上重要的交通枢纽、商贸物流和文化科教中心,打造丝绸之路经济带核心区"。然而新疆的水资源短缺问题多年来一直受到各级政府的高度关注,不少学者专家也致力于如何开发利用新疆空中云水资源,陈春艳等[12]从全疆逐时降水角度对云降水资源特征进行了研究分析,进而在人工开发空中云水资源的问题上奠定了基础;高子毅等[11]得出了白杨河地形云降水效率较低,但最具增水潜力。

由于目前预报的准确性满足不了人工影响天气的需要,加之在现实中云的特征存在明显变动性,因此,人工影响天气效果检验是一个极为重要但又是非常困难的课题,也是当前国内外人工影响天气面临的亟待解决的重大科学技术问题之一[13]。效果检验方法的不同同样会导致人工增雨的降水量增加效果的差异[14]。以色列的人工增雨试验工作持续了近40年,是目前世界上最认可的增水效果检验试验,在1961—1975年间开展了两期人工增水试验,分别得到了15%和13%的增雨效果[15-17];美国西部山区的人工增水科学试验同样得到了10%~15%的增水效果[18]。我国同样有不少学者纷纷开展了人工增水效果统计检验工作,如:1975—1986年曾光平等[19]在福建古田水库试验,得到统计增水超过20%;秦长学等[20]在北京密云水库开展人工增水试验,得出增水率为13%;钱莉等[21-22]使用多种不同统计检验法,分别得出1997—2004年与2002—2004年冬春季甘肃河西走廊东部开展人工增雨雪后的8 a平均相对增雨率和3 a平均增雪率依次为26%和40.2%;高子毅等[23-25]利用水文资料,采用对乌鲁木齐河流域进行夏季人工增雨效果检验得出增水率19.9%,利用相同的方法,对白杨河流域自冬季人工增水作业以来年径流增量进行了两次统计评估,得到结论为11.6%和19.4%的相对增加率。

李斌等[26]已利用统计学方法对克拉玛依单站冬季飞机人工增水历史期31 a和作业期29 a开展了作业效果评估,得到自开展飞机人工增水作业以来,克拉玛依市冬季降水量有了明显增加,相对增加率为24.5%。但从1961—2010年新疆全疆地区面雨量趋势来看[27],其线性趋势变化率为172.9亿 $m^3/(10\ a)$,其中北疆地区线性趋势变化率为48.4亿 $m^3/(10\ a)$,上述数据表明,总体上北疆地区降水年际变化呈稳定增长趋势。因此,开展单站作业效果评估存在未考虑气候背景变化的因素,为了去除这一自然变化增长影响,更加科学准确的开展人工影响作业效果评估,本文找到合理的对比区进行对比统计分析评估,使得检验合理度、准确度、可信度大幅提升。

2 研究区概况

克拉玛依市地处准噶尔盆地西部,欧亚大陆的中心区域,是中国重要的石油石化基地。克拉玛依市地貌大部分为戈壁滩,地形呈斜条状,南北长,东西窄。克拉玛依市位于中纬度内陆地区,四季中,冬夏两季漫长,且温差大,春秋两季为过渡期,换季不明显,属典型的温带大陆性气候。大风、冰雹等灾害天气频发。由于水资源对国民经济的重要性,自1988年至今,每年冬季(11月中旬至翌年1月中旬)租用一架飞机在北疆地区指定的作业区域进行飞机播撒液氮、干冰、碘化银等催化剂,以缓解日益加剧的水资源短缺问题。

3 资料与研究方法

3.1 资料

采用区域回归分析方法中目标区和对比区的选定要求有三点:(1)受人工催化影响的目标区应位于作业点的下风方向;对比区位于目标区的上风方向或垂直于风向的侧面,且不受催化影响;(2)目标区地形、地貌、面积应与对比区大体相当;(3)二区样本的相关系数显著性应达到0.05以上。通过计算,从对比区、目标区历史期12月的降水量来看,历史相关系数为0.19,其拟合度值不高,因此,本文并未采用区域回归分析方法。经分析,相关系数低的原因为塔城地区与克拉玛依地区所处的地理环境存在一定差异,所以两地本身气候是有差异性的,塔城地区位于山区西部的迎风坡,而克拉玛依属于山区东部的背风坡,准格尔盆地边缘,迎风坡与背风坡的不同造成了降水量的差异。但是,本文之所以选取塔城作为对比区站点,其一是因为我国塔城地区西部与哈萨克斯坦接壤,紧挨边境线,飞行作业区域无法覆盖,故塔城站未受到人工影响作业的"污染",其二是两地属于同一天气系统,由哈萨克斯坦东移的天气系统进入我国塔城地区,进一步东移过程中影响克拉玛依,虽然相关系数不高,但塔城站可以作为这一区域气候背景变化的指标站。

克拉玛依区气象站(海拔高度456.6 m)和塔城气象站(海拔高度536.1 m)分别建于1957年和1953年,均属于国家基本站。克拉玛依冬季飞机人工增水时段为每年11月中旬至次年1月中旬,故选用经过新疆气象局气象信息中心校验后的塔城市、克拉玛依市1961—2017年年12月降水量资料作为统计变量。之所以没有选取11月或1月降水量资料,是因为克拉玛依冬季实施飞机增水作业时间是每年的11月中下旬左右至来年元月中下旬左右,而这两个月的飞机到达开始工作时间和飞机离开结束工作时间具有不确定性,只有每年12月完整一个月都在实施飞机人工增水作业。因此,本文只选取12月的降水量数据来做分析对比。

3.2 方法

统计检验、物理检验和数值模拟检验[28]为目前为止普遍使用的人工影响天气作业效果检验方法。本文采用的检验方法为对比统计检验。利用非参数性不成对秩和检验法、序列试验法和 t 检验法,以数理统计为基础进行显著性检验,引入对比区分别对不同区域不同时期的平均降水量差值进行显著性对比检验。

利用1961—2017年新疆塔城地区塔城站(对比区)、克拉玛依市克拉玛依区气象站(目标区)57 a气象观测站的年12月降水量资料,利用统计检验对比法,试图找寻作业前历史期27 a和作业期30 a的12月降水量变化率的显著性,得出可能的自然天气过程增水量以及人工影响天气增水增量。

4 结果及分析

4.1 不成对秩和检验法

秩和检验在文献上又称为W-M-W检验法,由Wilcoxon于1945年提出,秩和检验法属于非参数性检验法并在人工影响天气试验的效果检验中广为应用[29]。不成对秩和检验即比较两

个总体 $A(x)$ 和 $B(x)$,分别从中独立选取两个容量为 n_1 和 n_2 的随机样本($n_1 \neq n_2$):$a_1, a_2, \cdots, a_{n_1}$;$b_1, b_2, \cdots, b_{n_2}$。即原假设 H_0:两个总体相等,则 $A(x)=B(x)$;否则接受假设 H_1,即人工降水有显著效果。

本文分别对对比区和目标区的历史期 27 a 与作业期 30 a 的逐年 12 月降水量按秩序从小到大进行排列计算。采取历史期 27 a(容量小于作业期 30 a)的秩和进行比较[29]。由此得自 1988 年起开展飞机人工增水作业后样本容量为 $n_2=30, n_1=27$。

当 $n_1>10, n_2>10$ 时,$T \sim N\left(\frac{n_1(n_1+n_2+1)}{2}, \sqrt{\frac{n_1 n_2(n_1+n_2+1)}{12}}\right)$。利用正态分布检验计算数值 u:

$$u=\frac{T-\text{均值}}{\text{标准差}}=\frac{T-\frac{n_1(n_1+n_2+1)}{2}}{\sqrt{\frac{n_1 n_2(n_1+n_2+1)}{12}}}$$

若采用双边检验,$u \in(-1.96,+1.96)$,差异性不显著;反之,差异性显著,$\alpha=0.005$。单边检验时,若 $u \in[1.64,+\infty) \cup(-\infty,-1.64]$;差异性显著,$\alpha=0.005$;反之则不显著[19]。

在飞机人工作业增水中,无论是人工增量还是自然增量,只考虑降水的增加与否,而不考虑减少的情况,因此,使用单边检验即可;且若样本 B 比样本 A 显著地增加,则 u 为负值区间。通过计算得 $T_{对}=694, T_{目}=657$,一并将 $n_1=27, n_2=30$ 代入上式,得出:$u_{对} \approx -1.422, u_{目} \approx -2.014$。不难看出 $u_{对}>-1.64$,而 $u_{目}<-1.64$,即开展人工增水作业后,目标区增水增量明显,显著性高于 0.05。通过查表得,$\alpha_{目}=0.0025$。

4.2 序列试验法

该方法主要依托对比区、目标区降水量历史资料,分别统计不同时期的逐月降水量,计算对比区、目标区的历史期与作业期平均降水量差异。然后根据对比区和目标区降水量变化情况,得出不同区域增水量增量的效果评估值。

塔城站(对比区)12 月份降水量有 27 a 的历史期资料,即对比区历史期 12 月平均降水量为 $\overline{x}_1=21.64$ mm;作业期(30 a)12 月平均降水量为 $\overline{x}_2=29.01$ mm。即可认为自然降水的绝对增加值为:$\Delta x=\overline{x}_2-\overline{x}_1=7.37$ mm;相对增加率为 $E_{对}=\frac{(\overline{x}_2-\overline{x}_1)}{\overline{x}_1} \times 100\% \approx 34.06\%$。

克拉玛依站(目标区)12 月份降水量有 27 a 的历史期资料,即目标区历史期 12 月平均降水量为 $\overline{y}_1=4.58$ mm;作业期(30a)12 月平均降水量为 $\overline{y}_2=6.67$ mm。则开展飞机人工增水作业后的绝对增加值为:$\Delta y=\overline{y}_2-\overline{y}_1=2.09$ mm;相对增加率为 $E_{目}=\frac{(\overline{y}_2-\overline{y}_1)}{\overline{y}_1} \times 100\% \approx 45.63\%$。

虽然在绝对增加值上目标区远不及对比区,但从相对增加率可以明显看出,开展人工增水作业后目标区大于对比区,增水率高出 11.57%。

4.3 t 检验法

t 检验法是一种参数性检验法。在总体是正态分布的前提下,小样本(n 不超过 30)的检验可用 t 检验法,并要求作业前后不改变统计变量的方差[29]。在目标区开展飞机增水作业以来,t 检验法即采用历史期样本和作业期样本两者平均数的变化值作为条件来判定差值相关显著性。由于在人工作业增水中只关注降水量的增加与否（不考虑减少），因此一般选择单边 t 检验。

4.3.1 统计变量与 Jarque-Bera 方法

分别选取 1961—2017 年塔城站、克拉玛依站逐年 12 月降水量分别作为统计变量。在进行参数估计和假设检验时，通常总是假定总体服从正态分布，在大多数情况下这个假定是合理的，但确有必要对这个假设进行检验，Jarque-Bera 方法利用正态分布构造一个包含 g_1，g_2 的分布统计量（自由度 $n=2$），对于显著性水平，当分布统计量小于分布的分位数时，接受 H_0：总体服从正态分布；否则拒绝 H_0，即总体不服从正态分布。经过计算检验四组数据源服从正态分布（图 1）。

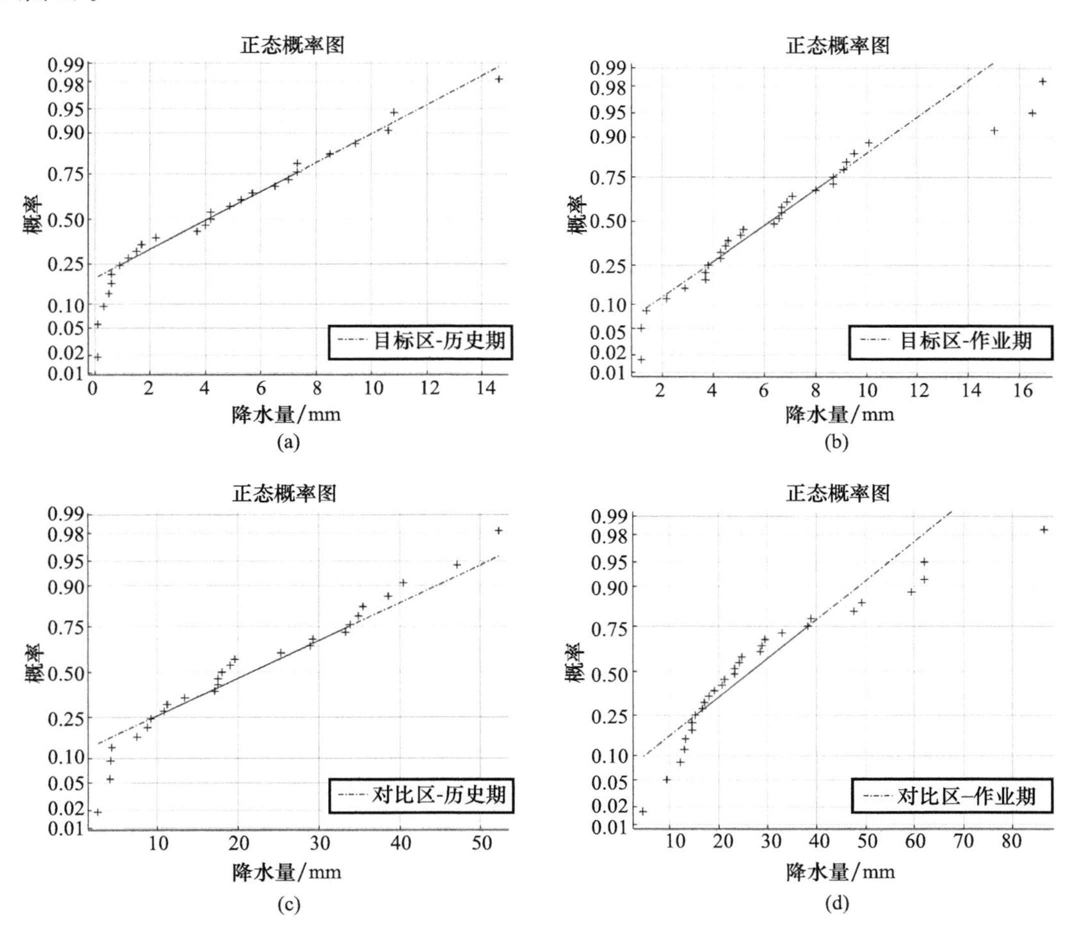

图 1　目标区(a)、(b)对比区(c)、(d)历史期与作业期正态分布

4.3.2 方差检验

利用 F 检验法，分别对不同区域（对比区、目标区）的不同时期（1961—1987 年、1988—2017 年）逐年 12 月降水量数值的方差变化进行显著性检验。通过计算得出对比区历史期方差 $s_1^2=199.0441$（$s_1^2=\dfrac{1}{n_1-1}\sum_{i=1}^{n_1}(x_{1i}-\overline{x}_1)^2$），自由度为 $\nu_1=27-1=26$；对比区作业期方差 $s_2^2=$

361.1520($s_2^2 = \frac{1}{n_2 - 1}\sum_{i=1}^{n_2}(x_{2i} - \overline{x}_2)^2$),自由度为 $\nu_2 = 30 - 1 = 29$;目标区历史期方差 $s_1^2 =$ 15.2592($s_1^2 = \frac{1}{n_1 - 1}\sum_{i=1}^{n_1}(y_{1i} - \overline{y}_1)^2$),自由度为 $\nu_1 = 27 - 1 = 26$;目标区作业期方差 $s_2^2 =$ 15.2592($s_2^2 = \frac{1}{n_2 - 1}\sum_{i=1}^{n_2}(y_{2i} - \overline{y}_2)^2$),自由度为 $\nu_2 = 30 - 1 = 29$。具有参数 ν_1、ν_2 的 F 变量满足 $F = \frac{s_1^2}{s_2^2}$。通过计算得 $F_{对} \approx 1.8145$,$F_{目} \approx 1.0979$,均小于给定值 $F_{0.01} = 1.87(\alpha = 0.01)$,$F_{对}$、$F_{目}$ 表明无论是对比区还是目标区均未改变总体方差。

4.3.3 t 检验法

表 1 对比区、目标区逐年 12 月降水量作为统计变量的样本差值的显著性检验结果

历史期			作业期		
年份	x_1(mm)	y_1(mm)	年份	x_2(mm)	y_2(mm)
1961	4.4	3.7	1988	24.3	9.1
1962	40.4	0.1	1989	18.1	16.9
1963	8.8	7.3	1990	20.7	4.3
1964	19.6	5.7	1991	28.9	4.3
1965	4.2	1.7	1992	23.3	3.7
1966	34.9	10.8	1993	21.2	4.6
1967	9.2	1.5	1994	12.2	10.1
1968	28.9	1.2	1995	19.1	3.8
1969	10.8	8.5	1996	62	8
1970	35.5	6.5	1997	62.1	6.6
1971	47.2	9.4	1998	29.6	2.2
1972	29.2	0.3	1999	9.5	1.2
1973	4.1	0.9	2000	59.4	6.4
1974	2.6	0.6	2001	13.1	9.2
1975	17.5	2.2	2002	39	6.7
1976	19	4.2	2003	14.6	2.9
1977	33.3	10.6	2004	24.8	16.5
1978	52.3	0.1	2005	16.8	8.7
1979	18	4.9	2006	28.6	5.1
1980	17.5	14.6	2007	17.1	5.2
1981	13.4	0.6	2008	4.6	1.4
1982	7.5	0.5	2009	33	4.5
1983	33.9	4	2010	86.5	8.7
1984	17.1	7.3	2011	15.3	7.1

续表

历史期			作业期		
年份	x_1(mm)	y_1(mm)	年份	x_2(mm)	y_2(mm)
1985	11.2	4.2	2012	49.3	9.5
1986	38.6	5.3	2013	14.7	6.9
1987	25.3	7	2014	13.3	1.2
			2015	47.6	6.7
			2016	38.3	15
			2017	23.4	3.7

在通过 Jarque-Bera 正态分布检验和 F 方差检验之后，可使用 t 检验法对二者不同区域进行人工作业增水增量进行检验。分别使用对比区、目标区历史期年 12 月降水量的平均值作为作业期年 12 月降水量平均值的期待值。详细计算见表 1。

$$t_{对}=\frac{(\overline{x}_2-\overline{x}_1)}{\sqrt{\frac{(n_1-1)s_1^2+(n_2-1)s_2^2}{n_1+n_2-2}}}\cdot\frac{1}{\sqrt{\frac{n_1+n_2}{n_1n_2}}}$$

$$t_{目}=\frac{(\overline{y}_2-\overline{y}_1)}{\sqrt{\frac{(n_1-1)s_1^2+(n_2-1)s_2^2}{n_1+n_2-2}}}\cdot\frac{1}{\sqrt{\frac{n_1+n_2}{n_1n_2}}}$$

通过计算得出：$t_{对}=1.6468$，$t_{目}=1.9686$，单边检验，$t_{对}$ 显著性小于 $t_{0.05}=1.6725$，显著性小于 0.05，接近 0.055，可认为符合自然气候降水增长变化；而 $t_{目}$ 显著性远大于 $t_{0.05}=1.6725$，显著性大于 0.05，故开展人工作业增水增量效果显著，显著性水平接近 0.025。

取置信水平 $\alpha=0.1$，利用如下公式可推算出区间：

$$u_1-u_2>(\overline{x}_2-\overline{x}_1)-t_{2\alpha}S\cdot\frac{1}{\sqrt{\frac{n_1+n_2}{n_1n_2}}}$$

$$u_{1'}-u_{2'}>(\overline{y}_2-\overline{y}_1)-t_{2\alpha}S\cdot\frac{1}{\sqrt{\frac{n_1+n_2}{n_1n_2}}}$$

式中，$S=\sqrt{\frac{(n_1-1)s_1^2+(n_2-1)s_2^2}{n_1+n_2-2}}$，$u_1-u_2$ 为对比区年 12 月自然降水平均增加量，$u_{1'}-u_{2'}$ 为目标区年 12 月人工增水作业平均增加量，以上可信度均为 90%。有关数据代入公式后，$u_1-u_2>3.5700$ mm，$u_{1'}-u_{2'}>1.1897$ mm。综上所述，对比区年 12 月自然降水量相对增加率为 $E=\frac{u_1-u_2}{\overline{x}_1}=\frac{3.5700}{21.6444}\approx16.5\%$；反观目标区年 12 月飞机人工增水作业降水量相对增加率为 $E'=\frac{u_{1'}-u_{2'}}{\overline{y}_1}=\frac{1.1897}{4.5815}\approx26.0\%$，高于对比区增水率 9.5%。

5 讨论与结论

不可否认，在全球气候变暖等复杂气候背景因素影响下，导致自然降水变化差异，引起时空分布变化缺少规律性，从而加强了人工催化效果的虚假“信号”，就目前来说，对统一区域较长时序的增水量增量进行效果评估时,统计检验方法依然是效果检验中最为可行的方法。本文以塔城站(对比区)、克拉玛依站(目标区)历年12月降水量为统计变量,对开展冬季飞机人工增水30年来增水效果进行了对比统计分析评估。结论如下:

(1)运用非参数性不成对秩和检验方法,在开展冬季飞机人工增水后,对比区显著性水平低于0.05,而目标区显著性水平却接近0.025;使用序列试验法,分别计算出对比区绝对增加量与相对增加率为7.37 mm和34.06%,目标区为2.09 mm和45.63%。虽然在绝对增加值上目标区远不及对比区,但从相对增加率可以明显看出,开展飞机人工增水后目标区降水量增加率大于对比区,相差11.57%。由于对比站点塔城站未受催化作业影响,它的变化可暂认为是由于气候变化所引起的。因此,可得目标区增水作业效果为11.57%。

(2)使用t检验法,计算对比区t显著性小于0.05,而目标区t显著性远大于0.05,接近0.025。可认为克拉玛依市降水量增量效果显著。设定统计显著性水平为0.1置信区间,在开展冬季飞机增水后,对比区平均年12月降水量绝对增加值为3.57 mm,相对增加率为16.5%,反观目标区绝对增加值为1.19 mm,而相对增加率为26.0%,高出对比区9.5%。

(3)本文使用三种统计分析方法(非参数性不成对秩和检验方法、序列试验法、t检验法),通过找到合理的对比区,对克拉玛依冬季开展飞机人工增水作业效果进行了一定程度上科学分析和客观定量地评估,为一些开展增水工作的地区效果评估工作提供了一些技术方案借鉴。

(4)众所周知,人工影响天气作业效果检验是世界性难题,关键在于没有一种方法能给出完全确定的效果。但作业效果检验又是人工影响天气工作中必不可少的、难以回避的、最终的重要环节。本文利用近60年的降水资料综合多种统计方法结合塔城站对比分析了克拉玛依开展人工影响天气作业30年的增雨效果,得到一定程度上可信的正效果,是十分有益的探索,结果对人工影响天气作业的开展具有支持作用,但气候变化背景下不同区域降水量的变化规律存在差异是客观存在的事实,这种差异的成因是否为开展人影作业产生的结果,而人影作业效果是否为增水内因,这都是亟待解决的问题。所以有效地定量识别人影作业效果等仍然需要进一步探讨,同时还应结合卫星云图、云雷达、多普勒雷达以及双偏振雷达等相关参数信息开展物理参数检验,进而论证统计分析方法在人工增水作业中的效果。

参考文献

[1] 邵洋,刘伟,孟旭,等. 人工影响天气作业装备研发和应用进展[J]. 干旱气象,2014,32(4):649-658.
[2] 高子毅,张建新,廖飞佳,等. 新疆天山山区人工增雨试验效果评价[J]. 高原气象,2005,24(5):734-740.
[3] 李泽椿,周毓荃,李庆祥,等. 人工增雨是缓和干旱半干旱地区水资源匮乏的一个补充条件[J]. 新疆气象,2006,29(1):1-11.
[4] 郑国光,郭学良. 人工影响天气科学技术现状及发展趋势[J]. 中国工程科学,2012,14(9):20-27.
[5] 孙锐,李宏宇. 人工影响天气地面作业空域管理信息化设计研究[J]. 干旱气象,2016,34(1):202-206.
[6] 丁晓东,黄建平,李积明,等. 基于主动卫星遥感研究西北地区云层垂直结构特征及其对人工增雨的影响[J]. 干旱气象,2012,30(4):529-538.
[7] 王以琳,姚展予,林长城. 人工增雨作业前后不同高度雷达回波分析[J]. 干旱气象,2018,36(4):644-651.
[8] 王劲松,王琎,李宝梓. 甘肃春末夏初飞机人工增雨天气系统分型[J]. 干旱气象,2003(4):41-44.
[9] 李宗义,庞朝云. 甘肃省飞机人工增雨天气系统分型和天气特点[J]. 干旱气象,2004(1):26-29.
[10] 曹玲,李国昌,郭建华,等. 多普勒雷达产品在祁连山区一次人工增雨作业中的应用分析[J]. 干旱气象,

2006(2):39-44.
[11] 高子毅,张建新,胡寻伦,等．新疆云物理及人工影响天气文集[C]. 北京:气象出版社,1999:13-22.
[12] 陈春艳,赵克明,阿不力米提江·阿布力克木,等．暖湿背景下新疆逐时降水变化特征研究[J]. 干旱区地理,2015,38(4):692-702.
[13] 李大山,章澄昌,许焕斌,等．人工影响天气现状与展望[M]. 北京:气象出版社,2002:325.
[14] 郭红艳,李春光,刘强,等．山东济宁地区人工增雨效果检验[J]. 干旱气象,2014,32(3):454-459.
[15] GABRIEL KR. The Israeli rainmaking experiment 1961—1967, final statistical tables and evaluation [R]. Tech Rep, Je rusalern, Herbrew University, 1970:47.
[16] GAG IN A, NEUMANN J. The second Israeli randomized cloud seeding experiment: Evaluation of the results[J]. J Appl Meteor, 1981, 20: 1301-1331.
[17] 曹学成,张光连,马培民．以色列、德国的人工影响天气现状考察[J]. 气象科技,1996(4):43-46.
[18] HESS W N. Weather and climate modification [M]. New York: Wiley, 1974:282-317.
[19] 曾光平,方仕珍,肖锋．1975—1986 年古田水库人工降雨效果总分析[J]. 大气科学,1991,15(4):97-108.
[20] 秦长学,张蔷,李书严,等．密云水库蓄水型增水作业效果分析[J]. 气象科技,2005,(S1):74-77.
[21] 钱莉,俞亚勋,杨永龙．河西走廊东部人工增雨试验效果评估[J]. 干旱区研究,2007,24(5):679-685.
[22] 钱莉,王文,张峰,等．河西走廊东部冬春季人工增雪试验效果评估[J]. 干旱区研究,2006,23(2):349-354.
[23] 高子毅,张建新,廖飞佳,等．新疆天山山区人工增雨试验效果评价[J]. 高原气象,2005,24(5):734-740.
[24] 高子毅．克拉玛依白杨河流域人工降水效果的统计评价[J]. 沙漠与绿洲气象,1990(8):29-31.
[25] 高子毅,刘广忠．克拉玛依山区人工增水效果的再评价[J]. 沙漠与绿洲气象,2000(1):23-26.
[26] 李斌,郑博华,兰文杰,等．克拉玛依市冬季飞机人工增雪作业效果统计分析[J]. 干旱区地理,2018,41(4):686-692.
[27] 史玉光．新疆降水与水汽的时空分布及变化研究[M]. 北京:气象出版社,2014:53-55.
[28] 中国气象局科技教育司．人工影响天气岗位培训教材[M]. 北京:气象出版社,2003:212-213,218,220.
[29] 叶家东,范蓓芬．人工影响天气的统计数学方法[M]. 北京:科学出版社,1982:161,284,339.

六盘山区一次积层混合云人工增雨作业效果评估分析

周 楠 马思敏 常倬林 林 彤

(1. 中国气象局旱区特色农业气象灾害监测预警与风险管理重点实验室,银川 750002;
2. 宁夏气象防灾减灾重点实验室,银川 750002;3. 宁夏气象灾害防御技术中心,银川 750002)

摘 要 利用布设在六盘山区不同站点的雨滴谱仪、Ka 波段云雷达和固原 CD 雷达及地面雨量计资料,对 2020 年 5 月 7 日宁夏固原市六盘山区一次层积混合云人工增雨个例进行效果评估。结果表明:本次天气过程符合人工增雨作业合理性要求。通过统计检验得到区域回归试验方法检验功效、准确度高,绝对增雨量为 9.4 mm,相对增雨率为 46.9%。基于固原 CD 雷达、雨滴谱仪、云雷达物理检验均得到很好的反应,各项特征参量能够有正的反应,在作业后效果最显著。

关键词 人工增雨 统计检验 物理检验

1 引言

人工影响天气是利用现代科学技术,在适宜的地理环境和天气条件下,经由人工干预,在云体的适当部位、适当的时机,采取科学的人工催化作业,使天气过程向期望的方向发展,可以获得增加降水量、预防或减轻干旱等灾害损失的效果[1]。开展人工影响天气工作,不仅是农业抗旱减灾的需要,也是水资源安全保障、生态建设的需要,对促进经济、社会的可持续发展具有十分重要的意义。但实施人工影响作业后,对作业的后果需要有清晰的认识和把握,也是一件十分重要的事,只有科学、客观的效果检验,才有利于推动人工影响天气的快速发展。

目前,国内外常用的人工影响效果检验的方法主要有统计检验、物理检验和数值模拟检验。统计检验可以从定量的角度给出人工催化作业的效果。20 世纪著名的以色列人工增雨试验应用的是统计检验方法,其试验得出增水 13%~15%的结果;贾烁等对江淮对流云增水开展统计分析,结果相对增雨率高达 63.18%,这表明对流云相对人工增水潜力更大[2]。1997—2004 年甘肃河西走廊东部开展人工增水作业 8a 平均累计增加降雨量 131.5 mm,平均相对增雨率为 26%[3]。但是统计检验方法完全撇开物理因子以及由于降水时空分布巨大起伏,且受到多种因子的综合作用,因而要得到客观、定量的结果十分困难。同时进行物理上的解释,检验结果才会完整、令人信服。

近年来,随着多普勒雷达以及各种高新探测设备的不断发展,效果的物理检验取得了一定成效,弥补了统计检验方法的不足。张中波等通过作业前后多普勒天气雷达产品检验,发现催化后影响区最大降雨量与目标云雷达回波参数变化有较好的对应关系,而对比云降雨量较为平缓,雨量也比目标云要小[4]。同时,李红斌等发现催化云体的雷达回波强度、回波面积、降雨时间,以及雨滴谱的变化特征等均表现了很好的物理效应,增雨试验效果显著[5]。六盘山区位于宁夏南部,地处暖温带森林边界区和半湿润区到半干旱区的过渡带,也是西北内陆地区空中水汽输送的主要通道之一。本文将利用作业区与对比区的统计检验方法及基于多普勒雷达、雨滴谱仪、云雷达的物理检验方法对 2020 年 5 月 7 日宁夏六盘山区一次层积混合云降水过程进行人工增雨效果检验评估分析，为进一步完善火箭增雨作业技术及提高作业科技水平和增雨效果做出贡献。

2 资料和方法

2.1 资料来源

利用2020年5月7日宁夏六盘山区一次多点次地面火箭人工增雨作业资料，包括地面降水、雷达、卫星和探空资料等。其中地面降水资料采用1951—2020年宁夏国家气象观测站日降水资料和2005—2020年宁夏区域自动站日降水资料；FY-2卫星云图；作业当日08时、20时崆峒探空站点数据；固原雷达资料，陈靳、大湾雨滴谱仪资料，六盘山Ka波段(毫米波)云雷达资料。

2.2 数据方法

本文采用统计检验方法和物理检验方法，对5月7日多点次地面火箭增雨作业进行效果评估。其中统计检验分为序列试验法、区域对比试验法、双比分析和区域回归试验法。物理检验将基于多普勒雷达、雨滴谱仪和Ka波段云雷达产品进行效果检验分析。其中除雨滴谱仪反演的基本物理量分析外，我们将通过计算雨滴粒子的数浓度 N_w 和平均直径 D_m，来探讨作业前后变化特征。计算公式如下：

首先计算单位体积、单位尺度间隔的雨滴谱数浓度：

$$N(D_i)=\sum_{j=1}^{32}\frac{n_{ij}}{A\cdot\Delta t\cdot V_j\cdot\Delta D_i} \tag{1}$$

式中：n_{ij} 代表尺度第 i 档、速度第 j 档的雨滴数；A 代表采样面积(单位：m^2)；Δt 代表采样时间(单位：s)；D_i 代表第 i 档的中值直径(单位：mm)；ΔD_i 代表对应的直径间隔(单位：mm)；V_j 代表第 j 档雨滴的下落末速度(单位：m/s)；$N(D_i)$ 代表直径 D_i 至 $D_i+\Delta D_i$ 的雨滴浓度(单位：$mm^{-1}\cdot m^{-3}$)。通过 $N(D_i)$ 可以计算雨强 R(单位：mm/h)和液态水含量 W(单位：g/m^3)：

$$W=\frac{\pi\rho_w}{6000}\sum_{i=3}^{21}N(D_i)D_i^3\Delta D_i \tag{2}$$

$$R=\frac{6\pi}{10^4}\sum_{i=3}^{21}\sum_{j=1}^{32}V_jN(D_i)D_i^3\Delta D_i \tag{3}$$

式中：$\rho_w=1.0g/cm^3$ 表示液态水密度。

郑娇恒等通过M-P和Gamma雨滴谱分布函数的对比研究，指出两种分布在强降水时差异小，弱降水时差异大，Gamma分布的代表性更好[6]。因此，选取Gamma函数对雨滴谱进行拟合：

$$N(D)=N_0D^{\mu}\exp(-\Lambda D) \tag{4}$$

式中，D 是雨滴直径(单位：mm)；N_0 是截断参数(单位：$mm^{-1}\cdot m^{-3}$)；μ 是形状因子；Λ 是斜率参数(单位：mm^{-1})。目前，应用阶矩法估算以上三个参数最为广泛，第 n 阶矩定义为：

$$M_n=\int_0^{\infty}D^nN(D)\mathrm{d}D=N_0\frac{\Gamma(\mu+n+1)}{\Lambda^{\mu+n+1}} \tag{5}$$

式中，利用雨滴谱的3、4阶矩求得雨滴的质量加权平均直径 D_m(单位：mm)：

$$D_m = \frac{M_4}{M_3} \tag{6}$$

并且,由雨滴质量加权平均直径 D_m 和液态水含量 W 计算广义截断参数 N_w(单位:$mm^{-1} \cdot m^{-3}$):

$$N_w = \frac{4^4}{\pi \rho_w}\left(\frac{10^3 W}{D_m^4}\right) \tag{7}$$

N_w 相对于 N_0 而言,其不受 Gamma 函数中形状因子 μ 的影响。反映雨水含量和雨滴大小一定时,雨滴数浓度的大小情况,有更明确的物理意义[7]。

3 作业过程及作业合理性分析

3.1 地面人工增雨作业情况

2020 年 5 月 7 日白天宁夏固原市普降小雨,宁夏人影指挥中心实时监测多源数据,根据回波发展动态,及时组织宁夏固原市增雨条件比较适宜的地区开展火箭增雨作业。此次作业时间段为 5 月 7 日 11:01—11:02,作业 5 点位(表 1)。

表 1 5 月 7 日人工增雨作业情况

县(区)	作业地点	作业时间	点次	仰角(°)	方位角(°)
泾源	惠台	11:01—11:02	2	65	315
隆德	陈靳	11:01—11:02	2	65	90
泾源	黄花	11:01—11:02	1	65	135

3.2 天气形势分析

5 月 7 日 08 时,500 hPa 乌拉尔山东南侧有一高空冷涡,涡底部的低压槽位于新疆北部,且槽后有冷空气沿西北气流东移南下,合并至西风带的小槽中,影响宁夏,为此次降水过程提供了动力条件。同时 700 hPa 有低涡东移影响六盘山区,提供了充沛的水汽条件。地面图上,新疆以北有一高压中心,其东南侧甘肃西部有一低压中心,致使高压外围冷空气南下强度增强,有利于降水的持续和加强。

5 月 7 日 08 时崆峒站探空资料分析可知,崆峒探空站上空存在一定的不稳定,零度层高度约为 4.0 km,云中盛行暖平流,有利于暖湿空气和水汽的输送。在相对湿度图显示 500 hPa 以下相对湿度条件比较好,RH90%以上,接近饱和,湿层较厚,有较好的水汽条件,对降水很有利。

3.3 卫星、雷达图分析

5 月 7 日 11 时红外云图显示,固原市受低云云系覆盖,西吉县北部、隆德县,泾源县东部云系较厚;由固原雷达组合反射率图显示,此次为一次层积混合云降水天气过程,强回波在 35 dBZ 以上,回波移动方向为西南—东北走向,作业点均位于回波移向的下风方,有利于催化剂充分作用于目标云体。

综上分析,此次作业过程符合人工增雨作业的合理性要求。

4 基于地面降水量的统计检验分析

4.1 作业区与对比区

根据5月7日人影作业情况，结合作业高度高空风的风向风速和雷达回波移向移速，当天以西南风为主，风速为5 m/s，将作业点侧风方60 km以内的区域定为作业影响区，影响区确定好后，根据对比区选择的原则，选取多个不同的备选对比区，计算与其作业影响区的相关系数，以相关系数最大的0.97区域，作为最终选取的对比区（图1）。影响区内共有雨量站点29个，对比区共有雨量站点18个。

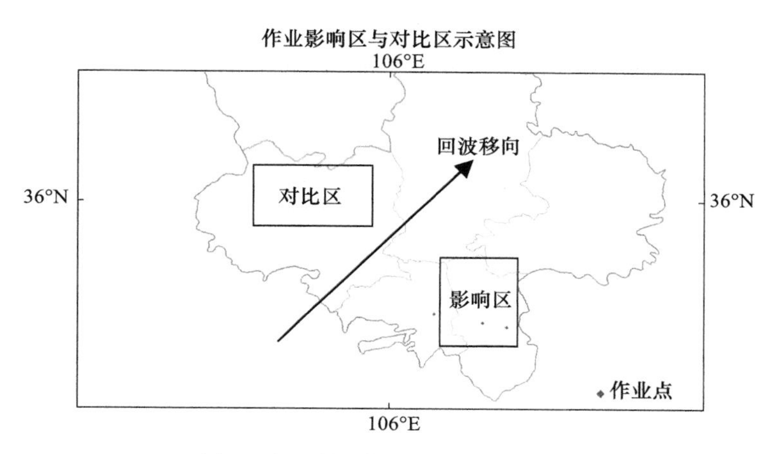

图1　人工增雨作业影响区和对比区

4.2 统计检验效果分析

本文通过以上选取的影响区与对比区，采用序列分析、区域对比分析、双比分析、区域回归试验四种方法分布进行统计检验，以日雨量作为统计变量。从表2中可以看出，除双比分析外，序列分析、区域对比分析、区域回归试验检验出有正效果，但序列分析相对增雨率过于偏大，区域对比试验检验的显著性水平大于5%，可信度较差。区域回归试验效果检验方法绝对增雨量ΔQ=9.4 mm，相对增雨率为46.9%，增雨效果显著度水平小于5%，增雨效果显著。

表2　统计检验结果

统计检验方法	影响区与对比区相关性 r	绝对增雨量 ΔQ(mm)	相对增雨率 R(%)	回归方程	柯氏值	显著性水平 α
序列分析		25.2	582.1			0.0028
区域对比分析	0.97	7.4	5.0			0.3889
双比分析	0.97	0	0			0.3897
区域回归试验	0.83	9.4	46.9	$y=-0.12+1.04x$	对比区：1.12 影响区：0.94	0.0027

5 物理检验效果分析

5.1 基于雷达回波参量物理检验效果分析

本次检验基于固原CD波段新一代天气雷达数据,雷达站位于106.2°E,35.68°N,海拔高度2860 m。采用自选移动区域检验方式,考虑当天多为层云,设置反射率阈值20 dBZ,体积阈值30 km^3,0°层高度3 km。参考国内外人工增雨试验后云宏微观物理特征发生变化的时间,可知作业后1 h内,云中各相态粒子数浓度、尺度大小等将发生由催化作业所致的明显变化[8-10]。故检验选择5月7日10:31—12:29时间段雷达数据分析,基本覆盖作业前半小时至作业后一小时,作业目标单元在作业点上空,选择上风向未受人影作业影响区域作为对比单元。通过处理雷达基数据对比分析作业单元、对比单元雷达回波参量随时间的变化差异。

本次作业位置多为较弱的层状云回波,作业单元与对比单元回波顶高在5 km左右,作业前目标云和对比云演变趋势大体一致。强回波指示云体含有大量过冷水,从图2a看出作业前,作业单元的最大反射率增加至40 dBZ后有减小趋势,对比单元在25 dBZ左右,无明显变化;作业后,作业单元最大反射率起伏变化,最大反射率在35~46 dBZ,在作业后40 min后增长速率达到最大,而对比单元最大反射率变化不大。从垂直液态水含量(VIL)图2b可以看出,作业前,作业单元的VIL由0.25 kg/m^2迅速增加至0.46 kg/m^2后逐渐减小,对比单元的VIL缓慢减小;作业后,目标单元的VIL在20 min迅速增加至0.58 kg/m^2,随后减小至0.22 kg/m^2,对应的最大反射率在42 min也减小,但随后又增加至0.3 kg/m^2,对比单元的VIL呈缓慢增加的发展态势,但增加速率较小,无大变化。降水通量与回波体积有相似的发展趋势,在作业后40 min有缓慢增加趋势。

综上分析,此次催化抑制了目标单元物理参量的继续减小,作业目标单元的最大反射率、垂直液态水含量在作业后40 min增加明显;对比单元在作业前后则无大的变化。说明此次增雨作业对增加地面降水来正效果。

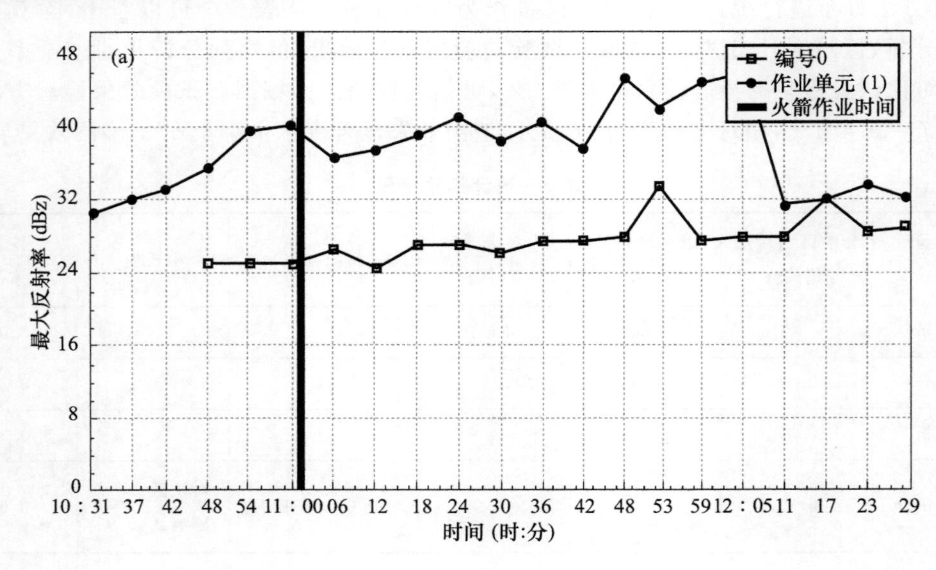

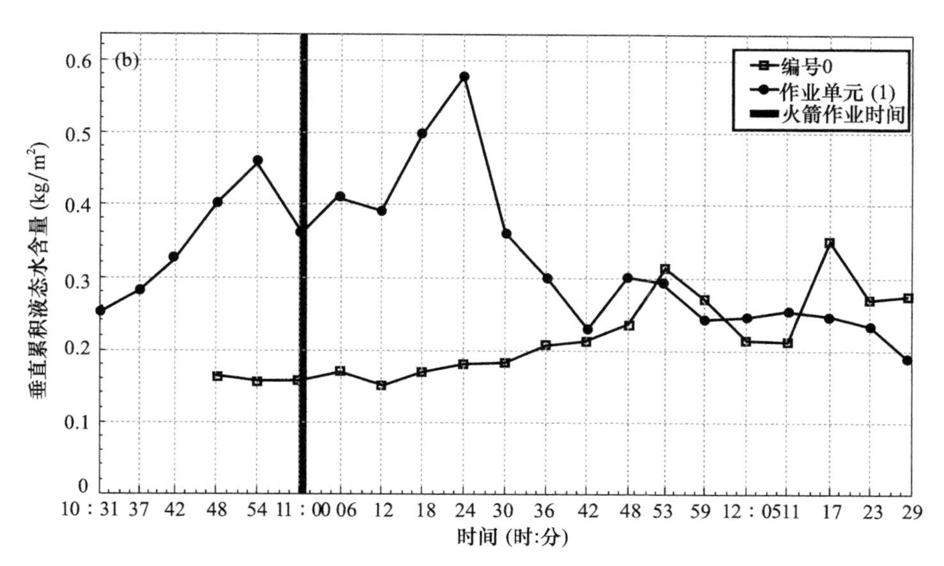

图 2　2020 年 5 月 7 日 10:31—12:29 雷达资料最大反射率(a)、垂直液态水含量(b)

(实心点曲线为作业区域,空心点曲线为对比区域)

5.2　基于雨滴谱仪物理检验效果分析

5.2.1　雨滴谱仪基本特征参量分析

为更好的观测雨滴谱仪在作业前后的变化,本文选择未受作业影响的陈靳雨滴谱仪和作业后影响区内大湾乡雨滴谱仪的特征参量(总数浓度 N、平均粒径 D_{ave}、含水量 LWC、雷达反射率因子 Z、降水强度 I、最大粒径 D_{max})来进行微物理特征的分析。从各个特征参量随时间变化图 3b 中可以看出,陈靳雨滴数浓度 N 最大值为 265.6 m^{-3},出现在 11:07;雨滴平均直径 D_{ave}最大值为 0.91 mm,出现在 11:04;最大液态水含量 LWC 为 0.11 g/m^3,出现在 11:07;最强回波 Z 为 826.1 $mm^{-6} \cdot m^3$;可以看出几个参量之间有很好的的对应关系,且随时间不断减小。大湾雨滴谱仪探测到的各个参量随着时间有明显变化(图 3a),其中液态水含量 LWC、降水强度 I、雨滴最大直径 D_{max}表现为两个波峰,且对应效果很好,一个波峰时间段处于 11:00—11:30,一个处于 11:30—12:00,均在催化作业后 1 小时内。大湾雨滴数浓度 N 最大值为 454.5 m^{-3},雨滴平均直径 D_{ave}最大值为 1.11 mm,最大液态水含量 LWC 为 0.21 g/m^3,回波 Z 最强达到 4728.9 $mm^{-6} \cdot m^3$。

通过计算作业前 0.5 h、作业 0.5 h 内,作业后 1 h 雨滴谱仪 6 个特征参量平均值(表 3),可以看出作业前 0.5 h,陈靳雨滴谱与大湾雨滴谱仪监测到的数据较低;作业后 0.5 h 内,除了总粒子数浓度 N 与雨滴最大粒径 D_{max},陈靳、大湾雨滴谱仪特征参量数值均有一定增加,其他均表现为大湾点数值大。作业 0.5 h 后,可以看出明显变化,陈靳点量值处于减小趋势,而大湾点仍处于增加趋势,且达到最大。与作业后 1 h 各参量特征值平均值比较,可以看出作业 0.5 h 后大湾点量值变化起到重要作用,通过雷达回波可以推算出 11:40 分左右催化回波移动至大湾点上空,这与雨滴谱测出的数据有很好对应。

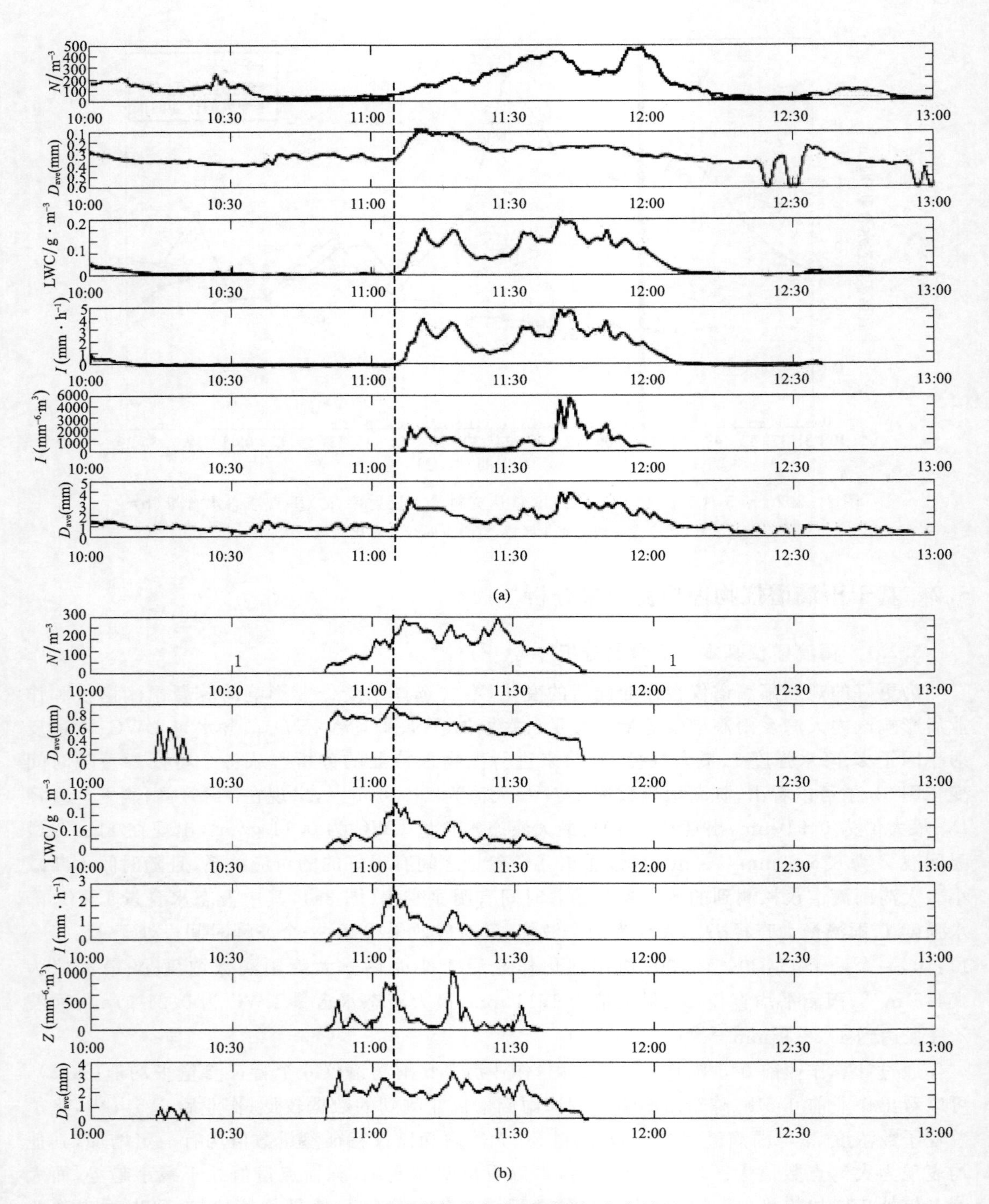

图3 雨滴谱仪特征参量随时间变化情况

(a是大湾雨滴谱仪,b是陈靳雨滴谱仪)

表 3　陈靳、大湾雨滴谱仪分时段参数值

特征物理参量	陈靳				大湾			
	10:32—1:01	11:02—11:31	11:32—2:01	11:02—2:01	10:32—1:01	11:02—11:31	11:32—2:01	11:02—2:01
总数浓度 N/m^{-3}	25.6	195.0	38.9	116.9	32.9	150.9	337.1	243.9
平均粒径D_{ave}/mm	0.26	0.61	0.20	0.4	0.57	0.84	0.74	0.80
含水量 LWC/ $g \cdot m^{-3}$	0.009	0.048	0.005	0.027	0.003	0.083	0.13	0.11
雷达反射率因子 $Z/mm^{-6} \cdot m^3$	61.9	275.1	22.2	148.7	5.0	585.2	1326.0	955.6
降水强度 $I/mm \cdot h^{-1}$	0.20	0.96	0.09	0.53	0.06	1.86	2.93	2.40
雨滴最大粒径D_{max}/mm	0.73	2.1	0.52	1.31	1.1	2.0	2.75	2.38

5.2.2　质量加权平均直径 D_m和广义截断参数 N_w分析

D_m代表某一时间段内所有雨滴的平均直径大小，N_w代表所有雨滴的数浓度。两个参数协同使用反映了雨水含量一定时，雨滴大小和雨滴数浓度的变化情况[11]。通过计算两个参数值，并绘制 lg N_w-D_m散点分布(图 4)，可以看出，陈靳、大湾雨滴数浓度 lg N_w均随着质量加权平均直径 D_m的增加而减小。而 lg N_w-D_m散点分布的集中区域反映了降水的整体特征，从图 4 中可以看出作业后大湾雨滴谱浓度增大，平均直径减小，较陈靳作业点分布更集中。

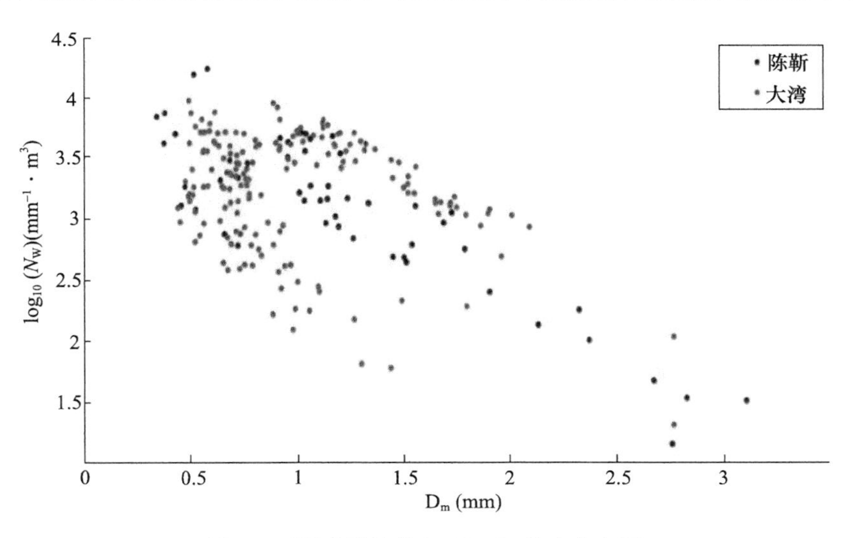

图 4　不同观测站的 lg N_w-D_m散点分布图

综合上述分析，得出催化后受影响的大湾乡雨滴谱仪参量数值在量级上明显较陈靳雨滴谱仪参量数值偏大，尤其在作业 0.5 h 后，数值增加尤为明显，且与雷达回波有很好的对应关系；作业后影响区 lg N_w随着 D_m的增加而减小，lg N_w-D_m散点分布更集中。说明此次人工增雨作业影响区雨滴谱有很好的物理反应，而 D_m和 N_w对增雨效果检验也具有一定的指示意义。

5.3 基于云雷达物理检验效果分析

本次过程采用西安华腾 Ka 波段云雷达,能够探测直径几微米的云粒子到弱降水粒子,是目前探测云重要的遥感手段。本文选择作业影响区内的六盘山云雷达,对云内粒子速度、雷达反射率、液态水含量和速度谱宽进行作业前后对比分析,来检验人工增雨效果。其中六盘山站云雷达基础站海拔高 2845.2 m。通过分析可知,六盘山站云雷达反射率因子、液态水含量、下降速度在催化后 11:00—12:00 回波反射率明显增强,但谱宽不明显。

6 结论

采用统计和物理两种效果检验方法对 2020 年 5 月 7 日六盘山区稳定性层积云降水过程进行增雨效果检验分析,取得了较好的效果。利用统计检验四种检验方法对影响区和对比区进行分析,得到:区域回归分析方法检验功效、准确度高,绝对增雨量 9.4 mm,相对增雨率为 46.9%,增雨效果显著度水平小于 5%,增雨效果显著。

通过雷达物理检验、雨滴谱仪和云雷达资料分析也得到了一致的物理响应,即作业后:雷达回波目标单元的的最大反射率、液态水含量增长明显。作业后影响区内有雨滴浓度增大,雨强增强,陈靳、大湾雨滴数浓度 lg N_w 均随着平均直径 D_m 的增加而减小,作业后大湾点的雨滴谱浓度 lg N_w 增大,平均直径减小,较陈靳作业点更分布更集中。

参考文献

[1] 毛节泰,郑国光.对人工影响天气若干问题的探讨[J].应用气象学报,2006,17(5):643-646.

[2] 贾烁,姚展予.江淮对流云人工增雨作业效果检验个例分析[J].气象,2016,42(2):238-245.

[3] 钱莉,俞亚勋,杨永龙.河西走廊东部人工增雨试验效果评估[J].干旱区研究,2007,24(5):679-685.

[4] 张中波,仇财兴,唐林.多普勒天气雷达产品在人工增雨效果检验中的应用[J].气象科技,2011,30(6):703-708.

[5] 李红斌,傅瑜,王秀萍,等.一次层状云火箭增雨作业效果分析[J].气象,2016,42(11):1402-1409.

[6] 李思腾,马舒庆,高玉春,等.毫米波云雷达与激光云高仪观测数据对比分析[J].气象,2015,41(2):212-218.

[7] TESTUD J, OURY S, BLACK R A, et al, 2001. The concept of normalized distribution to describe raindrop spectra: A tool for cloud physics and cloud remote sensing[J]. Journal of Application Meteorology, 40(6):1118-1140.

[8] GABRIEL K R. The Israeli artificial rainfall stimulation experiment. Statistical evaluation for the period 1961—1965 [J]. Geochemistry Geophysics Geosystem, 1967, 14(1):1-17.

[9] GAGIN A, NEUMANN J. The second Israeli randomize cloud seeding experiment: Evaluation of results [J]. J Appl Meteor, 1981, 20:1301-1311.

[10] 中国气象局科技发展司.人工影响天气岗位培训教材[M].北京:气象出版社,2003:50-64.

[11] WANG M J, ZHAO K, XUE M, et al. Precipitation microphysics characteristics of a Typhoon Matmo (2014) rainband after land-fall over eastern China based on polarimetric radar observations[J]. Journal of Geophysical Research: Atmospheres, 2016, 121(20):12415-12433.

阿克苏8·16冰雹天气防雹作业效果分析

王荣梅　李圆圆　范宏云

(新疆维吾尔自治区人工影响天气办公室,乌鲁木齐 830002)

摘　要　利用2021年8月16日阿克苏地区一次冰雹过程的常规气象资料,分析了此次冰雹形成的天气形势及触发机制,分析了冰雹云团从初生、发展到消亡的演变特征,结果表明,防雹作业中过量的催化加剧了冰雹云的消亡过程,回波强度减弱、云团面积明显减小,且呈分散态势减弱,进一步证实了人工防雹作业有效。

关键词　人工防雹　效果分析

1　引言

冰雹、雷雨大风和短时强降水等强对流天气是由中小尺度系统造成,突发性强,预报难度大;冰雹是新疆阿克苏地区的主要灾害之一,几乎每年都有发生。由于其来势猛、强度大,常常给农业生产造成严重损失。随着人工防雹技术的不断发展,用高炮和火箭进行人工防雹作业已经成为减少和减轻冰雹灾害最有效的措施和手段,并取得了显著的社会和经济效益[1]。许焕斌[2]对爆炸防雹原理给出了理论解释;李斌等[3]对新疆的局部人工防雹作业效果用物理统计检验方法进行了评估;利用天气雷达开展冰雹云的观测识别和防雹效果评估,是开展人工防雹技术研究的重要内容[4]。

本文利用2021年8月16日在阿克苏地区出现的一次冰雹天气过程资料,分析了对流单体生成、发展过程中的人工防雹作业,利用X波段雷达分析防雹催化作业后回波强度的变化情况,为人工防雹作业效果检验提供参考依据。

2　资料

人工防雹作业效果检验所用的资料:(1)阿克苏地区阿瓦提县人影办防雹作业数据;(2)阿克苏地区人影办X波段雷达观测产品;(3)阿克苏地区气象观测站观测的冰雹资料;(4)冰雹灾情资料和常规气象观测资料。

3　冰雹天气和防雹作业实况

受低涡影响,2021年8月16日,阿克苏地区出现了一次强对流天气过程,乌什县、阿克苏市、阿瓦提县、阿拉尔市等地出现冰雹天气,其中阿瓦提县17:30—21:30普遍出现大风、强降雨、冰雹等天气,造成乌鲁却勒镇等7个乡(镇)、55个村农作物受到不同程度损失。针对此次过程,乌什县等5个县市61个作业点进行了火箭、高炮联合防雹作业,先后组织开展了72轮次人工防雹作业,共发射炮弹1600余发、火箭弹1100余枚。

4　天气形势

2021年8月16日阿克苏地区受西西伯利亚槽前的西南气流控制,随着冷空气不断侵袭补充,16 日 08 时西西伯利亚槽加强成低涡,阿克苏地区西南气流加强到 10 m/s,短波槽位于喀什与阿克苏之间,20 时喀什测站的西北气流急剧加大为 24 m/s,阿克苏测站的西南气流加强为 14 m/s,16 日午后到 23 时,受巴尔喀什湖低涡底部分裂的短波槽影响,阿克苏地区出现冰雹、短时暴雨等强对流天气(图略)。

5 雷达回波演变

分析本次冰雹天气过程雷达回波演变,发现该强对流天气于 14:54 在阿克苏地区西部的乌什县开始出现,随着系统自西向东移动,强对流天气出现多点和强度增强的特点,在境内维持逾 7 h,雷达回波强度达到 65 dBZ,强回波高度超过 10 km,系统于 21:10 减弱东移。

阿克苏市 C 波段新一代天气雷达和 X 波段双偏振雷达观测发现,16 日中午前后,乌什县阿克托海乡南部戈壁区域有对流云团开始出现,14:30—17:40 不断有对流单体发展东移并增强,之后逐渐汇合成为条带状,有多个强中心。17:35—19:35 阿瓦提县阿依巴格乡附近有局地对流云形成,之后阿瓦提县西部及上空不断有对流单体合并,云体增强形成统一的多单体雷暴群,移动速度较慢,生命期较长,从生长到消亡长达 2～3 h,强中心面积逐渐扩大东移影响到乌鲁却勒镇等地。

6 防雹作业效果分析

6.1 防雹作业情况

“8・16”强对流天气的云体有多个强中心,并不断在本地生长发展,强中心面积大,在当地属罕见天气过程。本次开展防雹作业的大部分作业点附近未出现冰雹灾害,但阿瓦提县乌鲁却勒镇受灾严重。分析原因,与该区域因历史上鲜见冰雹而没有布设人工防雹作业点、属人工防雹盲区有关。

阿瓦提县人影办 16 日开展防雹作业情况见表 1。

表 1 阿瓦提 16 日开展防雹作业情况

作业点编码	作业时间	作业器具	火箭弹(枚)	炮弹(发)
305	17:35—18:58	火箭、高炮	19	118
309	17:55—19:24	火箭	29	
10	17:58—19:10	火箭	15	
11	17:58—19:12	火箭	29	
304	18:00—19:15	火箭、高炮	22	80
18	18:01—19:19	火箭	21	
9	18:17—18:49	火箭	12	
1 号基地	18:14—19:20	火箭、高炮	9	64
310	18:18—18:50	火箭	30	
308	18:19—18:45	火箭、高炮	15	110
14	18:19—18:28	火箭	12	
15	18:19—18:50	火箭	27	

续表

作业点编码	作业时间	作业器具	火箭弹(枚)	炮弹(发)
302	18:22—18:43	火箭、高炮	9	60
16	18:23—18:46	火箭	16	
307	18:33—19:19	火箭、高炮	12	110
2 号基地	18:59—19:11	火箭、高炮	3	61
22	19:12—19:23	火箭	21	
28	19:12—19:25	火箭	23	
27	19:12—19:24	火箭	27	
23	19:18—19:38	火箭	28	
24	19:19—19:39	火箭	30	
25	19:19—19:40	火箭	27	

6.2 防雹作业开展的雷达跟踪分析

利用 X 波段双偏振雷达后端分析系统对阿瓦提县 17:49—18:40 开展持续的防雹作业过程进行分析。17:00 经阿克苏地区人影指挥中心跟踪探测，发现此阶段强对流云群自西北向东南快速移动和发展，极有可能影响阿瓦提县布防炮点区域(图 1a)，故向阿瓦提县发布强对流天气预警。收到预警指令后，阿瓦提县第一时间派 3 辆流动车赴作业点前线待命。17:36 阿瓦提县 305 作业点南侧出现较强对流回波(图 1b)，阿克苏地区人影指挥中心向阿瓦提县各作业点下达“现场紧密跟踪观测、随时准备作业”指令。

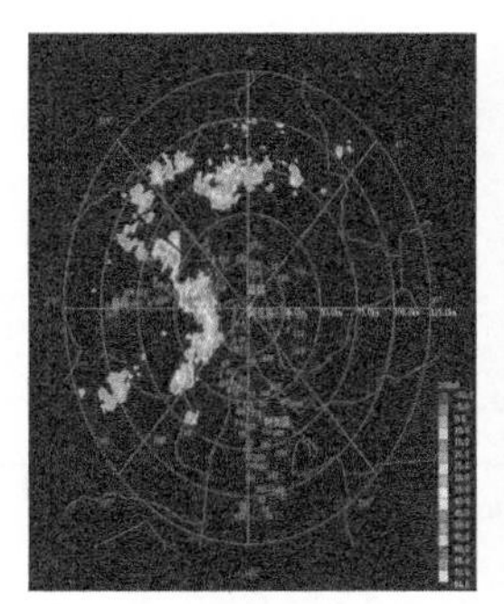

17:08分X波段雷达探测回波

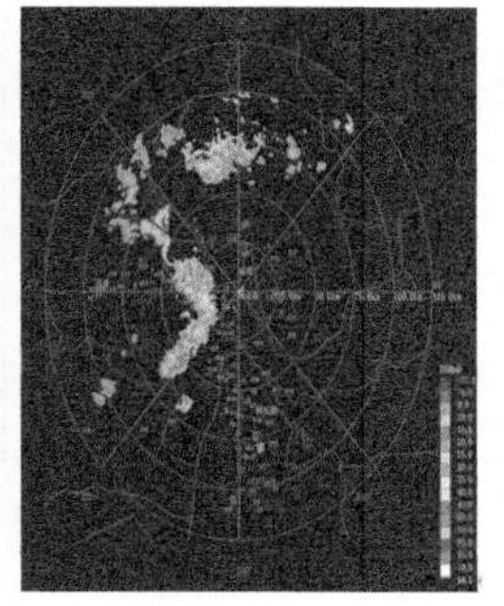

17:16分X波段雷达探测回波

(a)

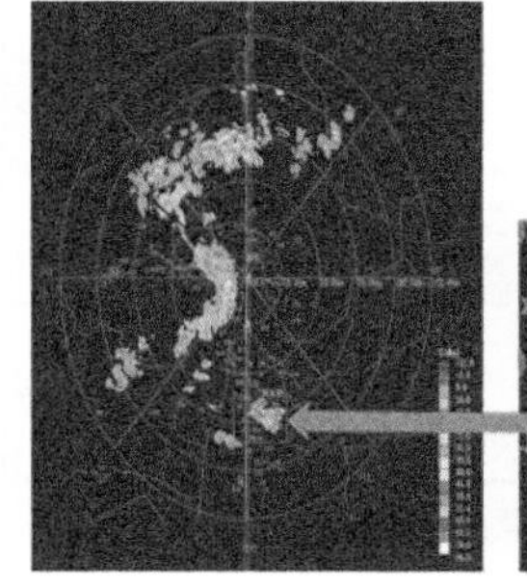

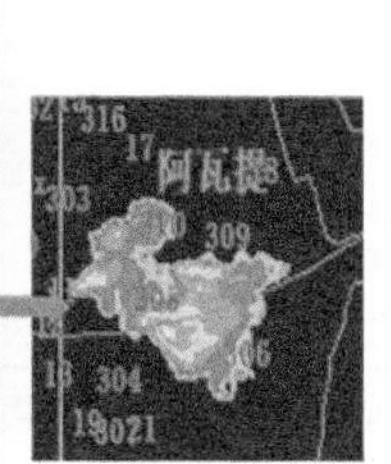

17:36分X波段雷达探测回波

(b)

图 1 17:08、17:16、17:36 X 波段雷达探测回波

17:47 由 X 波段雷达探测回波可见，阿瓦提县防区 310、309、305、306 四个作业点中心交界处强对流单体发展旺盛(图 2)。以 35 dBZ 为强度识别阈值、4 km^2 为面积识别阈值识别单体后，单体信息如表 2 所示。记该单体为单体 1，由表 2 可见单体 1 最大强度达 39 dBZ，面积达 5.15 km^2，极有可能仍在旺盛发展阶段，且结合邻近 PPI 图像(图略)，该单体正自西往东缓慢移动。

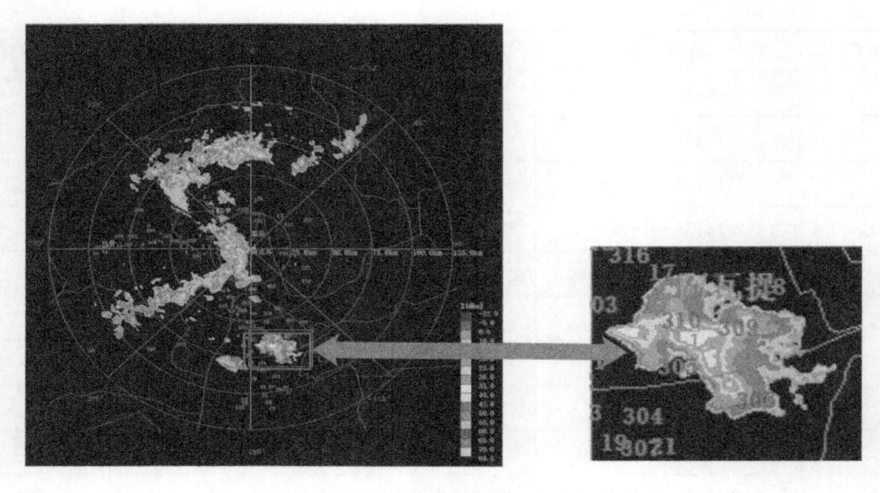

图 2　17:47 分 X 波段雷达探测回波

表 2　17:47 分 X 波段雷达探测回波单体信息表

时间 17:47	质心横坐标 (km)	质心纵坐标 (km)	强核横坐标 (km)	强核纵坐标 (km)	最大强度 (dBZ)	单体面积 (km^2)
单体编号 单体 1	18.21	−91.75	16.06	−90.68	39	5.15

注:坐标均相对于探测雷达,横坐标以正东为正,正西为负;纵坐标以正北为正,正南为负。

表 3　17:53 分 X 波段雷达探测回波单体信息表

时间 17:47	质心横坐标 (km)	质心纵坐标 (km)	强核横坐标 (km)	强核纵坐标 (km)	最大强度 (dBZ)	单体面积 (km^2)
单体编号 单体 2	23.2	−86.75	19.63	−86.04	35	6.1
单体编号 单体 3	28.56	−95.32	27.13	−93.53	35	5.09

注:坐标均相对于探测雷达,横坐标以正东为正,正西为负;纵坐标以正北为正,正南为负。

17:53 由 X 波段雷达探测回波可见两块强回波区域(图 3),经偏振雷达后端分析系统识别单体后,单体信息由表 3 所示,对两个单体分别编号单体 2、单体 3。

在强度和面积上,可见单体 2(偏北)、单体 3(偏南)最大强度均达 35 dBZ,略低于单体 1 最大强度 39 dBZ,但两者面积分别达到 6.1 km^2 和 5.09 km^2,在面积上与单体 1 呈现持平甚至超越的态势,可见该时间段强对流天气仍在发展。

在位移方面,相对于单体 1,在横坐标(东西方向)上,单体 2 质心位移了 4.99 km,强核中心位移了＋3.57 km、单体 3 质心位移了＋10.35 km,强核中心位移了＋11.07 km;在纵坐标(南北方向)上,单体 2 质心位移了＋5 km,强核中心位移了＋4.64 km、单体 3 质心位移了－3.57 km,强核中心中心位移了－2.85 km。

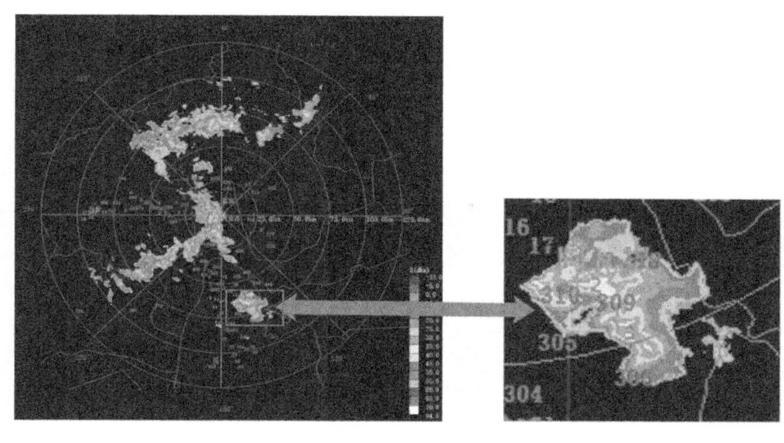

图3　17:53分X波段雷达探测回波

总体来看,该阶段单体发展呈现单体数量有所增加、强核最大强度略有减小、单个单体面积几乎不变且在加速移动的发展态势。依此态势,17:55阿瓦提1号基地309作业点开始防雹作业。

18:02回波图像显示(图略),此时,保持面积识别阈值及强度识别阈值不变进行单体识别,发现该区域未识别出单体,进一步保持面积阈值不变并降低强度阈值至30 dBZ,识别出3个单体,分别编号单体4、单体5、单体6,单体信息如表4所示。

表4　18:02分X波段雷达探测回波单体信息表

时间 17:47 / 单体编号	质心横坐标(km)	质心纵坐标(km)	强核横坐标(km)	强核纵坐标(km)	最大强度(dBZ)	单体面积(km^2)
单体4	23.56	−81.4	20.71	−81.4	29	12.21
单体5	27.85	−89.61	27.49	−90.32	29	9.97
单体6	34.63	−95.68	29.63	−95.32	31	9.63

注:坐标均相对于探测雷达,横坐标以正东为正,正西为负;纵坐标以正北为正,正南为负。

由表4可知,该阶段单体数量增加到了3个,单体强核最大强度为29~30 dBZ,强度阈值已经在30 dBZ以下,图像中强回波区域面积可以直观看出大于30 dBZ的区域面积明显减少,总体来看较上一时间节点(17:53)强对流云团发展呈减弱趋势。从单体面积上看,该阶段三个弱单体面积都有所增加,且增幅较大。

综上所述,可以推测该减弱过程与17:55时309作业点进行的防雹作业息息相关,从强度方面来看,提出以下可能;一方面,在作业时,火箭弹的爆炸气流可能扰乱雹坯的运动轨迹,使之不规律位移到上升气流无法托住自身重量的区域,使之提前降下;另一方面,含碘化银的火箭弹在强对流云团中爆炸后,碘化银可作为凝结核争食云团中有限的水分,使云团中凝结核“雨露均沾”从而不至于过盛发展,只能形成大雨滴或软雹降下。经了解309作业点作业过程中有软雹降下,作业后有暴雨降下,这一实际现象也印证了上述可能,若要具体研究其中机理,还需进一步设计探测实验验证,此处仅提出可能。

18:08 回波图像(图略),可以看出云团最大强度为 15~20 dBZ,从回波图像中也可直观看出云团面积明显减小,且呈分散态势减弱,可见 17:55 时 309 作业点进行的防雹作业效果较好。

针对上述分析过程,对应三个时间点单体信息汇总如表 5 所示。可见该过程单体的发展存在:(1)多单体和多强中心并生;(2)单体发展过程移动缓慢;(3)强中心面积变化大;(4)单体一旦成熟,发展速度及移动速度存在激增过程等现象。

表 5 过程单体信息汇总表

单体编号	时间	质心横坐标(km)	质心纵坐标(km)	强核横坐标(km)	强核纵坐标(km)	最大强度(dBZ)	单体面积(km^2)
单体 1	17:47	18.21	−91.75	16.06	−90.68	39	5.15
单体 2	17:53	23.2	−86.75	19.63	−86.04	35	6.1
单体 3	17:53	28.56	−95.32	27.13	−93.53	35	5.09
单体 4	18:02	23.56	−81.4	20.71	−81.4	29	12.21
单体 5	18:02	27.85	−89.61	27.49	−90.32	29	9.97
单体 6	18:02	34.63	−95.68	29.63	−95.32	30	9.63

注:坐标均相对于探测雷达,横坐标以正东为正,正西为负;纵坐标以正北为正,正南为负。

结合以上现象,可见防雹作业存在"时间短、变化快、任务重"的技术难点亟待解决,如何高效合理的提出作业方案,科学精准的把握作业时机,是非常值得相关从业人员共同研究的。

7 结论

(1)根据 C 波段新一代天气雷达回波判断冰雹云的移向,同时使用 X 波段双偏振雷达进行指挥并及时开展防雹作业,人工防雹作业效果较好。

(2)提前开展防雹作业,可以有效的预防降雹,但不一定完全阻止冰雹的出现。

(3)高炮炮弹的爆炸气流和密集的火箭弹作业可能扰乱雹坯的运动轨迹,使上升气流无法托住自身重量,提前降水,进而达到防雹的作用。

参考文献

[1] 王庆,樊明月,张洪生. 一次防雹作业过程的效果分析[J]. 海洋气象学报,2018,3(2):96-102.

[2] 许焕斌,中国的防雹实践和理论提炼[M]. 北京:气象出版社,2021:8-12.

[3] 李斌,郑博华,朱思华. 人工防雹作业效果物理统计评估方法运用初探[J]. 沙漠与绿洲气象,2020,14(4):114-116.

[4] 刘昭武,田世芹,王凤娇,等. 一次冰雹过程的对流单体识别与防雹效果分析[J]. 气象与环境学报,2020,36(3):10-16.

第三部分　人工影响天气管理工作经验和方法

一种基层政府人工影响天气服务能力综合评价方法研究与实践

罗俊颉[1]　贺文彬[2]　刘映宁[1]　赵志强[3]　邵　洋[3]

(1. 陕西省人工影响天气中心,西安 710014;2. 陕西省气象局,西安 710014;
3. 中国气象局应急减灾与公共服务司,北京 100081)

摘　要　本文针对基层政府人工影响天气服务能力综合分析评价的实际需要,分析了基层人工影响天气综合能力的特点,研究提出了适合于基层政府人工影响天气服务能力综合评价方法——AHP-FCE评价法,应用该方法对陕西省某县级政府人工影响天气服务能力进行了综合分析评价,并得出了具有一定应用价值的评价结果。

关键词　人工影响天气　AHP-FCE　模糊计算　综合评价法

1　引言

人工影响天气(以下简称人影)工作已经成为当前防灾减灾和保障粮食、生态、水资源安全的重要手段,也为保障重大活动顺利开展做出积极贡献。作为政府肩负着对人影活动的组织保障、宏观调控和维护公共安全责任。因此,政府人影综合服务能力不仅体现其应对气象灾害的防灾减灾能力,同时也反映其工作效能和执政水平。开展政府在人影工作中的综合能力评价,既可以全面掌握本地政府人影服务能力,分析存在薄弱环节,同时又可以为人影服务能力提升指明方向。国内外有关专家在综合评价方法方面做了很多探索和研究,包括层次分析法、属性识别评价、灰色关联度法和主成分分析法等(虞晓芬和傅玳,2004)。专家学者关于政府应急能力评价的研究较多,大多以城市大系统为主体,侧重评价指标体系的建立,且以定性和单一的评价居多(张梅颖,2004)。韩传峰等(2007)应用层次分析法与模糊综合评价法相结合的方法对政府突发事件应急能力进行评价。张思峰等(2009)运用层次分析方法构建了全国生态城市体现循环经济范式的指标体系。在气象领域相关的评价与评估研究工作中,闫敏慧等(2014)应用层次分析法中的9分位标度法和0.618标度法来构建判断矩阵,分析公众气象服务满意度评价指标的权重系数确定方法,刘勇洪等(2013)利用层次分析法构建了城市冰雪灾害预警评估模型和评判标准,罗慧等(2008)还采用层次分析法和波士顿矩阵相结合的思路,将气象服务用户群对服务效益的评估系统化。曾金全等(2011)在福建雷电灾害易损度区划模型引入层次分析法研究。马清云等(2008)利用加权平均规划法确定影响因子的权重,应用模糊综合评价法得出台风影响的评价系数及灾情分级。而以基层人民政府为主体,就其公共服务保障能力进行综合评价的研究鲜见。本文主要运用文献搜集、专家函询法、问卷设计与调查、统计分析等技术手段,开展评价指标体系理论构建与实证筛选研究,为基层人民政府人影综合能力评价提供有效手段。

2 基层人影服务能力特点与 AHP-FCE 评价法

2.1 基层人影服务能力的特点

人影工作是项复杂的系统工程。影响基层政府人影服务能力的因素涉及政策、设备、人员和环境等多方面。健全的组织保障体系和运行顺畅的工作机制是开展人影工作的前提,服务及时、功能完善的业务体系建设是保障人影科学作业的基础,设备齐全、性能先进的硬件设施是实施人影工作的物质基础,从业人员综合素质和业务水平决定人影作业是否及时有效。另外,基层政府人影服务能力随着环境和时间变化而变化,很多反映人影服务能力的指标并不能从统计数据直接获取,需要专家打分或调查取得,体现了基层政府人影综合能力评价的复杂性。

2.2 AHP-FCE 评价法

2.2.1 AHP-FCE 评价法的基本原理与特点

模糊综合评价法(fuzzy comprehensive evaluation,简称 FCE 法)能较好地解决模糊的、难以量化的问题,适合应用于各种非确定性问题的解决,它具有结果清晰,系统性强的特点[3]。而层次分析法(analytic hierarchy process,简称 AHP 法)能将决策者的经验和主观判断量化,且对数据要求不高,适用于复杂的模糊综合评价系统,该方法既包括了主观的逻辑判断和分析,又依靠客观的精确计算和推演,使决策过程具有较强的条理性和科学性(马清云 等,2008)。AHP-FCE 法从考虑问题的诸因素出发,运用层次分析法确定被评价对象从优到劣若干等级的评价集合和评价指标的权重,对各指标分别做出对应的模糊评价,确定隶属函数,形成模糊判断矩阵,将其与权重矩阵进行模糊运算,最后得出总的评价结果。

2.2.2 AHP-FCE 评价法计算程序

(1)遴选指标,建立层次结构模型

通过分析该系统包含的因素及其相关关系,将系统分解为不同的要素,从中筛选出评价指标。将这些指标划归不同层次,根据它们之间的影响和隶属关系进行分层聚类组合,从而构造一个各因素之间相互链接的多层次结构模型。

(2)计算指标权重

本文利用矩阵法,对每一层次中各因素的重要性做两两比较,由此形成判断矩阵:

$$\mathbf{A}=(a_{ij})_{n\times n},a_{ij}>0,a_{ji}=\frac{1}{a_{ij}} \tag{1}$$

权重系数,计算步骤如下:

将判断矩阵的每一列元素做归一化处理:

$$\bar{b}_{ij}=b_{ij}/\sum_{k=1}^{n}b_{kj}\quad(i=1,2,\cdots,n) \tag{2}$$

将归一化的判断矩阵按行相加:

$$\overline{w}_i=\sum_{j=1}^{n}\bar{b}_{ij}\quad(i=1,2,\cdots,n) \tag{3}$$

对向量$\mathbf{w}_i=(\overline{w}_1,\overline{w}_2,\cdots,\overline{w}_n)$归一化:

$$w_i=\overline{w}_i/\sum_{j=1}^{n}\overline{w}_j\quad(i=1,2,\cdots,n) \tag{4}$$

所得的 $\boldsymbol{w}=(w_1,w_2,\cdots,w_n)$ 即为所求得特征向量，亦即判断矩阵权重系数。

(3)一致性检验

利用一致性指标、随机一致性指标和一致性比率对特征向量权重系数做一致性检验。若检验通过，特征向量(归一化后)即为权向量；若不通过，需要重新构造成对比较矩阵。

引入一致性比率指标：

$$CR=\frac{CI}{RI}$$

其中

$$CI=\frac{\lambda_{\max}-n}{n-1}$$

式中，RI 为平均随机一致性指标。

当 $CR<0.1$，通过检验，否则需要重新考虑模型或重新构造那些一致性比率 CR 较大的成对比较矩阵。

设 B 层 $B_1,B_2,\cdots,B_n$ 对上层(A 层)中因素 $A_j(j=1,2,\cdots,m)$ 的层次单排序一致性指标为 CI_j，随机一致性指为 RI_j，则层次总排序的一致性比率为：

$$CR=\frac{a_1CI_1+a_2CI_2+\cdots+a_mCI_m}{a_1RI_1+a_2RI_2+\cdots+a_mRI_m} \tag{5}$$

当 $CR<0.1$ 时，认为层次总排序通过一致性检验。层次总排序具有满意的一致性，否则需要重新调整那些一致性比率高的判断矩阵的元素取值。

(4)设计评价标准，构造评价集。

结合人影工作现状，基层政府人影服务综合能力评价集 $V=\{v_1,v_2,v_3,\cdots,v_n\}$，即预测 n 种可能出现的结果所构成的集合。依据评价需要，本文在评价集构造中设定 $n=4$。另外，为使评价者更好把握各级差异，对每个二级指标进行了文字解释描述。

(5)确定隶属函数，构造模糊矩阵 $\boldsymbol{R}=(r_{ikj})_{n\times m}$。

(6)模糊变换，$\boldsymbol{Y}=\boldsymbol{W}\cdot\boldsymbol{R}$

(7)根据最大隶属原则，判断评价结果。

3 AHP-FCE 评价方法的实证分析

结合以上研究，以陕西省开展人工影响天气的某县级政府为例，应用 AHP-FCE 法对其人影综合能力进行分析和评价。

3.1 评估指标体系建立

为了使基层政府人影服务能力评价科学化、规范化，在构建指标体系时，要遵循系统性、简明性、可操作性原则。各指标能客观真实地反映当地政府人影工作组织保障、技术服务、安全监管等特点和状况，能客观全面反映出各指标之间的真实关系。指标选择上，特别注意在总体范围内的一致性，指标体系的构建是为全面衡量区域人影工作政策制定和科学管理服务的，指标选取的计算量度和计算方法必须一致统一，各指标尽量简单明了、微观性强、便于收集，各指标应该要具有很强的现实可操作性和可比性。

综合考虑人影服务特点，评价指标体系划分为 3 个层次。最高层即目标层为政府人影服务能力；准则层选取能够综合反映服务能力的组织保障、监测预报、作业服务、安全监管、法治建设和科普宣传等 6 项作为一级评价指标；指标层选取与综合能力具有直接或间接关系的 33

个要素作为二级评价指标。人影服务能力评价指标体系见表1。

表1　某县级人民政府人工影响天气综合能力评价指标体系

目标层	准则层		指标层						
	一级指标 B_i	一级权重	二级指标 B_{ik}	二级权重	总权重	评价值 r_{ikj}			
						优	良	中	差
县级政府人工影响天气综合能力	组织保障能力 B_1	0.2	常设机构 B_{11}	0.15	0.03	0.7	0.2	0.1	0
			协调机制 B_{12}	0.1	0.02	0.5	0.3	0.2	0
			权责划分 B_{13}	0.125	0.025	0.4	0.3	0.2	0.1
			信息共享 B_{14}	0.15	0.03	0.6	0.2	0.2	0
			人才队伍 B_{15}	0.175	0.035	0.2	0.3	0.4	0.1
			经费保障 B_{16}	0.175	0.035	0.3	0.3	0.2	0.2
			多元化资金投入 B_{17}	0.125	0.025	0.2	0.4	0.3	0.1
	监测预报能力 B_2	0.18	服务意识 B_{21}	0.167	0.03006	0.6	0.2	0.1	0.1
			业务人员素质 B_{22}	0.139	0.02502	0.4	0.3	0.2	0.1
			硬件设施 B_{23}	0.139	0.02502	0.5	0.2	0.2	0.1
			准确率 B_{24}	0.22	0.0396	0.4	0.2	0.3	0.1
			精度 B_{25}	0.167	0.03006	0.3	0.4	0.2	0.1
			业务系统建设 B_{26}	0.167	0.03006	0.3	0.3	0.3	0.1
	作业服务能力 B_3	0.21	作业服务类别 B_{31}	0.095	0.01995	0.2	0.5	0.2	0.1
			作业覆盖范围 B_{32}	0.095	0.01995	0.3	0.4	0.1	0.2
			指挥服务能力 B_{33}	0.191	0.04011	0.4	0.2	0.2	0.2
			作业执行能力 B_{34}	0.143	0.03003	0.5	0.2	0.2	0.1
			物资供应能力 B_{35}	0.143	0.03003	0.4	0.3	0.2	0.1
			信息发布能力 B_{36}	0.143	0.03003	0.5	0.2	0.3	0
			空域保障能力 B_{37}	0.095	0.01995	0.2	0.4	0.2	0.2
			作业评估 B_{38}	0.095	0.01995	0.3	0.3	0.2	0.2
	安全监管能力 B_4	0.23	基础设施建设 B_{41}	0.304	0.06992	0.5	0.3	0.2	0
			作业装备性能 B_{42}	0.174	0.04002	0.6	0.3	0.2	0
			弹药储运条件 B_{43}	0.174	0.04002	0.4	0.3	0.2	0.1
			安全检查督办 B_{44}	0.13	0.0299	0.3	0.3	0.2	0.2
			安全监控措施 B_{45}	0.13	0.0299	0.4	0.3	0.2	0.1
			事故应急预案 B_{46}	0.09	0.0207	0.6	0.3	0.1	0
	法治建设能力 B_5	0.1	组织宣贯 B_{51}	0.3	0.03	0.3	0.5	0.1	0.1
			本级法规制度 B_{52}	0.4	0.04	0.3	0.6	0.1	0
			执法监督机制 B_{53}	0.3	0.03	0.3	0.4	0.3	0
	科普宣传能力 B_6	0.08	科普教育 B_{61}	0.25	0.02	0.2	0.3	0.3	0.2
			专业培训 B_{62}	0.5	0.04	0.4	0.4	0.2	0
			技能比武 B_{63}	0.25	0.02	0.2	0.6	0.2	0

3.2 评价指标权重计算

根据 2.2.2 中步骤(2)指标权重计算方法，课题组邀请省政府相关部门、当地气象主管机构和项目组成员组成专家组，分别对准则层和指标层各指标进行两两比较判断，形成判断矩阵。并采用和积法求取判断矩阵的特征向量和最大特征值，得到各指标的权重结果。如下式所示，其中 A 为 6 个准则层指标对应的权重，$A_1, A_2, \cdots, A_6$ 分别为准则层下层二级指标对应的权重。

$A=[0.2\quad 0.18\quad 0.21\quad 0.23\quad 0.1\quad 0.08]$

$A_1=[0.15\quad 0.1\quad 0.125\quad 0.15\quad 0.175\quad 0.175\quad 0.125]$

$A_2=[0.167\quad 0.139\quad 0.139\quad 0.22\quad 0.167\quad 0.167]$

$A_3=[0.095\quad 0.095\quad 0.191\quad 0.143\quad 0.143\quad 0.143\quad 0.095\quad 0.095]$

$A_4=[0.304\quad 0.174\quad 0.174\quad 0.13\quad 0.13\quad 0.09]$

$A_5=[0.3\quad 0.4\quad 0.3]$

$A_6=[0.25\quad 0.5\quad 0.25]$

按照 2.2.2 中步骤(3)方法，进行了一致性检验，结果均可接受。

3.3 建立评价集和模糊隶属度矩阵

将基层人民政府人影综合能力分为优、良、中和差四个等级，对政府相关组成部门、气象主管机构和作业单位进行多人次的问卷调查，回收率 75%。为了让受访人更好地针对评价指标做出准确的判断，项目组对每个评价指标对应等级常见表现形式进一步的进行了文字解释。受访人依据评价集对 33 个指标进行独立评价，根据其频率统计得出隶属估计值，建立模糊隶属度矩阵 $\boldsymbol{R}_i=(r_{ikj})_{n\times m}$，见表 1。

3.4 综合评价

一级模糊综合评价为：

$$\boldsymbol{Y}_1=\boldsymbol{W}_{B_1}^T\cdot\boldsymbol{R}_1=\begin{bmatrix}0.15\\0.1\\0.125\\0.15\\0.175\\0.175\\0.125\end{bmatrix}^T\begin{bmatrix}0.7&0.2&0.1&0\\0.5&0.3&0.2&0\\0.4&0.3&0.2&0.1\\0.6&0.2&0.2&0\\0.2&0.3&0.4&0.1\\0.3&0.3&0.2&0.2\\0.2&0.4&0.3&0.1\end{bmatrix}=(0.4075\quad 0.2825\quad 0.2325\quad 0.0775) \tag{6}$$

根据式(6)，同理得出 Y_2, Y_3, Y_4，形成模糊判断矩阵 $\boldsymbol{R}$。

二级模糊综合评价为：

$$\boldsymbol{Y}=\boldsymbol{W}_B^T\cdot\boldsymbol{R}=\begin{bmatrix}0.2\\0.18\\0.21\\0.23\\0.1\\0.08\end{bmatrix}^T\begin{bmatrix}0.4075&0.2825&0.2325&0.0775\\0.4135&0.2638&0.2218&0.0999\\0.3716&0.2903&0.2048&0.1333\\0.4710&0.3006&0.1914&0.0564\\0.3300&0.5100&0.1300&0.0300\\0.3000&0.4250&0.2250&0.0500\end{bmatrix}=(0.3993\quad 0.3191\quad 0.2045\quad 0.0814) \tag{7}$$

3.5 人影综合能力分析

利用最大隶属原则，选取最大值 0.3993 作为评价结果，其对应的评价等级是“优”。由此可以判断该县级人民政府的人影综合能力为“优”。从评价结果来看，作为对基层人民政府综合能力影响最大的指标是安全监管机制，其次是作业服务机制和组织保障体系，该县在以上指标的评价中“优”级得分均大于其他等级的得分，结果反映了该指标所表征的该县级人民政府人影综合能力处于优秀水平。

进一步分析显示，该县的法制建设机制和科普宣传教育机制对应等级是“良”，其中本级法规制度建设、执法监督机制、科普教育和技能比武 4 个二级指标相对处于薄弱状态且提升空间较大，因此首先考虑提高这四项能力。该县在后期的人影综合能力建设中，应重视本地人影规章制度建设，定期开展上级人影法规政策的宣贯和依法开展人影工作评估工作；进一步强化人影科普知识的宣传教育活动，通过多种形式科学宣传人影工作，同时，加强与同行部门的交流，特别是人影实践操作训练，提高一线作业人员技战术水平。

4 结语

(1)运用 AHP-FCE 方法可以实现基层政府人影服务综合能力量化评价，为提升政府综合管理水平提供依据。

(2)所建立评价指标体系包含了人影服务工作主要内容，客观评价基层人民政府人影服务能力，能够辨识其存在薄弱环节，有利于上级决策部门全面掌握辖区内人影工作情况。

(3)该评价指标体系对于基层人民政府人影服务综合能力评价问题，具有科学、简便、实用性强的特点。

(4)建立人影服务综合评估指标体系需要一个由理论到实践逐步完善的过程，应在实践中不断修订完善指标体系，应进一步加强不同区域人影服务能力的适应性研究和实践。

参考文献

韩传峰，叶岑，2007. 政府突发事件应急能力综合评价[J]. 自然灾害学报，16 (4)：149-153.

刘勇洪，扈海波，房小怡，等，2013. 冰雪灾害对北京城市交通影响的预警评估方法[J]. 应用气象学报，24(3)：373-379.

罗慧，谢璞，薛允传，等，2008. 奥运气象服务社会经济效益评估的 AHP/BCG 组合分析[J]. 气象，34(1)：59-65.

马清云，李佳英，王秀荣，等，2008. 基于模糊综合评价法的登陆台风灾害影响评估模型[J]. 气象，34(5)：20-25.

闫敏慧，姚秀萍，王蕾，等，2014. 用层次分析法确定气象服务评价指标权重[J]. 应用气象学报，25(4)：470-475.

虞晓芬，傅玳，2004. 多指标综合评价方法综述[J]. 统计与决策(11)：119-121.

曾金全，张烨方，王颖波，2011. 基于综合评价算法的雷电灾害易损度区划模型研究[J]. 气象，37(12)：1595-1600.

张梅颖，2004. 加快实施灾害应急能力评价[J]. 新安全 (5)：48-49.

张思峰，常琳，2009. 生态城市发展水平测度体系的构建与应用[J]. 西安交通大学学报(社科版) (1)：40-45.

新疆人工影响天气应急保障体系的建设与思考

晏 军 李圆圆 荆海亮 孔令文

(新疆维吾尔自治区人工影响天气办公室,乌鲁木齐 830002)

摘 要 人工影响天气技术,在应对各类重大活动和气象突发灾害事件中发挥出了不可替代重要作用,已成为气象服务与气象应急保障体系中的重要组成部分。随着社会的进步和科学技术的快速发展,人工影响天气在应急保障工作中的应用领域不断拓宽,现有的应急保障体制已经不能完全满足当前快速发展的需要,为了能够更好地应对各类重大灾害事件的发生,做好气象应急服务保障工作。笔者概述了新疆人工影响天气服务保障工作的主要发展历程及现状,同时,对现有保障体系中存在的一些不足提出了一些看法与建议,以利于为新疆人工影响天气应急服务保障工作的顺利开展提供帮助。

关键词 人工影响天气 应急保障 体系建设

1 引言

"应急保障"是指面对如战争、自然灾害、重特大事故、公共卫生事件及人为破坏等突发事件,为满足应急管理、指挥、控制、救援而提供的组织、系统以及资源保障。尽管我国的应急管理部门于2018年3月才正式挂牌成立,但其实早在抗日战争期间,我国著名的爱国人士马万祺先生,就通过一家葡法洋行用于将抗战物资中转于国内,为抗战提供了物资保障。1949年叶剑英率部解放广西和海南岛时,军用物资匮乏,他又协助南光公司进行筹办,抢运了大批的粮食和五金器材、汽油等物资运至内地缓解了内需;在抗美援朝期间,他又与港澳爱国人士一起,从国外采购大量急需物资运至内地,有力地支援了抗美援朝战争;1950年,广东发生粮荒,时任广东省省委书记的叶剑英,通过马万祺先生又从澳门购进了大批粮食,为应对粮荒而做出了贡献。他在国家危难之际,急国家之所急的这种善举行为,堪称早期应急保障工作的典范。

近年来,作为当前有效应对各类气象灾害及重大活动气象保障的重要技术手段,人工影响天气服务保障工作在2008年北京奥运会、2009年第十一届全国运动会开幕式、国庆70周年阅兵式、杭州G20峰会、武汉军运会等重大活动中,均彰显出了其重要的作用与地位,成为当前各级政府应急管理体系中不可或缺的重要组成部分[1-4]。

2 新疆人影应急服务工作的应用及进展

新疆是我国陆地面积最大的省区,同时也是各种自然灾害较为频发的地区之一,每年由于地震、地质、气象、洪水等自然灾害所引发的经济损失都在数十亿元以上,对当地的经济建设、城市发展、人民生活和生命财产等方面都造成了巨大的影响[5]。尤其是干旱和冰雹灾害,一直是长期以来,困扰新疆区经济建设和农业发展的重要因素。据统计,近20年来气象灾害及其衍生灾害造成的损失已占新疆自然灾害损失的83%,死亡人数占因自然灾害死亡人数的85%;气象灾害及其衍生灾害的不断增多,对新疆区的经济发展和生态环境带来诸多不利影响。为了能够有效应对这些气象自然灾害带来的影响,其实新疆早在1959年的时候,就已经开始利用土炮土火箭等作业工具,开展了人工防雹和人工融冰化雪应急服务工作。1961年,新疆又开展了土炮影响云雾的人工消云作业试验[6],并取得了一定的成效。到了20世纪70年代,昌吉、巴里坤、巴音郭楞、石河子、克拉玛依等地,也相继开展了山区人工增水、防雹作业试验并取得了良好的成效。在这些作业试验当中,最引人注目的是克拉玛依山区人工增水应急保障作业所取得的进展,受到了全国有关部门的高度重视。1978年夏季,新疆的北部与东部地区遭受了有史以来最为严重的持续性干旱,为了缓解这一旱情,新疆人影首次动用了飞机在天山山区开展了人工增水应急保障作业,收到了良好的成效。1983年,地处准噶尔沙漠边缘的克拉玛依油田,其供水源地白杨河水库,全年进水量下降到只有历年平均值的1/3,给油田的生产和生活用水造成了严重的影响。1984年,新疆区协助石油局在白杨河上游山区组织实施了山区人工增水应急保障作业,当年,白杨河水库进水量达到了1.18亿 m^3,约为1983年的3.4倍,极大地缓解了该地区水资源短缺的紧张局面。1989年新疆区在克拉玛依市上空开展了飞机消低云作业试验,并取得了一定的成效。1992年,石河子垦区的棉田受到了严重的霜冻,为了应对这一灾情新疆区在1993年后采用烟雾剂进行了防霜作业,取得了明显的经济效益。新疆是我国冰雹的高发区,每年因雹灾所造成的经济损失就高达数亿元之多,新疆人影作为应对气象灾害的应急队伍,在预防冰雹灾害等方面也发挥出了不可替代的作用。在2004年、2008年和2011年新疆阿勒泰地区的喀纳斯景区分别发生了三次重大森林火灾事故,新疆人影办在接到自治区政府下达的救灾命令后,新疆人影应急分队在最短的时间内赶赴救火现场开展了人工增雨灭火作业,累计出动火箭作业车、雷达车和生活保障等车辆40余台次,应急保障和作业、指挥人员100余人次,发射人影增雨火箭弹数百余枚,达到了预期作业效果。为了应对阴雾灾害天气对新疆道路、航班带来的危害,2019年以来,新疆石河子地区大气空气质量连续不达标污染严重,受到了国家相关职能部门的约谈,于是环保部门与新疆人影共同开展了人工消雾霾作业,并取得了良好的成效;2021年新疆呼图壁县发生了井下矿难事故,由于天气原因,随时都有可能引发二次坍塌及透水事故的发生,接到上级部门下达的救援命令后,新疆人影应急分队按照应急预案,迅速组织出动各类指挥和作业车辆20余台,指挥、作业人员30余人奔赴现场对作业天气实施了人工消雨保障作业,累计消耗人影火箭弹上千余枚,催化剂20余千克,催化作业效果显著,为井下救援人员赢得了宝贵的救援时间,事后受到了自治区党委、人民政府以及一线救援人员的充分肯定与高度赞扬。近年来随着温室效应和全球变暖等因素的影响,新疆区也受到了冰川融化、雪位线升高,水资源储备短缺等不良影响,自2017年以后新疆区开始加大了对山区云水资源的开发力度,每年动用5架作业飞机,分别在天山、阿尔泰山、西昆仑山及其浅山地带开展春冬两季的飞机人工增水保障作业。作业区影响面积也由最初的7万 km^2 增加到了现如今的57万 km^2,有效地缓解了水资源短缺的紧张局面。

随着时代的前行与发展,新疆区的人影服务保障工作不断拓宽,已由最初的人工抗旱、防雹应急服务,逐步拓展到了现如今的森林、草场防火、水源地增蓄水、人工消云、人工防霜、生态环境建设与保护以及各类重大活动的气象服务保障等领域,甚至在国内外的其他省区还开展了人工削弱台风、人工抑制雷电等防灾减灾服务保障工作。人影应急服务保障工作,作为人类应对气象自然灾害的一种技术手段,已成为当前社会应急管理体系中不可缺少的重要组成部分。2000年之前,新疆区的应急管理体制其实并不完善,有许多单位和部门都没有建立起相配套的应急管理措施，各行业与各部门之间多处于信息沟通不畅、各自为战的状态。到了2000年之后，尤其是2018年国家应急管理部门正式挂牌成立后，就有了明显的改观。自2019年新疆首次开展了安全生产、消防、应急管理“三合一”的责任考核机制后，新疆区的应急管理组织体制建设，便正式迈入快速发展的轨道。在政府和应急管理部门的牵头下，辖区内的有关行业和部门，也随之建立起了相应的应急保障措施，使新疆区在应对各类灾害防御和应急保障水平方面均得到了稳步提升。作为气象灾害应急管理保障体系中的重要组成部分，新疆人影在预防和降低各类气象自然灾害及次生灾害、森林草场防火、水源地增蓄水、生态环境建设与保护以及各类重大活动的气象应急保障等方面，均发挥出了积极而重要的作用。

3 新疆人影保障体系与主要技术流程

全区已有15个地州、市，86个县市及团场都已开展了人影工作，并承担了相应级别的应急保障职责。目前新疆区共拥有固定和流动作业点1409个，人影从业人员3200余人，人影天气雷达26部，作业高炮150余门、作业火箭620余部、地面碘化银烟炉260余套，人影作业飞机1架，形成了以雷达和卫星监测、信息传输、作业指挥、催化作业等科学技术为依托的人影应急保障体系。保障体系的建立与完善，能够最大限度地发挥出人影防灾减灾的重要作用与意义（应急管理体系框架图，见图1）。为了快速应对重大突发事件的应急服务工作，新疆区专门制定了人影应急服务保障的相关作业流程。

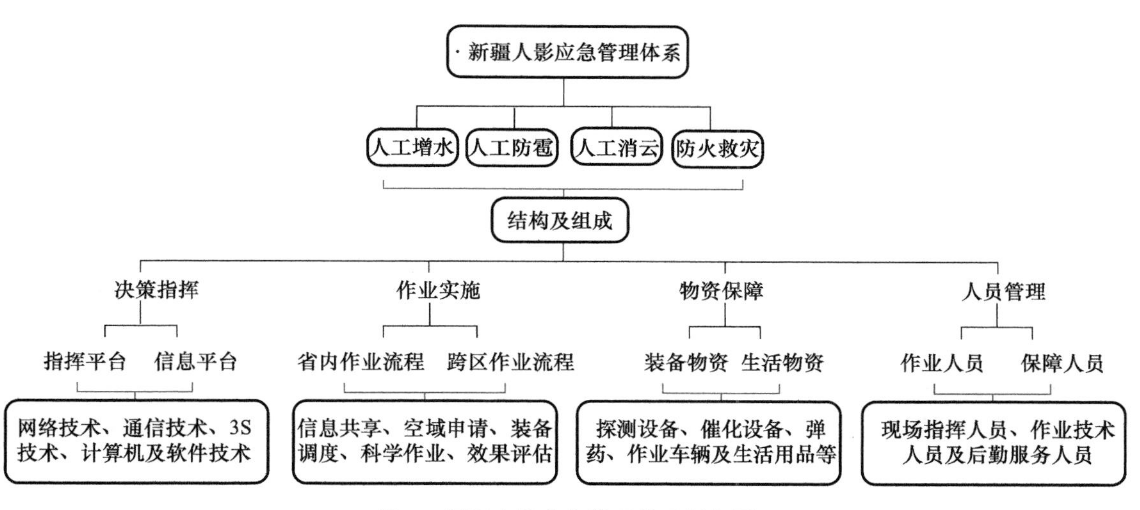

图1 新疆人影应急管理体系框架图

3.1 作业指挥流程

当接到自治区政府和应急保障管理部门下达的应急保障任务时，新疆气象应急指挥部将按照突发事件的性质、严重程度、可控性和影响范围等因素，迅速启动相应级别的气象灾害应急响应（Ⅰ—Ⅳ级响应）。指挥部首先将会立即组织各职能部门召开应急保障动员大会，而后由人影作业指挥中组织有关专家和技术人员通过各类监测设备、预报产品和现场气象实况资料进行作业会商，并制定飞机、火箭、高炮、烟炉等相关作业工具的作业指导方案，并报送气象应急总指挥签发和下达应急作业指令。

3.2 作业实施流程

当作业人员接到作业指令后,将会按照作业前、作业时和作业后三个阶段进行准备。作业准备阶段:在作业天气系统来临的前 24~12 h,专家技术组将启动会商模式,人影指挥中心将根据结果制定出相应的作业区域与作业方案,而后启动作业空域申报计划,并根据批复情况下达作业指令。作业实施阶段:在天气系统来临的前 12~6 h,专家技术组根据最新的天气监测情况和作业区实况资料,进一步修订和细化作业技术方案(作业时间、区域、高度、航线及用弹量等)。人影指挥中心将依据最新天气动态,提前 30 min 向空管部门提出作业空域申请,待空域批复后,一线作业人员将按照相关预案实施作业。作业完成阶段:当人影作业结束后,空中或地面作业人员应及时向指挥部报告作业信息情况,随后指挥中心将组织专家技术人员,进行作业的效果评估与分析。

3.3 空地联合作业流程

为了充分利用好作业区空域,有效提高空地立体作业效果并将人影作业效果最大化,制定了空地(飞机、高炮、火箭)联合作业方案。在每次作业前,根据作业云系的特点,提前预设了飞机进出作业区域内的途经航线,在飞行作业间隙期间,组织地面火器实施人影作业,当重点作业区域出现重叠时,指挥中心将根据天气条件和作业区范围大小,实施统一的动态作业指挥。

3.4 省内跨区作业流程

由于天气系统在不断地变化,因此,作业云系也会随之移动变化,需要进行跨区域联合作业。首先,根据天气系统条件来确定影响区域,其次,在天气移动路径上划分出重点作业区域,最终根据天气条件和作业需要开展跨区域统一联合作业指挥。提高地面跨区联合作业的关键和难点在于,如何尽可能地解决和协调好作业区域内作业时段的空域申请问题,必要时可以在受限区域启动地面烟炉系统进行催化作业。

3.5 物资保障流程

保障物资主要分为装备物资和生活物资。装备物资主要有探测设备、催化作业设备、作业车辆和作业弹药等,生活物资主要有外场人员的衣、食、住、行等生活用品。当接到应急响应预案时,后勤保障组将立即启动作业人员与保障物资的转运工作。

3.6 人员管理流程

各保障组成员在接到应急动员之后,应立马进入临战状态,全员在岗实行 24 小时全天候的值守制度,一直到响应命令的解除。

4 人影应急保障工作中急需完善的几个问题及建议

人影应急保障工作,虽然在新疆区的抗旱减灾、森林防火、应急救援、重大社会活动保障等方面发挥出了积极而重要作用,并取得了显著的社会经济效益和生态效益,但目前仍无法满足和应对新疆区日益增长的气象自然灾害需求[7-8],为了能够更好地做好人影应急服务保障工作,针对新疆区目前存的一些不足提出一些看法与建议。

4.1 主要科学技术问题

由于在人影作业中每次的天气系统条件都不尽相同，因此，很难有对比性和参考性。因此，在熟练应用卫星、雷达等探空资料的同时，还应完善云降水和人工催化过程的监测与识别技术，加大对多尺度云降水和催化过程的数值模拟和同化技术的研究，进一步建立和完善不同降水云系的作业模型与技术指标(作业方式、催化工具、作业时机、作业部位、催化剂种类和剂量等)，改进催化作业工具和更为高效的冷暖云作业催化剂。同时，还应加大对云物理实验室的建设与投入，提高对气象灾害的模拟与预测能力。

4.2 资金投入机制

应急保障工作，多以维护人民的生命、财产安全为主，因此，在救援过程中往往都是以不计成本的方式进行投入，因此，所产生的费用相对较高，而这笔费用往往都是由行业先行垫付，而后再由政府财政报销的方式支付。因此，在今后的年度工作预算中，应当提前预留出一定数额的专项资金，用于应对灾害事件的保障工作。

4.3 加强省级人工影响天气应急作业能力建设

建议进一步加强省级人工影响天气应急指挥系统、移动探测系统和催化作业系统的建设，从而满足新疆区应对突发事件跨区联合作业的协调指挥、综合探测以及催化作业能力。同时，还应设立人影应急管理常设机构或部门(省、市、县)，建立配套的人员和队伍，加大对人影应急队伍的正规化和现代化的建设与投入，避免出现临时抽调与组建的情况发生，切实做好人影应急事业的长远发展规划[9-10]。

4.4 开展人工影响天气效果评估工作

效果评估，一直是世界人影技术中的难点和关键所在。目前所使用的一些评估方法，按严格意义来说，大多还不够严格，存在着物理证据不足，科学基础比较薄弱等弊端。因此，需进一步提高和规范具有物理检验、统计检验、数值模拟检验等方法的应用研究并加快卫星遥感、雷达监测、云计算、人工智能等科技手段在人影应急保障工作中的集成与应用。

5 结语

人影应急工作不仅是一项利国、利民、利于气象事业发展的伟大事业，同时也是气象部门与各级地方政府紧密结合的桥梁与纽带。因此，必须真正从思想上和行动上重视和支持这项事业的全面发展，投入大量的精力、财力、人力和物力，把这项利国利民的公益事业做大做强。

参考文献

[1] 李德升．人工影响天气在应急服务工作中的应用及进展[C]．河南省气象学会年会，2010.

[2] 孟辉，宋薇，王萍，等．天津港爆炸事故人工影响天气服务方案设计[J]．灾害学，2017，32(2)：136-140.

[3] 邵洋，孟旭，缪旭明．耕云播雨润万物防灾减灾保民生——人工影响天气服务气象应急工作[J]．中国应急管理，2012(6)：42-45.

[4] 龚佃利，李春虎，赵健，等．十一运会开幕式人工影响天气服务作业决策与实施流程设计[J]．气象科技，

2010(S1):51-55.

[5] 高子毅,傅家模．开展人工影响天气技术服务促进农业抗灾夺丰收[J]．沙漠与绿洲气象,1993(2):36-38.

[6] 瓦黑提·阿扎买提．人工影响天气的主要进展及我区面临的任务[J]．沙漠与绿洲气象,2004,27(3):1-4.

[7] 王广河,缪旭明．人工影响天气在应急服务工作中的应用及进展[J]．中国应急管理,2009(9):56-59.

[8] 郝克俊,王维佳,徐精忠,等．对完善省级人工影响天气应急保障体系的思考[J]．贵州气象,2010,34(3):47-47.

[9] 王以琳,李德生,刘诗军,等．省市县三级人工影响天气作业指挥体制探讨[J]．气象科技,2010,38(3):383-388.

[10] 刘涛,陈波,张琴．喀什重大气象灾害分析评估及应急体系能力建设[J]．沙漠与绿洲气象,2015,9(z1):92-95.

对新疆人工影响天气安全管理工作的分析与思考

郭　帷[1]　车晚成[2]　李圆圆[1]

(1. 新疆维吾尔自治区人工影响天气办公室 乌鲁木齐 830002;
2. 乌鲁木齐市气象局 乌鲁木齐 830002)

摘　要　本文从新疆人工影响天气作业安全现状出发,分析了新疆人工影响天气作业规模不断扩大的情况下,安全管理工作存在的安全管理机制不完善、安全管理体系不健全、基础设施落后和作业装备老化严重等诸多不容忽视的问题,指出了问题的原因,提出了下一步强化人工影响天气作业安全管理的四项措施。

关键词　人工影响天气　安全管理 问题　对策措施

1　引言

近年来,新疆人影部门狠抓安全生产管理,提高安全作业意识,完善安全防范措施,人工影响天气安全管理成效显著。但也应当看到,人影作业中涉及的高炮、火箭等作业装备、催化弹药等还存在着诸多不安全因素,受作业规模和装备生产工厂技术水平制约等因素的影响,发生作业事故的隐患和可能性仍然存在,因此,人影安全管理工作必须继续加强,做到警钟长鸣,常抓不懈。

2　新疆人工影响天气作业安全现状分析

2.1　新疆人工影响天气作业装备和规模

新疆有15个地(州、市)、86个县(市、区)开展人影工作,主要有防雹减灾、空中水资源开发、生态环境保护、森林草场灭火、重大应急保障等服务领域,设有1400余个人工影响天气作业点,拥有高炮、火箭、烟炉等作业装备一千余部(门),从事人工影响天气管理和作业的人员2000余人,年均发射防雹增雨炮弹(简称炮弹)五万余发、增雨防雹火箭弹两万余枚,人影作业装备和规模居全国前列。

2.2　人工影响天气安全管理工作存在的问题

在中央和自治区政府的大力支持下,经过多年的发展,新疆人工影响天气已成为国家和地方共同协调发展的一项重要的基础性公益事业,其工作体系基本形成,体制机制日益完善,安全生产管理进一步加强,业务科技快速发展,资金投入不断提升,人工影响天气安全系统建设规模不断扩大。但也应该看到,个别管理部门和作业单位对人影安全生产工作不够充分重视,措施不到位,检查不落实,有章不循,有法不依,仍然存在安全管理机制不完善、安全管理体系不健全、基础设施落后和作业装备老化严重、新装备研发存在一定困难等诸多不容忽视的问题。[1-2]

2.2.1 人工影响天气安全管理机制仍需完善

人影安全工作需要多部门协作,但是当前人影安全管理工作仍然局限在气象部门,“政府主导,部门联动,社会参与”的安全管理机制尚未形成。政府在人影安全工作方面主导的力度、深度、广度还远远不够,区、地(州、市)两级人影安全责任多未纳入地方政府目标考核,县、乡两级纳入比例相对较高。

2.2.2 安全管理体系有待健全

地(州、市)、县(市、区)两级人影管理机构和编制设置落实不到位,地(州、市)和县(市、区)级人影专职安全管理人员严重不足,尤其是人影安全管理由气象职工兼职的县,不能及时有效同时兼顾气象业务管理、监管人影安全生产工作。

2.2.3 基础设施落后和部分作业装备老化严重

人影基础设施标准化亟待加强,各地建设固定作业点的标准不一,个别地(州、市)、县(市、区)人影经费投入不足,造成作业点基础设施建设不到位,存在较大的安全隐患。作业装备安全性能不高、老化较严重,且作业装备的日常安全管理中存在“重使用轻维护”现象,使得作业安全存在一定的风险。[3]

3 加强新疆人影安全管理工作的对策措施

3.1 注重安全教育宣传,强化安全生产意识

一是要充分认识安全生产工作的重要性,树立安全发展理念,增强安全生产的自觉性,把立足点放在预防事故和治理隐患上。二是加强对人影干部职工安全生产法规的学习教育,提高安全法制意识,按照《气象法》《安全生产法》《人工影响天气管理条例》《民用爆炸物品安全管理条例》《通用航空飞行管制条例》《人工影响天气安全管理规定》等依法行事。三是要深入基层,了解实情,针对本地区、本单位安全生产工作的薄弱环节,制定防范、整改措施,狠抓措施的贯彻落实,防止人影安全事故的发生,同时利用“3·23世界气象日”、“安全生产月”等活动的开展积极宣传人影安全有关知识。四是严格制度落实,确保安全生产取得实效,在健全完善安全生产规章制度的基础上,层层签订安全生产责任目标,加强督促检查。五是抓好内部的安全工作,定期或不定期组织对防火、防盗、防雷、防静电、防射频、车辆行驶、人影作业、弹药存放、登记统计、网络安全等的管理检查,强化措施落实,加强重点领域的安全整治,强化应急管理,提高安全生产突发事故应对能力,加大安全生产投入,增强安全保障能力。

3.2 打牢人影基础设施建设,筑牢安全工作的基石

一是各级领导和人影管理人员必须从思想上高度重视,积极向当地主管人影工作的领导及相关部门宣传、汇报、请示人影工作,争取他们对人影工作的支持,增强他们对人影安全生产工作重要性的认识,促使人影经费按照《人工影响天气管理条例》列入当地财政预算,特别要保证安全设施的建设经费及时到位,开展标准化作业点建设和作业基地建设,从基础设施建设方面保障人影安全生产。二是要做好炮点(站)火炮弹药安全防范,弹药库安装防盗门窗,红外线报警器、视频监控等设施要与公安部门衔接,同时加强警卫值班,保证作业装备和弹药的安全。三是要做好各级弹药储存工作,积极协调地方军队、武装部、公安、民爆等部门做好弹药存储和

管理工作，确保弹药安全。

3.3 提高人影工作者的业务技能，消除安全生产的隐患

一是要坚决执行“三证”制度，消除作业安全隐患。每年对高炮、火箭发射装置进行年检，年检合格的发放年检合格证，不合格的坚决不能使用；把好上岗人员培训、复训关，无培训合格证的坚决不能作业；严格审查审批新增作业点设置，严格复查原有作业点设置，对审查、复查不符合规定的作业点，坚决不发和收回炮点设置许可证。二是要落实作业人员岗前安全培训制度。各地应在进点前积极组织对有关人员定期或不定期的安全知识、技能、管理、操作规范的培训、再培训教育工作，提高领导和作业人员的安全技术素质，提高自我保护的意识和能力，高炮、火箭操作和检测人员由技术骨干统一培训上岗。三是建设在人口密集地的弹药库，必须搬迁到安全地带或停止使用，禁止使用未经年审或年审不合格经检修仍达不到技术要求的高炮、火箭发射装置。四是各地必须建立人工影响天气作业前的公告制度。在进点作业前，通过广播、电视、报刊、布告等方式，向社会公布本地的作业起止时间、作业区域、作业装备类型、捡到故障弹药的处理方式、意外事故的报告方式等内容，使作业区的群众了解高炮、火箭作业时的注意事项，最大程度地避免意外事故的发生。五是各作业点要按规定绘制作业安全射界图，作业时要依据作业安全射界图严格按照作业流程规范作业。在作业前必须按规定申请作业空域，要严格按批准的空域和时段进行作业，严禁未经批准对空作业现象的发生，彻底消除人为安全隐患。六是加大政府投入，积极推广使用新产品，减少弹药碎片落地后对地面人畜及建筑物的伤害。建议各级政府加大经费投入，购买使用弹丸破片小、引信瞎火率低的新产品，以降低因增雨防雹工作对地面人畜及建筑物的伤害。七是严格按《民用爆炸物品安全管理条例》要求，向生产工厂、专业运输公司等购买服务运输人影弹药，制定周到详细的弹药运输安全预案。八是要积极开展培训及人影业务技术比武和学术交流会活动，多途径提高人影人员素质，增强人影安全管理的主动性。

3.4 加强安全督导检查，确保安全生产工作落实

一是要进一步完善各种安全管理措施，针对安全生产工作的实际情况，定期组织安全生产的全面自查，切实查出漏洞和隐患，及时整改，把安全工作重点从事后处理转到事前防范上来。二是要明确责任，进一步健全和完善安全生产责任制，严格执行安全生产行政责任追究，形成从上到下齐抓共管的局面。三是要加强对作业人员安全防范意识的教育和引导。通过正反两方面的典型事例，达到警示教育的目的，形成关爱生命、关注安全的氛围。四是要突出重点，深化人影作业安全、车辆交通安全等重点领域专项的整治工作，依法查处安全生产事故，消除安全隐患。五是要完善人影工作安全管理制度，形成从高炮、火箭、弹药、运输、空域、作业指令、炮手管理等方面全方位安全制度体系。六是要加强安全生产应急体系建设，不断增强应急处置及防范能力。

参考文献

[1] 马官起，廖飞佳，冯诗杰，等．人工影响天气安全管理[M]．西安：西北工业大学出版社，2016.

[2] 中国气象局．地面人工影响天气作业安全管理要求：QX/T 297—2015 [S]．北京：气象出版社，2016.

[3] 李喆，宛霞．人工影响天气的安全风险分析[J]．安全，2020，41(8)：9-12.

新疆区地县三级人影指导产品应用和需求分析

努依也提　李圆圆　郝　雷　史莲梅　王红岩

(新疆维吾尔自治区人工影响天气办公室,乌鲁木齐 830002)

摘　要　以新疆人影部门对业务指导产品的需求为案例,采取当面询问、电话或微信调研、问卷调查等方式,对新疆 15 个地(州、市)的人影作业指挥人员开展了调研,从业务指导产品形式、内容、服务对象等方面分析了不同层级的人影机构对人影业务指导产品的应用和需求情况,进而总结分析现有业务指导产品存在的问题和需要注意的方面。

关键词　人影　指导产品　需求分析

1　引言

随着人工影响天气业务发展和现代化水平的不断提高,对人工影响天气工作的要求也越来越高,对标科学作业、精准作业、安全作业的要求,除了在具体作业实施、技术水平提升方面需要加强外,在作业指挥、指导的业务产品方面,也需要有更科学、更有针对性的内容来进行具体作业的指导。新疆人影办业务中心为了进一步了解地(州、市)、县(市、区)人影部门对自治区一级下发的人工增水、防雹作业指导产品的应用情况及更具体的需求,通过电话、调查问卷、当面询问等方式开展了业务指导产品应用和需求调研工作,并对收集到的信息进行了汇总分析。

2　基本情况

目前全疆 15 个地(州、市)、86 个县(市、区)开展人工影响天气作业,主要是采用区、地(州、市)、县(市、区)、作业点三级指挥、四级作业的方式,区级人影业务中心依照五段式业务要求开展飞机增水作业指挥和地面增水、防雹业务指导,地(州、市)级人影业务部门根据区级的指导产品,制作本地区的作业指导意见,县(市、区)级人影部门和作业点根据地(州、市)级作业指导意见开展本地的人工增水、防雹作业。业务指导产品对全疆人影业务的开展有非常重要的作用,开展业务指导产品应用和需求调研十分必要。[1-3]

3　调研过程和样本构成

调研主要分三种方式进行,当面调研、电话或微信调研、问卷调查。其中当面调研 6 人、电话或微信调研 8 人、问卷调查 65 人,调研总人数 79 人。问卷调查主要根据当面调研和电话调研的内容进行了简单设计,共有 20 题,11 个单选题,7 个多选题,2 个填空题,内容主要是为了了解被调查群体所在的地区、年龄、从业时间、岗位以及对人影业务和指导产品的了解、应用情况及相关需求。

本调研的对象主要为全疆区、地(州、市)、县(市、区)三级人影部门从事人影作业指挥业务或业务管理的人员，当面调研的 6 人中，2 人为地级人影办业务管理人员、4 人为县(市、区)级业务人员，电话或微信调研的 8 人中 7 人为地(州、市)级、1 人为县(市、区)级，问卷调查的 65 人中，28 人为地(州、市)级、37 人为县(市、区)级。问卷调查通过微信小程序发放，各地均安排了相关业务人员填写，因此，数据来源较为可靠。调查样本的分布情况如表 1。

表 1　调查样本地区分布表

地区	县	样本数量(个)	比例(%)		地区	县	样本数量(个)	比例(%)	
乌鲁木齐	乌鲁木齐市	7	8.86	18.99	哈密市	哈密市	5	6.33	10.13
	达坂城区	1	1.27			伊州区	1	1.27	
	乌鲁木齐县	6	7.59			巴里坤县	1	1.27	
	头屯河区	1	1.27			伊吾县	1	1.27	
伊犁州	伊犁州	1	1.27	3.80	喀什地区	喀什地区	3	3.80	16.46
	伊宁市	2	2.53			喀什市	2	2.53	
博州	博州	2	2.53	5.06		伽师县	4	5.06	
	博乐市	1	1.27			岳普湖县	2	2.53	
	温泉县	1	1.27			巴楚县	1	1.27	
塔城地区		2	2.53	2.53		麦盖提县	1	1.27	
阿勒泰地区	阿勒泰地区	2	2.53	5.06	克州		1	1.27	1.27
	阿勒泰市	1	1.27		和田地区	和田地区	2	2.53	3.80
	富蕴县	1	1.27			和田市	1	1.27	
昌吉州	昌吉州	2	2.53	13.92	阿克苏地区		2	2.53	2.53
	阜康市	1	1.27		巴州	巴州	2	2.53	6.33
	昌吉市	2	2.53			库尔勒市	1	1.27	
	玛纳斯县	2	2.53			和静县	1	1.27	
	呼图壁县	1	1.27			和硕县	1	1.27	
	吉木萨尔县	1	1.27		克拉玛依市		2	2.53	2.53
	木垒县	1	1.27		石河子市		2	2.53	2.53
	奇台县	1	1.27		吐鲁番市		1	1.27	1.27
样本总数		79	100%		样本总数		79	100%	

4　业务指导产品现状和问题

4.1　对国家级业务指导产品不了解、不关注

调研过程中，发现除自治区人影办业务中心和乌鲁木齐等个别地(州、市)级人影部门知道国家级业务指导产品的获取方式、经常访问国家级人影业务网站、将相关产品用于具体作业指导指挥外，大部分地(州、市)人影部门不知道有国家级业务产品网站，不了解相关业务产品，对国家级业务指导产品不关注，部分地(州、市)认为其对具体业务有一定的参考价值，但过于宏观，部分地(州、市)则认为其对地级的指导作用不大。

4.2 自治区级业务指导产品不精细、不具体

自治区级业务指导产品按照“五段式”业务要求设计,在飞机增水指导产品上种类比较全,涵盖了全过程,地面作业指导产品则主要根据气象台预报制作天气过程预报,结合天气预报和人影模式产品制作增水潜力预报,范围较粗,只提到地(州、市),没有具体的县(市、区),对具体开展作业的指导性不够。防雹指导产品由于预报技术和数值模式有效性的限制,没有过程预报,只有冰雹潜势预报,且大多照搬气象台强对流落区预报,没有进一步将冰雹落区区分和细化出来,对下的指导作用有限,产品内容不精细,具体指导不具体,对作业效果的评估也缺少相应的分析。

4.3 缺少本地区的业务指导产品

在地(州、市)一级的业务层面,大多数地(州、市)仅根据当地气象台的预报、预警进行作业指挥指导,缺少人影“五段式”业务产品,对增水、防雹潜势缺少判断,对天气发生的时间、地点知道得不够精细,缺乏科学作业、精准作业的指导。

5 对业务指导产品的需求

5.1 国家级、省级业务产品的查看和应用

在调研过程中,大部分调查对象对国家级人影业务网站不了解、不熟悉,对国家级业务指导产品不清楚,没有应用。对省级业务产品的获得方式主要是区级业务中心通过政务邮或者微信群发的各类产品,但没有下发的产品不太了解,如部分效果评估类产品。

5.2 对指导产品内容的要求

大多数调查对象认为现有的“五段式”业务指导产品基本可用于指导日常业务,其中大家对增水潜力、冰雹潜势及作业条件类的产品需求最高,占91%,其次是天气过程类预报产品,占80%,效果评估类产品也是各级人影部门想要了解和使用的,占75%,作业方案类产品占65%,作业快报、简讯类的占48%。说明地(州、市)、县(市、区)两级的人影业务部门对具体指导类的产品需求更旺盛。

5.3 接收指导产品的方式

目前,自治区人影办业务中心发布的指导产品均可通过政务邮发送至地(州、市)人影部门,再由地(州、市)级人影办转发县(市、区)级;此外,还建立了微信群,可共享一些业务产品。但部分接受调查问卷的县级业务人员表示无法使用政务邮,没有收到相关指导产品,说明区级指导产品还不能传达到县级。接受调查问卷的人中,有86%的人希望通过政务邮接收业务指导产品,72%希望通过微信接收,还有不到40%希望通过短信或电子邮件接收,有5%希望通过互联网接收。

5.4 加强相关业务培训

调查对象对相关培训的需求从高到低分别为,针对性强的业务产品指导88%、作业指挥

技术培训83%、作业安全类培训71%、效果评估类指导66%、业务系统类培训31%。调研组认为,应首先加强对业务人员的培训,提高业务人员的业务能力和水平,能更好地应用各类系统、模式产品和相关知识,准确地判断降水潜势落区、冰雹潜势落区及天气发生的时间、地点等,使得指导产品内容更准确。其次是对如何制作产品进行培训,选出大家最希望看到的内容制作成产品,产品的形式、语言、图片等如何让基层看得明白、用得顺畅,需要进一步培训。最后是对基层人员使用各种途径获取产品进行培训,如业务系统内获得、网站获得、App获得等,使业务产品发出去后各基层业务人员知道如何快速获取。

6　综合分析与建议

人影业务现代化发展对业务技术水平的提高、业务人员的素质能力提升提出了更高的要求,我们不能仅通过经验判断如何作业,而是需要用好各种业务系统,用好数值模式产品、加强培训,充实业务知识,提升岗位技能。

6.1　进一步调研,了解地(州、市)、县(市、区)不同业务需求

本次调研的范围还不够广,不能完全反映出基层的切实需求,需要进一步扩大调研范围,深入基层一线,了解不同的地(州、市)和县(市、区)的人影业务需求,更好地开展业务指导。

6.2　根据增水、防雹等不同业务需求设计不同产品

目前的产品形式还比较单一,在增水、防雹、生态修复、应急保障等方面产品的种类还不丰富,不能很好地满足业务需求,需要根据不同的需求设计不同的产品以进行更好地服务。

6.3　产品的内容要更有针对性

现有产品的内容针对性不强,有些内容仅放置了表格或图片,没有进行解读,具体指导意义不强。需要根据不同的需求进一步改进产品的内容,使其更具有针对性和指导性。

6.4　注重地(州、市)、县(市、区)级业务人员的培训

要加强培训,尤其是对地、县两级业务人员的培训,除了岗前安全生产和操作技术培训外,还要设置基础理论的培训。完善培训体系,注重不同层级的业务人员分层次、分级别地进行培训,加强地级业务指挥人员的指挥能力和县级业务人员按指挥精准操作的能力,加快进行人才队伍建设。同时探索考核激励机制,提高受训人员的培训积极性。

参考文献

[1] 高文娟,夏德奇．全国“高空气象观测业务人员上岗培训”需求调研报告[J]. 科技与创新,2019(4):6-21.
[2] 李庆雷,陈哲,廖捷,等．探空温度偏差订正技术调研报告[J]. 气象科技进展,2020,10(5):19-25.
[3] 陈政初．浅谈如何起草调研报告[J]. 工作指导,2020(12):107-108.

人工影响天气应急保障服务案例分析

史莲梅　李圆圆　范宏云　王荣梅　阿地里江

(新疆维吾尔自治区人工影响天气办公室,乌鲁木齐,830002)

摘　要　本文通过分析2021年新疆某地一次煤矿透水事故人影应急保障的服务背景、准备工作、方案设计、保障实施以及经验总结等,以期为今后开展相关工作提供技术思路和经验借鉴。

关键词　应急保障服务　人工影响天气

1　引言

从20世纪40年代末以来,人工影响天气在全世界大范围得以快速发展[1],并广泛应用于防雹减灾为农服务、助力生态环境保护与修复、重大应急保障服务等领域。新疆地处西北边陲,气候干燥,水资源总体紧缺,制约着可持续发展[2-3]。为了缓解水资源短缺与工农业生产和城市生活用水之间的矛盾,新疆在开源节流的同时,积极使用火箭、高炮、人影作业飞机等工具开展人工增水作业,并取得了一定的效果。随着经济社会的不断发展,近年来人工消减雨的需求日益增多[4],比如服务重大活动和体育赛事,以及突发事件的应急保障等[5]。

本文从服务背景、准备工作、保障实施、经验总结等方面全面复盘了某次人影应急保障服务工作,以期为今后开展相关工作提供技术思路和经验借鉴。

2　服务背景

2021年4月,新疆某地突发煤矿透水事故,导致21人被困。根据该事故应急指挥部要求,气象部门立即组织开展兵地联合人影作业,减小事故区降水和矿井径流补水,减轻降水天气对救援工作环境影响 ,自治区人民政府办公厅为此也印发了《关于兵地联合开展人工影响天气作业的通知》。

3　精心组织,全力做好人影应急保障服务准备工作

3.1　领导高度重视,精心组织安排

在自治区领导指挥下,新疆气象局党组高度重视此次应急保障工作,成立以气象局党组书记赵明为组长的领导小组,中国气象局人影中心提供技术支持,自治区人影办迅速成立现场应急党员突击队和作业指挥党员突击队,组织协调博州、塔城地区、昌吉州、巴州和兵团第八师、第七师等地人影办参与此次应急保障任务,印发人影应急保障服务工作方案,明确责任分工。

3.2　各地积极配合,保障支撑有力

自治区人影办积极统筹使用正在克拉玛依增水基地执行春季飞机增水任务的空中国王

350I 型高性能增水作业飞机 1 架，调用温泉县、乌苏市、玛纳斯县、和静县以及石河子、独山子人影火箭作业车 71 辆、作业指挥车 6 辆、弹药运输车 4 辆、弹药运输护卫车 3 辆、作业保障车 2 辆以及现场协调车、后勤保障车、运兵车各 1 辆，调集运送人影火箭弹 4700 余枚、地面碘化银烟条 300 根、机载烟条 168 根、机载焰弹 600 枚，构建空地结合、多层配置、联合高效的人影保障作业体系[6]。为了更加精准科学地开展人影作业，另有新一代多普勒天气雷达 2 部、车载弹药箱 21 部、地面碘化银烟炉 5 套、自动气象站 2 套、通信设备 18 套、卫星电话 2 部、GPS 仪 4 部、对讲机 23 部投入此次人影应急保障服务工作中。

3.3 开展实地勘察，做到服务精细

4 月 15 日，自治区人影办主任陈胜亲自率队，带领副主任谢海涛以及 5 名业务骨干迅速赶赴事故所在地，根据保障需求，前往事故区上游地区对预设作业点进行实地勘察，依据预设的 4 道防线科学选定最佳人影作业点，为人影应急保障服务的顺利开展提供了可靠保障。

3.4 指挥措施到位，确保指挥科学

以人影业务平台和气象台会商平台为基础，在指挥中心建立北斗卫星通信、天气预报预警、视频会商以及作业指令下达、信息收集的技术平台，同时在呼图壁县、玛纳斯县设有外场人影应急指挥中心，为天气会商、指挥协调、作业决策、跟踪指挥和作业监控等提供技术支持。

4 多部门协调配合，顺利实施人影应急保障服务作业

4.1 科学制定作业方案，及时发布作业指令

在中国气象局人影中心 3 名专家的大力支持下，指挥中心业务人员坚守岗位，密切监视天气变化，结合气象台专项预报，根据现场保障服务需求，科学制定人影作业计划 17 期，及时通过政务邮、微信群等发布作业指令 55 次，有效保证了人影作业的科学合理。

4.2 兵地联防，作业成效显著

为做好人影应急保障服务，兵团第八师、第七师及塔城地区、昌吉州、博州、巴州等地气象、人影部门密切配合，开展了联合作业。4 月 17 日—5 月 14 日，在 4 道防线 8 个作业点开展多轮人工影响天气地面作业，共计发射火箭弹 3700 余枚、燃烧地面碘化银烟条 35 根。4 月 22 日，针对事故区上游发展较为旺盛的冷性层状云，指挥中心安排增水飞机在巴音布鲁克山区周边执行作业任务，累计作业 3 小时 41 分，燃烧碘化银烟条 48 根、发射焰弹 150 枚。通过空地立体联合作业，对可能经过防区影响下游事故所在地周边的云系起到了抑制作用，作业后云的厚度、强度普遍有所减弱，起到了消减雨的作用。

新疆人影办以实际行动践行“人民至上、生命至上”理念，在近 40 天的人影应急保障服务过程中，主动担当作为，科学开展人影作业，最大限度减轻了降水对救援现场带来的不利影响，为救援处置创造了有利条件，获得自治区有关领导和地方党委、政府的充分肯定，并被气象局通报表扬，同时荣获新疆气象局专项气象应急保障服务优秀集体称号。

5 取得的经验

5.1 多方支援,联合制胜

发挥军民融合、兵地联防优势,空域的保障是飞机、地面火箭按作业方案顺利实施人影保障作业的关键,兵地联防作业的有效实施提升了此次人影保障作业的效果,应急作业点的科学选定、天气过程的准确研判以及最优人影作业方案的设计是服务精细以及人影业务现代化的最好体现,解放军、公安、武警以及作业点当地政府的全程配合以及有力支持为人影安全提供了可靠保障。

5.2 体系科学,作业规范

"横向到边、纵向到底"的人影业务得到不断强化,有效检验了72~24 h的作业过程预报和作业计划制定、24~3 h的作业潜力预报与作业方案设计、3~0 h的临近预警与作业方案修正指令下达、0~3 h的跟踪指挥以及作业后的效果检验等人影"五段式"业务在重大应急保障服务中的应用,业务体系的科学化、规范化水平得到不断提高。

5.3 科学指导,锻炼队伍

中国气象局人影中心接报后第一时间组织3名知名专家通过视频会商、下发专项人影作业潜势预报等方式,在人影作业潜势预报、作业方案设计等方面给予大力支持。人影办副主任李圆圆带领人影服务首席参加每日两次的天气会商,及时把握天气动态,科学调整人影作业方案。来自区、地、县三级人影部门的领导和业务技术骨干237人参与到为期40天的人影应急保障服务中,极大地锻炼了新疆维吾尔自治区人影专业队伍,为今后人影保障服务奠定了基础。

6 存在的问题

6.1 应急保障监测指挥能力不足,人影应急保障能力需进一步提升

此次人影应急保障服务中,自治区人影办从地州协调了2部移动式新一代多普勒天气雷达开展现场保障,但缺少现场应急观测的其他设备,在科学指挥作业方面还缺少有力支撑,需进一步着力解决人影应急保障专用雷达和气象监测设备及应急作业指挥保障车。另外,人影应急保障服务多在山区、草原林场等野外开展,无基本生活条件,加之持续时间较长,更需坚强有力的后勤保障能力。

6.2 人影应急演练广度、深度不够,持续应对应急保障服务能力有待进一步提高

新疆人影办每年都会联合一个地(州、市)人影办开展人影应急演练,但主要针对某场天气事件,持续时间一般在1~2天。像此次这种持续时间长达40天的保障服务工作还是首次遇到,对新疆人影办甚至整个新疆人影部门的持续应对应急保障服务能力提出了极大挑战。

参考文献

[1] 张蔷,何晖,刘建忠,等. 北京2008年奥运会开幕式人工消减雨作业[J]. 气象,2009,35(8):4-15.

[2] 郑宁，刘琼，黄观，等．新疆三大山区可降水量时空分布特征[J]．干旱区地理，2019，42(1)：77-84.
[3] 周宏飞，张捷斌．新疆的水资源可利用量及其承载能力分析[J]．干旱区地理，2005，28(6)：756-763.
[4] 史月琴，刘卫国，王飞，等．一次对流云人工消减雨作业条件预报和作业预案合理性分析[J]．气象，2021，47(2)：192-204.
[5] 龚佃利，李春虎，赵健，等．十一运会开幕式人工影响天气服务作业决策与实施流程设计[J]．气象科技，2010，38(增刊)：51-55.
[6] 张兴源．重大活动人工影响天气保障服务案例分析[J]．内蒙古水利，2018(6)：78-79.

第四部分　人工影响天气相关技术应用研究

人工影响天气专用装备物联网关键技术研究与应用

罗俊颉[1,2]　贺文彬[3]　李宏宇[4]

（1. 陕西省人工影响天气中心，西安 710014；2. 汉中市气象局，汉中 723000）
3. 陕西省气象局，西安 710014；4. 中国气象科学研究院，北京 100081）

摘　要　本文介绍了人工影响天气(以下简称人影)物联网技术体系架构组成和人影作业装备弹药安全管理主要业务环节，讨论了条形码、二维码、RFID(radio frequency identification，无线射频识别)等标签技术在人影物联网应用适用领域，分析指出做好人影设备标记与识别、采集传输和信息融合处理等关键技术，可以满足人影作业信息化需求，减少基层业务人员工作量，有效提高人影业务安全监管能力。

关键词　人工影响天气　安全管理　物联网　应用

1　引言

随着社会经济发展、农业生产需求和生态环境建设需要，人影工作已经成为当前防灾减灾和保障粮食、生态、水资源安全的重要手段，人影飞机和地面高炮、火箭等作业规模和活动也日益频繁。许焕斌和尹金方(2017)认为，目前对人工影响天气的基础科学问题的认识还存在局限性和盲目性。郭学良等(2013)回顾和总结了近年来国内外云降水物理与人影研究进展，认为提高云降水形成过程、时空结构与演变机理的深入认识，对提高云水资源开发利用及气象防灾减灾的能力具有十分重要作用。飞机和地面作业信息的采集与作业监控是人影综合业务平台的重要组成，也是人影作业云系研究识别、方案设计验证和效果评估的重要环节，更是人影安全管理建设的重要内容。段婧等(2017)介绍了国际人影作业装备研发改进的进展及现状，汪玲和刘黎平(2015)提出针对人影作业效果评估应连续跟踪高炮和飞机播云作业，邹书平(2011)利用编程和表格处理技术研发了地面人工增雨防雹作业信息采集系统，吴万友等(2011)设计与实现了移动式人工增雨作业技术支撑系统，吴林林等(2013)设计与开发基于MICAPS 3 核心的人影业务平台。“十二五”期间，为了解决全国人影作业信息管理与数据共享，国家人影中心牵头制定人影业务现代化建设三年行动计划(以下简称三年行动计划)指出，现有人影信息系统其时效性和功能上无法满足全国飞机和地面作业信息实时采集及实时监控的需求，收集上报的作业数据准确性无法保证，指挥或管理部门难以实时掌握实际作业情况和精准的用弹信息，也直接制约了包括安全管理在内的其他业务环节的顺利开展。

物联网是指通过各种信息感知设备和系统实现智能感知识别、跟踪定位、监控管理的一种智能化网络，胡永利等(2012)研究分析物联网信息感知与交互技术，周津(2014)讨论分析物联网环境下信息融合基础理论与关键技术。陈荣雄(2015)在铁路货运、港口、物流等业务领域融合应用网络、通信、感知和智能仓储技术，可以有效节省货物流传时间和费用。刘捷和陈雷(2012)应用 RFID 技术实现卷烟产品物流跟踪和全程监管。李道亮和杨昊(2018)在大田种植、设施园艺以及农产品物流等典型农业产业，集成应用信息感知、数据传输、智能处理技术推动信息化与现代农业技术融合。李建邦等(2014)将RFID技术应用到安徽省人影业务管理服务平台提高安全和信息化管理水平。戴艳萍等(2018)参照《气象数据分类与编码:QX/T 151—2012)》中的编码原则,对人影作业全过程产生数据按照属性进行归类,制定了人影数据分类与编码标准。从物联网技术特点和人影业务安全管理需求分析,充分利用各类感知设备采集人影作业飞机、高炮、火箭等作业装备第一现场信息,通过多种通信方式实时获取并融合处理外场作业数据,可以提高人影作业科学调度、量化指挥能力,也能为人影作业装备弹药生产、销售、验收、仓储、物流和质量安全追溯提供信息化管理手段,有效提升人影规范化、信息化水平,也是人影业务安全监管能力建设的需要。

2 人影作业装备弹药主要管理环节

2.1 生产

生产环节是人影作业装备弹药整个生命周期中最前端环节。各生产厂家根据装备和弹药统一标识规范,通过添加条形码/二维码标签、电子标签(RFID射频识别),实现人影作业装备弹药标识及信息采集。

2.2 验收

验收环节是作业装备弹药质量和使用安全的重要一环。利用扫码或感应技术,可以实现对装备弹药的验收、质量跟踪、有效期监控,同时提供自动化监控告警等功能。

2.3 仓储

各省(自治区,直辖市)采购的经过验收合格的作业装备及弹药,由生产厂家负责转运到对应省级的仓储库,再从省级仓储库分发到下辖的市县级仓储库,继而分发到下辖的各作业点临时库。通过扫描感应作业装备及弹药(以整箱为单位)的条码和电子标签,实现对作业装备及弹药出入库的跟踪管理。

2.4 转运

根据采购计划,作业装备弹药由厂家向省级运送、省级向市县级调拨、市县级向固定作业点调拨、移动作业车运载至野外发射作业,不同仓储库或位置间作业装备弹药的转移运输,通过物联网技术可实现对装备弹药转运环节跟踪管理。

2.5 使用

人影外场作业装备弹药使用及消耗,通过加载信息采集传感设备,利用有效通信手段可实现对作业信息的实时采集监控。

2.6 报废与销毁

以上各环节中,凡是经发现不合格的人影作业装备和弹药,或不符合规定技术标准和要求,应予以报废,并由对应的生产厂家负责拉走销毁。同样通过物联网技术来实现对该环节的采集监控与管理。

3 人影物联网体系基本架构

综合专家分析，将人影物联网系统划分为感知层、网络层和应用层三个层次，如图 1 所示。

3.1 感知层

人影物联网感知层首先是通过位置、声音、计数等传感器技术将作业外场数据采集记录，然后通过感应标签、蓝牙、红外等短距离传输技术传递数据。其中，传感器承载着实时掌握动态信息源头的重要作用，传感器的性能决定了人影物联网性能。信息编码、传感器检测、短距离有线和无线通信是感知层关键技术。

3.2 网络层

网络层解决感知层获取数据长距离的传输问题。人影物联网数据可通过移动通信网、北斗通信网、气象局域网等网络传输。

3.3 应用层

应用层包括应用程序和终端设备层。应用程序层涉及人影安全管理要素的标签识别、位置定位、库存盘点、安全监控、人员考勤、质量溯源、智能调度等功能设计与实现。终端设备层包括计算机、智能手机、扫码终端、信号开关等硬件人机交互界面。通过终端设备和应用程序设计，实现人影作业静态与动态信息及时准确获取。

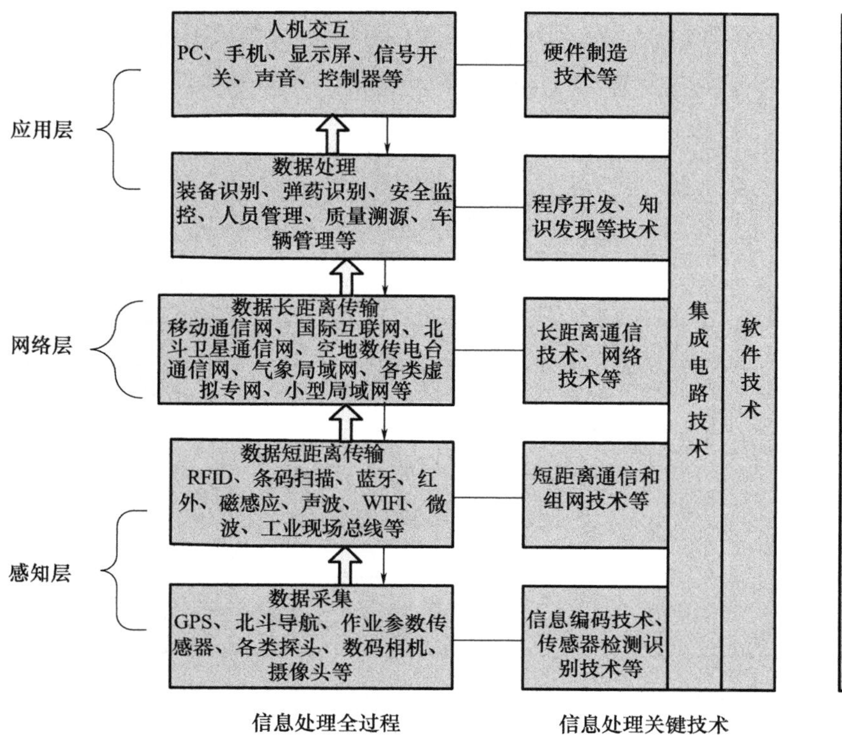

图 1　人影物联网系统架构

4 人影物联网关键技术

4.1 信息标记与识别技术

人影作业装备、弹药标记与识别,是实现人影安全管理要素全面感知与识别基础,根据不同应用场合选择合适的识别技术是人影物联网信息感知的关键。一般来说,人影设备适宜于仓储物流领域广泛应用的条形码、二维码、RFID非接触式自动识别技术。

4.1.1 条码识别技术

条形码是按照一定的编码规则,用以表达一组信息的图形标识符。在水平和垂直方向的二维空间存储信息的条形码称为二维条形码,简称二维码。条形码标签存储容量最小、印刷成本低、读写便捷。根据其特点,可以广泛印刷在人影作业炮弹、火箭弹、焰条、焰弹等消耗类物资表面,存储包括生产厂家、生产日期、弹药种类、催化剂类别等最基本数据信息;二维码标签是条形码升级版,存储容量较大,适合印刷在飞机作业播撒、探测、通信设备,以及人影作业高炮、火箭发射架等固定资产表面,记录信息包括产品名称、生产厂家、生产日期、产品性能、简要功能等固态信息。

4.1.2 RFID识别技术

RFID(radio frequency identification)技术,又称无线射频识别,通过无线电讯号识别特定目标并读写相关数据,无需识别系统与特定目标之间建立机械或光学接触。一个完整的RFID系统一般由后台处理计算机、读写器、天线和电子标签等几部分组成。从工作频率可以分为低频、高频、超高频、微波等。从供电状态进行分类,RFID标签可分为无源、半有源和有源产品。一般超高频RFID标签多为无源标签。表1为不同频段RFID系统的技术特性。

表1 不同频段RFID技术特性

类别	低频	高频	超高频	微波
主要规格	125 kHz、135kHz	13.56 MHz	433 MHz、868 MHz、950 MHz	2.45 GHz、5.8 GHz
存储容量	128～512位	128位－8 K	128位－8 K	128位－8 K
识别距离	<60 cm	60 cm	8 m	<50 m
一般特性	价格较低、识别距离短	价格低、适合近距离识别	价格较高、多重识别、性能好	价格昂贵、易受环境的影响
识别速度	低速←→高速			
环境影响	迟钝←→敏感			
标签大小	大型←→小型			
典型应用场景	门禁、动物识别	非接触式智能卡	物流、供应链	行李追踪

在人影安全管理领域应用RFID技术,首先要选择合适的RFID频段。不同频段RFID识别系统标签和读写器硬件成本差异较大。结合人影作业装备弹药等火工品属性和管理规模现状,在选择中应考虑其单价成本不宜过高、安全性能好、读取距离较远、抗冲突机制好、产品种类丰

富、技术成熟度高的产品。从表1分析来看，人影物联网应用解决方案中适合选用高频和超高频频段RFID系统。无源超高频RFID系统适合用于各级人影作业装备精细化管理和监控，有源RFID产品可逐步应用到人影作业装备、弹药运输存储管理中区域定位、安防报警领域。同时，结合地理信息和无线通信技术，实现人影作业人员精确定位、值班考勤等精细化管理功能。

此外，工业和信息化部关于加强民爆行业信息化建设有关安全管理的通知(工信安函〔2013〕1号)指出，在开展RFID等信息技术在民爆生产、储存、运输领域应用研发过程中，要首先开展射频对民爆产品安全影响的基础研究以及对民爆生产线控制系统电磁干扰问题研究，确保RFID等信息技术使用安全。

4.2 数据采集技术

在人影作业(使用)环节，针对人影飞机和地面作业信息的实时准确采集与监控，是科学调度指挥作业和客观评价作业效果的基础。

4.2.1 飞机作业数据采集

根据《人影作业信息格式规范》的要求，飞机端实现位置信息、催化信息、机载探测等信息实时采集，省级指挥中心要动态跟踪和指挥飞机作业。飞机作业参数信息可以通过机载定位设备(例如：北斗/GPS/GLONASS)和机载探测设备(例如：温湿仪/DMT/SPEC/CWIP等)传感器感应或手动记录方式采集。

4.2.2 地面作业数据采集

按照三年行动计划要求，人影地面作业信息包括作业日期、时间、站点经纬度、方位角、仰角、数量、弹药编码信息等。地面作业时间、位置采集可以从集成GPS/北斗芯片及标签扫描客户端获取，作业参数通过对作业装备加装专用传感器来采集，该环节是作业信息自动获取的难点和关键所在。

4.3 通信传输技术

4.3.1 空地通信技术

目前，用于人影飞机与地面指挥中心通信主要有海事卫星、北斗导航、甚高频(超短波)电台等通信技术。海事卫星可以完成飞机与作业区指挥中心实时语音、数据及小数码率的实时图像数据传输；北斗通信系统不仅具有其他导航系统定位、授时的功能，同时提供了短报文通信的特有功能，其优点是覆盖范围大、容量大、抗干扰强、安装维护简单、兼容性强，多目标监控等；甚高频(超短波)电台也称为数传电台，可以实现飞机与作业区域地面指挥中心之间的语音交互通信功能，以及观测数据和图像图片等小数据量的实时双向传输。海事卫星通信能力大于北斗短报文通信，其传输的信息内容可包含北斗短报文的所有通信内容，但通信设备及运行费用高。甚高频通信方式受距离、电磁波等诸多要素的限制，当飞机飞出甚高频的覆盖范围，还要架设电台的基站等，相应人力、物力等投资大，给作业带来不便。人影作业中，北斗通信可作为飞机飞行位置参数的全程通信手段，作为海事卫星通信手段的降级备份手段使用。

4.3.2 近距离通信技术

在探测设备组网观测、服务现场自动化控制和气象信息收集与控制等气象业务应用领域，基于传输速度、距离和耗电量等特殊要求，单独或组合使用包括蓝牙、红外数据传输、RFID和

WiFi 等近距离通信技术解决业务需求。

4.3.3 气象宽带通信技术

全国气象宽带主干网络系统是连接国家级和省级的地面广域网络连接,是依托电信运营商 MPLS VPN 技术建立的网状网。省内宽带网网络系统由各省依托运营商地面公共基础设施建设,主要包括省、地市、县三级。气象通信骨干网络将全国气象部门组成一个大局域网,通过一定规则实现局域网数据共享与发布。

4.4 信息处理与显示技术

信息处理与显示技术主要涉及云计算、GIS 技术和数据融合处理等,是实现人影物联网智能管理的基础。

4.4.1 云计算

人影物联网设备终端分散、作业采集种类多、信息量大、交互环节多、应用场景复杂、操作人员水平参差不齐,适合采用端服务、云计算方式进行数据处理技术。

4.4.2 GIS 技术

在人影作业安全射界绘制、作业目标可视化模拟、作业目标及影响区计算等方面,可以利用 GIS 技术实现作业站点、装备、弹药、人员、作业等空间属性信息统计分析与多元化输出。

4.4.3 数据融合处理

在人影作业装备、弹药、人员、安全等管理环节,采用物联网技术可以实时采集大量业务信息。通过数据融合处理技术,能在人影作业装备物资调度、外场方案科学设计和业务安全监管等应用方面挖掘出更有价值信息。

5 人影物联网应用方向及进展

5.1 飞机作业可视化指挥

三年行动计划要求,人影飞机轨迹信息、状态信息、作业信息实现自动采集实时上传。目前,国家高性能增雨飞机采用海事卫星和北斗短报文双备份系统用于解决数据通信链路。全国自有和租赁飞机开展人影作业的省中,91%的省都采用北斗短报文方式进行空地通信,个别省采用数传电台或图传电台进行数据通信。张云平(2012)介绍了河南省采用数传电台技术解决飞机空地数据传输,陈增境等(2017)介绍了北斗通信在宁夏气象数据传输中的应用。利用空地通信技术,可以将人影作业飞机上常规气象要素、云粒子、音视频等观测数据,以及飞机作业轨迹、状态等特征信息实时传输到地面作业指挥中心,实现外场人影作业飞机与指挥中心的物联。

5.2 人影作业物资智能监控调度管理

人影作业在保障粮食安全、应对干旱、森林防火、生态环境建设、交通安全、应急保障服务等方面发挥了重要作用。随着人影技术的发展,对区域空中云水资源和冰雹等灾害的监测、飞机和地面作业设备统一、统筹协调指挥等能力亟待提高。建立人影作业物资智能监控调度系统,依托现有气象专网资源、结合无线通信手段,在国家级和省级建设人影物资信息数据库,接收辖区内的人影作业飞机、地面装备、弹药和人员动态信息,采用数据融合技术、多维分析技术进行处理并入库。通过大数据分析，根据用户使用频率等需求智能调度人影装备、弹药计划，提供弹药告警功能，按照预先设置的监控指标阈值，对超出阈值的弹药信息进行告警。基于地理信息系统实现全区域人影作业物资实时跟踪、库存动态和统计分析的综合展示，使人影物资发挥最佳效益，并有效降低安全隐患。

中国气象局人影作业装备弹药全程监控应用示范项目中，人影作业物资智能监控调度系统主要由国家级节点、省级节点、弹药装备一级库（省级）、弹药装备二级库（市县级）、弹药装备三级库（固定作业点）、弹药转运和移动作业的监控设备组成。系统组成如图 2 所示。其中：国家级节点主要部署人影弹药全程监控处理服务器、共享存储、专用图型工作站、监控数据采集设备和防火墙等设备。省级节点主要部署人影弹药全程监控处理服务器、专用图型工作站、北斗地面通信控制设备、监控数据采集设备和防火墙等设备，并通过监控数据采集设备和防火墙构建网络安全隔离区（DMZ 区），实现 3G/4G 网络与气象专网的安全隔离。弹药装备一级库、弹药装备二级库和弹药装备三级库：在弹药装备上安装火箭弹无源 RFID 电子标签、高炮炮弹专用条形码，同时在库房出入口配置条形码感应器和 RFID 终端，实现库存弹药设备数量的自动感知和上传。弹药装备的转运和移动作业车上部署车载北斗设备、条形码感应器和 RFID 终端等设备，实现运输过程弹药装备的自动感知和上传。

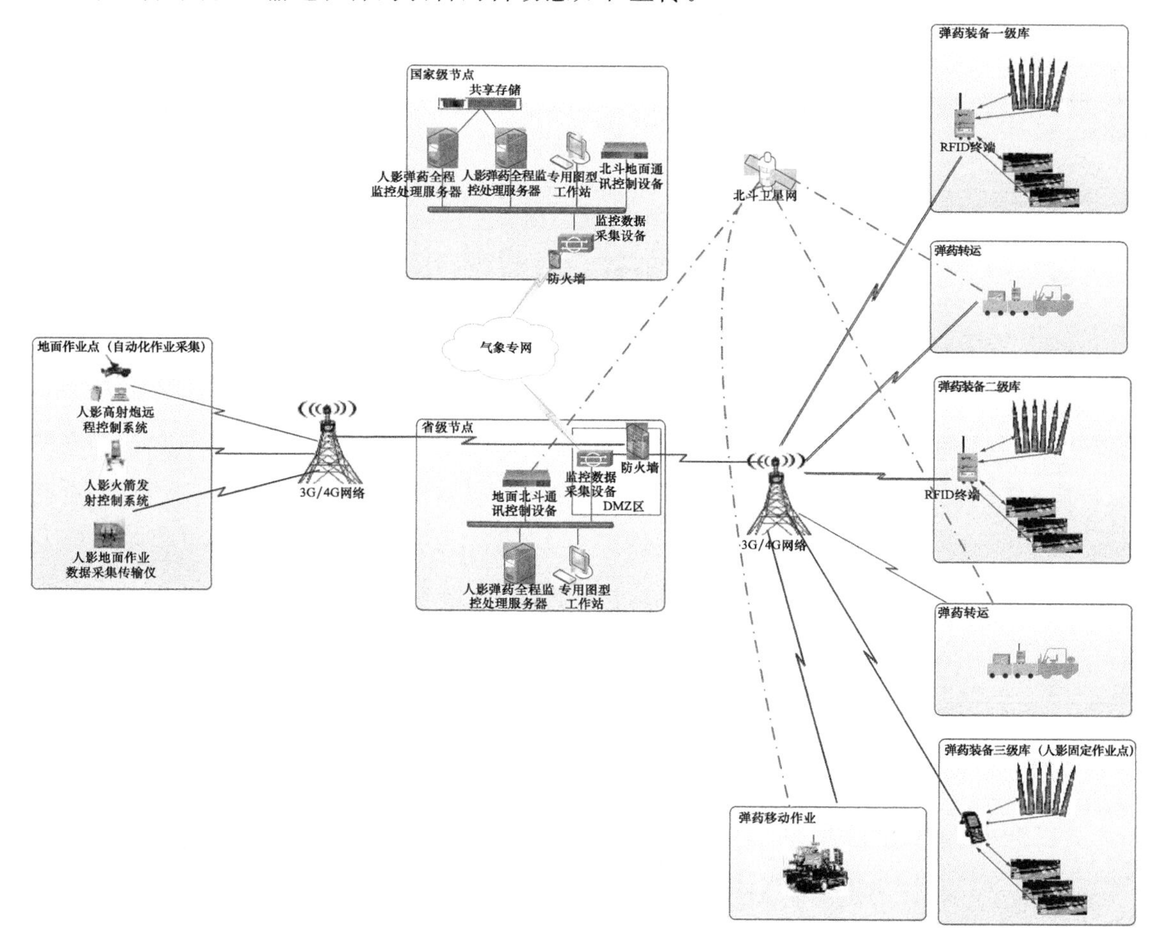

图 2　人影作业物资智能监控调度系统

5.3 人影作业装备弹药质量安全追溯

实施人影作业涉及航空器飞行安全以及地面安全作业,随着人影作业装备和弹药使用频次和规模不断增加,对人影科学作业和安全监管责任要求越来越高,人影作业装备弹药安全使用成为各级气象部门管理重点。当前,人影作业装备弹药还存在宏观粗放式管理,没有严格量化的监测手段,弹药在运输、存储、使用等各环节中仍存在较多安全隐患。《人影作业装备与弹药标识编码技术规范(试行)》对人影作业装备弹药标识和编码进行了定义,通过感应(扫码)技术采集装备弹药身份信息,实现弹药生产、装配、运输、储存、发射、销毁等全过程监管信息自动记录。

刘伟等(2017)应用物联网理念开发人影作业装备弹药出厂验收质量管理系统(图 3),实现对装备弹药的精细化监管,给全国人影作业弹药提供了数据基础。图 3 展示了人影作业装备弹药出厂验收质量管理业务流程,人影作业装备弹药在生产阶段就标记了唯一标签身份信息,人影安全生产主管部门根据相关标准进行弹药生产验收,验收和相应流转信息通过数据接口程序进入共享数据库,主管部门和用户单位根据自身需求和大数据分析选择使用相关装备弹药。装备弹药使用环节发生安全隐患,第一时间追溯到生产厂家、出厂时间、生产要素、质检员、运输车辆、存储库房等,实现安全质量管理信息化。

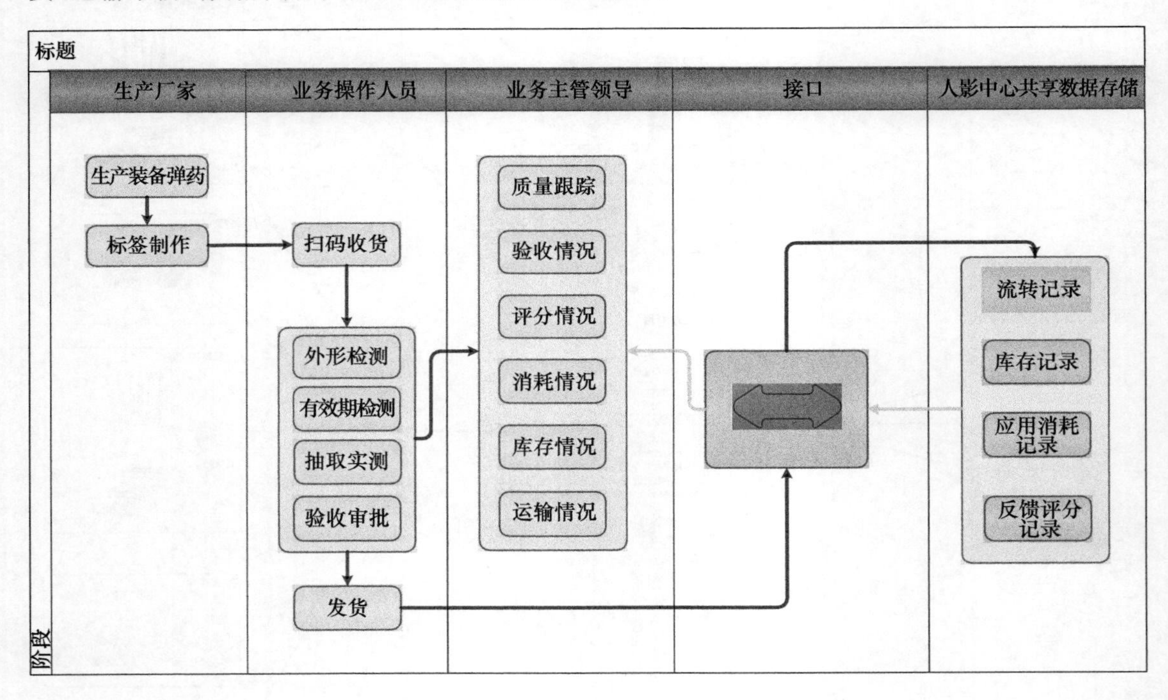

图 3 装备弹药出厂验收质量管理示意图

5.4 高炮火箭作业信息采集

为解决人工影响天气地面高炮和火箭作业数据收集完全依赖人工录入的瓶颈,切实提升各级作业数据收集上报的准确性和时效性,急需发展业务上更适用的作业数据采集方法。李宏宇等(2017)通过高射炮发射产生的前导噪声、声级突升和声级峰值研究,实现对发射时间和发射弹量的自动、实时采集。张明等(2015)通过电子罗盘实时测量的高炮作业过程中的俯仰角、方位角,用接近开关检测发射人工降雨弹数量。陈铁敏等提出了一种火箭、高炮作业控制及安全监控系统及作业监控方法,自动采集包括火箭发射俯仰、方位角、作业点经纬度坐标、作业时间、作业用弹量、作业通道号、点火线路电阻等作业信息,并将作业信息上传管理中心。

图 4 展示了一种通用地面作业信息采集装置系统。该系统功能包括作业参数采集单元、作业参数处理单元、数据通信单元和供电单元(图 4a)。其中,作业参数采集单元用于采集防雹增雨高射炮(虚线所示为火箭采集传感器)作业过程中的作业参数信息;作业参数处理单元与作业参数采集单元连接,用于接收作业参数信息,并将作业参数信息处理和汇总为反映防雹增雨高射炮(火箭)作业过程中作业状态的作业状态信息;数据通信单元与作业参数处理单元连接,用于接收作业状态信息,并将该作业状态信息分别传输至作业点终端应用平台和指挥中心管理平台;供电单元分别与作业参数采集单元、作业参数处理单元和数据通信单元连接,用于为作业参数采集单元、作业参数处理单元和数据通信单元供电。通过陕西人影高炮、火箭外场作业测试,利用该采集系统可以准确记录高射炮或火箭发射架发射作业时间、方位、仰角、数量等信息,利用近距离通信技术和远程通信技术及时将这些信息传输至作业点终端平台和中心管理平台进行相应处理(图 4b)。

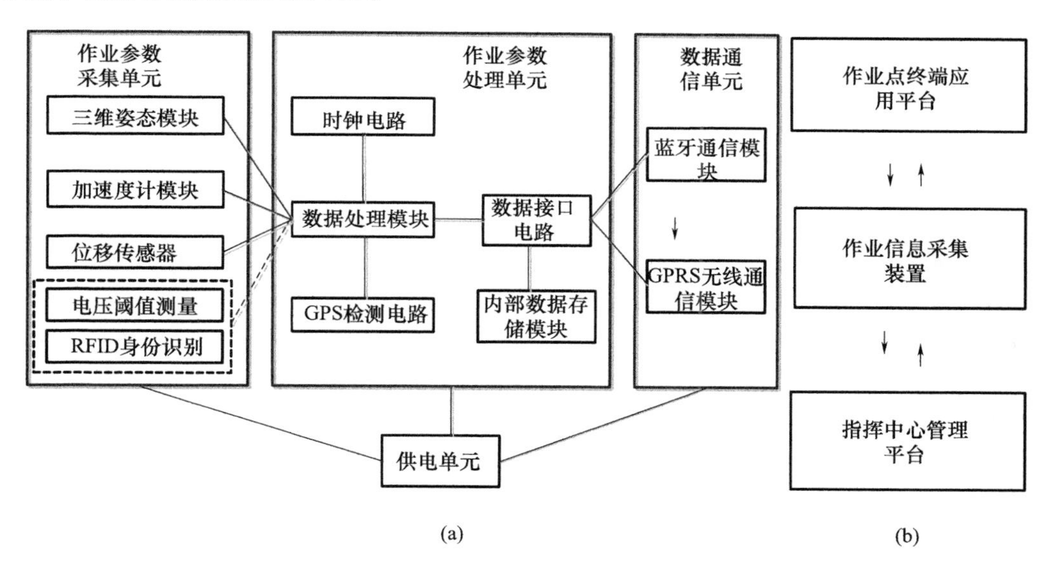

图 4 一种通用地面作业信息采集装置示意图(a)功能图(b)数据流程图

5.5 作业值班考勤管理

利用物联网技术将作业人员、作业站点、考核时间节点等有机联动起来,实现特定地点、时间作业人员跟踪和考勤,随时掌握员工工作位置及活动轨迹,分析作业人员分布,使人影作业安全生产和日常管理更加智能。

6 结论

结合人影业务需求和安全管理特点,通过本文讨论和分析,得出以下结论。

(1)不同技术特点的条形码、二维码和 RFID 标签技术在人影业务和管理多个场景组合应用,可以有效提升人影工作信息化水平。

(2)基于标签扫码技术的人影物联网应用能满足人影业务实际需求,实现人影装备弹药出厂验收、运输、存储、使用、报废等全生命周期实时监管,提高人影业务信息采集信息化水平,有效减少基层业务人员工作量,提升人影安全保障能力。

(3)人影装备弹药编码标识技术是物联网应用基础,充分利用好现有空地通信技术、气象宽带局域网技术,选择适合不同作业装备的信息采集技术,以及作业大数据融合处理技术是人影物联网建设重点环节。

(4)在飞机作业可视化调度、人影物资智能调度、作业装备弹药安全质量追溯、地面作业信息自动采集和作业人员值班考勤等更多人影业务领域应用物联网技术,能进一步优化人影资源配置,提高业务信息化水平,提升整体工作效益。

参考文献

陈荣雄,2015. 物联网技术在仓储物流领域应用分析与展望[J]. 信息与电脑(理论版)(14):14-15.

陈增境,陈玉华,徐青,等,2017. 北斗通信在宁夏气象数据传输中的应用[J]. 气象水文海洋仪器,34(2):38-39.

戴艳萍,李德泉,车云飞,等,2018. 人工影响天气数据分类与编码设计研究[J]. 气象科技进展,8(1):186-188,228.

段婧,楼小凤,卢广献,等,2017. 国际人工影响天气技术新进展[J]. 气象,43(12):1562-1571.

郭学良,付丹红,胡朝霞,等,2013. 云降水物理与人工影响天气研究进展(2008—2012 年)[J]. 大气科学,37(2):351-363.

胡永利,孙艳丰,尹宝才,2012. 物联网信息感知与交互技术[J]. 计算机学报,35(6):1147-1163.

李道亮,杨昊,2018. 农业物联网技术研究进展与发展趋势分析[J]. 农业机械学报,49(1):1-20.

李宏宇,王华,贾丽佳,等,2015. 利用声学方法采集人工影响天气高射炮作业数据[J]. 应用气象学报,26(5):590-599.

李建邦,周述学,李爱华,等,2014. 物联网在安徽省人工影响天气业务中的应用[J]. 气象科技,42(6):1143-1146.

刘捷,陈雷,2012. RFID 技术在烟草物联网应用[J]. 现代商贸工业,24(4):242-243.

刘伟,曹烤,龚茜,等,2017. 基于物联网的人工影响天气作业用弹药管理系统[J]. 电脑知识与技术,13(25):63-64.

汪玲,刘黎平,2015. 人工增雨催化区跟踪方法与效果评估指标研究[J]. 气象,41(1):84-91.

吴林林,刘黎平,徐海军,等,2013. 基于 MICAPS3 核心的人影业务平台设计与开发[J]. 气象,39(3):383-388.

吴万友,黄芬根,宾振,等,2012. 移动式人工增雨作业技术支撑系统的设计与实现[J]. 气象,38(10):1288-1294.

许焕斌,尹金方,2017. 关于发展人工影响天气数值模式的一些问题[J]. 气象学报,75(1):57-66.

张明,樊昌元,张东明,等,2015. 人工影响天气"三七"高炮作业数据采集系统[J]. 成都信息工程学院学报,30(3):259-263.

张云平,2012. 河南省飞机人工影响天气空地数据传输系统的建设及应用[J]. 气象与环境科学,35(4):73-76.

周津,2014. 物联网环境下信息融合基础理论与关键技术研究[D]. 长春:吉林大学.

邹书平,2011. 地面人工增雨防雹作业信息采集系统[J]. 气象,37(3):373-378.

多普勒雷达数据在人工影响天气作业指挥中的应用

郝　雷

（新疆维吾尔自治区人工影响天气办公室，乌鲁木齐 830002）

摘　要　本文通过对多普勒雷达原理的分析，探讨了在人工影响天气作业指挥中采用多普勒雷达数据的方法，包括干预极端天气、预警和监测灾害天气及预测降水情况等。希望以此为广大研究多普勒雷达数据在人工影响天气作业指挥过程中运用的人士提供参考。

关键词　多普勒　雷达数据　人工影响天气　作业指挥　应用

1　多普勒雷达的基本原理

首先，经过气象目标吸收以及散射雷达电磁波。通常粒子对于电磁波的几种形式也就是粒子对电磁波波束在大气里面展开传播的时候，遭到水成物与别的粒子作为电磁波波束内的入射，会由于以上粒子反射于不一样的位置，从而产生散射的情况。多普勒雷达可以经过接收电磁波波束所自带的振幅以及位相等数据，获取到气象目标速度和反射率因子的速度，才可以展开判断和算出气象的实际情况。

其次，电磁波衰减。当电磁波在大气里面产生逐步衰减的时候，就是由于电磁波能像伴随着传播的途径在一步步变弱。当电磁波产生衰减的时候，可在一定程度上使雷达内的回波功率下滑，造成雷达回波数据精确度低，可是，多普勒雷达可获取径向目标真实有效的信息。造成此现象的最根本因素就是这一设备实际上是通过运用电磁波基本特征，对多种天气折射电磁波波束即衰减状况展开综合分析得到的相关信息。

再次，电磁波折射。折射问题产生，通常可以从真空下的电磁波传播路径为直线中看出来，在大气内，因为很多的气体以及水成物的存在，导致电磁波在大气内生成折射。多普勒雷达数据可经过分析各种折射现象，整合雷达接收站中采集到的有关折射数据，取得有关气象信息资料。

最后，多普勒效应一般是根据声波的形式产生的，通常体现在声音频率因为声波膨胀持续降低，该种情况就是多普勒效应。多普勒雷达中的电磁波事实上是经过光速传播的，通常雷达是不直接对该设备展开测量的，是在往复脉冲对间的差值获取气象目标径向速度。因而，多普勒雷达数据可提供气象目标反射率因子与径向速度等，在预警监测极端天气的时候，那么这部分数据可以起到一定的辅助性作用。

2　在人工影响天气作业指挥过程中的运用多普勒雷达数据

因为多普勒雷达本身就是一种非常先进的监测设备，可以正确预估出天气情况，与此同时在全球各个国家天气监测过程中得到了大量的使用。所以，以下针对多普勒雷达数据在人工影响天气作业指挥过程中的运用展开进一步探索与分析，从而深入了解该设备运用的各种优势,做到灵活使用该设备。

2.1 多普勒雷达数据干预极端性天气

多普勒雷达数据的使用可以经过对极端性天气的监测,实时发布天气预警。龙卷风为极端天气中的一种类型,其是在对流云里面造成的损坏性很大的一种天气,该种极端天气风速最大为110～200 m/s,单单在地面中造成灾害性的龙卷风通常被叫做陆龙卷,而延展到海上的龙卷风就是水龙卷。经过多普勒雷达回波识别数据信息可以了解到,龙卷风通常产生的是多单体以及超级单体回波。对流风暴里面强烈以及持续上升气流为生成冰雹的前提条件,其通常出现在超级单体回波里面,从而下降在中气旋四周的钩状强回波区域内。多普勒雷达可以对回波数据采集评断冰雹的总数量和连续的时间。大风天是对流风暴造成的地面直接灾害,在这里面,对流风暴内下滑的气流到达地面的过程中造成的辐散就是地面大风。在该种对流风暴里面持续下滑的气流就是下击暴流,其回波和龙卷风相似,可是回波长度和龙卷风比较起来短很多。因而,从此处可以了解到多普勒雷达数据可以比较出下击暴流以及龙卷风的差异性。[1-5]

2.2 预警监测灾害天气以及定量预测大范畴降水

采用多普勒雷达数据观测天气的过程中,可以精确的提供相关反射粒子 z 与谱宽 w、径向速度 v 图像,在图像之中就包含了具体的多种对流气象信息,气象工作人员可全面使用这部分图像,实时地对极端天气展开预警以及监测。可以合理评估出强对流天气的关键信息数据为回波强度,而多普勒雷达径向速度可精确预测出极端天气内大气层的不正常情况,是因为强对流天气生成发展与气流强度等,这部分均为辨别极端气象的必要依据。其次,进行定量评估大范畴降水。多普勒雷达可依照回波强度、降水量数值,把降水强度变换成降水量,进而提供有关降雨分布图,气象人员可经过降雨分布图,分析出地区中的实际降水情况。降水小且直接影响地区生态的,需要制定出人工降雨策略或者方案,合理调控地区降水。

2.3 获取具体的风场数据

多普勒雷达数据可以经过径向速度得到风向分布图和风力分布图,分辨出强对流大气,同时还可以得到准确的风场数据信息。风廓线雷达经过朝天空放射不一样方向的电磁波波束,波束在大气内被折射以后,重新采集到风廓线雷达所得到的图形,一般被人们称其为廓线图。风廓线雷达使用多普勒雷达效益监测大气里面的风向情况以及风速情况,存在着两种优势,一个是全自动优势;另一个是监测过程中,有着非常高的时空分辨率优势。经过风廓线雷达可以获取廓线图,然后归纳出高度不一样、风向差异性、风力等问题,对监测大风天气意义重大。

3 结语

多普勒雷达数据在天气检测过程中使用甚广,这一雷达数据不仅仅可以精确预报出天气的实际情况,与此同时,还可以给人工影响天气作业指挥提供必要依据。因此,需要相关人员不断学习国际中最新且成功的多普勒雷达技术,提高中国雷达效率,实时监测灾害天气。

参考文献

[1] 李建邦,周述学,李爱华．物联网在安徽省人工影响天气业务中的应用[J]．气象科技,2014,42(6):

1143-1146.

[2] 吕博,杨世恩,等. X波段双线偏振多普勒雷达资料质量评估[J]. 干旱气象,2016,34(16):1054-1063.

[3] 曹俊平,刘黎平. 双线偏振雷达判别降水粒子类型技术及其检验[J]. 高原气象,2007(1):116-127.

[4] 唐明辉,姚秀萍,等. 基于多普勒天气雷达资料的"6·1"监利极端大风成因分析[J]. 2016,35(5):393-402.

[5] 肖艳姣,万玉发,王志斌. 多普勒天气雷达双PRF径向速度资料质量控制[J]. 2016,35(4):1112-1122.

一种基于固体火箭的中低空气象探测系统设计

罗俊颉[1,2]　梁　谷[1]　田　显[1]　李亚丽[3]

(1. 陕西省人工影响天气中心,西安 710014;2. 汉中市气象局,汉台 723000;
3. 陕西气象信息中心,西安 710014)

摘　要　本文介绍了一种基于固体火箭和GPS测风技术的中低空气象探测系统,以及采用探空仪弹射分离机构、温度响应滞后、传输稳定度、数据质量控制等系统研发关键技术解决方案。通过试验设计和多单位业务试用分析得出,系统可以实时获取 0～6 km 大气的温、湿、压、风速、风向数据,明显看出 0℃层,－10℃层高度分布情况,能够显示大气中逆温层的存在,通过大气垂直温度和湿度精细化观测,可以分析出云分布情况。通过多点布设能获取区域流场数据,为人影作业区选择和效果评估提供帮助。

关键词　人工影响天气　探空　火箭　系统设计

1　引言

大气层结是指示云生消演变环境的指标,对天气、气候以及人工影响天气(以下简称人影)等的研究、分析都十分重要,特别是对于以播云催化为手段的人影作业更是至关重要。实时获取大范围云系宏微观结构物理特性参数,对于系统追踪把握不同动力条件下云系演变规律,开展精细天气条件分析、作业条件和可播度识别、作业科学设计和指挥以及效果分析检验等人影工作的各个环节,都具有十分重要的意义[1-4]。黄钰[5]利用风廓线雷达,结合多普勒雷达、微波辐射计等观测仪器,开展北京冬季降雪结构和形成机理研究。李德俊[6]、刘小艳等[7]指出,利用探空等资料开展人影催化目标垂直观测分析,可有效提升人影作业效益。为进一步了解人影作业目标区域中低空大气的温度、湿度、压力、风速、风向等详细物理参数及其变化趋势,提高人工增雨防雹作业时机判断以及作业效果评估科技支撑水平,陕西省人工影响天气办公室联合中天火箭公司立题研制中低空气象探测火箭系统,用于采集 0～6 km 高度范围内温度、湿度、气压、风速、风向和测量点三维坐标等数据,并能实时显示测量参数的变化曲线和探空仪空中运行轨迹。

2　气象探测火箭的概念与工作原理

火箭探空技术是指利用火箭进行近地空间环境探测的技术。探空火箭一般为无控制火箭,具有结构简单、成本低、研制周期短、发射灵活方便等优点[8-9]。中国在 20 世纪中后期即开展研究和利用探空火箭,用于中低层大气的大气温度、压力、密度、风速和风向等气象要素的探测,并在研究和应用中取得了丰硕的成果。

火箭发射升空到达预定高度后,通过箭物分离系统将伞降探空仪投放到大气中,伞降探空仪以 6m/s 左右的下落速度降落到地面。伞降探空仪在下落过程中,实时获取所在位置的三维坐标以及气压、温度、湿度等基本大气物理参数,这些信息经过调制处理,经发射机采用无线电波方式发出,由地面信号接收机捕获[10]。

地面信号接收机通过解调捕获的无线电信号，得到各高度、方位上的温度、湿度、压强、风速、风向数据，并将这些数据采用文件形式进行保存。

3 气象探测火箭系统组成

如图 1 所示，气象探测火箭系统由火箭、伞降探空仪、发射架、发控器和地面信号接收机等五部分组成。火箭由发动机、箭物分离系统和尾翼组成。其中，发动机为火箭飞行提供动力；箭物分离系统为伞降探空仪提供搭载和释放环境；尾翼为火箭飞行提供稳定轨迹。发射架和发控器为火箭提供初始发射倾角、系统状态检测和点火能量。地面信号接收机由天线、接收机、终端计算机组成，主要功能是实现对伞降探空仪的自动跟踪和信号的接收、处理、校验和纠错。

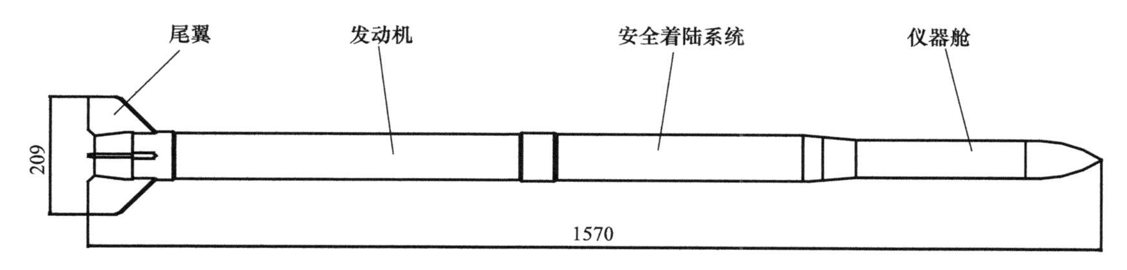

图 1 TK-2 GPS 气象探测火箭外形图(单位：mm)

4 系统关键技术

4.1 单簧机械分离系统

火箭运载物体的分离方式大致有两类：一类是主动分离方式，在载物舱上安装火箭发动机，到达目的地后启动火箭发动机与运载火箭脱离，此方式对分离姿态的控制能力强，但成本高昂，主要使用在大型运载火箭上；另一类是爆炸分离方式，在载物舱(或运载物体)下部安装爆炸品，到达目的地后启爆爆炸品，借用爆炸的力量将运载物体与运载火箭脱离，此方式成本低廉，但不对分离姿态进行控制，主要使用在对分离姿态无精确要求的小型运载火箭上。然而，爆炸分离方式因涉及危险品(火工品)，对其生产、运输、存储、销售、使用等有严格的安全管理要求，产品既有安全隐患，又对使用环境有约束，同时增加了生产、运输、存储、使用的费用。

气象探测火箭(以下简称火箭)系统开发了一种单簧机械弹射分离系统设备，能有效提高生产、运输、存储、销售、使用过程中的安全性能，降低产品的制造成本，并获得了国家专利(ZL 2011 2 0203387.2)。这套系统包括载物舱、分离弹射簧、储物桶、封盖：当火箭到达最高点位时，载物舱中的分离弹射簧利用机械弹射将储物桶内的探空仪抛撒到空中，通过伞降的方式进行大气探测。

为了避免探空仪随火箭高速升空时受到损伤，应对测量元器件进行封闭式保护；而当测量元器件开始进行探测工作时，又需要减少周边材料对测量元器件的影响。经多次试验研究，探空仪的外围壳体设计采用了结构稳定、通透性好、姿态控制能力强的翼翅笼式结构。

4.2 地面接收设备改进

火箭抽飞试验发现，地面接收设备的单根全向天线存在“苹果效应”，探空仪飘过天线顶部

(发射点上空)时正好处在天线的盲点,导致探空仪过顶时段内数据不能有效接收。针对这一问题,火箭地面接收设备在原有水平全向天线基础上加装“十”字形阵列天线,加强了天线上方的信号接收。实验结果表明,改进后的接收机天线能全程接收探空仪传回的数据信号,数据获取率达到100%。

5 气象探测火箭系统测试与分析

为了验证气象探测火箭系统对中低空气象探测的能力,2014年2—12月,中国气象局人影中心牵头组织陕西、内蒙古、甘肃、青海、宁夏、四川等多个省(区)人影办对气象探测火箭系统进行产品验证,上海物资管理处负责产品质量检验和安全监督。

5.1 方案设计

气象探测火箭系统测试包含两项内容:(1)在大气环境中与气象探空仪进行静态对比试验;(2)在人影作业时,发射气象探测火箭,并与常规气象探空资料进行比对分析。

试验点选择要求:

(1)在探空站附近(距离在50 km以内),并且下垫面与探空站较相似,便于探测要素的比对;

(2)试验点位于不同的海拔高度及不同纬度,尽量消除地域特征造成的影响,并且在全国具有一定的代表性。

本次试验点的海拔高度选择在710~2800 m;东西跨越约10个经度;南北跨越约12个纬度。测试点分布如图2所示。

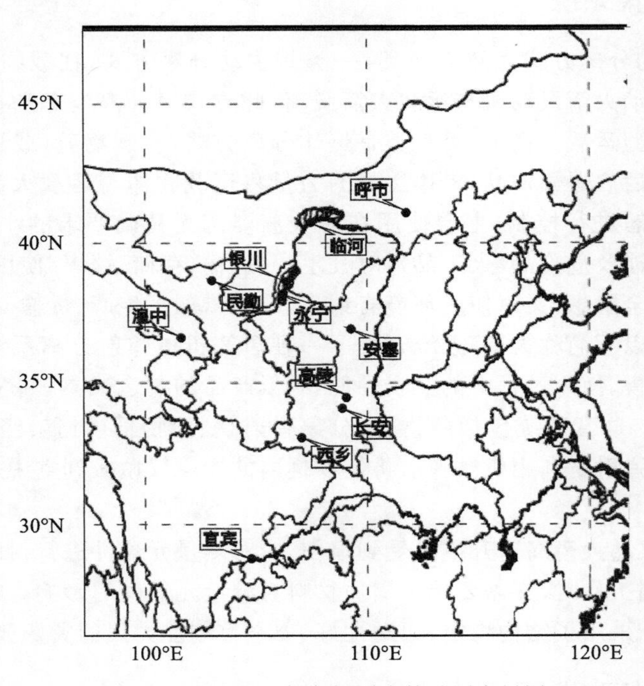

图2 TK-2 GPS气象探测火箭试用布局图

5.2 数据来源

本次验证试验共发射气象探测火箭(以下简称火箭)71 枚,获得有效探测数据 58 份。其中仪器坠落有 8 个,占比 11.3%;接收数据不完整的有 5 次,占比 7%;气象探测成功的有 58 次,占比 81.7%(表 1)。

表 1 气象探测火箭试验情况汇总表

省份	作业点	海拔高度(m)	发射火箭	探空仪出舱成功	完整接收数据	掉落	数据不全
陕西	安塞	1290	4	4	2		2
甘肃	民勤	1345	11	11	8	2	1
宁夏	银川	1200	11	11	8	2	1
	永宁	1100	20	20	17	3	
青海	湟中	2800	8	8	8		
内蒙古	呼市	1050	3	3	3		
	临河	1050	4	4	4		
四川	宜宾	710	10	10	8	1	1
合计			71	71	58	8	5

5.3 数据分析

5.3.1 在大气环境中与气象探空仪进行静态对比试验

陕西省高陵县(108.97°E,34.43°N,海拔高度 411 m)。在气象探空气球上同时外挂气象探空仪和火箭探空仪,采用系留释放方式进行试验。试验条件在:500 hPa 为 20 m/s 的西北风;700 hPa 为 6m/s 的西北风;850 hPa 为 2 m/s 的东南风;地面为 1.1 m/s 的偏西风;大气层结稳定。在气球升速≤200 m/min 和气球升速≥400 m/min 的二个速度段分别进行对比升空探测试验,将对比探测试验的结果按时间顺序绘制在一张图上(即每个点都是一次值)。系留气球的运行轨迹见图 3 。

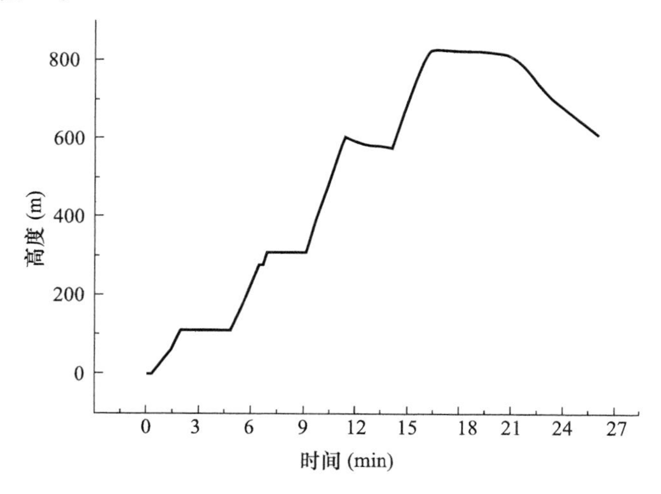

图 3 探空仪高度随时间变化图

图 4 是气象探空仪和火箭探空仪的探测温度变化曲线。由图 4 可见:火箭探空仪在温度探测中的灵敏度好像要低于气象探空仪,分析认为火箭探空仪的温度探头在仪器笼内,而气象探空仪的温度探头裸露在空中,受辐射、风的影响大的缘故。图 4 中:气象探空仪的温度探测值的均方差为 1.088;火箭探空仪的温度探测值的均方差为 0.866;两条曲线的相关系数为 0.85。所以,在阳光下、大风中的探测,火箭探空仪更稳定。

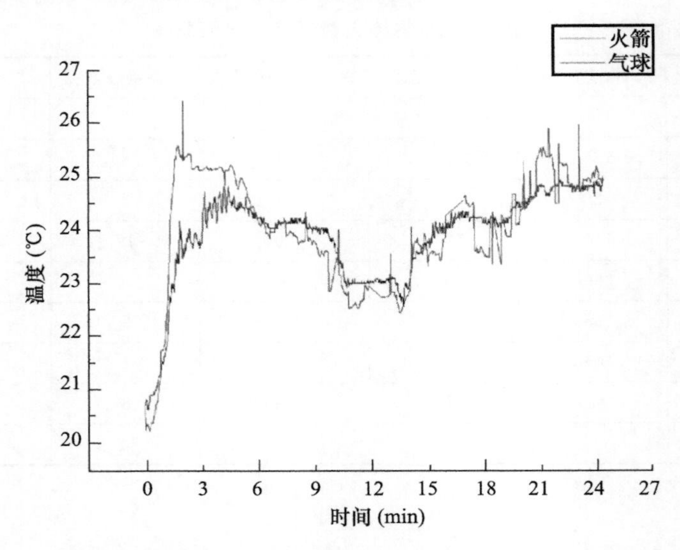

图 4　气象探空仪和火箭探空仪的探测温度变化曲线

图 5 是气象探空仪和火箭探空仪的探测湿度变化曲线。由图 5 可见:湿度的变化趋势较一致,两条曲线的相关系数为 0.99。图中湿度值差异可能存在测量器件标校订正问题。对比地面相对湿度 66%(02 时)、70%(03 时),可见火箭探空仪更接近真值。

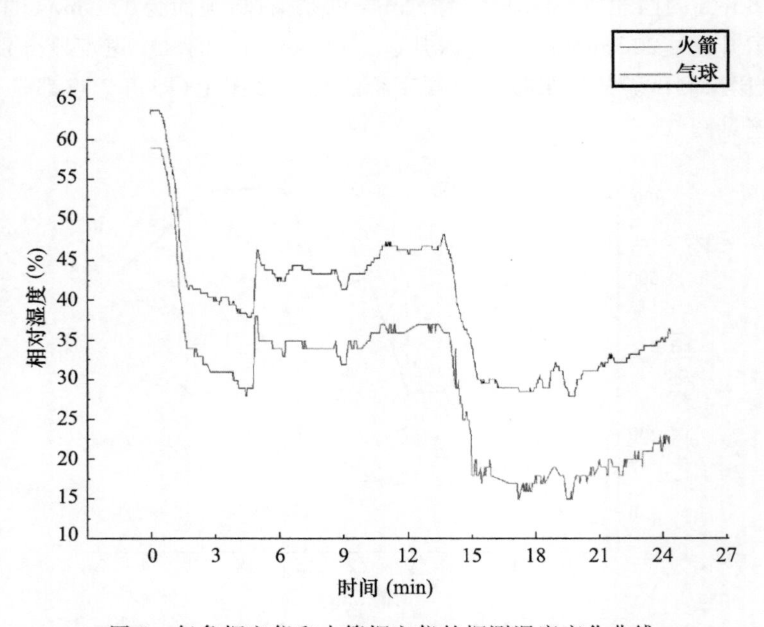

图 5　气象探空仪和火箭探空仪的探测湿度变化曲线

图 6 是气象探空仪和火箭探空仪的探测气压变化曲线。气压因自身的变化较小，并且测量元器件的精度、响应速度都比较高，故差异不明显。图 6 中两条曲线的相关系数为 0.9999，几乎完全重叠。

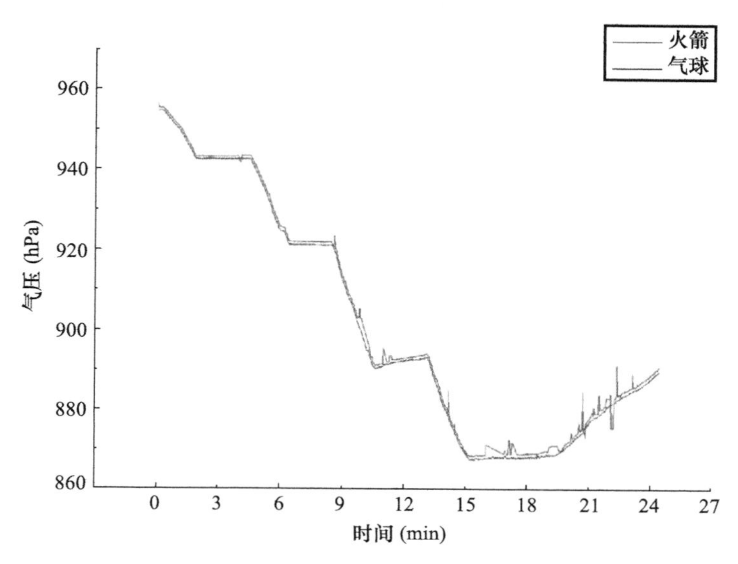

图 6　气象探空仪和火箭探空仪的探测气压变化曲线

综上所述，在下列的比对分析中，以温度为代表进行细致分析。

5.3.2　与常规气象探空资料进行比对分析试验

(1)甘肃省民勤县(103.41°E，38.63°N，海拔高度 1345 m)，2014 年 5 月 26 日 14 时 06 分发射火箭。温度探测结果见图 7 。

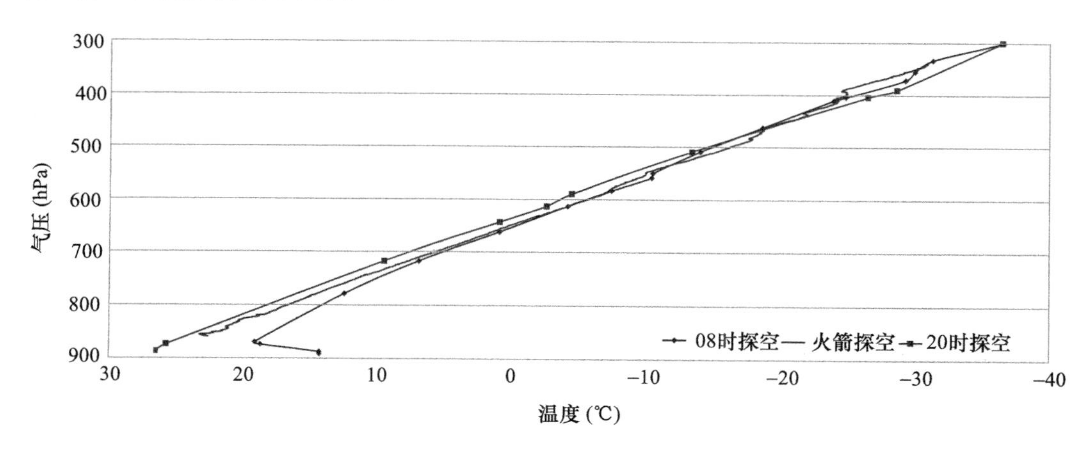

图 7　08 时、20 时气象探空与火箭探空温度层结

图 7 中蓝线、黄线分别是 26 日 08 时、20 时气象探空的探测结果；绿线为火箭的探测结果。08 时地面上 200 m 以下有强逆温，约 +2.6℃/(100 m)；20 时无逆温出现。火箭探空仪最后一组探测数据的位势高度与气象探空站有 271 m 的高差，为方便比对，选择火箭探空仪的最低、最大高度分别为数据分析的起点和终点。由图可见：在近地面点，08 时温度最低，20 时

温度最高,14 时火箭探测的温度居中,并且火箭探测的温度接近温度高点,符合温度变化规律;在 3500～7000 m 之间,08 时、20 时的气象探空数据接近,说明当日温度层结稳定,火箭探测的温度也在这个区间之内,表明火箭探空能很好地配合气象探空并作为气象探空数据外延的补充探测手段;在 8629 m 高度上,火箭探空仪出仓探测,其后 4 分 11 秒,下落到 7000 m 高度,在这段高度之间,火箭探测温度高于气象探空探测的温度,这与火箭探测的方式有关:火箭探空仪从高温处(地面)起飞,经过短时飞行增温、环境降温过程,在火箭探空仪出仓探测时,其探测起始温度远高于环境低温,因温度测量元器件有滞后特征,故要达到精确测量的要求,需要有一个适应时间,在适应时间内,会造成温度值偏高,适应时间段的长短,视环境、元器件等因素决定,本次探测中,约为 4 分 11 秒;火箭探测的空间密度远大于气象探空,如果将空间密度降低,图中黄色曲线与红、蓝色曲线会有更好的一致性。

(2)四川省宜宾市(104.45°E,28.70°N,海拔高度 710 m),2014 年 6 月 4 日 22 时 02 分发射火箭。温度探测结果见图 8。

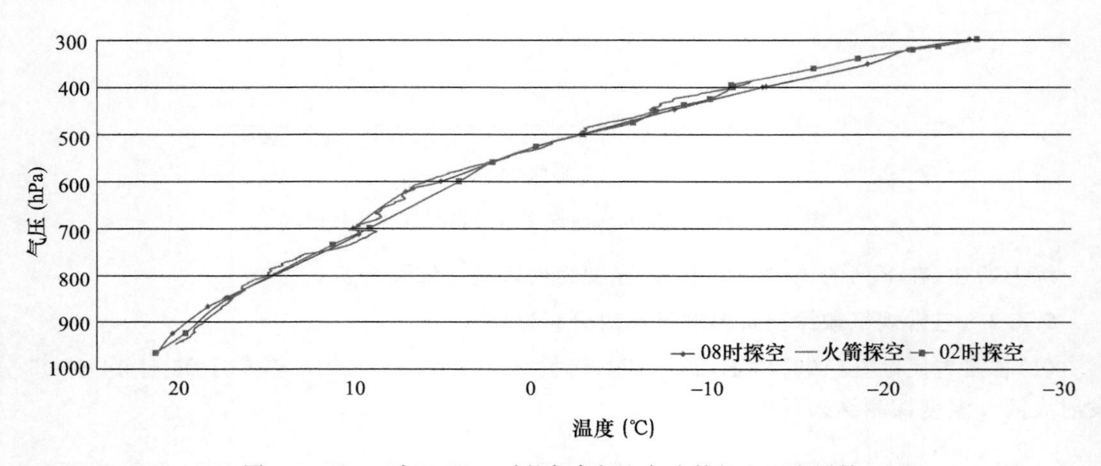

图 8　4 日 20 时、5 日 08 时的气象探空与火箭探空温度层结

图 8 中黄线、蓝线分别是 4 日 20 时、5 日 08 时气象探空的探测结果;绿线为火箭的探测结果。从 4 日 20 时到 5 日 08 时,夜间温度层结变化不大,如果降低火箭探测的空间密度,则 3 个时段探测曲线一致性很好。本次火箭探测最大高度只有 7826 m,4 分 11 秒后,高度降为 6214 m,探测初始段特征和上例吻合。在 3000 m 左右的高度上,火箭探测得到了强度为＋1.63℃/(100 m)的逆温,这可能是川南宜宾地面高湿生成的云雾造成的中空逆温现象,因气象探空的垂直分辨率较差,对小尺度的逆温难以获取。随着火箭探空的应用,高分辨率的优势可为研究逆温生消、云雾特征带来新的机会。

在本次火箭探测试验中,上述个例中的特征具有普遍的共性,这也说明火箭系统有着较好的稳定性,高分辨率的特征对研究小尺度系统有着很好的优势。

6　结论与展望

(1)火箭在中低空气象探测中有较好的代表性,可以作为气象探空的外延和补充,因其探测密度高,可以得到大气层结的细微结构,有利于研究分析大气层结的变化。

(2)与 L 波段探测雷达数据对比,火箭可以实时获取 0～6 km 大气的温、湿、压、风速、风向数据，可以直接显示0℃层，−10℃层的高度分布情况，能够反映大气中逆温层的存在，通过大气垂直温度和湿度精细化观测，可以分析出云分布情况。

(3)火箭作为一种新型探测工具，具备机动型强、获取数据快捷、空域批复方便等优势，通过多点布设方法获取区域流场数据，结合区域内布局的激光测风雷达、风廓线雷达和常规L波段雷达等多种观测设备，可为大气层结观测及人影作业区域选择提供有效支撑。

参考文献

[1] 国家科学院国家研究理事会，人工影响天气和作业现状与未来发展专业委员会．人工影响天气研究中的关键问题[M]．郑国光，陈跃，王鹏飞，等，译．北京：气象出版社，2005.

[2] 邵洋，刘伟，孟旭，等．人工影响天气作业装备研发和应用进展[J]．干旱气象，2014，32(4)：649-658.

[3] 周毓荃．风云卫星云结构特征参数反演及在人工影响天气中的应用[A]//中国气象学会，第34届中国气象学会年会S21新一代静止气象卫星应用论文集[C]．中国气象学会，2017.

[4] 段婧，楼小凤，卢广献，等．国际人工影响天气技术新进展[J]．气象，2017，43(12)：1562-1571.

[5] 黄钰．北京山区降雪过程的垂直观测和数值模拟研究[A]//中国气象学会，第35届中国气象学会年会S16人工影响天气理论与应用技术研讨[C]．中国气象学会，2018.

[6] 李德俊，唐仁茂，江鸿，等．武汉一次对流云火箭人工增雨作业的综合观测分析[J]．干旱气象，2016，34(2)：362-369.

[7] 刘小艳，索勇，王瑾．基于CPAS系统的贵州安顺市冰雹云识别指标研究[J]．干旱气象，2017，35(4)：688-693.

[8] 姜秀杰，刘波，于世强，等．探空火箭的发展现状及趋势[J]．科技导报，2009，27(23)：101-110.

[9] 刘成，姜秀杰．空间环境之火箭探测[J]．现代物理知识，2012，24(5)：25-28.

基于静止气象卫星的陕西森林热点判识方法研究

李　韬[1]　赵青兰[1]　刘　波[2]

(1. 陕西省农业遥感与经济作物气象服务中心,西安 710016;
2. 陕西省大气探测技术保障中心,西安 710016)

摘　要　静止气象卫星具有高频次、全覆盖优势,对森林热点有良好的监测能力。依据森林热点遥感监测原理,从 AHI/葵花 8 号和 AGRI/风云四号成像仪的光谱特性出发,分析了静止气象卫星判识陕西森林热点的动态阈值,并针对不同季节、不同区域、不同云覆盖情况下对森林热点的判识影响,引入动态阈值的调整技术,从而实现更精准的森林热点判识。

关键词　静止气象卫星　森林热点判识　动态热点阈值　调整技术

卫星遥感监测森林热点因其全天候、范围广的优势已成为目前森林热点最主要的监测方式,近年来利用气象卫星监测森林热点已在全国各地形成业务,发挥了巨大的社会、经济和生态效益。由于极轨气象卫星时间分辨率较大,无法实现全时段、全区域的覆盖,而静止气象卫星具有极高的时间分辨率,弥补了观测时次上的不足[1-3]。早前的静止气象卫星受星地距离及探测器分辨率的限制,无法用于森林热点的监测,但新一代高时空分辨率的静止气象卫星在天气、气候、环境、地表等方面都具有较好的监测能力,如日本的葵花 8 号携带的 AHI 和中国风云四号 AGRI 成像仪都具有观测频次高、覆盖范围广的特点,波段范围覆盖可见光至远红外,在森林热点监测上有巨大的优势[4-5]。本文根据陕西省气象局多年来在极轨气象卫星监测森林热点的实践基础上,依据 AHI/葵花 8 号和 AGRI/风云四号成像仪探测通道的特点,就静止气象卫星判识陕西森林热点进行实践研究。

1　遥感森林热点监测原理

卫星遥感热点判识的基本原理为依据温度升高导致热辐射增强以及不同热红外通道增长幅度差异这两个条件。自然界的不同物体由于自身温度及物理化学性质的不同,它们具有不同的波谱特性。高于绝对温度零度的物体都在不断向外辐射电磁波,温度升高会导致辐射增强。

1.1　根据斯蒂芬-玻尔兹曼定律

$$M(T)=\varepsilon\sigma T^4 \tag{1}$$

式中,M 为单位时间内全波长黑体辐射出的总能量密度;ε 为辐射系数;σ 为斯蒂芬-玻尔兹曼常数;T 为物体绝对温度。辐射能量密度与该物体绝对温度温度的 4 次方成正比,即当物体温度有微小的升高时,就会引起辐射能量密度的极大增长,而高温热源的温度更加会引起辐射能量密度的急剧增大,这种变化有利于判识高温热源。

1.2 根据普朗克黑体辐射定理

$$M(\lambda,T)=\frac{8\pi hc}{\lambda^5}\cdot\frac{1}{\exp(\frac{hc}{\lambda kT})-1} \tag{2}$$

式中，M 为单位立体角内特定波长黑体辐射功率；λ 为波长；T 为绝对温度；h 为普朗克常数；k 为玻尔兹曼常数；c 为光速，说明黑体辐射出的能量仅与波长和绝对温度相关。

1.3 根据维恩位移定律

$$\lambda_{\max}=b/T \tag{3}$$

式中，λ 为辐射的峰值波长；T 为黑体的绝对温度；b 为维恩位移常数。黑体温度和辐射峰值波长成反比，即温度越高，辐射峰值波长向短波方向移动。

常温地表辐射峰值波长在 11 μm 左右，当物质燃烧时，温度可达 750 K 以上，辐射峰值波长位于 4 μm 左右，该波长正好对应卫星探测器的中红外通道。以物体未发生燃烧时的辐射为背景辐射，利用物体燃烧辐射与背景辐射的差异，可以从卫星遥感信息中及时发现热点信息。遥感森林热点监测正是利用了上述原理，利用不同波长热辐射的差异性判定热点。

2 AHI 和 AGRI 成像仪光谱特性

葵花 8 号成像仪 AHI 具有全盘和区域扫描能力，能够在 10 分钟内完成全盘扫描，共有 16 个通道，波段从 0.46 μm 到 13.3 μm，其空间分辨率有 0.5 km、1 km 和 2 km 三种。它有 3 个可见光通道，13 个近红外和红外通道。风云四号成像仪 AGRI 特性与 AHI 类似，AGRI 能够在 15 分钟内完成全盘扫描，共有 14 个通道，波段从 0.45 μm 到 13.8 μm，其空间分辨率有 0.5 km、1 km、2 km 和 4 km 四种。它有 3 个可见光通道，12 个近红外和红外通道。表 1、表 2 列出了 AHI、AGRI 与森林热点监测相关通道的特性[6-7]。我们根据上述卫星监测原理，选取与森林热点监测相关通道，即 4 μm 和 11 μm 附近通道。

表 1　AHI 森林热点监测相关通道特性

通道号	波长(μm)	分辨率(km)	主要用途
7	3.9	2	地表温度、云顶温度
13	10.4	2	地表温度、云顶温度
14	11.2	2	地表温度、云顶温度
15	12.3	2	地表温度、云顶温度

表 2　AGRI 森林热点监测相关通道特性

通道号	波长(μm)	分辨率(km)	主要用途
7	3.725+0.025H	2	地表温度、云顶温度
8	3.725+0.025L	2	地表温度、云顶温度
13	10.8+0.5	2	地表温度、云顶温度
14	12.0+0.5	2	地表温度、云顶温度

3　动态森林热点识别阈值

卫星遥感森林热点判识方法一般将热点按亮温大小分为绝对热点与相对热点。绝对热点的判识是依据热点本身中红外辐射特征，而相对热点的判识则是依据热点辐射与背景辐射之间的差异。

3.1　动态热点阈值的引入

根据卫星遥感热点监测原理，热点判识依赖于热点亮温和背景温度，而同一地理位置不同季节或者同一季节不同地理位置的背景温度不同，不同的下垫面类型、植被指数以及可燃物载量的多少又会对应着不同的燃点以及热点强度。陕西省包含陕北、关中、陕南等多个地理环境、气候生态各不相同的区域，地形包括黄土高原、平原、山地等复杂多样，因此，应用于陕西省的卫星监测热点判识中笼统设置某个单一或几个固定的热点判识阈值，显然是不能精细化满足全省的热点判识精度，甚至会造成部分地区的误判、漏判。因此需要采用动态的热点判识阈值及调整技术来提高陕西省内各个区域的热点识别精度。需要结合各区域气候及环境特征，分析热点亮温与地域、气候及云覆盖度的关系来获取本地化的热点判识阈值，采用动态的热点识别阈值及调整技术来精确提取陕西省内各个区域的热点信息。

3.2　动态热点阈值的获取

据统计分析，森林热点发生的概率与地理环境和气候因素有关，在不同区域或者同一个区域不同时段(植被指数、可燃物载量不同)使用同一个判识阈值很有可能造成误判或漏判，因此，需要研究不同参数对热点判识的影响。首先针对各个目标区域多年卫星遥感监测到的热点信息，统计各个目标区域多年典型热点亮温与对应时间、空间、云覆盖度的关系，并分析热点判识阈值与这些参数的关系以得到更符合当地热点判识标准的阈值。我们结合陕西省及周边地区气候及环境特征，分析热点亮温与地域、气候及云覆盖度的关系来获取本地化的热点判识阈值。

基于 2017 年全年热点数据，针对不同时间、不同区域和不同下垫面信息做了分类统计分析，通过同类合并的原则，共提取具有代表性的热点共 49 个。并考虑到陕西省气候特点，主要分为 10 月—翌年 2 月(秋冬季)、3—5 月的森林防火季(春)和 6—9 月的汛期(夏)三个时间段。

4　动态热点阈值的调整技术

针对不同季节、不同地理位置、不同云覆盖、不同下垫面类型，对阈值的调整做如下技术处理。

4.1　不同季节对热点判识的影响

综合中红外和远红外通道热点亮温在不同季节的取值范围，发现中红外通道亮温(T39)所处区间为 314～356 K，其背景亮温(T39BG)所处区间为 301～323 K。由于中红外最高温跟热点亮温大小直接相关，因此，中红外通道参量为最关键参数；而远红外通道，不管是热点像元还是周边背景像元，亮温分布都处于 283～300 K，即有热点的像元，其在远红外通道变化不明显，可作为二级变量考虑，在排除热点误判时可考虑该变量。不同季节背景温度也有很大不同，10 月—翌年 2 月，中红外通道最高背景亮温为 307 K；3—5 月期间，最高背景亮温为 323 K，即春季比秋冬季背景亮温要高；夏季汛期处于中间位置，平均背景亮温在 310 K 左右。

通过以上统计分析及实验测试，针对不同季节的起始判识条件和绝对热点判识条件分别建立中红外通道（T39）亮温阈值表（表 3、表 4），其中起始判识亮温表示像元可用于热点判识的中红外通道最低亮温，绝对热点亮温表示在不满足其他条件下，可直接判识为热点的中红外通道最低亮温，夜间卫星中红外通道亮温平均相比白天低 4～7 K，取平均值 5K。

表 3　中红外通道(T39)起始判识亮温阈值表

季节	白天(K)	夜间(K)
春季	304	299
夏季	305	300
秋冬季	301	296

表 4　中红外通道(T39)绝对热点亮温阈值表

季节	白天(K)	夜间(K)
春季	331	326
夏季	332	327
秋冬季	325	320

因此，针对不同季节实时调整陕西省热点监测阈值，有利于提高热点判识精度。

4.2　不同地理位置对热点判识的影响

统计分析热点中红外通道亮温数据（远红外通道亮温数据在地理位置上没明显差异）在不同地理位置的取值范围变化，陕北地区（榆林、延安）、关中地区（西安、渭南、咸阳、宝鸡）、陕南地区（汉中、安康、商洛）的统计结果如图 1 所示。

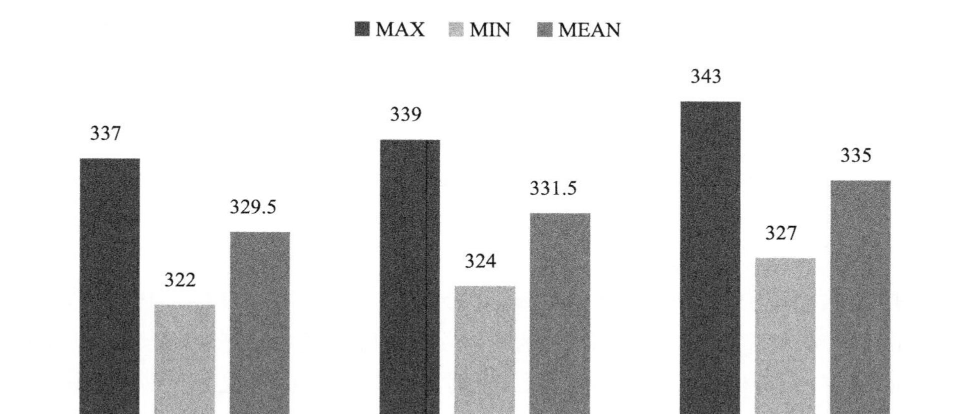

图 1　中红外通道热点亮温在不同地理位置的取值范围

在同一季节,陕北、陕南区域亮温差异明显,从平均数值分析,陕北相比陕南的最低亮温要低 5~7 K。关中处于陕南和陕北之间,考虑到关中地区与通用阈值的背景环境比较接近,可将关中地区作为基础值,根据不同地区,提取参考阈值,从数据分析看(表 5),该阈值表示为陕北、关中、陕南地区的差异值,假设关中地区为 10 K,则其他地区可设置为 10+Delt(偏差,K)。T39-T39BG 为中红外通道被判识像元与背景像元的亮温差,该数值通过 2017 年具有代表性的 49 个热点亮温中统计分析得出。

表 5　陕西省各地区中红外通道(T39)亮温偏差

地区	Delt(偏差,K)	T39-T39BG(K)
陕北	−1	9
关中	0	10
陕南	2	12

4.3　不同云覆盖度对热点判识的影响

当前卫星遥感热点监测主要基于红外遥感,采用像元空间亮温差异法,下垫面类型的属性差异对于判识精度影响较大。云作为最常见、最不可确定的下垫面要素,对热点判识影响不可忽视。云层对热点判识的影响主要在以下几方面。

(1)云层厚度较大,地面热点能量无法穿透云层时,云层的存在断绝了信号,卫星遥感无法监测到云下的热点。

(2)云层相对较薄,信号能穿透云层,但导致中红外亮温下降,原有的阈值将无法适用,此种情况下,热点阈值需要调低,依据薄云的具体穿透性,一般降幅在 10~15 K。

(3)云边缘的影响主要在于误判,即对周边非云像元的误判和云像元异常反射的误判。对周边非云像元的误判主要原因为:云的存在会导致像元亮温的下降,在云边缘处,与陆地组成混合像元,该类像元很容易被当做背景像元计算,从而降低了背景像元亮温,造成周边非云像元误判。而云像元异常反射误判的原因为:中红外通道的信号不光来自发射,还来自反射,当云像元与卫星组成镜面反射时,反射造成大量能量进入卫星传感器,造成该云像元的亮温异常升高,从而造成误判。解决的方法一般采用严格限定阈值的方法,即提高 T39-T39BG 的值,当在云边缘时,可将原有阈值提高 1.2~1.8 倍。

(4)不同下垫面类型对热点判识的影响:本次选择的样例中,下垫面类型只有林地和耕地,两者在背景亮温的差异不太明显。

5　结语

经过采用动态热点识别阈值及阈值的调整技术,结合陕西省 2017 年 49 个典型热点信息与对应的时间、空间、通道以及云覆盖程度的统计分析,得到更符合陕西省热点判识标准的阈值。针对不同季节、不同区域、不同云覆盖度,及时修正热点判识阈值,以提高判识精度。经过 2019 年及 2020 年两年的实际应用,验证了在陕西省森林草原防灭火热点判识中具有较好的应用性,应用此方法,在 2019 年监测到陕西省内森林草原热点 76 处,2020 年监测到陕西省内森林草原热点 40 处,经报送省应急厅、省森林草原防灭火指挥部快速查实反馈,静止卫星判识热点准确率高于 85%，极轨卫星判识热点准确率达 90%以上，取得了较好的社会、经济、环境综合服务效益。

参考文献

[1] 赵文化，单海滨，钟儒祥．基于 MODIS 火点指数监测森林火灾[J]．自然灾害学报，2008，17(3)：152-157.
[2] 覃先林，易浩若，纪平，等．AVHRR 数据小火点自动识别方法研究[J]．遥感技术与应用，2000，15(1)：36-40.
[3] 赵彬，赵文吉，潘军，等．NOAA-AVHRR 数据在吉林省东部林火信息提取中的应用[J]．国土资源遥感，2010，83(1)：76-80.
[4] 郭捷，张月维，赵文化，等．风云三号 C 星 VIRR 数据的林火监测研究[J]．森林防火，2015(1)：45-48.
[5] 张鹏，郭强，陈博洋，等．我国风云四号气象卫星与日本 Himawari－8/9 卫星比较分析[J]．气象科技进展，2016，6(1)：72-75.
[6] 戎志国，刘诚，孙涵，等．卫星火情探测灵敏度试验与火情遥感新探测通道选择[J]．地球科学进展，2007，22(8)：866-871.
[7] 石艳军，单海滨，张维月，等．新一代静止气象卫星林火监测研究[J]．森林防火，2017(4)：32-35.

咸阳地区气候舒适度研究

范　承[1]　李　韬[2]　刘　波[3]　王能辉[4]　赵西莎[5]

(1. 咸阳市气象局,咸阳 712099;2. 陕西省农业遥感与经济作物气象服务中心,西安 710016;
3. 陕西省大气探测技术保障中心,西安 710014;4. 陕西秦盾防雷技术有限公司,西安 710075;
5. 陕西省西安市气象局,西安 710015)

摘　要　气候舒适度是为了从气象角度来评价在不同气候条件下人体的舒适感,根据人体与大气环境之间的热交换而制定的气象指标。本文选取咸阳地区的武功、长武两地 52a(1957—2009 年)的气温,相对湿度和风速等气象资料,利用人体舒适度公式计算出各地的舒适度数值并分级,以此来评价气候环境对生物的影响因素,为旅游产业、城市建设、当地政府提供参考依据。

关键词　气候　舒适度　环境

1　引言

人类从事户外活动时,受各种气候因素的综合影响,气候舒适度可以用来定量表征气候天气对人的影响程度。一般来说,在各气候天气要素中对气候舒适度影响最大的是气温,湿度和风速等,因为它们直接影响到人体与外界环境的热量与水分的交换。需要指出的是,任何一个独立因素都不能单独衡量人体的舒适与否,这就需要建立一组综合的气候指标,许多学者在研究气候舒适度问题时,大多采用气候综合指标评价人与环境的平衡或者环境对人的影响,尤其在当地政府打造康养旅游、气候宜居等绿色发展品牌时,这种研究和评价,利于气候生态产品的价值实现、赋能当地经济社会发展。

2　国内外舒适度研究现状

2.1　国外气候舒适度研究状况

气候舒适度的研究最早起源于国外,具有代表性的研究有:

Yagtou(1947)根据人体在不同气温、湿度和风速条件下所产生的热感觉指标提出了实感气温这一概念,他以静止饱和大气(风速=0,相对湿度=100%)条件下使人产生舒适的温度,来代表不同风速、不同相对湿度、不同气温下使人产生的感觉。

Oliver(1987)提出用温度-湿度指数(temperature-humidity index,THI)和风寒指数(K_0)来评价气候对人体的影响,它的物理意义是湿度订正以后的温度

$$THI = T_d - 0.55(1-RH)(T_d - 58) \tag{1}$$

$$T_d = 1.8t + 32 \tag{2}$$

式中,THI 为温度-湿度指数值;T_d为干球温度;RH 为空气的相对湿度;t 为气温。研究表明,温湿指数在 60～65 时,大多数人感觉舒适;温湿指数为 75 时,至少一半人感觉不舒适;而指数值在 80 以上时,几乎所有人都感觉不舒适。

此外，还有 Gregorczuk 和 Cena(1967)提出温湿指数、有效温度、有效积温和风寒指数等。

2.2 国内气候舒适度研究状况

国内各地学者对许多省区的气候舒适度都做了相关研究，研究中多采用指数评价法，如：

廖善刚(1998)在评价福建省旅游气候舒适度时，全面考虑气温、风速、相对湿度三个气候要素对福建省人体舒适度的影响，提出综合舒适度指标：

$$S=0.6(|T-24|)+0.07(|RH-70|)+0.5(|V-2|) \tag{3}$$

式中，S 为综合舒适度指数；T 为空气温度(℃)；RH 为空气相对湿度(%)；V 为风速(m/s)。并确定：$S\leqslant 4.55$ 为舒适；$4.55<S\leqslant 6.95$ 为较舒适；$6.95<S\leqslant 9.00$ 为不舒适；$S>9.00$ 为极不舒适。

雷桂莲等(1993)在南昌旅游气候舒适度预报系统中采用的公式为：

$$K=1.8T-0.55(1.8T-26)(1-RH)-3.2\sqrt{V}+32 \tag{4}$$

式中，T 为气温(℃)；RH 为相对湿度(%)；V 为风速(m/s)；K 为舒适度指数。

3 资料和方法

3.1 各气象要素的选取

本文采用武功、长武 52a(1957—2009 年)地面站常规要素气候资料，包括平均气温，最高最低气温，相对湿度，风速，日照等。

3.2 气候舒适度公式和分级方法

根据咸阳地区地理位置和气候条件，考虑到气候舒适度计算的可行性，选取雷桂莲等(1993)在南昌旅游气候舒适度预报系统中采用的公式来计算武功、长武的舒适度，公式为：

$$CI=1.8T-0.55(1.8T-26)(1-RH)-3.2\sqrt{V}+32 \tag{5}$$

式中，T 为气温(℃)；RH 为相对湿度(%)；V 为风速(m/s)；CI 为气候舒适度。

气候舒适度等级划分采用 9 级分类法，见表 1。

表 1 气候舒适度等级划分表

气候舒适度 CI	级别	等级说明	人体感觉
86～90	4 级	酷热	人体感觉很热，极不适应，应注意防暑降温
80～85	3 级	热	人体感觉炎热，很不舒适，应注意防暑
76～79	2 级	微热	人体感觉偏热，不舒适，可适当降温
71～75	1 级	比较舒适	人体感觉偏暖，较为舒适
59～70	0 级	舒适	人体感觉最为舒适，最可接受
51～58	－1 级	比较舒适	人体感觉略偏凉，较为舒适
39～50	－2 级	微冷	人体感觉较冷，不舒适，应注意保暖
26～38	－3 级	冷	人体感觉很冷，很不舒适，应注意防寒
0～25	－4 级	很冷	人体感觉寒冷，极不适应，应注意保暖防寒

4 分析与讨论

4.1 气象要素的分析

4.1.1 气温概况

4.1.1.1 气温的年内变化特征

选取武功,长武两地做年内平均气温的变化图,见图1。可见两地月均温的变化均为单峰型,冬季太阳辐射最弱,各地月均温冬季最低,最冷月出现在1月,从1月至7月,气温逐渐升高,夏季太阳辐射最强,各地夏季气温最高,最热月均出现在7月,8月以后各地气温逐月下降,且春季气温高于秋季气温,所以下半年曲线较上半年陡。

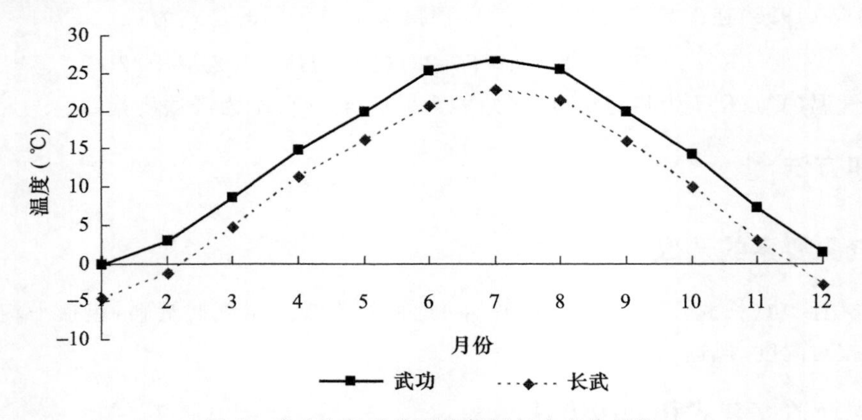

图1 武功和长武的平均气温年内变化规律

4.1.1.2 气温的年际变化特征

选取武功,长武两地做平均温度的年际变化图,见图2。由图2可以看出,20世纪50—80年代,两地的平均温度没有明显的异常变化,属于自然振动。自80年代开始,两地温度上升趋势开始较为明显,且温度主要存在3 a,5~8 a的周期震荡。武功的平均温度在12~15℃区间内,而长武地处黄土高原丘陵沟壑区,温度大大低于位于关中平原的武功,平均温度几乎都在10℃以下。

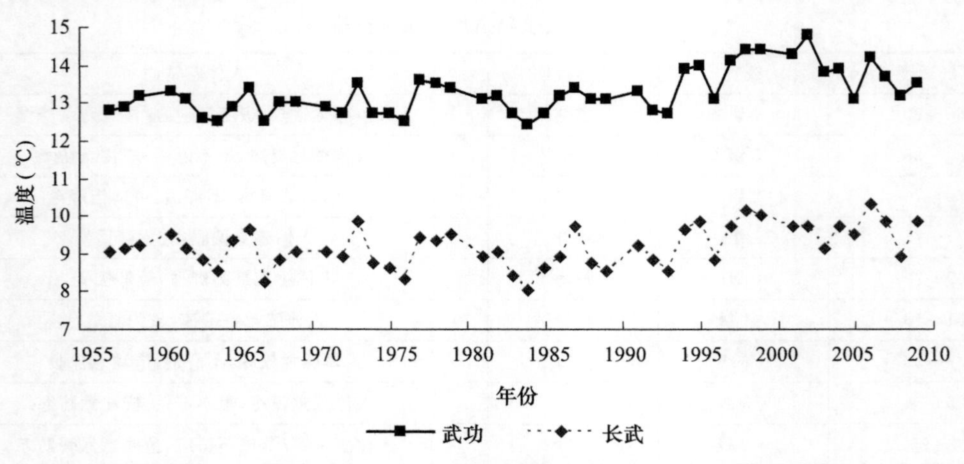

图2 武功和长武的平均温度年际变化图

4.1.2 相对湿度概况

4.1.2.1 相对湿度的年内变化特征

以武功，长武两地做出年内平均相对湿度变化图，见图 3。图 3 中显示两地变化趋势明显，一年之中以 8 月，9 月，10 月相对湿度最大，达 79%～83%，春季 3 月，4 月份最小，只有 62%～65%。比较特殊的是武功 3—5 月相对湿度会逐渐增加，但是到 6 月，相对湿度会突然下降至最低值 63%，这是因为武功全年日照的最大值出现在 6 月，达 210 h，而 6 月的降水量也出现极小值。总体来说，后半年较前半年相对湿度大，其季节分布基本上是夏季>秋季>冬季>春季。

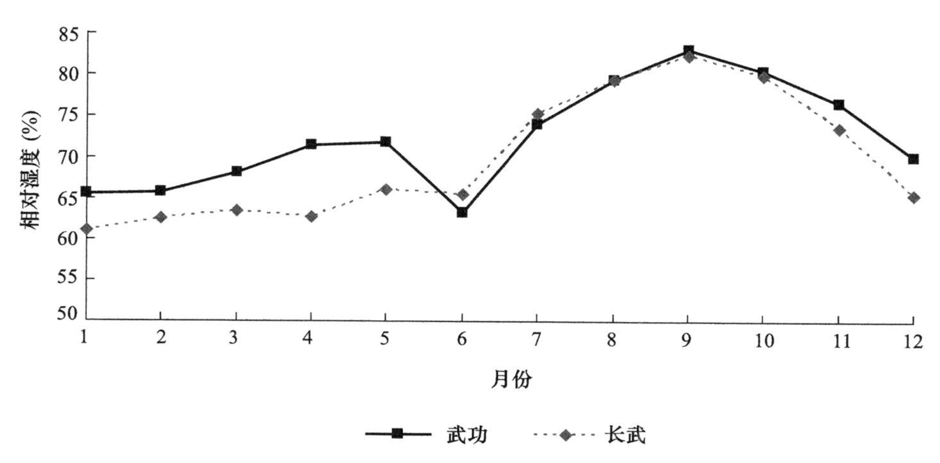

图 3 武功和长武平均相对湿度年内变化规律

4.1.2.2 相对湿度的年际变化特征

选取武功，长武 1957—2009 年这 52a 的平均相对湿度数据作其年际变化图，见图 4。从图 4 上看出，两地因其降水变化不稳定，造成相对湿度波动幅度较大，特别是 1964 年，两地降水量较历年平均值高出 300 mm，受其影响，两地的相对湿度也都达到了 79%。随着城市的发展，城区建筑面积在逐年增大，这也增大了城市不透水层面积，使下垫面可蒸散到空气中的水分减少。因此，两地相对湿度随着城市的发展都有不同程度降低。

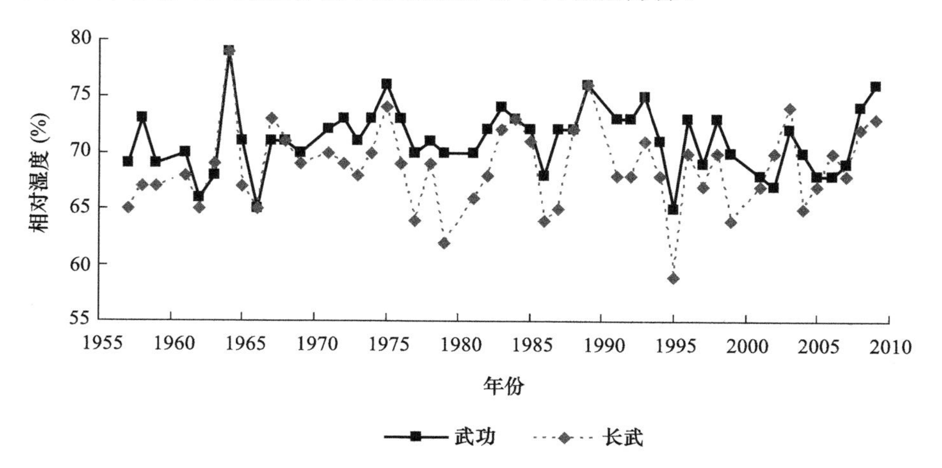

图 4 武功和长武的平均相对湿度年际变化

4.1.3 风速概况

4.1.3.1 风速的年内变化特征

以两地风速数据做月平均风速变化图,见图 5。从图 5 中可以看出,武功因关中平原地形影响,风速较小,只有 1.4~2.0 m/s,且变化趋势平缓。而长武风速较大,最大风速已经超过了 2.5 m/s,且春夏季风度大于秋冬季。

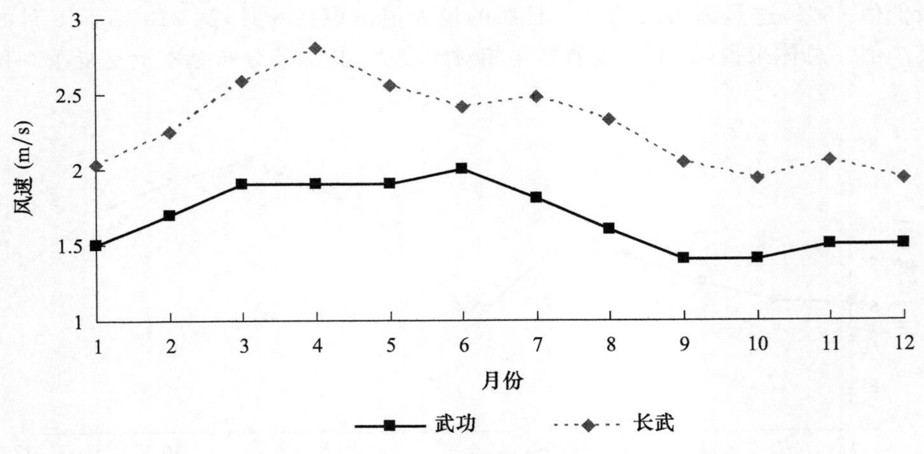

图 5 武功和长武平均风速年内变化规律

4.1.3.2 风速的年际变化特征

由图 6 可以看出,武功的平均风速整体呈明显下降趋势,这是由于近年来城市发展,人口增多,建筑群密度增大,使城市下垫面粗糙度加大而减小了风速。而长武则没有武功变化明显,呈震荡变化。

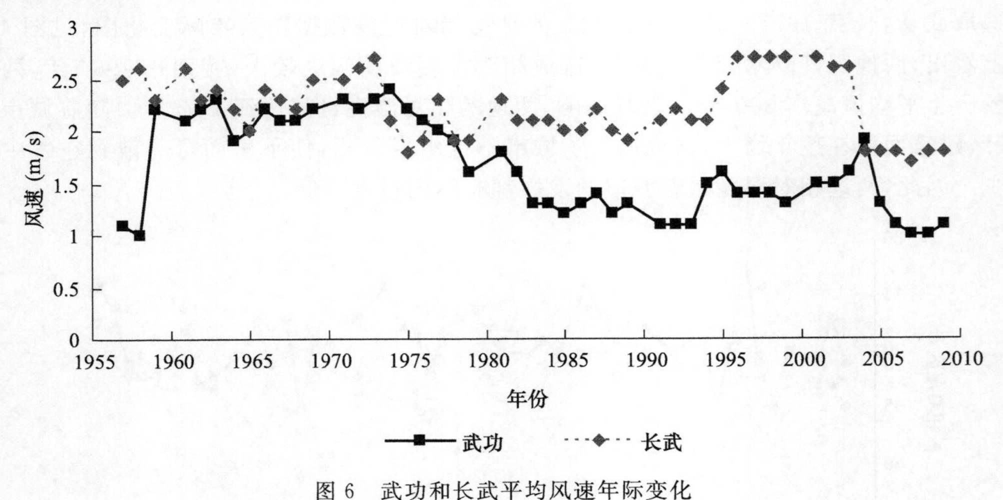

图 6 武功和长武平均风速年际变化

4.2 气候舒适度年内分布分析

由气候舒适度公式分别计算武功,长武两地区气候舒适度,并根据气候舒适度等级划分方法进行评级,得出表 2。

表 2　武功，长武气候舒适度分级表

站点	1月	2月	3月	4月	5月	6月	7月	8月	9月	10月	11月	12月
武功	冷	冷	微冷	比较舒适	舒适	舒适	比较舒适	舒适	舒适	比较舒适	微冷	冷
长武	冷	冷	冷	微冷	比较舒适	舒适	舒适	舒适	比较舒适	微冷	冷	冷

由表 2 可以看出，总的来说，武功，长武两地 5—10 月份舒适度适中，5 月开始，温度回暖，到 10—11 月即将进入冬季，温度下降结束。

武功县位于关中盆地西部，属暖温带季风区半湿润气候。年平均气温 13.2℃；年平均降水量 600 mm 左右，且降水的季节性强，多集中在 6 月、7 月、8 月三个月，占年降水量的 50%以上；日照比较丰富，年平均日照时数有 2160 h 左右。从上表即可看出，不同的舒适度级别的月份分布规律明显，5—6 月，8—9 月温度及湿度适中，为舒适，7 月温度最高，为比较舒适，但是要注意武功每年 9 月几乎都会出现连阴雨天气，给人们的出行和工作带来了很多不便。12 月—翌年 2 月温度较低，为不舒适月份。

长武县位于黄土高原丘陵沟壑区，海拔较高，为 847～1274 m，属内陆干旱气候，年平均气温 9.1℃，年均降水量 584 mm，且分布不均，春季少雨，夏季雨水较多，并时常会出现伏旱、冰雹、风灾等自然灾害。因海拔较高，夏季温度较武功低，所以 6—8 月均为舒适月份，而比较舒适月份仅有 5 月和 9 月两月，其余月份温度较低，为不舒适月份。

4.3　气候舒适度年际分布规律

选取武功，长武两地的气候舒适度年际分布规律来代表咸阳地区的普遍规律。

根据上文的计算，统计出武功、长武两地 1957—2009 年这 52 a 间气候舒适度为 0 级，也就是最舒适级别的天数，并做出图 7。

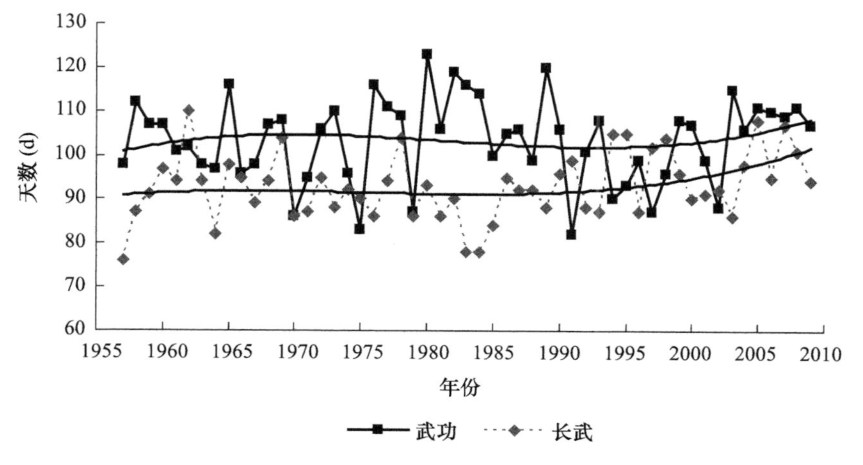

图 7　武功，长武舒适天数年际分布

从图 7 中可以看出，武功，长武的年气候舒适度为 0 级的天数，分别为平均 106 d/a，95 d/a，并且在 1957—1990 年这段时间内没有明显的天数变化趋势，都呈周期震荡。而从 20 世纪 90

年代开始,表现出上升的趋势,长武尤为明显,这与两地在环境工作方面的重视程度是分不开的。总的来说,咸阳地区气候条件适宜居住,平均一年中有 100 d 左右的时间均为舒适。

5 研究结论

20 世纪 50—80 年代,两地的平均温度没有明显的异常变化,属于自然振动,自 80 年代开始,两地温度上升趋势开始较为明显。且温度主要存在 3 a,5～8 a 的周期震荡。

武功及长武两地受降水分布不均且降水量不稳定等因素的影响,相对湿度的变化幅度很大,特别是长武,在 1964 年相对湿度达到了 80%,1995 年却不足 60%。而且,随着城市的发展,城区建筑面积在逐年增大,增大了城市不透水层面积,使下垫面可蒸散到空气中的水分减少。因此,两地相对湿度都有不同程度降低。

武功及长武的平均风速整体呈下降趋势,这是由于城市的发展,人口增多,建筑群密度增大,使城市下垫面粗糙度加大而减小了风速。武功发展程度相对于长武较高,所以风速的下降趋势更加明显。

武功 5—6 月份,8—9 月份的气候舒适度为舒适,而 7 月的平均最高温度超过了 30℃,会略感不适。长武由于地理位置相对偏北,海拔较高,所以舒适的月份较少,只有 6—8 月,10 月开始至次年 5 月,温度较低,为不舒适月份。

武功,长武的年气候舒适度为 0 级的天数,分别为平均 106 d/a,95 d/a,并且在 1957—1990 年这段时间内没有明显的天数变化趋势,都呈周期震荡。而从 20 世纪 90 年代开始,表现出上升的趋势,长武尤为明显,这与两地县政府在环境工作方面的重视程度是分不开的。总的来说,咸阳地区气候条件比较好,特别是武功,平均一年中有超过 100 d 的时间均为舒适,这为推进当地气候资源开发利用、打造避暑旅游目的地等打下基础。

参考文献

雷桂莲,喻迎春,刘志萍,等. 南昌市人体舒适度指数预报[J]. 江西气象科技,1999(3):40-41.

廖善刚. 福建省旅游气候资源分析[J]. 福建师范大学学报:自然科学版,1998,14(1):5.

GREGORCZUK M, CENA K. Distribution of Effective Temperature over the surface of the Earth[J]. Int J Biometero, 1967, 11(2):145-149.

OLIVER J E. Climate and man's environment: an introduction to applied climatology[J]. Geographical Journal, 1978, 146(1):125.

YAGLOU C P. A Method for Improving the Effective Temperature Index[J]. Ashrae Transactions, 1947, 53: 307-309.

西安市精细化气象灾害风险区划研究

王　丽[1]　王能辉[2]　杨　睿[1]　郭庆元[1]　赵西莎[1]

(1. 陕西省西安市气象局,西安 710016;2. 陕西秦盾防雷技术有限公司,西安 710075;)

摘　要　以西安市暴雨、高温、干旱、大风和冰雹五类气象灾害为研究对象,从灾害危险性、物理暴露敏感性、承灾体易损性和区域防灾减灾能力四个维度出发开展精细化气象灾害风险区划研究。结果表明,暴雨和大风高风险区位于西安市城区,高温、干旱以及冰雹灾害风险呈现出南北空间分异特征;建议以城市水资源安全保障和秦岭生态涵养保护为重点,加强人工增雨雪作业的体制机制建设,积极推进更高质量人工影响天气业务现代化建设。

关键词　西安　气象灾害　风险区划

全球气候变化大背景下一些极端天气气候事件的发生频率增加,与之伴随的各种气象灾害出现频率也显著增加,气象灾害已经成为制约社会经济可持续发展的重要因素,构成我国乃至世界的“非传统”安全风险[1]。暴雨、干旱、高温、大风、冰雹等都是西安市境内主要气象灾害,减轻气象灾害造成的影响和损失是各级政府关心的问题,也是气象部门面临的一项重要任务。近年来,气象灾害风险区划、风险评估和风险管理工作越来越受到人们的重视。科学评估暴雨、干旱、高温、大风、冰雹灾害风险,可以为西安市气象防灾减灾、重大工程建设、生态环境保护以及相关法律法规制定等提供科技支撑。

目前关于陕西省气象灾害风险区划的研究文献主要划分为两类:一部分文献研究某一特定气象灾害的风险区划,另一部分文献研究某一粮食作物或经济作物的气象灾害风险区划。前一类研究需要综合气象观测的灾害记录、民政部门统计的灾情数据、以区县为单位的土地类型数据、以乡镇为单元的社会经济等资料,从灾害敏感性、危险性、易损性角度建立风险区划模型[2,3];部分文献进一步加入地区防灾减灾能力这一因素进行综合分析[4]。第二类研究选取陕西苹果[5,6]或冬小麦[7]等为研究对象,需要采用时空尺度更加精细的气候和灾情等资料,进行降尺度风险区划,并且通常需要在农业、保险、防灾减灾等领域开展后续的成果转化应用。

迄今为止,尚且没有针对西安市多种气象灾害的精细化风险区划研究。基于此,本文基于西安市气象局与水利、国土资源、统计等部门的合作基础,收集气象数据、灾情数据、社会经济资料、地理信息数据和防灾减灾能力建设等其他相关数据,根据历史气象灾损大小,测算灾害危险程度;求出不同等级下气象灾害发生概率,再结合各个地区的物理暴露敏感性、承灾体易损性以及防灾减灾能力最终计算得到各类气象灾害风险区划结果。

1　研究区概况

西安市位于渭河流域中部关中盆地,北临渭河和黄土高原,南邻秦岭,属暖温带半湿润大陆性季风气候,冷暖干湿四季分明。冬季寒冷、风小、多雾、少雨雪;春季温暖、干燥、多风、气候多变;夏季炎热多雨,伏旱突出,多雷雨大风;秋季凉爽,气温速降,秋淋明显。年平均气温

13.0～13.7℃,最冷1月份平均气温－1.2～0℃,最热7月份平均气温26.3～26.6℃,年极端最低气温－21.2℃(蓝田县1991年12月28日),年极端最高气温43.4℃(长安区1966年6月19日)。年降水量522～720 mm,由北向南递增。7月、9月为两个明显降水高峰月。年日照时数1646～2115 h。年主导风向各地有差异,西安市区为东北风,周至县、鄠邑区为西风,高陵区、临潼区为东东北风,长安区为东北风,蓝田县为西北风。主要气象灾害有暴雨、干旱、高温、大风、冰雹等。

2 数据资料

本文所用数据资料包括气象数据、灾情数据、社会经济资料、地理信息数据和防灾减灾能力建设等其他相关数据。通过整理和计算人口密度、经济密度、耕地面积比、旱涝保收面积比等数据。

气象数据涵盖西安市所有气象站1961—2019年的日降水量数据、年最大风速、年均大风日数、年冰雹日数、年高温日数、年最高气温等。灾情资料为1984—2019年西安市以县(区)为单元、长安区和高陵区以乡镇为单元的暴雨洪涝、大风、冰雹、高温的普查数据,涵盖受灾人口、受灾面积、直接经济损失等具体指标。社会经济资料来源于《西安市统计年鉴》,包括2006—2019年以县(区)为单元、长安区和高陵区以乡镇为单元的行政区年末人口(人)、土地面积(km^2)、在岗职工年平均工资(元)、农民年人均纯收入(元)、年末耕地面积(hm^2)、GDP(亿元)、农作物播种面积(hm^2)、大牲畜年末存栏(万头)、财政收入(万元)、财政支出(万元)等数据,以及《西安水利年鉴》中的有效灌溉面积(hm^2)和旱涝保收面积(hm^2)指标。地质灾害易发区的资料来源于西安市国土资源局。地理信息数据包括西安市1∶25万数字高程(DEM)、土地利用资料、水系数据和植被数据等。防灾减灾能力建设的数据资料包括各县站土壤田间持水量、各区(县)应急预案指标、气象预警信号发布能力、政府防灾减灾决策与组织实施水平和气象服务公众满意度指数等量化指标[8]以及西安市人工影响天气的地面烟炉和火箭点数据。

3 技术方法及区划因子

3.1 技术方法

高庆华[9]、黄崇福等[10]以及赵阿兴和马宗晋等[11]学者从灾害学的角度出发研究认为,自然灾害风险是自然力作用于承灾体的结果,可以表示成灾害危险性、物理暴露敏感性、承灾体易损性和区域防灾减灾能力的函数。根据自然灾害风险的定义,气象灾害风险定义为灾害活动及其对自然环境系统、社会和经济造成的影响和危害的可能性,而不是气象灾害本身。具体而言,气象灾害风险是指某一时间内、某一地区气象灾害发生的可能、破坏损失、活动程度及对自然环境系统、社会和经济造成的影响和危害的可能性的大小。

借鉴相关学者研究思路,结合西安实际,本文基于灾损的气象灾害风险区划主要是根据各地过去出现过的各类气象灾害产生的损失的大小,计算各地灾害危险程度,然后将每个气象灾害分成几个等级,求它们的出现概率,再结合各地的物理暴露敏感性、承灾体易损性和区域防灾减灾能力得到每个气象灾害的风险区划结果(图1)。

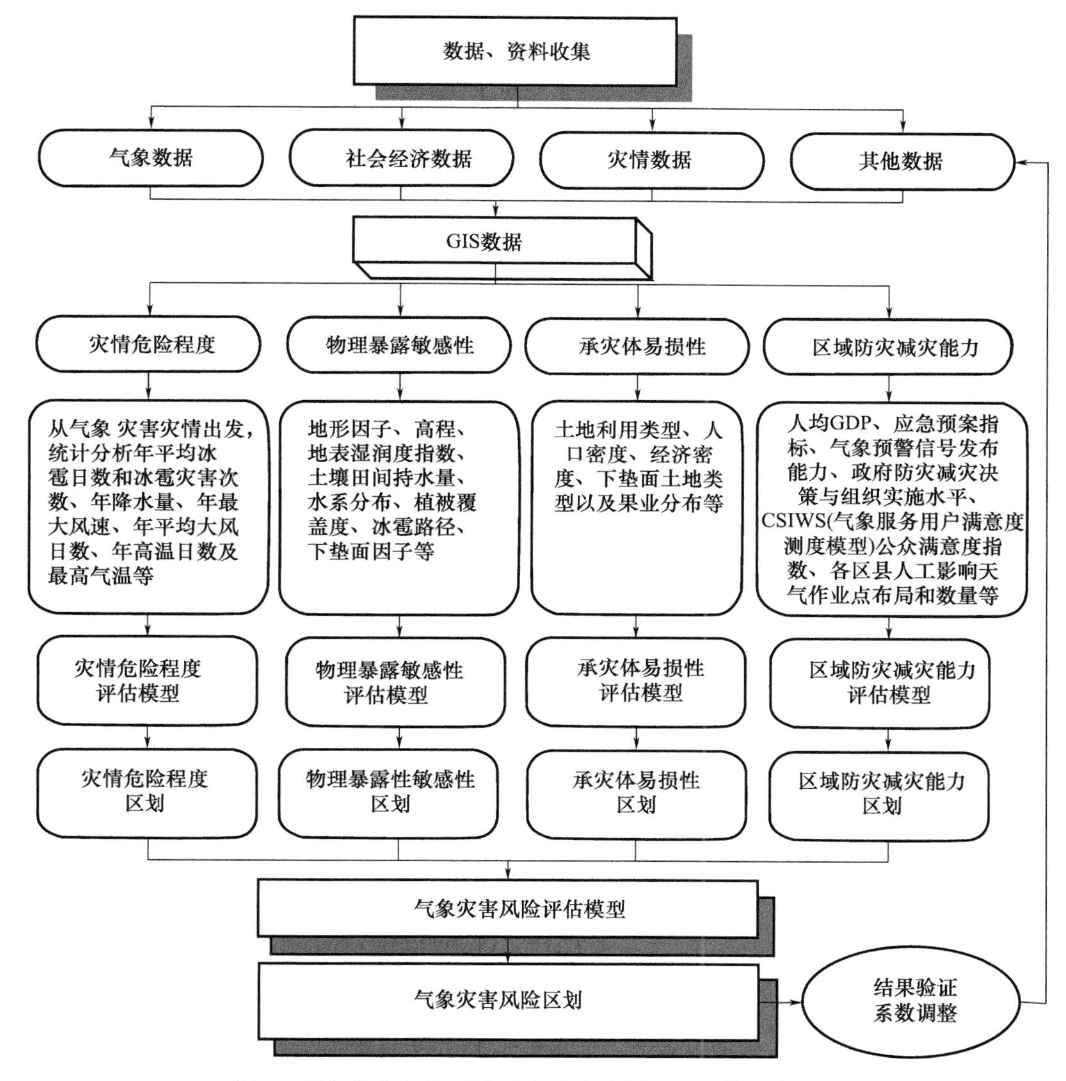

图 1　西安市分灾种、精细化气象灾害风险区划技术路径图

3.2　风险区划因子

在灾害危险性、物理暴露敏感性、承灾体易损性、防灾减灾能力等因子进行定量分析评价的基础上，为了反映各地市气象灾害风险分布的地区差异性，根据风险度指数的大小，将风险区划分为若干个等级。然后根据灾害风险评价指数法求气象灾害风险指数，具体计算公式为：

$$FDRI = wh \times (VH) + we \times (VE) + ws \times (VS) + wr \times (1 - VR)$$

式中：$FDRI$ 为气象灾害风险指数，用于表示风险程度，其值越大，则灾害风险程度越大；VH，VE，VS，VR 为分别表示风险评价模型中归一化的灾害危险性、物理暴露敏感性、承灾体的易损性和防灾减灾能力各评价因子指数；wh，we，ws，wr 为各评价因子权重。针对不同类气象灾害，评价因子权重取值不同。通过专家问卷调查法，经过对调查结果综合分析，确定各个评价因子及指标的权重。西安市暴雨、干旱、高温、大风和冰雹等主要气象灾害的精细化风险区划评估指标权重详见表1。

表1　评估指标权重

气象灾害类型	一级评价因子	权重	二级评价因子	权重
暴雨灾害风险	灾害危险性	0.30	暴雨频次	0.50
			暴雨强度	0.50
	物理暴露敏感性	0.20	地质灾害易发区	0.34
			地形因子	0.25
			水系因子	0.20
			植被覆盖度	0.21
	承灾体易损性	0.30	人口密度	0.20
			经济密度	0.20
			耕地面积比	0.25
			土地利用系数等	0.35
	区域防灾减灾能力	0.20	财政支出	0.18
			旱涝保收面积比重	0.32
			人类发展水平	0.25
			非工程性措施	0.25
干旱灾害风险	灾害危险性	0.30	轻旱	0.10
			中旱	0.20
			重旱	0.30
			特旱	0.40
	物理暴露敏感性	0.20	地表湿润度指数	0.32
			土壤田间持水量	0.28
			植被覆盖度	0.40
	承灾体易损性	0.30	人口密度	0.25
			经济密度	0.15
			耕地面积比	0.25
			地均大牲畜	0.10
			有效灌溉面积比、土地利用系数等	0.25
	区域防灾减灾能力	0.20	财政支出	0.18
			旱涝保收面积比重	0.32
			人类发展水平	0.25
			非工程性措施	0.25

续表

气象灾害类型	一级评价因子	权重	二级评价因子	权重
高温灾害风险	灾害危险性	0.40	≥35℃日数	0.20
			≥38℃日数	0.30
			30年一遇最高气温分布	0.20
			50年一遇最高气温分布	0.30
	物理暴露敏感性	0.20	海拔高度	0.30
			植被覆盖度	0.70
	承灾体易损性	0.20	人口密度	0.40
			经济密度	0.30
			耕地面积比	0.30
	区域防灾减灾能力	0.20	财政支出	0.50
			非工程性措施	0.50
大风灾害风险	灾害危险性	0.450	大风日数	0.50
			最大风速	0.50
	物理暴露敏感性	0.225	海拔高度	0.70
			植被覆盖度	0.30
	承灾体易损性	0.225	人口密度	0.50
			土地利用类型	0.50
	区域防灾减灾能力	0.100	财政支出	0.50
			非工程性措施	0.50
冰雹灾害风险	灾害危险性	0.40	年平均冰雹日数	0.50
			年平均冰雹次数	0.50
	物理暴露敏感性	0.20	高程(DEM)	0.30
			下垫面因子	0.35
			冰雹路径	0.35
	承灾体易损性	0.20	土地利用类型	0.40
			人口密度	0.30
			果业分布	0.30
	区域防灾减灾能力	0.20	火箭人工影响天气作业点分布	0.60
			人均GDP	0.20
			非工程性措施	0.20

4 风险区划结果

在地理信息系统ArcGIS中采用自然断点分级法分五级将暴雨、高温、干旱、大风、冰雹等气象灾害风险指数进行区划，得到西安市分灾种精细化气象灾害风险区划(图2—图6)。五级划分为低风险区、次低风险区、中等风险区、次高风险区和高风险区。

秦岭西安段深山区多为暴雨灾害中等及以下风险区，秦岭峪口可见条状次高风险与高风险区;西安市主城区及蓝田县、临潼区、阎良区暴雨次高风险区与高风险区比较集中,西安其余地区暴雨灾害风险分布则相对分散,多为暴雨灾害中等风险区。西安未央区、灞桥区、临潼区、高陵区,鄠邑区北部和长安区北部等为高温灾害高风险区域,西安主城区、阎良区、长安区北部为高温灾害次高风险区域,蓝田大部为高温灾害中等风险区域,西安南部山区为高温灾害次低及低风险区域。西安主城区为干旱灾害高风险区域,西安其余区县平原地区为干旱灾害次高及中等风险区域,西安南部山区为干旱灾害次低及低风险区域。西安主城区中北部为大风灾害次高风险区域,西安主城区南部、长安区北部为大风灾害中等风险区域,其余地区为大风灾害次低及低风险区域。临潼、蓝田部分地区为冰雹灾害中等风险区域,其余地区均为冰雹灾害次低及低风险区域。

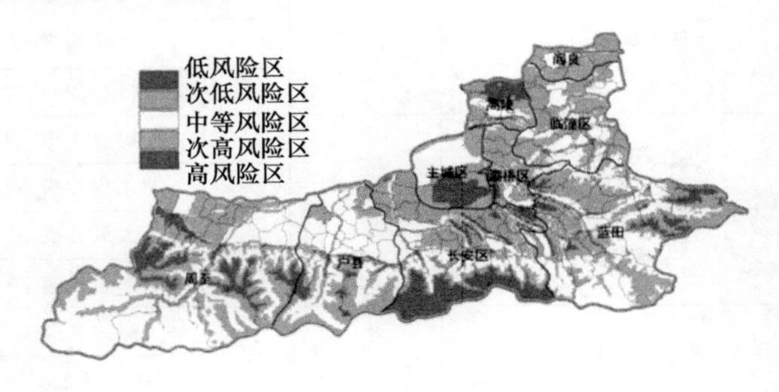

图 2　西安市暴雨灾害风险区划

图 3　西安市高温灾害风险区划

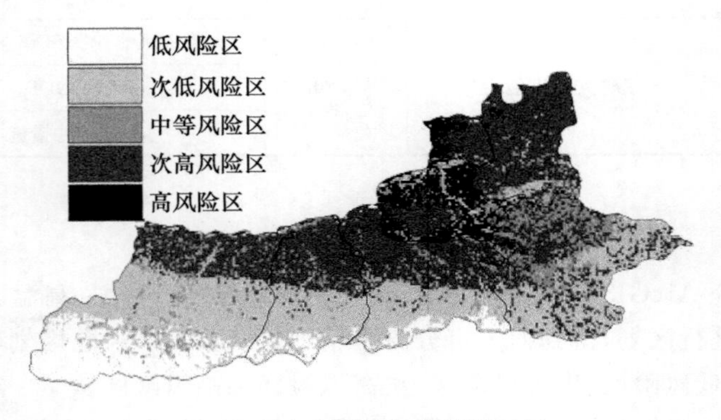

图 4　西安市干旱灾害风险区划

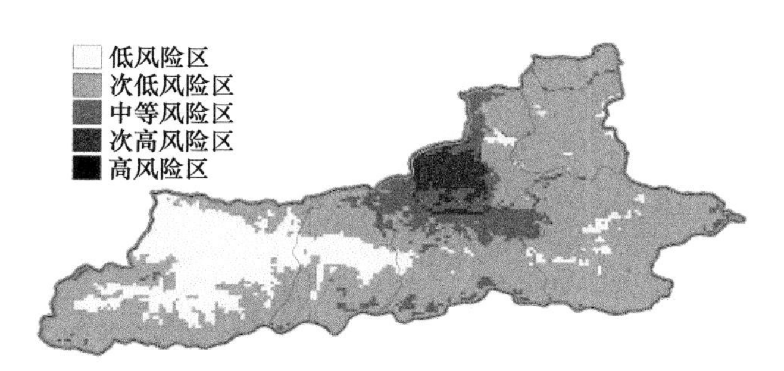

图 5　西安市大风灾害风险区划

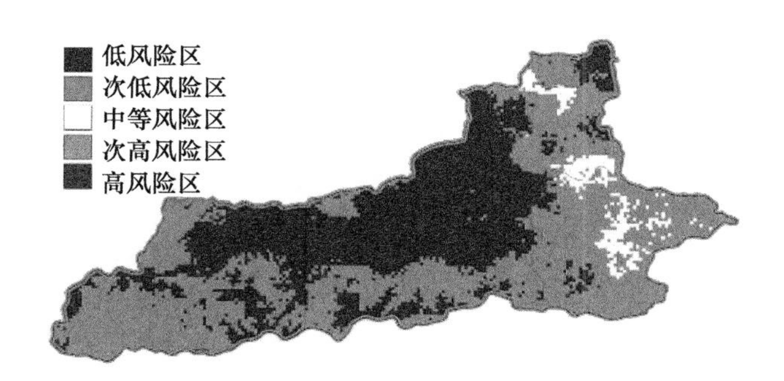

图 6　西安市冰雹灾害风险区划

5　对策与建议

西安市主城区为暴雨灾害高风险区和大风灾害高风险区，应加强城区防洪排涝设施建设，加固市区围板、棚架、广告牌等易被风吹动的搭建物；秦岭峪口暴雨灾害高风险区应做好短时强降雨与局地山洪地质灾害的预报预警，特别是针对沿山各峪口和景区游客需加密预报预警频次。

秦岭西安段各区县应加强人工影响天气作业的体制机制建设，不仅有助于减轻干旱、高温和冰雹等气象灾害风险的潜在影响，更有利于生态环境改善，稳定当地农业生产，降低森林火险等衍生灾害风险。特别是做好周至县、长安区和蓝田县重点水源地及其流域常年人工增雨作业对于保障城市安全用水和改善秦岭生态环境至关重要。

参考文献

[1] 陈玉梅，付欢．中国非传统安全研究的进展及难题——基于 Citespace 的知识图谱量化分析[J]．现代国际关系，2019(6)：57-65.

[2] 庞文保，李建科，宋鸿，等．陕西省高温气象风险区划及其防御[J]．陕西气象，2011(2)：47-48.

[3] 张建康．基于 ArcGIS 技术的榆林市冰雹灾害风险区划[J]．农业灾害研究，2015，5(12)：32-34.

[4] 刘志超，雷延鹏，孙智辉，等．基于 GIS 的延安市干旱风险区划[J]．陕西农业科学，2013，59(6)：176-178.

[5] 李艳莉，王景红，李鹏利．陕西苹果种植区北扩气候资源及气象灾害风险分析[J]．陕西气象，2011(3)：15-17.

[6] 梁轶，王景红，邸永强，等．陕西苹果果区冰雹灾害分布特征及风险区划[J]．灾害学，2015，30(1)：135-140.

[7] 孔坚文. 陕西省冬小麦气象灾害风险评估及区划[D]. 南京:南京信息工程大学,2014.
[8] 罗慧,谢璞,俞小鼎. 奥运气象服务社会经济效益评估个例分析[J]. 气象,2007,33(3):89-94.
[9] 高庆华. 关于建立自然灾害评估系统的总体构思[J]. 灾害学,1991,6(3):14-18.
[10] 黄崇福,刘新立,周国贤,等. 以历史灾情资料为依据的农业自然灾害风险评估方法[J]. 自然灾害学报,1998,7(2):1-9.
[11] 赵阿兴,马宗晋. 自然灾害损失评估指标体系的研究[J]. 自然灾害学报,1993,2(3):1-7.

利用图像识别监测山区固态降水系统

樊予江[1,2]　郑博华[1]

（1. 新疆维吾尔自治区人工影响天气办公室，乌鲁木齐 830002；
2. 中国气象局大气探测重点开放实验室，成都 610225）

摘　要　提高空中云水资源时空配置能力是人工影响天气工作的核心任务之一，有效增加山区降水是干旱区人影工作的战略任务。长期以来，山区特别是高海拔地区的固态降水监测一直是气象监测领域的空白，受电力、通信条件限制，传统固态降水监测仪无法发挥作用，本文通过比较成熟的高清成像技术和图像识别技术，设计了一套全天候的无人值守积雪监测方案，对积雪深度进行连续测量，在前端将有关数据结果分析计算，并将计算结果通过 3G/4G 通信网络或北斗卫星通信系统回传，实现对积雪监测在时间和空间上的实时加密观测，可填补目前国内山区固态降水监测系统的空白。

关键词　固态降水　图像识别　北斗

1　引言

一个或多个地区气候变化最明显的特征就是降水，而降水量的大小及分布直接制约着国民经济发展与农业生产丰收，同时与百姓生活也息息相关。Kincer[1]在 1916 年就指出，美国东南沿海台站的降水峰值出现在下午，而中部大多数台站出现在夜间。降水时空分布揭示了降水形成的变化规律[2-4]，同时也是决定该地区气候变化特征的重要参数之一，掌握好这些参数可以更为有效地揭开该地区气候变化的方向以及区域水资源的分布情况等[5-9]。

目前对于积雪的监测，国内外主要是通过光学、被动微波遥感等方式实现积雪面积制图、雪深、雪密度和雪水当量参数进行反演。比较前沿的技术是采用 SAR（合成孔径雷达）对全球的积雪参量进行反演。在这些反演中，都需要根据地面观测检验数据结合模型来提高反演精度，所以目前国内外地面积雪监测仍然以人工测量为主要手段，这使得积雪监测在时间密度和空间分布上都有很多限制。国内一些有人值守站点，在通信与电力系统得到保障的前提下，一些气象仪器厂家提供了称重式固态降水监测仪可以满足固态降水基本监测的需要，但在山区及高海拔地区的无人值守气象监测站，已建的称重式固态降水仪受供电及通信条件制约，基层台站普遍反映山区固态降水监测无人值守站基本不能发挥作用，甚至出现发回错误数据等现象。目前，国内外缺乏基于山区低温、无无线数据通信手段等高海拔地区恶劣自然环境下实用的实时固态降水监测手段。通过研制形成的积雪监测方案，可以填补目前国内山区固态降水监测系统的空白。因此掌握当地降雪降水特征不仅对该地区气象服务极其重要，对人工防雹和增雨（雪）作业有重要的指导作用，甚至对了解新疆气候特征和变化趋势也有重要的意义。

2　研究区概况

新疆地处我国西北边疆，位居大陆中心，四周远离海洋，被高原高山环绕，属温带极端大陆性气候,冬季漫长严寒,夏季炎热干燥,春秋季短促而变化剧烈,具有多样的气候类型;气候类型属于典型的干旱、半干旱区域,降水稀少。即便整体降水量偏小,但极端降雪降水对降水总量的贡献依然却呈上升趋势[10-15]。积雪是全球气候变化和水文循环研究的重要内容。高海拔山区的融雪径流是世界上许多大江大河的重要补给源,也是支撑新疆绿洲经济、社会发展的最主要水资源来源。积雪对人类的生产生活也会造成严重的负面影响,如牧区雪灾、雪崩、融雪洪灾等自然灾害。据统计,冬季全球积雪覆盖面积最多可达 4700 万 km^2 占陆地表面积的 40%。因此,积雪监测对区域防灾减灾及社会经济可持续发展具有重要意义,同时准确的积雪参数是数值天气预报和全球气候变化评估的基础。

3 方法设计与技术路线

对于固态降水的监测,国内外主要是通过光学、被动微波遥感等方式实现积雪面积制图、雪深、雪密度和雪水当量参数进行反演。目前比较新的技术是采用 SAR(合成孔径雷达)对全球的积雪参量进行反演。在这些反演中,都需要进一步的根据地面观测检验数据结合模型来提高反演精度。而目前地面对积雪的测量主要还是依靠人工测量为主,这在时间密度和空间分布上都难以保证。新疆开展人工影响天气中降雪监测主要是固态称重式降水,且受供电、功耗限制,山区无人值守站的实际监测数据准确性较差。

针对这一情况,结合现在比较成熟的高清成像技术和图像识别技术,应用成熟的网络通信技术和北斗卫星通信,硬件系统上设计一套全天候无人值守的积雪监测系统,软件系统采用多层架构组织而成,建立 B/S、C/S 及混合结构的软件平台,具备良好的分层,使得设计与系统运行有机的分离。通过该系统的建设可对积雪深度进行连续测量,实现对积雪监测在时间和空间上的加密观测。系统结构(图 1)分为前端站点和中心平台,在前端预埋积雪标尺和安装积雪监测终端,用固定式的图像采集设备对标尺进行定时采集,通过现场终端对图像进行现场分析并输出积雪数据通过自适应网络设备进行加密传输,网络设备可支持 2G/3G/4G/WIFI/有线网络或北斗通信系统。在不具备供电条件的站点,采用太阳能供电。中心服务器负责接收前端回传的数据存储、分析,提取积雪深度值,用户通过 WEB 对数据进行访问并展示。

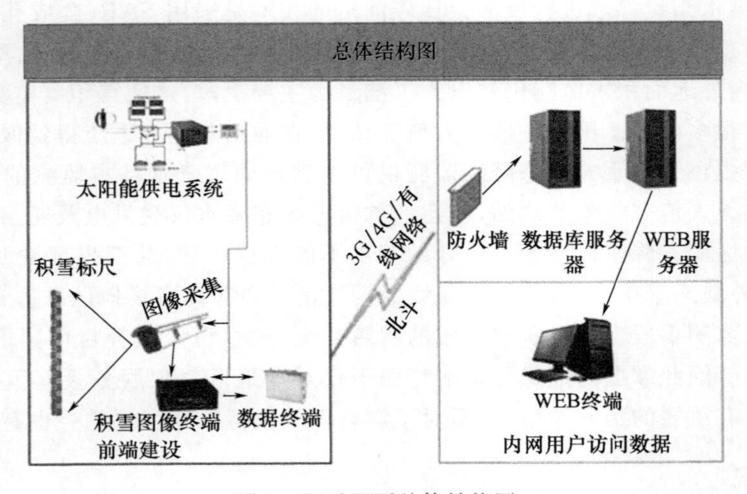

图 1 积雪监测总体结构图

后台支撑软件系统基于稳定的Linux版本操作系统的服务器运行，在服务器上建立积雪监测数据库和积雪图片的存储，把前端数据以及图片存入数据库。基于OpenCV计算机视觉库，采用C++编程语言实现对前端积雪数据的分析和识别来实现积雪深度的监测，识别到的数据写入SQL数据库；通过JAVA语言编写B/S用户交互平台，用户通过内网以Web访问的方式实现对数据的访问、监测、查询、统计和导出等功能。前端数据采用SOCKET的方式链接到中心服务器，考虑图像识别及图像算法需要占用大量CPU性能，设计时在监测点前端部署嵌入式图像数据分析终端，进行图像识别计算，输出的积雪深度数据通过2G/3G/4G/WIFI/有线网络方式或北斗卫星通信方式传输到中心服务器，以减少中心服务器图像识别运算工作量。图像采集终端主要包括图像数据分析终端和视频采集摄像头。考虑到积雪监测现场使用环境，数据分析终端和摄像头必须考虑恒温控制装置，以保证设备在低温环境下能正常工作，同时考虑在夏季高温情况下，设备也能正常工作。因此，前端监测点数据终端设备箱和视频采集摄像头护罩都必须具备恒温控制功能。另外，积雪深度监测需24小时进行，图像采集必须配置补光灯，以实现在夜晚也能清晰采集到积雪标尺图像。图像采集摄像机具备定时拍照上传功能，可任意设定摄像机自动拍照时间间隔，并实时把拍照图片传输到指定服务器存储。摄像机可根据需要，设置图片格式和清晰度。另外，摄像机还具备各类报警侦测功能，包括视频区域入侵侦测、闯入侦测、移动侦测和人脸侦测等。根据监测点环境的特殊情况，数据传输网络设备必须具备有线和无线传输功能，并且有线和无线传输具备自动切换功能。另外无线传输需支持各类网络运营商需求，即传输设备具备全网通传输要求。

设备无线网络支持全网通通信方式，支持2G、3G、4G网络，方便用户根据站点现场运营商网络北斗通信网络，在不采用无线3G/4G通信的情况下，系统可采用北斗卫星通信系统，作为积雪深度监测系统数据传输网络。北斗通信系统是利用北斗卫星通信功能，在系统中心端安装北斗指挥机，同时在各个监测点前端安装北斗接收机，利用北斗卫星系统建立中心端和前端监测点网络系统。积雪标尺必须安装在视频摄像头图像采集范围内，并且摄像头能清晰监控到标尺刻度，以使数据分析终端正确无误分析积雪深度。积雪标尺需具备刻度清晰、不反光等特性。积雪监测在冬季必须24小时不间断检测，供电系统考虑采用太阳能和市电互补的方式，在无市电的环境下，太阳能供电系统能在阳光不足的情况下维持监测系统设备72小时用电需求。

4 识别流程设计

图像识别分析技术是本文的关键技术之一。需要开发一套图像分析终端图像分析终端采用高性能一体机设备，内置标尺分析系统软件，能对视频图像上的各类标尺刻度进行识别、判断、分析，并整理输出对应视频图像上标尺刻度数据，通过该数据，系统中心可以分析出当前视频图像时间及该时间标尺下端被掩埋的深度数据。

积雪图像分析终端内置积雪图像识别功能，图像识别主要是对采集到的图片进行分析，提取出有效的积雪深度值，主要分为以下几个步骤(图2)。

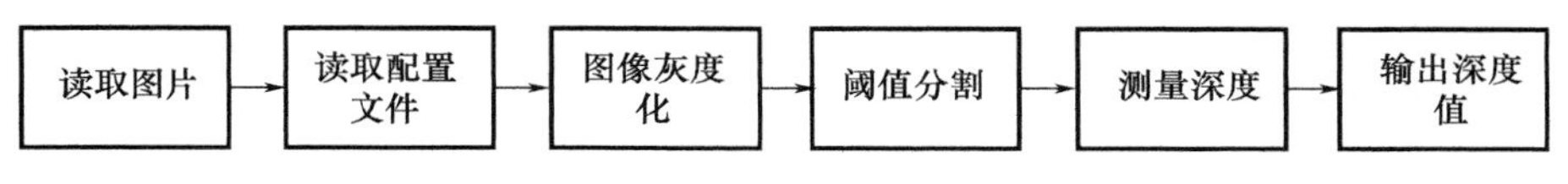

图2 图像识别步骤

系统通过 CCD 抓拍图片,根据配置的积雪标尺区域进行图像分割,分割后的图片采用图像灰度算法进行预处理,然后采用二值法根据配置参数识别积雪覆盖的边缘,根据积雪覆盖的位置,求出积雪深度。

4.1 图像灰度化及图像二值化

抓拍到的图片是由三个颜色通道组成的,分别是:红色(R)、绿色(G)、蓝色(B)。图像灰度化是将这三个通道按照一定算法换算成一个灰度通道。常用的算法有:平均值法、最大值法和加权平均法。平均值法会减弱得到的灰度值,最大法会丢失两个通道的值,因此,采用加权平均法,这里选用的 YPQ 颜色空间的 Y 分量作为加权平均法的计算公式:

$$Y=0.298\mathrm{R}+0.587G+0.114B$$

灰度图像二值化是根据配置文件中的阈值 M 来进行图像处理,将灰度化后的图像中大于 M 的像素值设置成 $K1$,小于 M 的像素值设置为 $K2$;由于积雪标尺的识别图像相对标准,纹理不是很复杂,直接将 $K1$ 设置成 255,$K2$ 设置成 0。

4.2 积雪深度分析

对二值化后的图像进行边缘检测,找到积雪掩埋标尺的边界线,从图像的左上角开始对每个像素的值进行判断,如果是 0,则记录 0,如果是 255,则记为 1,整张图像处理完成后,由于在积雪掩盖的边沿会产生一条边界线,从该边界线以下 0 的密度远远低于边界线以上部分的密度,则可判定该线为边界线,计算该边界线到标尺顶端的像素即可换算成未掩埋的标尺长度,进而求出被掩埋部分的长度,及积雪的深度。在应用中根据积雪的标尺的长度和标尺在图像中所占有的纵向的像素,可得到不同分辨率的积雪深度。

5 采样结果

采样结果见图 3。

(a)

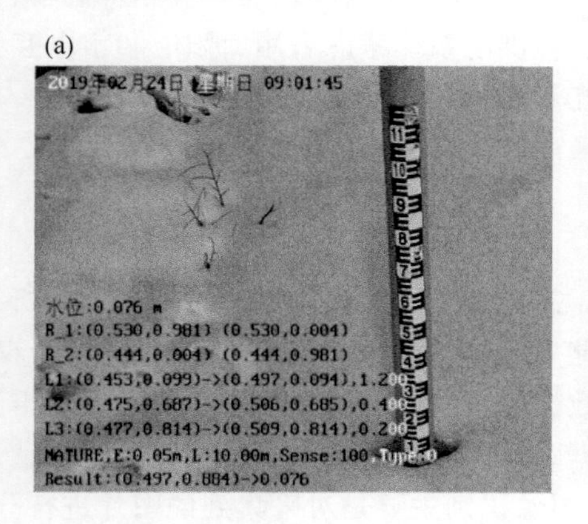

(b)

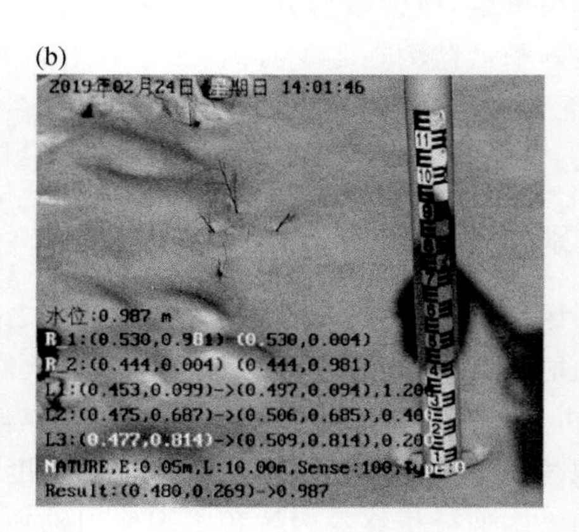

图 3 采样结果(a 为正常采集,b 为有阴影干扰优化算法后可获取正常数据)

6 讨论与结论

本文率先提出了使用图像识别技术来观测积雪,实现了积雪实时观测,自动上报,通过本课题的研究，可以减轻积雪观测人员的工作难度，提高积雪观测的时效性，准确性。

目前高清图像采集已经是较为成熟技术，图像识别技术在国际国内已经得到业务应用，研究利用现有的技术集成大量的数据分析，是可行的技术路线。优点是使用无人值守方式，减少人力经济成本，安装位置无特殊要求。因设备使用环境恶劣，长时间无人值守，可能会导致设备运行异常，所以在设计过程中需要对设备进行动态监控，加入分离式设备状态监控系统实时监控设备状态，有问题快速响应。

参考文献

[1] KINCER J B. Daytime and nighttime precipitation and their economic significance [J]. Mon Wea Rev, 1916, 44(11): 628-633.

[2] 宇如聪，李建，陈昊明，等. 中国大陆降水日变化研究进展[J]. 气象学报，2014，72(5)：948-968.

[3] 赵玉春，徐明，王叶红，等. 2010 年汛期长江中游对流降水日变化特征分析[J]. 气象，2012，38(10)：1196-1206.

[4] 戴泽军，宇如聪，陈昊明. 湖南夏季降水日变化特征[J]. 高原气象，2009，28(6)：1463-1496.

[5] 公颖，周小珊，董博. 辽宁夏季降水时空分布特征及其成因分析[J]. 暴雨灾害，2018，37(4)：373-382.

[6] 孙杰，许杨，陈正洪，等. 华中地区近 45 年来降水变化特征分析[J]. 长江流域资源与环境，2010，19(1)：45-51.

[7] 王怀清，赵冠男，彭静，等. 近 50 年鄱阳湖五大流域降水变化特征研究[J]. 长江流域资源与环境，2009，18(7)：616-619.

[8] 王夫常，宇如聪，陈昊明，等. 我国西南部降水日变化特征分析[J]. 暴雨灾害，2011，30(2)：117-121.

[9] YU Rucong, ZHOU Tianjun, XIONG Anyuan, et al. Diurnal variations of summer precipitation over contiguous China [J]. Geophysical Research Letters, 2007, 34. doi: 10.1029/2006GL028129.

[10] 赵勇，黄丹青，朱坚，等. 北疆极端降水事件的区域性和持续性特征分析[J]. 冰川冻土，2011，33(3)：524-531.

[11] 杨连梅. 新疆极端降水的气候变化[J]. 地理学报，2003，58(4)：577-583.

[12] 赵勇，崔彩霞，李霞. 北疆冬季降水的气候特征分析[J]. 冰川冻土，2011，33(2)：292-299.

[13] 赵勇，黄丹青，古丽格娜，等. 新疆北部夏季强降水分析[J]. 干旱区研究，2010，27(5)：773-779.

[14] 赵勇，黄丹青，杨青. 新疆北部汛期降水的变化特征[J]. 干旱区研究，2012，29(1)：35-40.

[15] 于碧馨，张云惠，宋雅婷. 2012 年前冬伊犁河谷持续性大暴雪成因分析[J]. 沙漠与绿洲气象，2016，10(5)：44-51.